EUL VERLAG

EINZELSCHRIFTEN

Nicole Seifferth-Schmidt
Die Theorie des Sozialkapitals und dessen empirische Genese und Wirkungen in Deutschland
Lohmar – Köln 2014 • 204 S. • € 49,- (D) • ISBN 978-3-8441-0308-3

Stephan Dieter Prym
Die Bedeutung von Sozialkapital beim Internationalisierungsprozess von Familienunternehmen
Lohmar – Köln 2014 • 484 S. • € 72,- (D) • ISBN 978-3-8441-0314-4

Philipp Huber
Bewertung von Unternehmen im Economic und Financial Distress – Eine Analyse der Discounted Cashflow-Verfahren
Lohmar – Köln 2014 • 172 S. • € 48,- (D) • ISBN 978-3-8441-0318-2

Anne Böttcher
Der Einfluss des Wettbewerbs unter deutschen Banken auf den zyklischen Verlauf des Kreditangebotes
Lohmar – Köln 2014 • 192 S. • € 49,- (D) • ISBN 978-3-8441-0324-3

Regine Merz
Künstlerische Therapien zur Burnout-Prävention in Unternehmen – Einsatzmöglichkeiten und ökonomischer Nutzen
Lohmar – Köln 2014 • 84 S. • € 37,- (D) • ISBN 978-3-8441-0330-4

Abdelhakim Azaouagh
Finanzwirtschaftliche Effekte der Bilanzierung Strukturierter Produkte – Erfolgsneutrale Fair Value-Bilanzierung als alternatives Konzept?
Lohmar – Köln 2014 • 240 S. • € 56,- (D) • ISBN 978-3-8441-0333-5

Matias Bronnenmayer
Erfolgsfaktoren von Unternehmensberatung – Eine Zweiperspektivenbetrachtung
Lohmar – Köln 2014 • 364 S. • € 64,- (D) • ISBN 978-3-8441-0348-9

Dr. Matias Bronnenmayer

Erfolgsfaktoren von Unternehmensberatung

Eine Zweiperspektivenbetrachtung

Mit einem Geleitwort von Prof. Dr. Bernd W. Wirtz,
Deutsche Universität für Verwaltungswissenschaften Speyer

EUL VERLAG

Bibliografische Information der Deutschen Nationalbibliothek

Die Deutsche Nationalbibliothek verzeichnet diese Publikation in der Deutschen Nationalbibliografie; detaillierte bibliografische Daten sind im Internet über <http://dnb.d-nb.de> abrufbar.

Dissertation, Deutsche Universität für Verwaltungswissenschaften Speyer, 2014

ISBN 978-3-8441-0348-9
1. Auflage August 2014

JOSEF EUL VERLAG GmbH
Brandsberg 6
53797 Lohmar
Tel.: 0 22 05 / 90 10 6-6
Fax: 0 22 05 / 90 10 6-88
E-Mail: info@eul-verlag.de
http://www.eul-verlag.de

Bei der Herstellung unserer Bücher möchten wir die Umwelt schonen. Dieses Buch ist daher auf säurefreiem, 100% chlorfrei gebleichtem, alterungsbeständigem Papier nach DIN 6738 gedruckt.

Geleitwort

Das Marktumfeld für Unternehmensberatung hat sich in den letzten Jahren stark gewandelt. Galten in den 1980er und 1990er Jahren Unternehmensberater noch als allwissende Elite, so hat sich dieses Bild spätestens mit dem Platzen der Börsenblase ab dem Jahr 2000 wesentlich geändert. Die Dienstleistung Unternehmensberatung wird zunehmend hinterfragt, und die Zeiten von jährlichen Marktwachstumsraten im hohen zweistelligen Bereich sind längst Geschichte. Nichtsdestoweniger gilt Unternehmensberatung als ein etablierter Bestandteil unserer Wirtschaft, der auch in Zukunft nicht an Bedeutung verlieren wird, vorausgesetzt die Unternehmensberatungen schaffen es, sich dem professionalisierten Umgang mit Unternehmensberatung zu stellen und somit den geänderten Kundenbedürfnissen in adäquater Art und Weise gerecht zu werden.

An dieser gleichsam für die Wissenschaft und die Unternehmenspraxis relevanten Problemstellung setzt die Dissertationsschrift von Herrn Matias Bronnenmayer an. Zentrale Zielsetzung der Arbeit ist sowohl die Konzeptionalisierung als auch die Operationalisierung von relevanten Erfolgsfaktoren von Unternehmensberatungsprojekten. In diesem Zusammenhang wird auch der Erfolg von Unternehmensberatungsprojekten in analoger Art und Weise behandelt. Besonders zu betonen gilt es, dass Herr Bronnenmayer in seiner Arbeit die Betrachtungsperspektive nicht auf eine der in Frage kommenden Sichtweisen (Klientenperspektive bzw. Beraterperspektive) eingeschränkt, sondern explizit auf beide Betrachtungsperspektiven eingeht.

Zum Erreichen der Zielsetzung führt Herr Bronnenmayer zunächst eine strukturierte Bestandsaufnahme des Forschungsstands zum Themengebiet Unternehmensberatung durch. Daran anschließend entwickelt er stringent einen multitheoretischen Bezugsrahmen, aus dem er die konkreten Forschungsmodelle sowohl für die Klienten- als auch die Beraterperspektive herleitet. Beide Untersuchungsmodelle werden einer branchenübergreifenden empirischen Überprüfung unterzogen, wobei Herr Bronnenmayer vor allem das Verfahren der Strukturgleichungsanalyse verwendet. Abschließend fasst er die wesentlichen Erkenntnisse seiner Untersuchung zusammen und leitet wissenschaftliche und managementorientierte Implikationen auf Basis der Ergebnisse ab.

Mit seiner Untersuchung hat es Herr Bronnenmayer geschafft, den wissenschaftlichen Erkenntnisfortschritt im Forschungsgebiet Unternehmensberatung wesentlich voranzutreiben. Die konzeptionellen Ausführungen sind als äußerst fruchtbar für die weiteren Forschungsbemühungen in diesem Bereich zu bezeichnen. Die Stringenz der Argumentation, der Aufbau, die Strukturierung und Aufbereitung der Themenstellung ist in sehr guter Art und Weise gelungen. Ferner sind die Ergebnisse auch für die Unternehmenspraxis von großer Bedeutung. Sowohl Klienten als auch Unternehmensberater gewinnen Einsichten über die Faktoren, denen sie im Rahmen eines Unternehmensberatungsprojektes besondere Beachtung schenken sollten. Mit diesen Erkenntnissen können gezielt Maßnahmen zur Steigerung des Unternehmensberatungserfolgs ergriffen werden. Zusammenfassend bleibt zu wünschen, dass die Arbeit eine weite Verbreitung in Wissenschaft und Praxis findet.

München, den 18. Juli 2014 Prof. Dr. Bernd W. Wirtz

Vorwort

Das Themengebiet Unternehmensberatung begleitet mich bereits seit meinem Studium und war unter anderem Gegenstand meiner Diplomarbeit. Darüber hinaus reifte insbesondere während meiner Tätigkeit als Unternehmensberater die Idee, sich wissenschaftlich anspruchsvoll mit dem Thema der Erfolgsfaktoren von Unternehmensberatungsprojekten auseinander zu setzen. Auf dem Weg dieser Idee zu der hier vorliegenden Dissertation haben viele Personen einen maßgeblichen Anteil. Ich möchte an dieser Stelle die Gelegenheit nutzen und mich bei all denjenigen Personen bedanken, die mich während meiner Promotionszeit begleitet und unterstützt haben.

Herrn Prof. Dr. Bernd W. Wirtz gebührt hierbei die erste Danksagung. Als mein Doktorvater stand er mir stets mit Rat und Tat zur Seite und war mir durch seine vielfältigen Hinweise immer eine große Hilfe. Darüber hinaus danke ich meinen Zweit- und Drittgutachtern Herrn Prof. Dr. Dr. h.c. Andreas Knorr und Herrn Prof. Dr. Mario Martini für ihr Engagement. Trotz ihrer zeitlich hohen Beanspruchung haben sie sich ohne Zögern zur Mitwirkung an meinem Dissertationsverfahren bereit erklärt.

Weitere Danksagungen gebühren dem Lehrstuhlteam, von denen ich mittlerweile auch einige Personen zu meinem engeren Freundeskreis zählen darf. Durch konstruktive Diskurse konnten wir uns gegenseitig in jeder Phase der Promotion unterstützen, aber auch für die nötige Ablenkung sorgen. In alphabetischer Rheinfolge sind dies: Herr Diplom-Ökonom Marc Elsäßer, Frau Dr. Linda Mory, Herr Dr. Philipp Nitsche, Herr Dr. Robert Piehler sowie Herr Dr. Adriano Pistoia. Darüber hinaus danke ich Herrn Diplom-Kaufmann Gordon Ewe, der mir immer nicht nur mit Kompetenz und Scharfsinn, sondern auch mit einem gesunden Maß an Pragmatismus und viel Humor zur Seite stand. Auch meinen Brüdern Daniel und Tobias danke ich für ihre Unterstützung in vielen Situationen.

Letztlich möchte ich noch meiner Mutter und meinem verstorbenen Vater danken. Sie haben mich stets in jeder Situation unterstützt und waren immer selbstlos für mich da. Ohne ihre grenzenlose Förderung und Unterstützung während meiner Schul-, Studien- und Promotionszeit wäre diese Arbeit nie möglich gewesen. Dafür danke ich Ihnen von ganzem Herzen. Ihnen ist diese Arbeit gewidmet!

München, den 18. Juli 2014 Dr. Matias Bronnenmayer

Inhaltsübersicht

Inhaltsverzeichnis

Abbildungsverzeichnis

Tabellenverzeichnis

Abkürzungsverzeichnis

χ^2	Chi-Quadrat
ADF	Asymptotically Distribution Free
AGFI	Adjusted-Goodness-of-Fit- Index
AMOS	Analysis of Moment Structures
AMOS	Analysis of Moment Structures
B2B	Business-to-Business
BDU	Bundesverband Deutscher Unternehmensberater BDU e.V.
Beraterpersp.	Beraterperspektive
BP	Beraterperspektive
BPR	Business Process Redesign
bspw.	beispielsweise
bzgl.	bezüglich
bzw.	beziehungsweise
ca.	circa
CAGR	Compound Annual Growth Rate
CBV	Competence Based View
CFI	Comparative Fit Index
d.h.	das heißt
DCV	Dynamic Capability Based View
DEV	durchschnittlich erfasste Varianz
df	degrees of freedom
e. g.	exempli gratia
EQS	Equation based Structural Program
et al.	et alii
etc.	et cetera
EU	Europäische Union
EUR	Euro
f.	folgende
ff.	die folgenden
FR	Faktor-Reliabilität
GFI	Goodness-of-Fit-Index
ggf.	gegebenenfalls
GLS	Generalized Least Square

H	Hypothese
H_B	Hypothese aus Beraterperspektive
H_K	Hypothese aus Klientenperspektive
HR	Human Resources
Hrsg.	Herausgeber
i.e.S.	im engen Sinne
i.w.S.	im weiten Sinne
ICC	Intra-Klassen-Korrelation
IR	Indikatorreliabilität
IS	Information Systems
ISO	International Organization for Standardization
IT	Informationstechnologie
ITK	Item-to-Total-Korrelation
Jg.	Jahrgang
k.A.	keine Angaben
KBV	Knowledge Based View
Klientenpersp.	Klientenperspektive
KMO	Kaiser-Meyer-Olkin
KMU	kleine und mittlere Unternehmen
KP	Klientenperspektive
LISREL	Linear Structural Relationship Model
MA	Mitarbeiter
Mio.	Millionen
ML	Maximum Likelihood
Mrd.	Milliarden
n	Anzahl
n.s.	nicht signifikant
NNFI	Non-Normed-Fit-Index
Nr.	Nummer
PLS	Partial Least Squares
PMC	Project Management Consulting Firm
PMI	Project Management Institute
Q-Q	Quantile-Quantile
R^2	Erklärungsgrad R^2
RBV	Resource-based View
RMSEA	Root-Mean-Squared-Error-of-Approximation

S.	Seite
SLS	Scale free Least Squares
SPSS	Statistical Package for the Social Sciences
T	Target Coefficient
TIMES	Telekommunikation, Information, Medien, Entertainment, Sicherheit
TLI	Tucker-Lewis-Index
u. a.	unter anderem
ULS	Unweighted Least Square
UNB	Unternehmensberatung
vgl.	vergleiche
Vol.	Volume (Ausgabe)
VRIN	Valuable, Rare, Inimitable, Non-Substitutable
vs.	versus
z. B.	zum Beispiel
z. T.	zum Teil

1 Einführung

Die Anfänge von Unternehmensberatung als professionell angebotene Dienstleistung können bis ins Jahr 1886 zurückverfolgt werden, als Arthur Dehon mit der Firma „Griffin & Little" die erste Unternehmensberatungsfirma weltweit gründete. Ab diesem Zeitpunkt entwickelt sich Unternehmensberatung in einem relativ kurzen Zeitraum zu einer Dienstleitung, der mittlerweile eine sehr bedeutende Rolle in modernen Organisationen zukommt. Viele wichtige Entscheidungen eines breiten Spektrums von Organisationen werden heutzutage mit der Unterstützung von Unternehmensberatern gefällt. Insbesondere Großunternehmen verzichten kaum mehr auf die Nutzung von Beratungsdienstleistungen, aber auch mittelständische Unternehmen und der öffentliche Sektor werden zunehmend von Unternehmensberatern durchdrungen. Die Auswirkungen von Unternehmensberatung und deren Einfluss auf das ökonomische Geschäftsleben können somit nur sehr schwer ignoriert werden.

Um im ersten Schritt an das Thema Unternehmensberatung heranzuführen, wird nachfolgend zunächst in Kapitel 1.1 die Ausgangssituation im Bereich Unternehmensberatung dargestellt. Zu diesem Zweck werden die historische Entwicklung von Unternehmensberatung und wesentliche aktuelle Kennzahlen des deutschen Unternehmensberatungsmarktes dargestellt. Darüber hinaus wird auf die wichtigsten Gründe eingegangen, warum ein Klientenunternehmen die Dienste einer Unternehmensberatung in Anspruch nimmt bzw. welche Funktionen Unternehmensberatung besitzen kann. Hieran anschließend erfolgt in Kapitel 1.2 eine Abgrenzung des Untersuchungsobjektes anhand ausgewählter Kriterien und die im Fokus stehenden handlungsleitenden Forschungsfragen werden präsentiert. Letztlich schließt Kapitel 1 mit der Darstellung des konkreten inhaltlichen Aufbaus der vorliegenden Arbeit (Kapitel 1.3).

1.1 Ausgangssituation im Bereich Unternehmensberatung

Die Entwicklung der Unternehmensberatungsbranche kann historisch gesehen in fünf Entwicklungsstadien untergliedert werden: eine Initialisierungs-, Professionalisierungs-, Internationalisierungs-, Differenzierungs- und Konsolidierungsphase.[1] Ein genaues Entstehungsdatum der Beratungsbranche zu nennen, ist aus heutiger Sicht nicht einfach, jedoch gilt – wie bereits erwähnt – das im Jahre 1886 von Arthur Dehon Little gegründete Unternehmen „Griffin & Little" allgemein als die erste Unternehmensberatung weltweit und kann somit als die Geburtsstunde

[1] Vgl. hierzu und im Folgenden McKenna (1995), S. 51 ff.; McKenna (2001), S. 673 ff.; McKenna (2006), S. 145 ff.; Fink (2009), S. 14 ff.; Lünendonk/Streicher (2009), S. 24 ff.; Fink (2010), S. 1 ff.; Verlander (2012), S. 4 ff.

der modernen Unternehmensberatung angesehen werden.[2] Auch wenn zunächst lediglich technische Analysen im Fokus des Unternehmens standen, so entwickelte sich die Firma später weiter zu einer „klassischen" Unternehmensberatung und firmiert heute unter dem Namen „Arthur D. Little".[3]

Die einzelnen Entwicklungsstadien von Unternehmensberatung betrachtend, verbreitete sich ab ca. 1900 im Rahmen der Initialisierungsphase das Angebot an professionellen Managementdienstleistungen stetig, vor allem regional in New York und Chicago. Insbesondere Ingenieure, Anwälte, Wirtschaftsprüfer und Geschäftsbanken boten zunehmend ab ca. 1920 ihre entsprechende fachliche Expertise als externe Experten für die Bereiche Planung, Organisation und Produktion an. In dieser Zeit entstanden auch einige der heute bekanntesten und größten Unternehmensberatungen, wie z.B. Booz & Company im Jahr 1914 oder McKinsey & Company 1926.[4]

Ein weiterer Meilenstein, der als Übergang von der Initialisierungsphase in die Professionalisierungsphase gesehen werden kann, ist ein am 09. April 1930 veröffentlichter Artikel im Wirtschaftsmagazin Business Week. Der damalige Universitätsprofessor James McKinsey erwähnte hierbei zum ersten Mal die neue Branche der Management Consultants. Dabei bestand für Prof. McKinsey aufgrund der stark gestiegenen Anzahl an professionellen Managementunterstützern nun der Bedarf für einen neuen Beratertypen. Dieser soll dem Management unterstützend zur Seite stehen, wenn es darum geht, die Vielzahl der unterschiedlichen professionellen Dienstleistungsangebote zu überschauen, koordinieren und zu managen.

Die Professionalisierungsphase der Beratungsbranche startete demnach in etwa ab dem Jahr 1930 und ist somit insbesondere durch die Folgen der Weltwirtschaftskrise und die eingebrochenen Aktienmärkte geprägt. Viele Unternehmen sind nicht mehr solvent, und somit übernehmen viele Investmentunternehmen und Banken im Rahmen von Gläubigerversammlungen die Kontrolle über die Geschäfte ihrer insolventen Kunden. Diese wiederum wenden sich an professionelle externe Berater, die ihnen bei der Unternehmenssanierung zur Seite stehen sollen. Darüber hinaus begünstigte auch eine politische Entscheidung die positive Entwicklung und die beträchtlichen Wachstumsraten der Beratungsunternehmen während der Professionalisierungsphase.

---

[2] Vgl. Schwan/Seipel (2002), S. 14; Niedereichholz (2010), S. 5. Einige Autoren sehen bereits die in der Antike tätigen Medizinmänner oder Hohepriester, die ihrem König, Häuptling oder Heeresführer beratend zur Seite stehen, als frühe Vorläufer der Unternehmensberatung, vgl. z.B. Heuermann/Herrmann (2003), S. 24 ff.

[3] Vgl. Arthur D. Little (2012).

[4] Vgl. Booz & Company (2012); McKinsey & Company (2012).

Der sogenannte „Glass-Steagall Act" schrieb im Jahr 1933 vor, dass es von nun ab unzulässig ist, dass Geschäftsbanken weiterhin ihre Kunden in betriebswirtschaftlichen Angelegenheiten beraten.[5] In der Folge wandten sich viele Unternehmen mit ihren betriebswirtschaftlichen Problemen an die jungen Unternehmensberatungsfirmen. Dementsprechend florierte das Beratungsgeschäft in der Professionalisierungsphase und es konnten auch bereits erste entsprechende Branchenstandards gesetzt werden. Bis Ende der 1950er Jahre etablierten sich drei Branchenführer am amerikanischen Markt: McKinsey & Company, Booz, Allen & Hamilton und Cresap, McCormick & Paget.[6]

Im Rahmen der folgenden Internationalisierungsphase ab ca. 1960 begannen hauptsächlich diese drei führenden Beratungsgesellschaften damit, ihre Beratungsaktivitäten auch auf den europäischen Raum auszuweiten. Die Situation, die sie in Europa vorfanden, war hierfür geradezu prädestiniert. Es bestand eine hohe Nachfrage bei sehr wenig Wettbewerb, so dass bis Mitte der 1960er Jahre amerikanische Beratungsfirmen weltweit den Markt für Beratungsleistungen dominierten. Dies führte letztlich auch dazu, dass diverse amerikanische Managementpraktiken weltweite Verbreitung erfuhren, wie z.B. die Konzepte der Dezentralisierung und Langfristplanung. Auch in der Folgezeit trugen die Unternehmensberater wesentlich zur Amerikanisierung des Managements bei.[7]

Parallel zur Internationalisierung der Beratungsbranche setzte ab den 1970er Jahren eine weitere wesentliche Entwicklungsphase der Unternehmensberatungsbranche ein, die Differenzierungsphase. Aus dieser Phase gehen wesentliche Segmente der Branche hervor. So veränderten sich basierend auf dem Ansatz der bereits 1963 gegründeten Boston Consulting Group grundlegende Beratungsansätze.[8] Beispielweise war es bis dato üblich, einen zentralistischen Ansatz zu verfolgen und jedes Kundenproblem individuell zu lösen. Die Projekte wurden primär in den eigenen Büros bearbeitet und mündeten in einen detaillierten schriftlichen Report.

Die neuen jungen Beratungsunternehmen verfolgten einen anderen Ansatz. Nicht die individuelle Lösung eines Kundenproblems wird angestrebt, sondern für strategische Probleme werden spezielle vorgefertigte Analyseinstrumenten verwendet. Dabei wird die Problemlösung gemeinschaftlich im Team erarbeitet, und der Berater wird somit zu einem Partner des Klienten. Letzt-

5 Vgl. Cohen/Lowy/Muckenfuss (1984).
6 Vgl. McKenna (2012).
7 Vgl. Heuermann/Herrmann (2003), S. 28 f.
8 Vgl. Niedereichholz (2010), S. 6; The Boston Consulting Group (2012).

lich steht nicht mehr der finale schriftliche Ergebnisreport alleinig im Fokus, sondern auch Soft Skills wie etwa Moderations- und Präsentationstechniken gewinnen zunehmend an Bedeutung.

Ein weiteres, heute nicht mehr wegzudenkendes Segment der Unternehmensberatungsbranche, entsteht während der Differenzierungsphase: die IT-Beratung. Die damalige Wirtschaftprüfungsgesellschaft Arthur Andersen gilt als das erste Unternehmen, das einen auf IT spezialisierten Beratungsbereich etablierte. Aufgrund des großen Erfolges des Beratungsgeschäfts wurde 1989 das Unternehmen in zwei Geschäftsbereiche gespalten: den Wirtschaftsprüfungsbereich (Arthur Andersen) und den Beratungsbereich (Andersen Consulting).[9] Mittlerweile hat sich Andersen Consulting komplett gelöst von der Wirtschaftsprüfungsgesellschaft Arthur Andersen, firmiert unter dem Namen Accenture und gilt als einer der weltweit führenden Managementberatungs-, Technologie- und Outsourcing-Dienstleister.[10]

Darüber hinaus entwickelten sich noch weitere Segmente des Beratermarktes. So konnte im Zuge der Energiekrise das Unternehmen Arthur D. Little in den 70er Jahren eine technologienahe Beratung hinsichtlich der Verwendung von ressourcenschonender und umweltfreundlicher Verfahren etablieren. Mittlerweile ist hieraus im Zusammenhang mit dem Umweltauditgesetz von 1995 mit dem Umweltgutachter sogar ein komplett neuer Berufszweig entstanden.[11]

Die letzte bzw. aktuelle Phase der Entwicklung der Unternehmensberatungsbranche wird als Konsolidierungsphase bezeichnet. Vor allem in den 1980er und 1990er Jahren ist der Gesamtumsatz in der Unternehmensberatungsbranche unter anderem aufgrund der weitreichenden Expansionen vieler Unternehmen, der zunehmenden Wirtschaftsglobalisierung und nicht zuletzt wegen des Höhenflugs der New Economy zwischen 10%-30% pro Jahr gewachsen.[12]

Dies änderte sich jedoch mit dem Platzen der Börsenblase ab dem Jahr 2000. Zum ersten Mal in der Geschichte der Unternehmensberatung stagnierte das Wachstum aufgrund ausbleibender Kundenaufträge und Budgetkürzungen bzw. –streichungen. Kurzzeitig konnte der alte Wachstumskurs im Jahr 2005 aufgrund der rasanten Globalisierung wieder aufgenommen werden, doch als im Jahr 2008 die Finanzkrise die Weltwirtschaft erneut und diesmal sogar noch heftiger als zuvor traf, war auch dieser kurzer Aufschwung beendet (vgl. Abbildung 1 am Beispiel Deutschland).

9 Vgl. Accenture (2012a).
10 Vgl. Accenture (2012b).
11 Vgl. BMU (2011).
12 Vgl. Appelbaum (2004), S. 184.

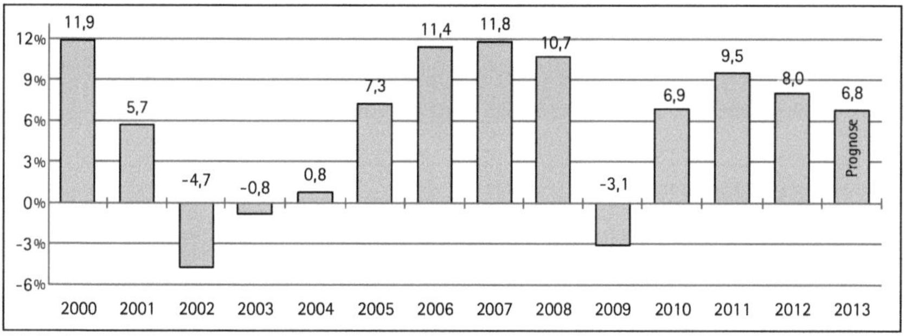

Abbildung 1: Veränderungsraten des Gesamtmarktes Unternehmensberatung von 2000 bis 2013 in Deutschland[13]

Neben den wirtschaftlichen Veränderungen trugen auch politische Entscheidungen zu einer stärkeren Konsolidierung der Unternehmensberatungsbranche bei. Insbesondere die von der amerikanischen Börsenaufsicht SEC angeregte Unvereinbarkeit von Wirtschaftsprüfung und Unternehmensberatung führte dazu, dass viele der großen Wirtschaftsprüfungsgesellschaften sich von ihren Beratungstöchtern trennten. So übernahm beispielsweise im Jahr 2000 die IT-Beratungsfirma Cap Gemini die Consulting-Sparte von Ernst & Young mit 18.000 Mitarbeitern.[14]

Zusammenfassend kann man davon ausgehen, dass sich der Markt für Unternehmensberatung mittlerweile im Übergang von der Wachstumsphase in die Reifephase befindet.[15] Dies belegen auch die aktuellen Veränderungsraten des Gesamtmarktes von Unternehmensberatung. Aus diesem Grund ist es von ganz besonderer Bedeutung, sich mit den Erfolgsfaktoren von Unternehmensberatung sowohl aus Klienten- als auch aus Beraterperspektive auseinander zu setzen, um dem aktuellen Kostenoptimierungstrend zukünftig besser gerecht werden zu können.[16] Abbildung 2 zeigt die Entwicklungshistorie der Beratungsbranche im Überblick.

Auch wenn die Zeiten, in denen der Gesamtumsatz der Unternehmensberatungsbranche ein jährliches Wachstum im hohen zweistelligen Bereich verzeichnen konnte, offenbar vorbei sind, ist Unternehmensberatung mit einem Gesamtumsatz von 22,3 Mrd. EUR für 2012 in Deutschland und einer Prognose von 23,8 Mrd. EUR Gesamtumsatz für 2013 zu einem essentiellen Teil unser Wirtschaft geworden (vgl. Abbildung 3). Vor allem bei großen Unternehmen gehört Unternehmensberatung mittlerweile zum „daily business" und hat ein sehr hohes Einflusspotenzial in

[13] Datenquelle: BDU (2010), S. 6; BDU (2012c), S. 6; BDU (2013a).
[14] Vgl. Capgemini (2012).
[15] Vgl. zum Konzept des Produktlebenszyklus z.B. Meffert/Burmann/Kirchgeorg (2012), S. 434 ff.
[16] Vgl. BDU (2013b).

nahezu allen Wirtschaftsbereichen.[17] Damit kann festgehalten werden, dass Unternehmensberatung eine sehr hohe praktische Relevanz aufweist und trotz Aktienmarktblase und der Finanzkrise ein sehr belastbarer und äußerst rentabler Wirtschaftsbereich ist.[18]

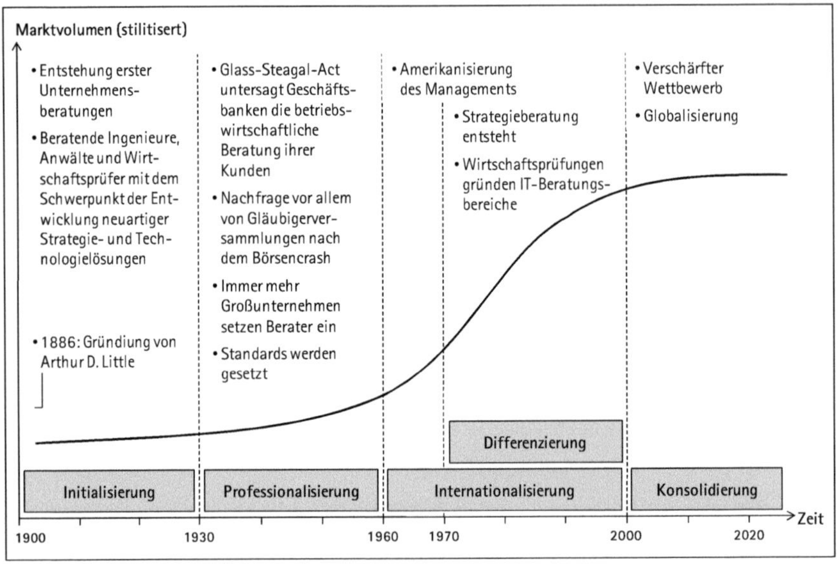

Abbildung 2: Entwicklungshistorie der Beratungsbranche[19]

In diesem Zusammenhang soll nachfolgend noch näher darauf eingegangen werden, worin die wesentlichen Gründe liegen, warum ein Unternehmen eine Beratungsfirma engagiert, bzw. welche Funktionen Beratung haben kann. Auf einer zunächst abstrakten Ebene besteht weitestgehend Einigkeit in der Unternehmensberatungsliteratur darüber, dass das Vorliegen eines Problems als der Hauptgrund für den Einsatz einer Unternehmensberatung angesehen werden kann: „Grundsätzlich setzt Beratung die Existenz eines Problems auf Seiten des Beratenen voraus."[20]

Der Begriff „Problem" muss hierbei weiter gefasst werden, als dieser im allgemeinen Sprachgebrauch Verwendung findet. Die implizit negative Befangenheit des Problembegriffs kann im Kontext der Unternehmensberatung nicht aufrechterhalten werden. So besteht auch ein Handlungsbedarf, wenn beispielweise das geplante Quartalsumsatzziel im Sinne einer Übererfüllung

---

[17] Vgl. Nissen (2007), S. VII.
[18] Vgl. Research (2013); feaco (2013), S. 6.
[19] In Anlehnung an Fink (2009), S. 16; Fink (2010), S. 2.
[20] Vogelsang (1992), S. 20; vgl. auch Erdöd (1984), S. 52; Althaus (1994), S. 32; Theuvsen (1994), S. 50; Walger (1995), S. 1; Merz (1996), S. 1081; Däfler (1998), S. 9.

nicht erreicht wurde. Da es sich hierbei in der Regel jedoch um ein „positives Problem" handelt, ist die Interpretation des Problembegriffs mit „Anlass zum Handeln" besser umschrieben.[21]

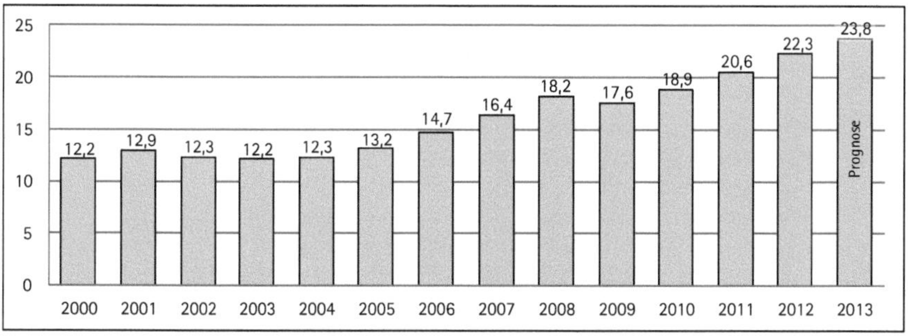

Abbildung 3: Umsatz der Unternehmensberaterbranche in Deutschland von 2000 – 2013 in Mrd. EUR[22]

Bevor nachfolgend auf explizite Funktionen von Unternehmensberatung eingegangen werden soll, ist in Abbildung 4 das Grundschema eines idealtypischen Problemlösungsprozesses dargestellt. Dabei ergibt sich das zu lösende Problem aus der Diskrepanz zwischen aktuellem Ist-Zustand und ermitteltem Soll-Zustand. Hierauf aufbauend wird die Ist-Situation analysiert und Alternativen zur Anpassung der Ist-Situation entworfen. Die sich ergebenen Konsequenzen der ermittelten Alternativen werden analysiert und bewertet und entsprechende Handlungen und Entscheidungen abgeleitet, die zur Lösung des Problems beitragen sollen.

Empirische Studien zeigen, dass der Hauptgrund, wieso Unternehmen sich professionelle Unterstützung von Beratungsfirmen ins Haus holen, in nicht vorhandenem Wissen bzw. mangelndem Know-How für spezifische Themenstellungen begründet liegt.[23] Diese Funktion von Beratung wird auch als Wissenstransferfunktion bezeichnet und beschreibt die „Übertragung von Know-How, das heißt die Vermittlung von Informationen sowie den Transfer von Erfahrungen, Wissen und Verfahrenstechniken von dem Beratungsunternehmen an die Klientenorganisation."[24] Der Unternehmensberater verfügt aufgrund seiner Erfahrungen über ein spezielles problem- und/oder prozessbezogenes Wissen, das der Klient nicht besitzt, und das dazu beitragen soll, die entsprechenden Kundenprobleme zu bewältigen.[25]

[21] Vgl. hierzu und im Folgenden Fink (2009), S. 43 ff.
[22] Datenquelle: BDU (2010), S. 4; BDU (2012c), S. 4; BDU (2013a).
[23] Vgl. Eschbach (1984), S. 44; Meffert (1990), S. 185; Pfriem (2002), S. 116; Verlander (2012), S. 19.
[24] Althaus (1994), S. 34; vgl. auch Eschbach (1984), S. 38 f.; Strasser (1993), S. 18 f.; Schrädler (1996), S. 22 f.; Nicolai (2000), S. 233 ff.
[25] Vgl. Kieser (1998a), S. 63.

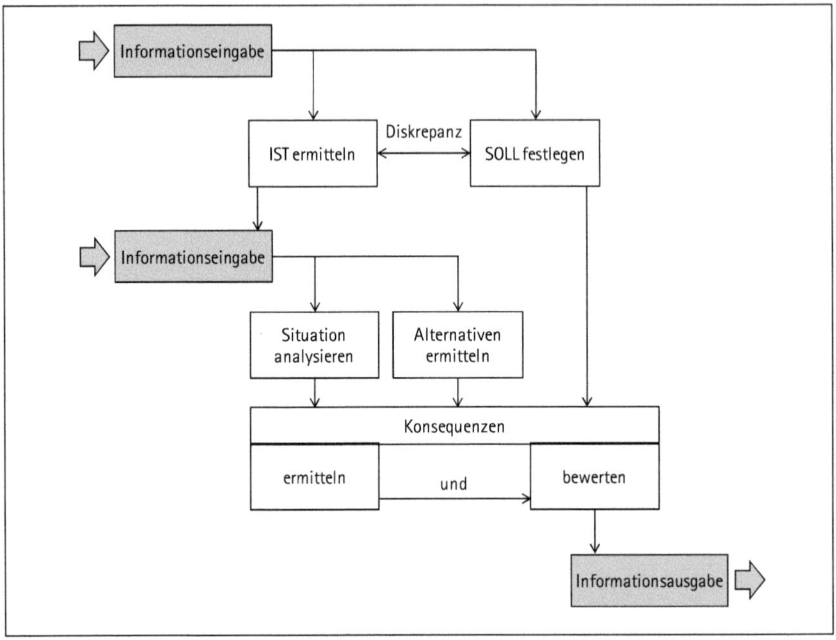

Abbildung 4: Grundschema eines idealtypischen Problemlösungsprozesses[26]

Eine eng mit der Wissenstransferfunktion einhergehende weitere Funktion von Unternehmensberatung ist die Innovations- und Entwicklungsfunktion.[27] Jede wirtschaftlich agierende Organisation ist dem Druck stetiger Weiterentwicklung und Anpassung an sich verändernde Rahmenbedingungen ausgesetzt. Kann ein Unternehmen diesem Druck unter Rückgriff auf die eigenen Routinen und Erfahrungen nicht gerecht werden bzw. droht dem Unternehmen eine zu langsame Fortentwicklung oder gar ein Entwicklungsstillstand, ist die Inanspruchnahme der Dienstleistung Unternehmensberatung eine mögliche Option. In Kooperation mit einer Unternehmensberatung können Funktionsweisen optimiert bzw. Schwachstellen identifiziert und beseitigt werden.[28] Von einer direkten Innovationsfunktion von Beratung spricht man hierbei, wenn die Berater für den Klienten neue Methoden und Verfahren entwickeln. Hingegen werden bei der indirekten Innovationsfunktion von Beratung im Sinne eine Hilfe zur Selbsthilfe die Hemmnisse und Gründe abgebaut, die ausschlaggebend dafür sind, dass der Klient nicht aus eigener Kraft in der Lage ist, sich innovativ weiterzuentwickeln.

[26] In Anlehnung an Brauchlin (1978), S. 77.

[27] Vgl. Haritz (1974), S. 273; Klein (1974), S. 3 ff.; Eschbach (1984), S. 48; Wood (2002a), S. 72 ff.; Wood (2002b), S. 17 ff.

[28] Vgl. Bartling (1985), S. 57 ff.; Mohe (2003), S. 66.

Eine weitere im Schrifttum vielfach genannte Funktion von Unternehmensberatung ist die sogenannte Neutralitätsfunktion bzw. Objektivierungsfunktion.[29] Unternehmensberater werden zumeist als externe Partner/Berater zur Lösung organisationaler Probleme hinzugezogen. Ein in diesem Zusammenhang oft entscheidender Punkt ist, dass die Berater im Rahmen von politischen Machtkämpfen der Klienten neutral und objektiv eingreifen und sich lediglich auf die übergeordneten Ziele des Klientenunternehmens konzentrieren können.

Des Weiteren können Unternehmensberater aufgrund ihrer externen Position weitestgehend neutral agieren und unterliegen nicht einer vorherrschenden Betriebsblindheit von „Communities of Assumptions"[30], wodurch sie in der Lage sind, blinde Flecken im Klientenunternehmen aufzudecken: „Externalität und die damit verbundene Unabhängigkeit und Ungebundenheit erlauben die Begutachtung von Unternehmensabläufen aus einer „nur-logischen Perspektive."[31] Auch wenn interne Unternehmensberatungen rein definitorisch zum gleichen Unternehmen gehören, kann diese Neutralitäts-/Objektivierungsfunktion auch von diesen wahrgenommen werden. In der Regel sind interne Unternehmensberatungen als eigene unabhängige Abteilungen im Unternehmen mit externem Charakter aufgestellt, müssen genau wie externe Beratungsfirmen speziell für ein Projekt beauftragt werden und stehen in Konkurrenz mit anderen am Markt agierenden externen Beratungsgesellschaften.

Als letzte wesentliche Funktion von Unternehmensberatung sei noch die im Schrifttum unumstrittene Kapazitätserweiterungs- bzw. Wirtschaftlichkeitsfunktion genannt.[32] Im Gegensatz zur Wissenstransferfunktion geht es bei der Kapazitätserweiterungs- bzw. Wirtschaftlichkeitsfunktion um die kurzfristige temporäre Bereitstellung von Kapazitäten, deren eigenes Vorhalten als kostenintensiver eingestuft wird als ein externer Zukauf. Im Sinne der klassischen Make-or-Buy-Entscheidung und unter Berücksichtigung des hohen Flexibilitätsmaßes wird ein „maximales Resultat bei minimalem Einsatz"[33] angestrebt. Häufig kommt diese Funktion der Beratung bei IT-orientierten Projekten, aber auch zur Unterstützung des Managements als Manager auf Zeit bzw. als externe Stabstelle des Managements zur Anwendung.[34]

In den vorangegangen Abschnitten wurde unter Rückgriff auf die historische Entwicklung von Unternehmensberatung bis hin zur aktuellen Marktsituation und den wesentlichen Funktionen

---

[29] Vgl. Kieser (1998b), S. 199; Kolbeck (2001), S. 20 f.; Nicolai (2000), S. 256.
[30] Kirsch (2001), S. 333.
[31] Eschbach (1984), S. 41.
[32] Vgl. Eschbach (1984), S. 39 f.; Strasser (1993), S. 15 ff.; Kieser (1998b), S. 198; Nicolai (2000), S. 256; Kolbeck (2001), S. 19 f.; Ernst (2002), S. 20.
[33] Eschbach (1984), S. 40.
[34] Vgl. Bartling (1985), S. 32 f.

von Beratung deutlich, das Unternehmensberatung von hoher praktischer Relevanz ist. Trotz dieser hohen praktischen Relevanz und der Größe und Bedeutung des Wirtschaftsbereiches Unternehmensberatung ist die wissenschaftliche Auseinandersetzung mit diesem Themengebiet überraschend gering.[35] Betrachtet man das Schrifttum zum Themengebiet Management Consulting, so fällt auf, dass zwar eine Vielzahl an Büchern und Artikeln existieren, allerdings handelt es sich hierbei zumeist um praktische Erfahrungsberichte, geschrieben von (ehemaligen) Beratern. Diese sogenannte „Enthüllungsliteratur"[36] zielt darauf ab, einen möglichst großen Leserkreis anzusprechen, allerdings weisen die dort publizierten Erfolgsstories keinen oder nur einen sehr geringen wissenschaftlichen Aussagegehalt auf.

In der wissenschaftlichen Community, die sich mit dem Forschungsgebiet Unternehmensberatung auseinandersetzt, besteht Einigkeit darüber, dass das Themengebiet Unternehmensberatung von sehr hoher wissenschaftlicher Relevanz ist: Es existieren derzeit noch große Defizite in Bezug auf grundlegende Arbeiten zur Beratung von Organisationen und darüber hinaus mangelt es an einer anspruchsvollen empirischen Fundierung.[37] „Der Markt für Leistungen der Unternehmensberatung wächst ständig, national wie international, und mit seinem Wachstum steigt auch die Intransparenz. Dennoch schenkt die betriebswirtschaftliche Forschung diesem Dienstleistungsbereich bis heute noch keine solche Aufmerksamkeit, die seiner zunehmenden wirtschaftlichen Bedeutung auch nur annähernd entspräche. Von der Etablierung einer Spezialdisziplin des modernen Consulting, die über die klassischen Beratungsfächer Steuerberatung und Wirtschaftprüfung hinausgeht, ist die Betriebswirtschaftslehre (...) noch weit entfernt."[38]

Vom wissenschaftlichen Standpunkt aus gesehen, existiert demnach bis dato weder eine geschlossene Universaltheorie der Unternehmensberatung, noch kann die Überlegenheit einer bestimmten theoretischen Fundierung ausgemacht werden.[39] Dieser Umstand liegt unter anderem in der Komplexität des Untersuchungsgegentandes begründet, kann jedoch auch auf die noch relativ junge Geschichte dieser Forschungsdisziplin zurückgeführt werden. Auf der anderen Seite ist es jedoch sehr außergewöhnlich, dass – abgesehen von einer geschlossenen Universaltheorie der Unternehmensberatung – auch keine "correspondingly large wealth of empirical data on the

---

35 Vgl. Fritz/Effenberger (2008), S. 278.
36 Armbrüster/Kieser (2001), S. 691.
37 Vgl. Gagnon (1984), S. 148; Steyrer (1991); Kaas/Schade (1995), S. 1067 ff.; Schrädler (1996); Sommerlatte (2000), S. 18 ff.; Alvesson/Johansson (2002), S. 228 ff.; Zirkler (2005); zu Knyphausen-Aufseß/Schweizer/Rajes (2009), S. 5 ff.
38 Fritz/Effenberger (2008), S. 278.
39 Vgl. Kipping/Clark (2012b), S. 16.

practice of management consulting"[40] existiert. Zusammenfassend kann somit festgehalten werden, dass viele Autoren der wissenschaftlichen Community der Unternehmensberatungsforschung feststellen, dass es große Lücken in Bezug auf grundlegende Arbeiten der Unternehmensberatungsforschung und insbesondere einen erheblichen Mangel an Arbeiten mit empirisch anspruchsvoller Fundierung zu diesem Themengebiet gibt.[41] Dem Forschungsgebiet Unternehmensberatung kann somit allgemein eine hohe wissenschaftliche Relevanz zugeschrieben werden.

Obwohl die Zahl der wissenschaftlichen Arbeiten zum Themengebiet Unternehmensberatung in den letzten Jahren gestiegen ist, gibt es nach wie vor eine Vielzahl von Unternehmensberatungsforschungsbereichen, die noch nicht behandelt wurden oder sich erst in einem frühen Stadium ihrer wissenschaftlichen Auseinandersetzung befinden.[42] Die meisten wissenschaftlichen Arbeiten beschäftigen sich hierbei mit dem Beratungsprozess und den verschiedenen Funktionen von Unternehmensberatung[43] oder setzten den Untersuchungsfokus auf den Beratungsmarkt mit den spezifischen relevanten Rollen von Unternehmensberatung unter Berücksichtigung des speziellen Beziehungsverhältnisses.[44]

Bezüglich der hochrelevanten Frage, welche Faktoren für den Erfolg eines Unternehmensberatungsprojektes verantwortlich sind, existieren derzeit nur wenige qualitativ hochwertige Studien. Aus diesem Grund wird dieser Forschungsbereich als besonders relevant für weitere grundlegende Studien angesehen: „One key area proposed for further research is that of consultation success."[45] Das hierzu vorhandene Schrifttum ist zumeist narrativer Natur und die wenigen wissenschaftlichen empirischen Arbeiten behandeln das Thema sehr partiell oder mit einem fokussierten Betrachtungswinkel.[46] Eine umfassende empirische Studie zu den Erfolgsfaktoren von Unternehmensberatung existiert derzeit noch nicht, so dass hier eine Forschungslücke besteht, die den Bedarf an zusätzlichen Studien in diesem Bereich ausdrückt.[47]

---

[40] Appelbaum (2004). S. 183.

[41] Vgl. z.B. Gagnon (1984), S. 148; Appelbaum (2004), S. 184; Alvesson/Johansson (2002), S. 228; Zirkler (2005), S. 5 ff.

[42] Vgl. Zirkler (2005), S. 6 ff.

[43] Vgl. z.B. Tilles (1961); Sturdy (1997); McLarty/Robinson (1998); Werr/Styhre (2002); Simon/Schoeman/Sohal (2010).

[44] Vgl. z.B. McKinney Kellog (1984); Höck/Keuper (2001); Sewchurran/Barron (2008).

[45] Appelbaum (2004), S. 184.

[46] Vgl. Kapitel 2.3.

[47] Vgl. Armenakis/Burdg (1988), S. 359; Jang/Suh/Lee (1997), S. 165 f.; Simon/Kumar (2001), S. 362; Glückler/Armbrüster (2003), S. 270; Marr (2005), S. 469; Schweizer/zu Knyphausen-Aufsess/Rajes (2009), S. 394 und Kapitel 2.3.

Zusammenfassend kann die Ausgangssituation der vorliegenden Untersuchung wie folgt charakterisiert werden:

- Unternehmensberatung ist ein Thema von sehr hoher praktischer Relevanz. Insbesondere seit den 1970er Jahren hat Unternehmensberatung erheblich an Bedeutung gewonnen und ist mittlerweile aus dem Tagegeschäft der meisten mittleren und insbesondere großen Unternehmen nicht mehr wegzudenken.
- Unternehmensberatung hat einen hohen Einfluss in nahezu allen Wirtschaftsbereichen und auch in Zukunft wird Unternehmensberatung branchen- und regionenübergreifend von hoher Bedeutung sein.
- Die zunehmende praktische Bedeutung spiegelt sich auch im steigenden Interesse der betriebswirtschaftlichen Forschung seit Ende der 80er Jahre wider. Allerdings gibt es nach wie vor eine Vielzahl von Themengebieten im Kontext Unternehmensberatung, die noch nicht behandelt wurden oder sich erst in einem frühen Stadium ihrer wissenschaftlichen Auseinandersetzung befinden.
- Eine wesentliche Fragestellung, die in der wirtschaftswissenschaftlichen Forschung noch nicht umfassend bearbeitet wurde, betrifft die Erfolgsfaktoren von Unternehmensberatung. In diesem Bereich existiert derzeit noch keine Studie, die die grundlegend relevanten Erfolgsfaktoren von Unternehmensberatung aus Klienten- und/oder Beraterperspektive auf einem hohen wissenschaftlichen Niveau behandelt. Aus diesem Grund kann hier ein Forschungsbedarf ausgemacht werden, der die Notwendigkeit für weitere Studien zu dieser Thematik unterstreicht.

1.2 Abgrenzung des Untersuchungsobjektes und Problemstellung

Angesichts der hohen praktischen Relevanz bei vergleichsweise äußerst geringer wissenschaftlicher Auseinandersetzung besteht die Notwendigkeit, sich vertieft mit der Thematik der Erfolgsfaktoren von Unternehmensberatung wissenschaftlich zu beschäftigen. Aus diesem Grund verfolgt die vorliegende Arbeit die Zielsetzung, einen theoriegeleiteten, hypothesentestenden Beitrag zur empirischen Identifikation von relevanten Erfolgsfaktoren von Unternehmensberatung, der Messung des Unternehmensberatungserfolgs sowie der Erfolgswirkung der identifizierten Erfolgsfaktoren zu leisten.

Bevor auf die handlungsleitenden Forschungsfragen näher eingegangen wird, werden nachfolgend die für diese Arbeit gewählten Eingrenzungen dargestellt, die notwendig sind, um das Forschungsvorhaben in einem realistisch umsetzbaren Rahmen zu halten, und die als Voraussetzung zur Nachvollziehbarkeit der Gültigkeit der zu untersuchenden Fragestellungen dienen.

Zunächst bedarf es einer Definition hinsichtlich der zu betrachtenden Perspektive. Per definitionem sind an einem Unternehmensberatungsprojekt immer zwei Hauptakteure beteiligt: der Auftraggeber und der Auftragnehmer. Als Auftraggeber wird in der vorliegenden Arbeit der Klient von Unternehmensberatungen verstanden, also das Wirtschaftsunternehmen, das aufgrund eines (latent) vorhandenen Problems eine Unternehmensberatung engagiert. Als Auftragnehmer wird entsprechend die engagierte Unternehmensberatung verstanden. Folglich können die Erfolgsfaktoren von Unternehmensberatung aus zwei grundlegenden Betrachtungsperspektiven analysiert werden, der Klientenperspektive und/oder der Beraterperspektive.

Dieser Einteilung folgend, können die bisherigen Studien zu Erfolgsfaktoren von Unternehmensberatung in folgende drei Kategorien eingeteilt werden: Erstens können die Erfolgsfaktoren von Unternehmensberatung aus Klientenperspektive betrachtet werden, zweitens aus Beraterperspektive und drittens sowohl aus Klienten- als auch aus Beraterperspektive. Die meisten bisher existierenden Arbeiten zu den Erfolgsfaktoren von Unternehmensberatung betrachten diese aus der Klientenperspektive.[48] Abhängig vom Untersuchungsschwerpunkt werden unterschiedliche Faktoren analysiert, die aus der Sicht des Auftraggebers zu dem Erfolg von Unternehmensberatung beitragen. Allerdings weisen die meisten Studien im Rahmen der theoretischen Herleitung, der empirischen Überprüfung und hinsichtlich der Erfolgskonzeptionalisierung erhebliche Mängel auf.[49] Analoges gilt für die zweite Variante der Betrachtungsperspektive, nämlich die Studien, die die Erfolgsfaktoren von Unternehmensberatung aus der Beraterperspektive untersuchen.[50]

Ein weiterer Forschungszweig betrachtet die Erfolgsfaktoren sowohl aus Klienten- als auch aus Beraterperspektive. Diese Variante der Betrachtungsperspektiven gilt als die komplexeste und aufwendigste Untersuchungsalternative. Hauptgrund für die hohe Komplexität und den hohen Aufwand ist die Notwendigkeit der empirischen Überprüfung bei zwei Zielgruppen, da die eruierten Erfolgsfaktoren sowohl aus Klienten- als auch aus Unternehmensberaterperspektive hinsichtlich ihrer Erfolgswirkung untersucht werden. Allerdings stehen bei den bisherigen Arbeiten weitestgehend Aspekte der Klienten-Berater-Beziehung, des Beziehungsmanagements und der

[48] Vgl. Kapitel 2.3.
[49] Vgl. Kapitel 2.3.1.
[50] Vgl. Kapitel 2.3.2.

Zusammenarbeit von Berater und Klient im Mittelpunkt der Betrachtung.[51] Darüber hinaus sind auch diese Arbeiten überwiegend von geringerer theoretischer und empirischer Qualität.[52]

Trotz der sehr hohen Komplexität und des hohen Aufwandes wurde für die vorliegende Arbeit die Variante einer Analyse der Erfolgsfaktoren aus Klienten- und Beraterperspektive gewählt. Diese Variante verspricht einen sehr hohen Aussagegehalt und wurde in dieser Form und Ausführlichkeit bisher in der wissenschaftlichen Forschung noch nicht durchgeführt. Bei der konkreten Ausgestaltung dieser Variante muss berücksichtigt werden, dass abhängig von der jeweiligen Betrachtungsperspektive insbesondere der Erfolg von Unternehmensberatung unterschiedliche Facetten beinhaltet. Aus diesem Grund ist es notwendig, wie sich im weiteren Verlauf der Arbeit noch konkret zeigen wird, zwei unterschiedliche Untersuchungsmodelle zu konzeptionalisieren, zu operationalisieren und auszuwerten. Somit werden im Rahmen dieser Arbeit zwei Modelle der Erfolgsfaktoren von Unternehmensberatung, ein Modell aus Klientenperspektive und ein Modell aus Beraterperspektive, entwickelt und untersucht. Beide Modelle basieren auf der gleichen theoretischen Grundlage, werden jedoch getrennt operationalisiert, empirisch untersucht und ausgewertet. Letztendlich besteht aufgrund der simultanen Konzeptionalisierung der Erfolgsfaktoren der große Mehrwert im qualitativen Vergleich hinsichtlich der Wirkung der einzelnen Erfolgsfaktoren zwischen Klienten- und Beraterperspektive.[53]

Als weiteres Abgrenzungskriterium kann der Inhalt der Unternehmensberatungsprojekte herangezogen werden. Allgemein geht es bei „Unternehmensberatung um die Unterstützung bei der Bearbeitung betriebswirtschaftlich motivierter Fragestellungen."[54] Jedoch stehen bei jedem Unternehmensberatungsprojekt unterschiedliche Aspekte, wie z.B. Strategieentwicklung, Organisations- und Geschäftsprozessoptimierung, IT oder HR-Themen im Mittelpunkt der Betrachtung. Gemäß der Klassifikation des BDU (Bundesverband Deutscher Unternehmensberater BDU e.V.) können folgende vier Beratungsschwerpunkte unterschieden werden:

- Strategieberatung,
- Organisations- und Prozessberatung,
- IT-Beratung und
- Human-Resources-Beratung.[55]

---

[51] Vgl. z.B. Fullerton/West (1996); Karantinou/Hogg (2007); Nikolova/Reihlen/Schlapfner (2008).

[52] Vgl. Kapitel 2.3.3.

[53] Vgl. Kapitel 7.1.

[54] Nissen (2007), S. 3.

[55] Vgl. BDU (2012c), S. 8.

Die meisten Studien zu den Erfolgsfaktoren von Unternehmensberatung nehmen bezüglich des Beratungsschwerpunktes keine Einschränkung vor. Nur wenige Arbeiten fokussieren sich speziell auf einen Beratungsschwerpunkt, wie z.B. Strategieberatung oder IT-Beratung.[56] Da der Fokus der vorliegenden Arbeit möglichst breit gehalten werden soll, wird auch hier keine Einschränkung hinsichtlich des Beratungsschwerpunktes getroffen. Lediglich die Human-Resources-Beratung wird im vorliegenden Zusammenhang explizit ausgeschlossen. Bei einem Personalberatungsprojekt geht es neben Themen der Personalorganisation, Vergütungssysteme, Personalführung, Schulungen und Trainings insbesondere auch um die Suche und Auswahl von Fach- und Führungskräften und fällt somit nicht unter „klassische" Unternehmensberatung.[57]

Das dritte Abgrenzungskriterium bezieht sich auf die Projektbetrachtungsebene innerhalb der Klienten- bzw. Beratungsunternehmen. Hierbei muss festgelegt werden, ob die Erfolgsfaktoren von Unternehmensberatungsprojekten aus dem Blickwinkel eines speziellen Beratungsprojektes untersucht werden sollen, oder ob das komplette Unternehmensberatungsprojektportfolio Gegenstand des Interesses ist. Diese Unterteilung kann noch erweitert werden, indem differenziert wird, ob im Rahmen der Untersuchung ein spezifisches Unternehmen (Case Study) oder mehrerer unterschiedliche Unternehmen zur empirischen Untersuchung herangezogen werden. Die sich hieraus ergebende Vier-Felder-Matrix ist in Abbildung 5 dargestellt.

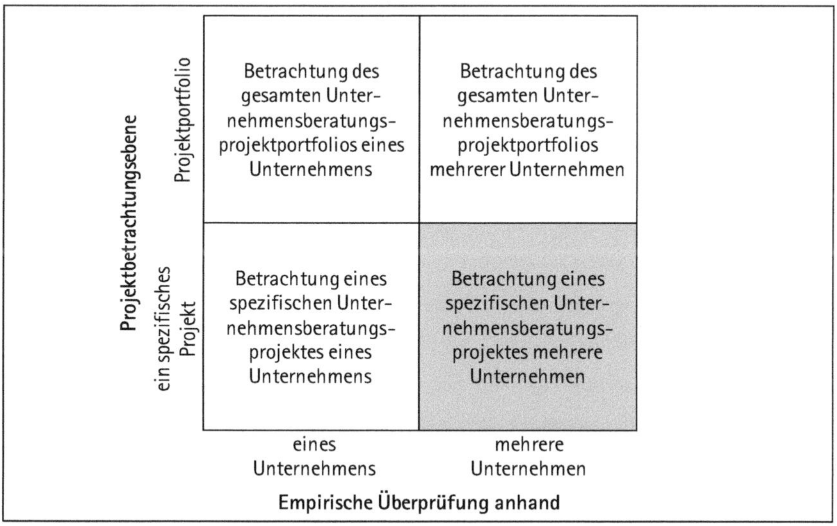

Abbildung 5: Abgrenzungskriterium Projektbetrachtungsebene – Unternehmen

56 Vgl. z.B. Effenberger (1998) bzw. Hartman/Ashrafi (2002) und Kapitel 2.3.
57 Vgl. Hummel/Zander (2009), S. 74 ff.; BDU (2011b), S. 29.

Bezüglich der Frage, ob die Erfolgsfaktoren von Unternehmensberatungsprojekten mit Hilfe eines speziellen Unternehmens oder durch mehrere unterschiedliche Unternehmen empirisch überprüft werden sollen, kommt der Methode dieser Studie folgend (Kausalanalyse) sowohl für die Klienten- als auch die Beraterperspektive lediglich die Variante der empirischen Überprüfung anhand mehrere Unternehmen in Frage.[58] Hinsichtlich der Projektbetrachtungsebene wird für die vorliegende Studie die Variante der Fokussierung auf ein spezifisches Projekt sowohl für die Klienten- als auch für die Beraterperspektive gewählt. Dieses in der Erfolgsfaktorenforschung gängiges Vorgehen hat den Vorteil, dass ein konkreter Fokus gesetzt wird, wodurch homogene Resultate eher erzielt werden können und mögliche Verzerrungen aufgrund heterogener Abläufe der Projekte vermieden werden. Darüber hinaus wird die Komplexität der Untersuchungsstudie nicht unnötig erhöht.

Handlungsleitende Forschungsfragen

Forschungsfrage 1:
Wie können die einzelnen Erfolgsfaktoren von Unternehmensberatung aus Klientenperspektive konzeptionalisiert und operationalisiert werden?

Forschungsfrage 2:
Wie können die einzelnen Erfolgsfaktoren von Unternehmensberatung aus Beraterperspektive konzeptionalisiert und operationalisiert werden?

Forschungsfrage 3:
Wie kann der Erfolg von Unternehmensberatung aus Klientenperspektive konzeptionalisiert und operationalisiert werden, und wie wirken die einzelnen Erfolgsfaktoren auf den Erfolg von Unternehmensberatung?

Forschungsfrage 4:
Wie kann der Erfolg von Unternehmensberatung aus Beraterperspektive konzeptionalisiert und operationalisiert werden, und wie wirken die einzelnen Erfolgsfaktoren auf den Erfolg von Unternehmensberatung?

Abbildung 6: Handlungsleitende Forschungsfragen der Untersuchung

Als letztes Abgrenzungskriterium wird eine Ländereingrenzung für die empirische Untersuchung vorgenommen, die sich derart ausgestaltet, dass lediglich deutsche Unternehmen (Klientenunternehmen und Beratungsunternehmen) in die Untersuchung einfließen.[59] Neben der Vermeidung heterogener Projektfokusse spielen bei dieser Entscheidung insbesondere forschungsprogrammatische Gründe eine wichtige Rolle. Somit wird einerseits das Problem von eventuell vorhandenen Sprachbarrieren umgangen, aber auch insbesondere die geografische Nähe und vorhandene Datenbanken erleichtern darüber hinaus das Forschungsvorhaben.

[58] Vgl. Kapitel 2.1.2 und Kapitel 4.1.
[59] Zur weiteren Einschränkungen der empirischen Datengrundlage vgl. Kapitel 4.4.1.

Nachdem die für diese Arbeit geltenden Abgrenzungen vorgenommen wurden, wird im Folgenden konkret auf die unterschiedlichen Zielsetzungen dieser Untersuchung eingegangen. Als Hauptuntersuchungsfragestellung steht im Mittelpunkt dieser Untersuchung, ob und wie Erfolgsfaktoren von Unternehmensberatung auf den Erfolg von Unternehmensberatungsprojekten wirken und dies sowohl betrachtet aus der Klienten- als auch aus der Beraterperspektive.[60] Hierauf aufbauend können vier konkrete Forschungsfragen abgeleitet werden, die nachfolgend näher beschrieben werden und in Abbildung 6 zusammengefasst dargestellt sind.

Bei den ersten beiden Fragestellungen geht es um das zentrale Forschungsziel der vorliegenden Arbeit, nämlich die Konzeptionalisierung und Operationalisierung der Erfolgsfaktoren von Unternehmensberatung. Aufgrund der Zweiperspektivenbetrachtung wird diese Forschungsfrage einmal aus Klientenperspektive (Forschungsfrage 1) und einmal aus Beraterperspektive (Forschungsfrage 2) behandelt. Hinsichtlich der Konzeptionalisierung geht es um die theoriegeleitete Herleitung und inhaltliche Konkretisierung der einzelnen Erfolgsfaktoren,[61] und hierauf aufbauend wird im Rahmen der Operationalisierung ein reliables und valides Messinstrument zur empirischen Erfassung der zuvor konzeptionalisierten Erfolgsfaktoren entwickelt.[62]

Diesem Vorgehen liegt die Annahme zu Grunde, dass es sich bei der Identifikation der Erfolgsfaktoren von Unternehmensberatung um einen relativ komplexen Untersuchungsgegenstand handelt, bei dem viele unterschiedliche inhaltliche Variablen berücksichtigt werden müssen.[63] Darüber hinaus stellen die Erfolgsfaktoren von Unternehmensberatung zum größten Teil komplexe, latente Konstrukte dar, die sich einer direkten Messbarkeit entziehen. Daher ist eine fundierte theoriegeleitete Konzeptionalisierung und ausführliche Operationalisierung der Erfolgsfaktoren von Unternehmensberatung unabdingbar. Um dem facettenreichen Charakter der vorliegenden Thematik gerecht zu werden, erfolgt die Konzeptionalisierung der einzelnen Erfolgsfaktoren von Unternehmensberatung auf Basis eines multitheoretischen Vorgehens.[64]

Basierend auf den ersten beiden Forschungsfragen erfolgt die Untersuchung der Erfolgswirksamkeit wiederum einmal aus Klientenperspektive (Forschungsfrage 3) und einmal aus Beraterperspektive (Forschungsfrage 4). In diesem Zusammenhang ist es zunächst notwendig, das Erfolgskonstrukt sowohl für die Klientenperspektive als auch für die Beraterperspektive zu konzeptio-

[60] Die Begrifflichkeiten „Erfolg von Unternehmensberatung", „Beratungserfolg", „Unternehmensberatungserfolg" und „Erfolg von Unternehmensberatungsprojekten" werden für die vorliegende Arbeit synonym verwendet.
[61] Vgl. Homburg/Giering (1996), S. 5; Homburg (1998), S. 4; Burmann (2002), S. 39.
[62] Vgl. Homburg (1998), S. 4; Böing (2001), S. 40; Burmann (2002), S. 39.
[63] Vgl. zu Knyphausen-Aufseß/Schweizer/Rajes (2009), S. 19.
[64] Vgl. Kapitel 2.4.

nalisieren und zu operationalisieren. Im Gegensatz zu den einzelnen Erfolgsfaktoren, bei denen eine simultane Konzeptionalisierung möglich ist, muss das Erfolgskonstrukt getrennt für die Klienten- bzw. die Beraterperspektive konzeptionalisiert werden.

Auch wenn übergreifende Dimensionen der Erfolgsmessung ausgemacht werden können, die für beide Perspektiven Geltung haben, sind auch andere perspektivenspezifische Erfolgsdimensionen sowohl für die Klienten- als auch Beraterperspektive von Relevanz.[65] Erst nachdem die einzelnen relevanten Erfolgsgrößen pro Betrachtungsperspektive identifiziert, konzeptionalisiert und operationalisiert wurden, ist es in einem zweiten Schritt möglich, die einzelnen Hypothesen zur Wirkung der Erfolgsfaktoren auf den Unternehmensberatungserfolg empirisch zu überprüfen.

Folgende Abbildung 7 skizziert die Ansatzpunkte der vorgestellten Forschungsfragestellungen für die Klienten- und Beraterperspektive noch einmal grafisch und stellt gleichzeitig einen ersten Bezugsrahmen dar.

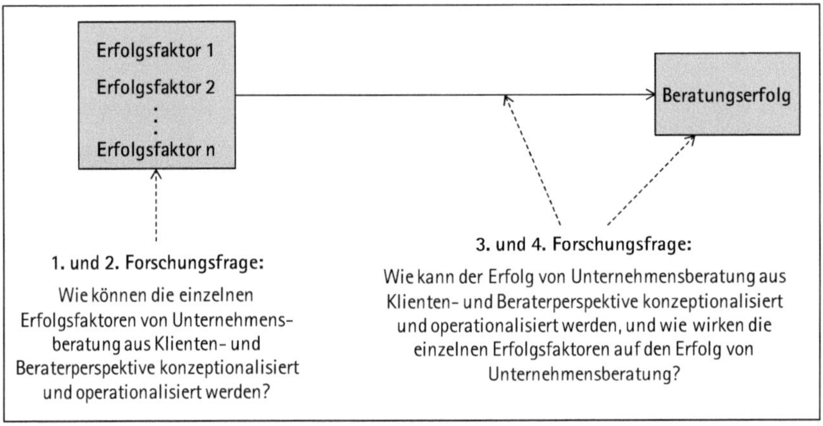

Abbildung 7: Erstes Übersichtsmodell der Untersuchung für Klienten- und Beraterperspektive

1.3 Untersuchungsaufbau

Die vorliegende Untersuchung gliedert sich in sieben Hauptkapitel. Nachdem in Kapitel 1 neben der Ausgangssituation und der Historie von Unternehmensberatung insbesondere eine Abgrenzung des hier relevanten Untersuchungsobjektes und eine Darstellung der Untersuchungsfragestellungen erfolgte, schließt Kapitel 2 hieran an und beschreibt die wesentlichen Grundlagen der vorliegenden Untersuchung. Zunächst werden hierfür die wissenschaftstheoretischen (Kapitel

[65] Vgl. Kapitel 3.2.

2.1) und die terminologischen (Kapitel 2.2) Grundlagen dieser Arbeit beschrieben, bevor in Kapitel 2.3 der aktuelle Forschungsstand zu den Erfolgsfaktoren von Unternehmensberatung mit dem Ziel der Identifikation der Forschungslücke dargestellt wird. Darüber hinaus wird in Kapitel 2.4 der dieser Arbeit zugrunde liegende theoretische Bezugsrahmen vorgestellt. Dabei wird neben der Notwendigkeit eines multitheoretischen Bezugsrahmens, explizit auf die hier zur Anwendung kommenden betriebswirtschaftlichen Theorien eingegangen, nämlich die Prinzipal-Agent-Theorie und der Ressource-Based View. Nach einer allgemeinen Darstellung der Theorien und deren zugrunde liegenden Annahmen werden die jeweiligen Bezugspunkte zur vorliegenden Untersuchung herausgearbeitet.

Kapitel 3 widmet sich der theoretischen Herleitung des Untersuchungsmodells. Der Forschungsfrage 1 bzw. 2 entsprechend werden in Kapitel 3.1 aus dem zuvor definierten multitheoretischen Bezugsrahmen die einzelnen Erfolgsfaktoren von Unternehmensberatung aus Klienten- und Beraterperspektive abgeleitet sowie inhaltlich beschrieben und konkretisiert. Hieran anschließend erfolgt in Kapitel 3.2 gemäß den Forschungsfragen 3 bzw. 4 die perspektivenabhängige Konzeptionalisierung des Erfolgs von Unternehmensberatung. Neben der Ableitung der einzelnen Dimensionen des Beratungserfolges für die Klienten- und Beraterperspektive werden auch entsprechende Hypothesen bezüglich der Wirkungsweise zwischen den Erfolgsfaktoren und dem Unternehmensberatungserfolg formuliert. Das dritte Kapitel schließt mit der Darstellung der Untersuchungsmodelle und der Zusammenfassung der aufgestellten Hypothesen sowohl aus Klienten- als auch aus Beraterperspektive (Kapitel 3.3).

Kapitel 4 beschreibt die Untersuchungsmethodik und Vorgehensweise der empirischen Untersuchung. Da für die vorliegende Untersuchung als geeignetster Analyseansatz die Strukturgleichungsmodellierung zum Einsatz kommt, werden in Kapitel 4.1 zunächst die Grundlagen von Strukturgleichungsmodellen dargestellt. Hierauf aufbauend werden in Kapitel 4.2 die hier zur Anwendung kommenden Gütekriterien zur Beurteilung von Strukturgleichungsmodellen und die Vorgehensweise der Modellüberprüfung (Kapitel 4.3) beschrieben. Schließlich endet Kapitel 4 mit der Vorstellung der Datengrundlage und der Datenerhebung (Kapitel 4.4).

In Kapitel 5 bzw. 6 werden, getrennt nach der jeweiligen Betrachtungsperspektive, die Ergebnisse der empirischen Untersuchungen dargestellt. Dabei widmet sich Kapitel 5 ausschließlich den Ergebnissen der Klientenperspektive und Kapitel 6 nur den Ergebnissen der Beraterperspektive. Es wird zunächst die Operationalisierung der latenten Konstrukte getestet inklusive der Prüfung der Reliabilität und Validität der Messungen (Kapitel 5.1 bzw. 6.1). Hieran anschließend werden in Kapitel 5.2 bzw. 6.2 die postulierten Wirkungsbeziehungen hinsichtlich der Erfolgswirkungen der Erfolgsfaktoren auf den Unternehmensberatungserfolg analysiert. Die vorliegende Untersuchung endet in Kapitel 7 mit einer Zusammenfassung der wesentlichen Untersuchungsergebnisse und deren Implikationen für Wissenschaft und Praxis. Folgende Abbildung 8 stellt den kompletten Aufbau der Untersuchung inklusive der zentralen Inhalte und Zwischenfazits der einzelnen Kapitel überblicksartig dar.

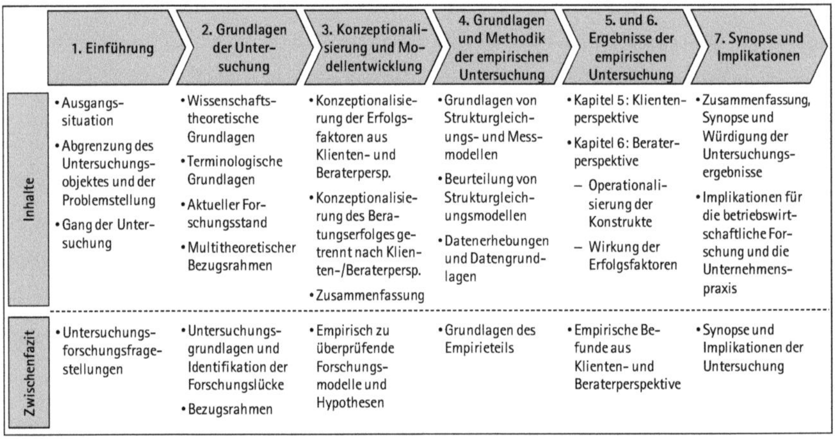

Abbildung 8: Aufbau der Untersuchung

2 Grundlagen der Untersuchung

Nachfolgendes Kapitel 2 widmet sich den wesentlichen Grundlagen der vorliegenden Untersuchung und legt somit die Basis für die darauffolgenden Kapitel. Zu diesem Zweck werden zunächst die wissenschaftstheoretischen (Kapitel 2.1) und terminologische Grundlagen (Kapitel 2.2) der Untersuchung vorgestellt. Hieran anschließend werden in Kapitel 2.3 im Rahmen der Darstellung des aktuellen Forschungsstandes die für diese Arbeit wesentlichen Veröffentlichungen präsentiert mit dem Ziel, die Forschungslücke weiter zu spezifizieren, und bereits erste Implikationen für die Beantwortung der Forschungsfragen abzuleiten. Kapitel 2.4 widmet sich abschließend der Entwicklung des theoretischen Bezugsrahmens für diese Arbeit. Nachfolgende Abbildung 9 ordnet das Kapitel 2 in den Gesamtzusammenhang der vorliegenden Untersuchung ein.

	1. Einführung	2. Grundlagen der Untersuchung	3. Konzeptionalisierung und Modellentwicklung	4. Grundlagen und Methodik der empirischen Untersuchung	5. und 6. Ergebnisse der empirischen Untersuchung	7. Synopse und Implikationen
Inhalte	• Ausgangssituation • Abgrenzung des Untersuchungsobjektes und der Problemstellung • Gang der Untersuchung	• Wissenschaftstheoretische Grundlagen • Terminologische Grundlagen • Aktueller Forschungsstand • Multitheoretischer Bezugsrahmen	• Konzeptionalisierung der Erfolgsfaktoren aus Klienten- und Beraterpersp. • Konzeptionalisierung des Beratungserfolges getrennt nach Klienten-/Beraterpersp. • Zusammenfassung	• Grundlagen von Strukturgleichungs- und Messmodellen • Beurteilung von Strukturgleichungsmodellen • Datenerhebungen und Datengrundlagen	• Kapitel 5: Klientenperspektive • Kapitel 6: Beraterperspektive – Operationalisierung der Konstrukte – Wirkung der Erfolgsfaktoren	• Zusammenfassung, Synopse und Würdigung der Untersuchungsergebnisse • Implikationen für die betriebswirtschaftliche Forschung und die Unternehmenspraxis
Zwischenfazit	• Untersuchungsforschungsfragestellungen	• Untersuchungsgrundlagen und Identifikation der Forschungslücke • Bezugsrahmen	• Empirisch zu überprüfende Forschungsmodelle und Hypothesen	• Grundlagen des Empirieteils	• Empirische Befunde aus Klienten- und Beraterperspektive	• Synopse und Implikationen der Untersuchung

Abbildung 9: Einordnung von Kapitel 2 in die Untersuchung

2.1 Wissenschaftstheoretische Grundlagen

Zur wissenschaftlich theoretischen Einordnung der Arbeit wird in diesem Teilkapitel zunächst auf die methodische Leitidee eingegangen (Kapitel 2.1.1). Ziel ist es, ein für diese Arbeit gültiges Orientierungssystem in methodischer Sicht darzustellen. Hierauf aufbauend wird in Kapitel 2.1.2 das grundlegende Forschungsdesign näher erläutert.[66]

[66] Vgl. für eine ausführliche Darstellung dieser Thematik und im Folgenden Fritz (1984), S. 37 ff.; Fritz (1995), S. 17 ff.; Homburg (1998), S. 53.

2.1.1 Methodologische Leitidee

Methodologische Leitideen gelten in der Wissenschaftstheorie als ein zentraler Bestandteil der Forschungs- und Erkenntnisprogramme.[67] Damit wird allgemein festgelegt, welche Erkenntnisprinzipien bzw. welche Erkenntnisgewinnung an sich für ein Forschungsprojekt Gültigkeit besitzen.[68] Dadurch wird der forschungslogische Rahmen einer wissenschaftlichen Untersuchung abgegrenzt, indem beispielsweise bestimmte Problemlösungsverfahren bzw. -ergebnisse als zulässig oder unzulässig eingestuft werden.

Da die Erlangung gesicherter Erkenntnisse über reale Phänomene inklusive ihrer komplexen Wechselbeziehungen als das zentrale Ziel der Realwissenschaften gilt, ist für die vorliegende Untersuchung die Idee der Erklärung von herausragendem Interesse. Gemäß Popper (1973) kann die Erklärungsidee wie folgt definiert werden: „Ich nehme an, daß es das Ziel der empirischen Wissenschaft ist, befriedigende Erklärungen zu finden für alles, was uns einer Erklärung zu bedürfen erscheint."[69]

Dieser Definition folgend besteht jede mögliche Erklärung aus zwei unterschiedliche Bestandteilen: dem Explananda und dem Explanantia. Im Rahmen des Explanandas werden zunächst die zu erklärenden Sachverhalte möglichst genau beschrieben und spezifiziert, um hierauf aufbauend nach Randbedingungen und empirisch gehaltvollen Gesetzeshypothesen suchen zu können, aus denen sich die Sätze, die die zu erklärenden Sachverhalte bestimmen, folgern lassen.[70] Insbesondere bei neuartigen Fragestellungen kommt der deskriptiven Darstellung des zu erklärenden Phänomens auf präzise Art und Weise eine herausragende Bedeutung zu und sollte daher den expliziten Untersuchungsschritten vorgelagert sein.[71]

Auch bei der vorliegenden Untersuchung handelt es sich bei den Erfolgsfaktoren und dem Erfolg von Unternehmensberatung um ein komplexes Problem, zu dessen Erfassung und Abbildung zunächst noch geeignete Konzeptionalisierungen und Operationalisierungen entwickelt werden müssen.[72] Erst nachdem alle Konstrukte vollständig theoretisch fundiert, konzeptionalisiert und operationalisiert wurden, können die Basishypothesen der Erfolgswirkungen empirisch überprüft werden.

---

[67] Vgl. Albert (1974), S. 229.
[68] Vgl. Bohnen (1975), S. 4 ff.
[69] Popper (1973), S. 213; vgl. auch Albert (1987), S. 102.
[70] Vgl. Popper (1973), S. 213 f.
[71] Vgl. Fritz (1995), S. 20 f.
[72] Vgl. Kapitel 3.

Aufgrund dieser Vorgehensweise lässt sich eine gewisse Nähe zur Leitidee des kritischen Rationalismus feststellen.[73] Der kritische Rationalismus setzt die Vernunft und die empirische Überprüfung theoretisch postulierter Tatbestände als zentrale Quellen der Erkenntnis ein.[74] Darüber hinaus zeichnet sich der kritische Rationalismus insbesondere durch das Falsifikationsprinzip aus. Demnach lässt sich eine Hypothese nicht verifizieren, sondern die einzige Möglichkeit, eine Hypothese zu entkräften, ist, sie zu widerlegen.[75] Eine Theorie hat demzufolge nur so lange Bestand, bis sie falsifiziert bzw. ein Gegenbeispiel gefunden wurde.[76] Schließlich ist es noch charakteristisch für den kritischen Rationalismus, dass ein induktives Vorgehen zum Erkenntnisgewinn, also die Ableitung von einem theoretischen System bzw. von allgemeinen Gesetzmäßigkeiten aus Einzelbeobachtungen, abgelehnt wird.[77] Lediglich Schlussfolgerungen vom Allgemeinen auf das Besondere im Rahmen eines induktiven Vorgehens sind zulässig.[78]

Allerdings werden mit dem kritischen Rationalismus auch zwei wesentliche Kritikpunkte relevant, die es näher zu beleuchten gilt. Zunächst wird eine strikte Verwendung des kritischen Rationalismus in der wirtschaftswissenschaftlichen Forschung als zu realitätsfremd deklariert.[79] Insbesondere wird dabei kritisiert, dass alle denkbaren Einflussfaktoren berücksichtigt werden müssten, um eine bestehende Theorie falsifizieren zu können. Verwendet man ausschließlich den kritischen Rationalismus als methodologische Leitidee, ist darüber hinaus als weiterer Kritikpunkt die Ableitung des Explanandums bzw. die Entwicklung von Explanantia nur auf Basis deterministischer Gesetzmäßigkeiten möglich.[80] Dieses Grundaxiom ist allerdings in aller Regel zumindest für die Sozial- und Wirtschaftswissenschaften nicht gegeben. Vielmehr wird häufig auf Wahrscheinlichkeitshypothesen und Tendenzaussagen zurückgegriffen.[81] Und hierbei gilt es zu berücksichtigen, dass sozialwissenschaftliche empirische Konstrukte in aller Regel nicht ohne Messfehler erhoben werden können, was dazu führt, dass die Ergebnisse der Hypothesentests verzerrt sind und eine Theorie nie ohne Zweifel falsifiziert werden kann.[82]

Den angeführten Kritikpunkten bezüglich des kritischen Rationalismus folgend, ist eine Verwendung für die vorliegende Untersuchung nicht zweckdienlich. Aus diesem Grund stützt sich die

---

73 Vgl. z. B. Popper (1965), S. 33 ff.; Popper (1971).
74 Vgl. Kern (1979), S. 12.
75 Vgl. Walter-Busch (1996), S. 83.
76 Vgl. Poser (2001), S. 119.
77 Vgl. Brown (1977), S. 69; Hunt (1991), S. 290; Raffée (1993), S. 14.
78 Vgl. Hempel/Oppenheim (1948), S. 136 ff.; Albert (1980), S. 11 f.; Popper (1982), S. 31 ff.
79 Vgl. z. B. Ulrich (1982), S. 3; Homburg (2000), S. 63 ff.
80 Vgl. Hempel/Oppenheim (1948), S. 136 ff.
81 Vgl. Kubicek (1975), S. 49; Schwemmer (1976), S. 61; Lingenfelder (1990), S. 52; Witte (1981), S. 19.
82 Vgl. Kubicek (1977), S. 8; Laudan (1977), S. 27; Witte (1981), S. 18 f.; Anderson (1983), S. 21; Martin (1989), S. 23 f.

vorliegende Arbeit auf den wissenschaftlichen Realismus.[83] Dieser entstammt zu weiten Teilen dem kritischen Rationalismus und hat in der modernen Wissenschaftstheorie mittlerweile eine zentrale Bedeutung erlangt.[84] Der wissenschaftliche Realismus unterscheidet sich vom kritischen Rationalismus im Wesentlichen in drei Punkten, die für diese Untersuchung von großer Bedeutung sind.

Zunächst lässt der wissenschaftliche Realismus im Gegensatz zum kritischen Rationalismus neben dem deduktiven auch ein induktives Vorgehen zum Erkenntnisgewinn zu.[85] Gerade im Hinblick auf die in dieser Untersuchung durchgeführten Expertengespräche ist dies besonders relevant.[86] Darüber hinaus lässt der wissenschaftliche Realismus auch eine Bestätigung von Hypothesen als zentrales Ergebnis zu und zielt nicht nur, wie es beim kritischen Rationalismus der Fall ist, auf deren reine Falsifizierung ab.[87] Letztlich geht der wissenschaftliche Realismus von einer Unvollkommenheit der Messung aus, was dem hier zum Einsatz kommenden Ansatz der Strukturgleichungsanalyse, bei dem Messfehler explizit berücksichtigt werden, zu Gute kommt.[88] Außerdem gilt das Vorhandensein von latenten Konstrukten als Postulat jeder theoriegeleitet-deduktiven Forschung als Grundaxiom des wissenschaftlichen Realismus.[89]

Darüber hinaus kommt für diese Untersuchung der sogenannte Propensitäts-Ansatz zur Anwendung.[90] Im Rahmen des Propensitäts-Ansatzes können Erklärungen durch die Berücksichtigung von Propensitäten sowohl mit Hilfe deterministischer als auch mit indeterministischer (probabilistischer) Gesetzeshypothesen gewonnen werden.[91] Propensitäten sind dabei als objektive probabilistische Verwirklichungstendenzen, die einen unvollständigen Ursache-Wirkungs-Zusammenhang darstellen, zu interpretieren.[92] Diese Sichtweise hat zur Folge, dass bei einem Forschungsvorhaben immer nur ein Auszug der Realität untersucht werden kann.[93] Anders ausgedrückt bedeutet dies, dass alle Explanantia einer Forschungsfrage zusammen keine vollständige

[83] Vgl. ebenso Peter (2001), S. 71; Homburg (2000), S. 66; Schweizer (2005), S. 11.
[84] Vgl. Causey (1979), S. 192; Homburg (2000), S. 66.
[85] Vgl. McMullin (1984), S. 26; Hunt (1990), S. 9.
[86] Vgl. Kapitel 4.4.2.2.
[87] Vgl. Homburg (2000), S. 67.
[88] Vgl. Hunt (1990), S. 9; Hunt (1991), S. 386; Homburg (2000), S. 67 f.
[89] Vgl. Hunt (1991), S. 386.
[90] Vgl. Popper (1979), S. 312.
[91] Vgl. Popper (1979), S. 312; Raffée (1993), S. 20; Fritz (1995), S. 21 ff.
[92] Vgl. Raffée (1993), S. 42; Kubicek (1975), S. 49; Schwemmer (1976), S. 61; Popper (1979), S. 312; Lenk (1986), S. 176 ff.; Fritz (1995), S. 21.
[93] Vgl. Spinner (1974), S. 112 f.

Repräsentation des dazugehörigen Explanandums bilden, sondern lediglich einen Teil des in der Realität vorherrschenden Gesamtkonstrukts darstellen können.[94]

Eine wesentliche Konsequenz, die sich aus dem Propensitätsansatz ergibt, ist die Multikausalität des realen Geschehens. Diese ergibt sich aufgrund der in der Wirtschaftspraxis anzutreffenden indeterministischen Tendenzaussagen. Eine vollständige (deterministische) Erklärung des Explanandums ist somit nicht möglich.[95] Für wissenschaftliche Erklärungsversuche ist es notwendig, diese Multikausalität zu berücksichtigen. In der vorliegenden Arbeit erfolgt dies dadurch, dass zum einen multiple Einflussfaktoren konzeptionalisiert werden und zum anderen auch die Möglichkeit offen gelassen wird, dass neben den Erfolgsfaktoren noch andere Teilursachen zum Erfolg von Unternehmensberatungsprojekten beitragen.[96]

Um der Idee der Multikausalität des Propensitätsansatzes in ausreichendem Maße gerecht zu werden und aufgrund der Tatsache, dass es sich bei dem Untersuchungsgegenstand um einen Erklärungszusammenhang hoher Komplexität handelt, der sich kaum monotheoretisch abbilden lässt, wird in dieser Arbeit die Leitidee des theoretischen Pluralismus eingesetzt.[97] Dieser Leitidee folgend werden für die Erklärung einer interessierenden Forschungsfrage mehrere in Frage kommende Theorien bzw. Theorienansätze verwendet.[98] Ziel der Verwendung mehrerer Theorien ist es, im Sinne einer interdisziplinären Forschung den Erklärungsgehalt zu erhöhen und möglichst viele Facetten der interessierenden Sachverhalte zu erklären.[99] Allerdings bezeichnen einige Kritiker ein solches Vorgehen als gefährlich, da unterschiedliche Theorien zumeist auch auf unterschiedlichen Grundaxiomen beruhen und somit nicht unbedingt komplementär sind, sondern sich sogar stellenweise widersprechen.[100]

Um dieser Kritik angemessen zu begegnen, werden für die vorliegende Arbeit lediglich Theorien herangezogen, die weitestgehend konkurrenzfrei sind, sich gegenseitig ergänzen können und zudem zu empirisch gehaltvollen Erklärungsmodellen kombinieren lassen.[101] Darüber hinaus wird die wissenschaftstheoretische Grundposition bezogen, dass neben jeder wissenschaftlichen Theorie auch noch andere Theorien existieren, die wirtschaftliche Zusammenhänge in anderer,

---

[94] Vgl. Lakatos (1982), S. 44.
[95] Vgl. Popper (1974), S. 1130; Popper (1979), S. 312; Popper/Eccles (1982), S. 49 ff.
[96] Vgl. Fritz (1990), S. 104; Fritz (1995), S. 23.
[97] Vgl. Fleischmann (1966), S. 26; Fritz (1984), S. 117; Spinner (1974), S. 74 ff.; Albert (1980), S. 49 ff.; Popper/Eccles (1982), S. 27.
[98] Vgl. Feyerabend (1965), S. 223 ff.; Spinner (1974), S. 80 ff.; Albert (1980), S. 49 ff.
[99] Vgl. Fleischmann (1966), S. 26; Fritz (1984), S. 117.
[100] Vgl. Freiling (2001), S. 15 ff.
[101] Vgl. Fritz (1995), S. 26; Homburg/Baumgartner (1995b), S. 61.

aber dennoch sinnvoller Art und Weise zu konzeptionalisieren vermögen.[102] Ziel dieser kritischen Auseinandersetzung mit weiterführenden bzw. zum Teil auch konkurrierenden wissenschaftlichen Ansätzen ist die Weiterentwicklung der eigenen Konzeptionalisierung und vor allem die Erhöhung des Erklärungsgehalts für die übergeordnete interessierende Forschungsfrage bzw. eine differenzierte Betrachtung selbiger.[103]

Als letzte für diese Arbeit relevante methodologische Leitidee wird nachfolgend noch auf den liberalen methodologischen Individualismus näher eingegangen. Der liberale methodologische Individualismus ist in den Wirtschafts- und Sozialwissenschaften weit verbreitet[104] und geht insbesondere davon aus, dass soziale bzw. wirtschaftliche Phänomene sich anhand von Aussagen über individuelles Verhalten erklären lassen.[105] Dementsprechend werden Unternehmen als Quasi-Handlungsträger verstanden, die ein Quasi-Verhalten aufweisen, für welches sich Aggregathypothesen ableiten lassen.[106] Dabei ist es vor allem wichtig, dass sich die Aggregathypothesen auf Hypothesen über individuelles Verhalten in der Organisation zurückführen lassen.[107] Es wird somit nicht die Existenz einer Institution ohne die beteiligten Akteure postuliert, wie das etwa beim methodologischen Kollektivismus oder dem Holismus der Fall ist. Vielmehr werden das Vorhandensein und die Erklärung von institutionalen Strukturen und institutionalem Handeln auf das Verhalten der entsprechenden Personen zurückgeführt.[108]

Der liberale methodologische Individualismus bildet für die vorliegende Untersuchung den Grundbaustein dafür, dass die Erfolgsfaktoren von Unternehmensberatung auf institutioneller Ebene analysiert werden dürfen und gleichzeitig auch mit dem individuellen Verhalten der konstituierenden Organisationsmitglieder argumentiert werden kann.

2.1.2 Grundlegendes Forschungsdesign

Hinsichtlich des grundlegenden Forschungsdesigns kann gemäß Fritz (1995) zwischen der Art des Untersuchungsziels und der Art der Aussage unterschieden werden.[109] Das Untersuchungsziel kann hierbei entweder exploratorischer oder konfirmatorischer Natur sein. Bei einer exploratorischen Untersuchung geht es um die Entdeckung von Strukturen und Zusammenhängen, wo-

---

[102] Vgl. Kirsch/Seidl/van Aaken (2007), S. 81.
[103] Vgl. Kirsch/Seidl/van Aaken (2007), S. 81 ff.
[104] Vgl. Kirsch (1977), S. 96 f.; Raffée (1993), S. 7; Fritz (1993), S. 27 ff.; Freiling (2001), S. 84.
[105] Vgl. Popper (1970), S. 115; Popper (1971), S. 107; Wall (1999), S. 58; Diekmann (2012), S. 102 ff.
[106] Vgl. Fritz (1995), S. 28.
[107] Vgl. Popper (1972), S. 122; Watkins (1972), S. 338; Schanz (1977), S. 290 ff.; Vanberg (1982), S. 8 ff.; Schanz (1988), S. 67.
[108] Vgl. Lenk (1975), S. 199 ff.; Opp (1979), S. 151 f.; Fritz (1995), S. 28.
[109] Vgl. hierzu und im Folgenden Fritz (1995), S. 59 ff.

hingegen konfirmatorische Untersuchungen die Prüfung von Hypothesen zum Ziel haben. Bezüglich der Art der Aussage können beide Zielarten deskriptive (beschreibende), explikative (erklärende) oder instrumentelle (gestaltungsorientierte) Aussagen anstreben. Folgende Tabelle 1 fasst die sich hieraus ergebenden grundlegenden Forschungsdesgins überblicksartig zusammen.

Untersuchungsziel / Aussagenart	**exploratorisch**	**konfirmatorisch**
deskriptiv	ED-Design: z.B. die Ermittlung von Marktsegmenten mittels einer Clusteranalyse	**KD-Design:** z.B. die Überprüfung eines Einstellungsmodells mittels konfirmatorischer Faktorenanalyse
explikativ	EE-Design: z.B. die systematische Modifikation von Kausalmodellen zur Entdeckung neuer erklärungsrelevanter Zusammenhänge	**KE-Design:** z.B. die Überprüfung eines Kausalmodells zur Erklärung des Unternehmenserfolgs
instrumentell	EI-Design: z.B. die Entwicklung neuer Techniken der Unternehmensanalyse	**KI-Design:** z.B. die systematische Überprüfung der Leistungsfähigkeit von Techniken der Portfolioanalyse

Tabelle 1: Grundlegende Forschungsdesigns[110]

Für die vorliegende Untersuchung kommt hauptsächlich ein konfirmatorisch-explikatives Forschungsdesign (KE-Design) zur Anwendung. Dies liegt darin begründet, dass ein Hauptanliegen dieser Arbeit insbesondere darin besteht, theoretisch deduzierte Hypothesen empirisch zu überprüfen, und hierbei vor allem die Überprüfung der Wirkungszusammenhänge zwischen den Erfolgsfaktoren und dem Unternehmensberatungserfolg im Vordergrund steht.

Bevor allerdings eine konfirmatorisch-explikative Überprüfung der Wirkungszusammenhänge zwischen den Erfolgsfaktoren und dem Unternehmensberatungserfolg erfolgen kann, müssen zunächst die hierfür notwendigen Konstrukte entwickelt werden, was einem konfirmatorisch-deskriptiven Forschungsdesign (KD-Design) entspricht. Schließlich weist das Forschungsdesign auch noch instrumentelle Aussagen auf, wenn im Rahmen der theoretischen und praktischen Konsequenzen der Untersuchungsergebnisse Empfehlungen für die Forschungs- und Unternehmenspraxis dargestellt werden (KI-Design).

2.2 Terminologische Grundlagen

Nachfolgendes Kapitel hat zum Ziel, die terminologischen Grundlagen für diese Arbeit definitorisch zu klären und abzugrenzen. Damit soll eine begriffliche Grundlage für die in den folgenden

[110] In Anlehnung an Fritz (1995), S. 60.

Kapiteln behandelten inhaltlichen Aspekte der Untersuchung geschaffen werden. Zu diesem Zweck wird zunächst in Kapitel 2.2.1 der Begriff „Unternehmensberatung" definiert und die wesentlichen Formen von Unternehmensberatung dargestellt. Hieran anschließend widmet sich Kapitel 2.2.2 dem Beratungssystem inklusive seiner wichtigsten Akteure und in Kapitel 2.2.3 werden die wesentlichen Schritte des Beratungsprozesses dargestellt.

2.2.1 Definition und Formen von Unternehmensberatung

Obwohl Unternehmensberatung mittlerweile sowohl in der Wissenschaft als auch in der Wirtschaftspraxis quasi als Selbstverständlichkeit angesehen wird, konnte sich eine einheitliche Begriffsdefinition bisher im Schrifttum nicht etablieren.[111] „There are almost as many definitions of consultancy as there are consultants."[112] Das Fehlen eines allgemeingültigen Begriffsverständnisses sowie die Abwesenheit einer in sich geschlossenen Theorie der Unternehmensberatung werden bereits seit den 1960er Jahren beklagt.[113]

Gründe hierfür sind insbesondere in der Tatsache zu sehen, dass die wissenschaftliche Community unterschiedliche Untersuchungsziele und Abgrenzungszwecke in ihren Forschungsbemühungen verfolgen.[114] Darüber hinaus herrscht vorwiegend in der Praxis der Unternehmensberatung kein einheitliches Verständnis der Begriffe Unternehmensberatung, Organisationsberatung, Managementberatung, Strategieberatung, Betriebsberatung, Wirtschaftsberatung etc., sondern diese werden weitestgehend synonym verwendet.[115] Dieser regelrechte „Begriffswirrwarr"[116] wird in besonderem Maße dadurch verstärkt, dass der Berufstitel „Unternehmensberater" nicht standesrechtlich geschützt ist, wie dies etwa bei Rechtsanwälten oder Ärzten der Fall ist.[117] Aus den genannten Gründen lässt sich die vorherrschende Intransparenz und Heterogenität des Beratermarktes und des Beratungsverständnisses sowohl für Wissenschaft als auch für die Praxis erklären.

Um einen Überblick über die Vielfalt an unterschiedlichen Definitionen von Unternehmensberatung im Schrifttum zu bekommen, wird in Tabelle 2 ein Auswahl der gängigsten Definitionen von Unternehmensberatung dargestellt. Basierend auf dem in Tabelle 2 dargestellten Überblick

[111] Vgl. Elfgen/Klaile (1987), S. 21; Wagner (1992), S. 2; Nissen (2007), S. 3.
[112] Rassam (2001), S. 29.
[113] Vgl. Fink (2009), S. 2.
[114] Vgl. Ernst (2002), S. 10; Mohe (2003), S. 29.
[115] Vgl. Elfgen/Klaile (1987), S. 21.
[116] Gross/Brügger (1992), S. 9.
[117] Vgl. Elfgen/Klaile (1987), S. 82 ff.; Steyrer (1991), S. 8; Kieser (1998b), S. 196; Binnewies (2002), S. 43 f.

über verschiedene in der Literatur vorhandene Definitionen, wird nachfolgend auf die wesentlichen Bestandteile selbiger eingegangen.

Quelle	**Definition Unternehmensberatung**
Klein (1977), S. 36	"[A consultant is; Matias Bronnenmayer] someone who solves problems for others and then leaves. When an engagement ends, a consultant does not return to a job he previously held. He is soon off, tackling another consulting assignment. He works at his profession full time."
Krebs (1980), S. 55 f.	„Der Verfasser versteht unter "Unternehmensberater" diejenigen unternehmensexterne Personengruppe, die es sich zur Aufgabe gemacht hat, durch die Bereitstellung durch Informationen verschiedenster Art die Unternehmungsleitungen der zu beratenen Unternehmungen bei der Lösung komplexweiträumiger Problemstellungen zu unterstützen."
Lutz (1981), S. 56 ff.	"Als Unternehmensberatungen [...] gelten demnach solche rechtlich selbständigen, auf Dauer angelegten Institutionen, die Beratung als ausschließliche Marktleistung erstellen – nach dem Prinzip der speziellen Entgeltlichkeit und frei von Weisungen Dritter." "Beratung ist ein soziales Interventionsverfahren, welches eine Lösung von Problemen im Interventionsbereich durch das Mittel des Informationstransfer zwischen Berater und Beratenem anstrebt."
Gallessich (1982), S 6.	"[Consultation; Matias Bronnenmayer] means tripartite interactions in human services agencies. The consultant (a specialized professional) assists consultees (agency employees who are also professionals) with work-related concerns (the third component)."

Quelle	Definition Unternehmensberatung
Szyperski/Klaile (1982), S. 7	"Betriebswirtschaftliche Unternehmensberatung: die von externen Personen bereitgestellte, individuell gestaltete Hilfe bei der Identifizierung und Lösung von betriebswirtschaftlichen Problemen des Unternehmungsgeschehens."
Greiner/Metzger (1983), S. 76	„Management consulting is an advisory service contracted for and provided to organizations by specially trained and qualified persons who assist, in an objective and independent manner, the client organization to identify management problems, analyze such problems, and help, when requested, in the implementation of solutions."
Mugler/Lampe (1987), S. 478	"Unternehmensberatung ist eine Dienstleistung, die durch Externalität, Unabhängigkeit und Professionalität gekennzeichnet ist. Leistungsinhalt ist die Bearbeitung betriebswirtschaftlicher Probleme in Form von deren Identifikation, Hilfe bei der Problemlösung, Empfehlung von Maßnahmen und Mithilfe bei der Umsetzung von Lösungskonzepten."
Elfgen/Klaile (1987), S. 31	„Als Unternehmensberatung ist die von externen Personen bereitgestellte, individuell gestaltete Hilfe bei der Identifizierung und Lösung von betriebswirtschaftlichen Problemen des Unternehmensgeschehens zu bezeichnen, die auf einer ganzheitlichen Problemsicht beruht und durch Eigenverantwortlichkeit gekennzeichnet ist. Die Erarbeitung der Problemlösung erfolgt im Rahmen eines interaktiven Prozesses."

Quelle	Definition Unternehmensberatung
Stutz (1988), S. 1	"Unter dem Management-Consulting, [...] verstehen wir einen interaktiven Prozess zwischen einem Berater (-system) und einem Beratenen-/Klientensystem, welcher darauf ausgerichtet ist, das Verhalten des Beratenensystems bei der Lösung von Managementproblemen zu beeinflussen. Als Dienstleistung wird die Beratung von externen, unabhängigen Stellen individuell, problemorientiert und auf freiwilliger Basis auf dem Markt angeboten."
Hoffmann (1991), S. 40	"Unter Unternehmensberatung verstehen wir eine von einem unabhängigen, eigenverantwortlichen, professionellen Berater individuell für Klientenorganisation marktmäßig erbrachte Dienstleistung, welche darauf ausgerichtet ist, in einem interaktiven Prozess gemeinsam mit dem Klienten ein Lösungskonzept für eine komplexe betriebswirtschaftliche Problemstellung zu erarbeiten und auf Wunsch auch dessen Implementierung zu unterstützen."
Hofmann (1991), S.219	"Managementberatung ist [...] eine professionelle, entgeltliche Dienstleistung, in welcher eine Person temporär und unabhängig vom Klientensystem die freiwillige Verantwortung für die Erreichung eines gemeinsam mit dem Klienten vereinbarten Zieles übernimmt und dabei die adäquate Macht und auch das Sanktionsbewusstsein besitzt. [...] Auf eine Kurzformel gebracht, könnte man also auch sagen, dass sich bei der Managementberatung um temporäres Management ohne Übernahme der Durchführungsverantwortung handelt, und zwar auf der Basis eines intensiven Interaktions- und Informationsprozesses."

Quelle	Definition Unternehmensberatung
Markham (1991), S. 1	„Consultancy is a relationship in which an outsider makes his knowledge and experience available to an organisation."
Althaus (1994), S. 44	„Unternehmensberatung ist eine individuell gestaltete Interventionsstrategie zur Herbeiführung organisatorischen Wandels. Sie wird in Form eines Projektes in einem problemorientierten Interaktionsprozess von einer externen Beratungsgesellschaft als betriebliche Hauptleistung zusammen mit Mitarbeitern des Klientenunternehmens erbracht. Ziel ist die Unterbreitung von Handlungsvorschlägen, bezüglich welcher die Unternehmensberater keinerlei Entscheidungs- und Durchsetzungskompetenz verfügen."
Williams/Woodward (1994), S. 3	"[Consultancy is; Matias Bronnenmayer] a process in which a consultant provides a service to a client (i.e. an organisation or an individual acting on behalf of an organisation or unit within that organisation) for the purpose of meeting the client's need. Implicit in the idea of service is the notion that the consultant is making his or her expertise available to the client."
Effenberger (1998), S. 16	„Die Unternehmensberatung ist eine Dienstleistung, die von einem Unternehmen erbracht wird, mit dem Ziel Handlungsempfehlungen zu entwickeln, diese zu erläutern und gegebenenfalls zu implementieren und die geeignet sind, ein Problem zu lösen, welches das zu beratende Unternehmen aufweist und welches diesem bewusst ist."

Quelle	Definition Unternehmensberatung
Weiershäuser (1996), S. 12	"Unternehmensberatung ist eine professionelle Dienstleistung, die von externen, unabhängigen Personen in Projektform entgeltlich und auftragsindividuell abgegeben wird. Die Leistungserbringung erfolgt als problemorientierter, interaktiver Prozess gemeinsam mit den Mitarbeitern des Klientenunternehmens. Der Leistungsumfang reicht von der Problemidentifikation und Analyse über die Entwicklung von Problemlösungen bis hin zur Lösungsimplementierung und -realisierung. Der Leistungsinhalt besteht in der Effizienzsteigerung der ökonomischen, sozialen, politischen oder generellen Managementfähigkeit des Klientenunternehmens."
Canback (1998), S. 3	"[Management consultants are; Matias Bronnenmayer] those who provide general management advice within strategic, organizational, or operational context, and who are institutionally organized in firms."
Dichtl (1998), S. 20	"Unternehmensberatung bezeichnet eine Dienstleistung, die von qualifizierten und unparteiischen Personen für Ratsuchende erbracht wird und möglichst auftragsindividuell gestaltet sein sollte. Sie kann von der Problemidentifikation bis zur -lösung, häufig auch zur Implementation von Vorschlägen reichen. Die Leistung wird ausschließlich eigenverantwortlich und im Rahmen eines interaktiven Prozesses gegen Entgelt erbracht. Ziel ist es, ermittelte Schwächen im betriebswirtschaftlichen Bereich zu beseitigen und die Marktchancen des beratenen Unternehmens zu verbessern."

Quelle	Definition Unternehmensberatung
Köppen (1999), S. 30	„Unternehmensberatungen sind von einem externen, unabhängigen und professionellen Berater(system) individuell für Klientenunternehmen erbrachte, im allgemeinen entgeltliche Dienstleistungen, welche darauf ausgerichtet sind, in einem interaktiven Prozess gemeinsam mit dem Klienten(system) ein ganzheitliches Lösungskonzept für eine komplexe betriebswirtschaftliche Problemstellung zu erarbeiten."
Sommerlatte (2000), S. 85	„Unternehmensberatung ist eine auftragsindividuelle Dienstleistung professioneller, unabhängiger, organisationsinterner oder -externer Personen, die im Rahmen zeitlich und sachlich abgegrenzter Projekte zur Lösung betriebswirtschaftlicher Probleme öffentlicher oder privatwirtschaftlicher Organisationen erbracht wird, innerhalb derer die Leistungserbringer über keinerlei Entscheidungs- oder Durchsetzungskompetenz verfügen."
Wohlgemuth (2000), S. 170	"Unternehmensberatung ist ein projektbezogener Interaktionsprozess zwischen Personen eines Klientensystems und eines Beratersystems. Das Beratersystem ist unabhängig, hilft professionell und mit ganzheitlicher Problemsicht das Erfolgspotential des Klientensystems zu optimieren."
Kohr (2000), S. 17	"Eine professionelle und individuelle Dienstleistung, die von unabhängigen, externen Beratern in einem interaktiven Prozess mit dem Klienten erbracht wird und die Identifizierung, Analyse und Lösung von betriebswirtschaftlichen Problemen des Klienten sowie die Umsetzung der empfohlenen Lösungen beinhaltet."

Quelle	Definition Unternehmensberatung
Kubr (2005), S. 10	"Management Consulting is an independent professional service assisting managers and organizations to achieve organizational purposes and objectives by solving management and business problems, identifying and seizing new opportunities, enhancing learning and implementing changes."
Nissen (2007), S. 3	„Unternehmensberatung (auch: Consulting) soll hier definiert werden als professionelle Dienstleistung, die durch eine oder mehrere, im allgemeinen fachlich dazu befähigte und von den beratenen Klienten hierarchisch unabhängige Person(en) zeitlich befristet sowie meist gegen Entgelt erbracht wird und zum Ziel hat, betriebswirtschaftliche Probleme des beauftragenden Unternehmens interaktiv mit den Klienten zu definieren, strukturieren und analysieren, sowie Problemlösungen zu erarbeiten, und auf Wunsch ihre Umsetzung gemeinsam mit Vertretern des Klienten zu planen und im Unternehmen zu realisieren."
Fink (2009), S. 3	„[Unter Unternehmensberatung wird; Matias Bronnenmayer] eine entgeltlich, eigenverantwortlich und auftragsindividuell erbrachte professionelle Dienstleistung verstanden, die sich an die obersten Leitungsebenen eines Unternehmens richtet, mit dem Ziel, Handlungsempfehlungen zu entwickeln, zu erläutern und gegebenenfalls zu implementieren, um den Klient bei einer Problemlösung im Bereich der Planung, Organisation, Führung und/oder Kontrolle zu unterstützen bzw. um seine Fähigkeiten zur Bewältigung des zugrunde liegenden Problems zu verbessern."

Quelle	Definition Unternehmensberatung
Niedereichholz (2010), S. 1	"Unternehmensberatung wird definiert als höherwertige, persönliche Dienstleistung, die durch eine oder mehrere unabhängige und qualifiziere Person(en) erbracht wird. Sie hat zum Inhalt, Probleme zu identifizieren, zu definieren und zu analysieren, welche die Kultur, Strategien, Organisation, Prozesse, Verfahren und Methoden des Unternehmens des Auftraggebers betreffen. Es sind Problemlösungen (Sollkonzepte) zu erarbeiten, zu planen und im Unternehmen umzusetzen. Dabei bringt der Berater seine branchenübergreifende Erfahrung und sein Expertenwissen ein."

Tabelle 2: Überblick über Definitionen von Unternehmensberatung[118]

Ein wesentliches Kriterium, das bei fast allen Definitionen von Unternehmensberatung explizit genannt wird, ist, dass es sich bei Unternehmensberatung zunächst um eine Dienstleitung handelt.[119] Dienstleistung können anhand folgender Kriterien charakterisiert werden: Immaterialität und Intangibilität, Vermarktung von Leistungsversprechen und Integration von internen und externen Produktionsfaktoren im Prozess der Leistungserstellung.[120] Da die Trennung zwischen Dienst- und Sachleistung auf Basis der genannten Kriterien nicht immer unproblematisch ist, sprechen viele Autoren auch von Leistungsbündeln als Absatzobjekte.[121]

Die Leistungsbündel setzten sich aus Teilleistungen zusammen und werden auf Basis eines vordisponierten Leistungspotenzials erbracht. Der Leistungserstellungsprozess ist durch ein unterschiedliches Ausmaß bzgl. der Integration von externen Faktoren gekennzeichnet und die Leistungsergebnisse zeichnen sich durch einen unterschiedlich hohen Anteil an materiellen und immateriellen Komponenten aus. Bei Unternehmensberatung handelt es sich einerseits aufgrund der engen Zusammenarbeit mit dem Klienten um einen sehr integrativen Leistungserstellungs-

[118] In Anlehnung an Bronnenmayer (2010), S. 4 f., um weitere Definitionen ergänzt.

[119] Vgl. Greiner/Metzger (1983), S. 76; Mugler/Lampe (1987), S. 478; Stutz (1988), S. 1; Hoffmann (1991), S. 40; Williams/Woodward (1994), S. 3; Effenberger (1998), S. 16; Weiershäuser (1996), S. 12; Dichtl (1998), S. 20; Köppen (1999), S. 30; Sommerlatte (2000), S. 85; Kohr (2000), S. 17; Kubr (2005), S. 10; Nissen (2007), S. 3; Fink (2009), S. 3; Niedereichholz (2010), S. 1.

[120] Vgl. Kleinaltenkamp (2001), S. 32 ff.

[121] Vgl. Kleinaltenkamp (2001), S. 38 ff.

prozess, und auf der anderen Seite besteht das Leistungsergebnis zu einem hohen Anteil aus immateriellen Komponenten. Abbildung 10 fasst diesen Sachverhalt grafisch zusammen.

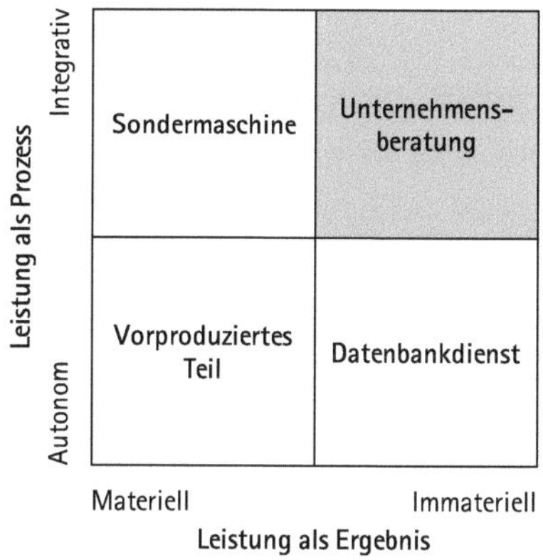

Abbildung 10: Position der Unternehmensberatung in einer Leistungstypologie[122]

Ein weiteres sehr oft genanntes Kriterium ist das der Professionalität.[123] Demnach handelt es sich bei Unternehmensberatung nicht um einfache Dienstleistungen, sondern um professionelle Dienstleistungen, „also Dienstleistungen, die in hohem Maße auf individuelle Kundenbedürfnisse zugeschnitten sind und in meist enger Zusammenarbeit mit dem Kunden unter Erbringung ausgeprägten Fachwissens und Erfahrung hochqualifizierter Mitarbeiter erbracht werden."[124] Von Nordenflycht (2010) spezifiziert dies weiter und nennt folgende drei Merkmale als konstitutiv für „professional service firms": knowledge intensity, low capital intensity und eine professionalized workforce.[125]

Mit der „knowledge intensity" wird ausgedrückt, dass der Produktionsoutput einer professionellen Dienstleistungsfirma auf einer umfangreichen und komplexen Wissensbasis fußt, wobei hierbei die personenbezogene Sichtweise im Vordergrund steht. Übertragen auf Unternehmensberatung stellen die hochqualifizierten Berater mit ihrem spezifischem Fachwissen und/oder Branchen Know-How den Hauptproduktionsfaktor bei Beratungsprojekten dar. Die „low capital intensity" besagt, dass ein Dienstleistungsunternehmen für deren Serviceangebot keine erhebli-

[122] In Anlehnung an Engelhardt/Kleinaltenkamp/Reckenfelderbäumer (1994), S. 52.
[123] Vgl. Klein (1977), S. 36; Gallessich (1982), S. 6.; Greiner/Metzger (1983), S. 76; Mugler/Lampe (1987), S. 478; Hoffmann (1991), S. 40; Hofmann (1991), S. 219; Weiershäuser (1996), S. 12; Dichtl (1998), S. 20; Köppen (1999), S. 30; Sommerlatte (2000), S. 85; Wohlgemuth (2000), S. 170; Kohr (2000), S. 17; Kubr (2005), S. 10; Nissen (2007), S. 3; Fink (2009), S. 3.
[124] Müller-Stewens/Drolshammer/Kriegmeier (1999), S. 23.
[125] Vgl. Von Nordenflycht (2010), S. 155 ff.

chen Mengen an nichtmenschlichen Vermögenswerten, wie etwa Vorräte, Fabriken und Anlagen oder auch immaterielle nichtmenschliche Vermögenswerte wie Patente oder Urheberrechte benötigen.[126] Auch dieses Kriterium trifft für Unternehmensberatungen zu. Neben den hochqualifizierten Beratern sind keine weiteren größere nennenswerte Assets notwendig.

Ein drittes wichtiges Merkmal von professional service firms ist die bereits erwähnte Professionalität, die sich insbesondere in der professionalized workforce widerspiegelt und welche sich wiederum aus einer professional ideology und self-regulation zusammensetzt.[127] Eine professionelle Ideologie besteht aus einem Set von Normen, das sich sowohl als für die jeweilige Berufsgruppe relevante ethische Regeln manifestieren kann als auch im Rahmen von internen Weiterbildungs- bzw. Trainingsmaßnahmen entwickelt werden kann.[128] Mit der self-regulation ist gemeint, dass der jeweilige Berufsstand eine starke Kontrolle über die Tätigkeitspraxis hat. So ist es beispielweise bei manchen Berufsgruppen nicht möglich, diese ohne entsprechende Zertifizierung auszuführen (z.B. Anwalt oder Arzt).

Auch wenn die Berufsbezeichnung „Unternehmensberater" in Deutschland nicht gesetzlich geschützt ist, so gelten doch Abschlussnoten, Ausbildung und Erfahrung als wesentliche Einstellungsmerkmale, um eine Anstellung als Unternehmensberater bei einer renommierten Beratungsfirma zu erlangen. Darüber hinaus existieren die vom BDU e.V. herausgegebenen Berufsgrundsätze als Orientierung für das Berufsbild Unternehmensberater.[129] Auch das Merkmal der professionellen Ideologie ist für Unternehmensberatungen in höchstem Maße erfüllt. Es existiert kaum eine Berufsgruppe, die so sehr auf ein professionelles Auftreten und Werte wie Vertrauenspflicht, Schweigepflicht etc. achtet wie dies bei Unternehmensberatern der Fall ist.

Als Zwischenfazit kann somit festgehalten werden, dass es sich bei Unternehmensberatung um eine professionelle Dienstleistung handelt, die einen höchst individuellen Charakter aufweist und nur in enger Zusammenarbeit mit dem Klienten und unter Einbezug des Berater Know-Hows erfolgen kann.

Neben dem Kriterium der professionellen Dienstleistung gilt die Unabhängigkeit der Berater als ein weiteres essentielles Kriterium zur Definition von Unternehmensberatung.[130] Es wird argu-

[126] Vgl. Von Nordenflycht (2010), S. 162.
[127] Vgl. Von Nordenflycht (2010), S. 163.
[128] Vgl. Leicht/Lyman (2006), S. 17 ff.
[129] Vgl. BDU (2012a).
[130] Vgl. Mugler/Lampe (1987), S. 478; Stutz (1988), S. 1; Hoffmann (1991), S. 40; Hofmann (1991), S. 219; Weiershäuser (1996), S. 12; Dichtl (1998), S. 20; Köppen (1999), S. 30; Sommerlatte (2000), S. 85; Wohlgemuth (2000), S. 170; Kohr (2000), S. 17; Kubr (2005), S. 10; Niedereichholz (2010), S. 1.

mentiert, dass die Berater keiner Weisungsbefugnis Dritter unterliegen sollen. Dadurch soll Neutralität und Objektivität gegenüber dem Klienten gesichert werden.[131] Eng hiermit verbunden ist auch das vor allem bei älteren Definitionen von Unternehmensberatung vorzufindende Kriterium der Externalität.[132] Aufgrund der externen Stellung der Berater ist eine besonders unabhängige und neutrale Bearbeitung des Beratungsprojekts möglich. Allerdings werden durch das Merkmal der Externalität kategorisch die innerhalb eines Unternehmens erbrachten Beratungsleistungen (Inhouse Consulting bzw. interne Beratung) ausgeschlossen. Aus diesem Grund wird bei neueren Definitionen zunehmend auf dieses Merkmal verzichtet, bzw. es wird explizit angemerkt, dass auch organisationsinterne Beratung hierunter subsumiert wird.[133]

Als Gegenstand bzw. Ziel der Unternehmensberatung wird in den meisten Definitionen das Lösen von in der Regel komplexen betriebswirtschaftlichen Problemstellungen genannt.[134] Dabei kann es sich um betriebswirtschaftliche Probleme jeglicher Art handeln, beispielweise die Kultur, Organisation, Strategien, Prozesse, Verfahren und/oder Methoden des Klientenunternehmens betreffend oder die Bereiche Planung, Organisation, Führung und/oder Kontrolle. Das zu bearbeitende Problem ist hierbei entweder von vornherein bekannt oder wird zusammen mit dem Klienten in einem interaktiven Prozess erarbeitet und definiert. Für die definierten Probleme werden Handlungsempfehlungen entwickelt, deren Umsetzung auf Wunsch des Auftraggebers gemeinsam mit Vertretern des Klienten geplant und realisiert wird.

Letztlich muss noch erwähnt werden, dass die Dienstleistung Unternehmensberatung zeitlich begrenzt ist und einen Projektcharakter aufweist.[135] Außerdem ist Unternehmensberatung eine professionelle Dienstleistung, die lediglich im Business-to-Business-Bereich vorkommt, weshalb als Auftraggeber nur öffentliche oder privatwirtschaftliche Organisationen in Frage kommen. Auf Basis der obigen Ausführungen soll Unternehmensberatung wie folgt definiert werden:

---

[131] Vgl. Dichtl (1998), S. 17.

[132] Vgl. Krebs (1980), S. 55 f.; Szyperski/Klaile (1982), S. 7; Mugler/Lampe (1987), S. 478; Elfgen/Klaile (1987), S. 31; Stutz (1988), S. 1; Althaus (1994), S. 44; Weiershäuser (1996), S. 12; Köppen (1999), S. 30; Kohr (2000), S. 17.

[133] Vgl. Sommerlatte (2000), S. 85; Reineke (2007), S. 72.

[134] Vgl. Klein (1977), S. 36; Krebs (1980), S. 55 f.; Lutz (1981), S. 56 ff.; Gallessich (1982), S. 6.; Szyperski/Klaile (1982), S. 7; Greiner/Metzger (1983), S. 76; Mugler/Lampe (1987), S. 478; Elfgen/Klaile (1987), S. 31; Stutz (1988), S. 1; Hoffmann (1991), S. 40; Effenberger (1998), S. 16; Weiershäuser (1996), S. 12; Köppen (1999), S. 30; Sommerlatte (2000), S. 85; Kohr (2000), S. 17; Kubr (2005), S. 10; Nissen (2007), S. 3; Fink (2009), S. 3; Niedereichholz (2010), S. 1.

[135] Ein Projekt kann definiert werden als „a temporary group activity designed to produce a unique product, service or result", PMI (2013b).

Definition von Unternehmensberatung
Unternehmensberatung ist eine professionelle höchstindividuelle Dienstleistung, die von spezialisierten, unabhängigen organisationsinternen oder -externen Beratern durchgeführt wird. Gegenstand ihrer Tätigkeit sind komplexe betriebswirtschaftliche Problemstellungen öffentlicher oder privatwirtschaftlicher Organisationen, für die im Rahmen zeitlich und sachlich abgegrenzter Projekte Handlungsempfehlungen entwickelt werden, und deren Umsetzung auf Wunsch gemeinsam mit Vertretern des Auftraggebers geplant und realisiert wird.

Tabelle 3: Definition von Unternehmensberatung

Bevor auf das Beratungssystem und den Beratungsprozess als weitere terminologische Grundlagen von Unternehmensberatung eingegangen wird, werden nachfolgend kurz die verschiedenen Formen von Unternehmensberatung dargestellt. Klassischerweise lässt sich Unternehmensberatung in folgende vier Beratungsfelder einteilen: Strategieberatung, Organisations-/Prozessberatung, IT-Beratung, HR-Beratung.[136] Im Mittelpunkt der Strategieberatung steht die Unterstützung eines Klienten hinsichtlich „der gedanklich-planerischen Ausrichtung seiner Unternehmensaktivitäten mit dem Ziel, die Position seines Unternehmens durch eine marktgerechte Allokation von finanziellen, personellen, technischen und intangiblen Ressourcen an veränderte oder sich verändernde Umweltbedingungen anzupassen."[137] Obwohl die Strategieberatung oft als die wichtigste Form der Unternehmensberatung gesehen wird, weist sie mit 24% lediglich den zweithöchsten Umsatzanteil am deutschen Unternehmensberatungsmarkt aus.[138]

Hingegen gilt die Organisations- und Prozessberatung mit 43% als umsatzstärkste Form der Unternehmensberatung.[139] Die Organisations- und Prozessberatung beschäftigt sich einerseits mit der Optimierung der Aufbau- und Ablauforganisation bzw. mit der Organisationsentwicklung im allgemeinen (Organisationsberatung), und andererseits geht es im Rahmen der Prozessberatung um die Geschäftsprozessoptimierung bzw. das Business Process Redesign (BPR) mit dem Ziel, Prozesse hinsichtlich Qualität und/oder Vereinfachungen zu verbessern.[140]

136 Vgl. BDU (2012e).
137 Fink (2009), S. 5.
138 Vgl. Heuermann/Herrmann (2003), S. 179; BDU (2012d), S. 3.
139 Vgl. BDU (2012d), S. 3.
140 Vgl. Reineke/Bock (2007), S. 324, S. 366 f.

Die IT- oder Technologieberatung gilt mit einem Umsatzanteil von 22,4% als drittgrößte Beratungsform in Deutschland[141] und widmet sich insbesondere der Gestaltung von IT-geprägten Prozessen. Darüber hinaus werden oft in Zusammenarbeit mit IT-Beratungen neue IT-Systeme entwickelt und/oder im Klientenunternehmen eingeführt.[142] Schließlich gilt die HR- oder Personalberatung mit 10,6% als umsatzschwächste Form der Unternehmensberatung.[143] Gegenstand der HR-Beratung ist einerseits die Unterstützung des Klienten bei jeglichen Fragen der Personalwirtschaft (z.B. Personalführung, Personalorganisation, Entwicklung von Personalkonzepten, Weiterbildungsmaßnahmen, Outplacementberatung und/oder Vergütungssysteme) und anderseits unterstützt eine Personalberatungsfirma den Klienten bei der Suche und Auswahl von geeigneten Kandidaten für eine offene Vakanz.[144]

Auch wenn durch die genannten vier Formen eine grobe Untergliederung von Unternehmensberatung bereitgestellt wird, muss generell berücksichtigt werden, dass sich so gut wie jedes Unternehmensberatungsprojekt in hohem Maße durch kundenindividuelle, in der Regel komplexe Aufgabenstellungen und Rahmenbedingungen auszeichnet.[145] Neben der Fokussierung auf Unternehmensberatungsprojekte der Bereiche Strategieberatung, Organisations-/Prozessberatung und IT-Beratung wird daher für die vorliegende Arbeit bewusst eine vereinheitlichende Sichtweise auf die Unternehmensberatung vertreten. Abbildung 11 fasst die einzelnen genannten Formen von Unternehmensberatung abschließend zusammen.[146]

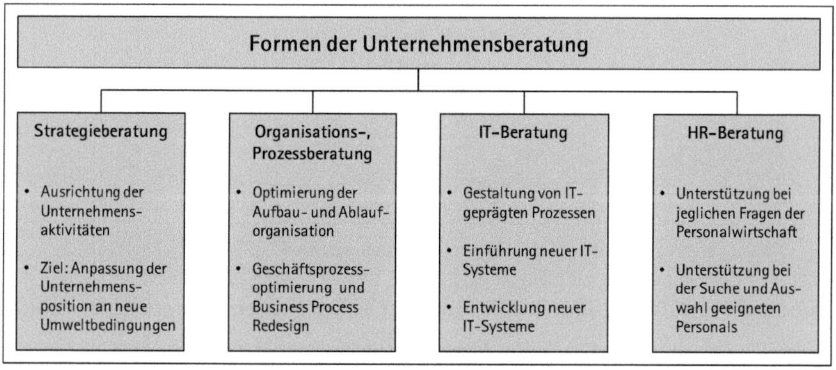

Abbildung 11: Formen von Unternehmensberatung

141 Vgl. BDU (2012d), S. 3.
142 Vgl. Heuermann/Herrmann (2003), S. 210 ff.
143 Vgl. BDU (2012d), S. 3.
144 Vgl. Heuermann/Herrmann (2003), S. 217 f.; Reineke/Bock (2007), S. 336.
145 Vgl. Nissen (2007), S. 4.
146 Für alternative Strukturierungsansätze von Unternehmensberatung vgl. z.B. Streicher/Lünendonk (2000), S. 19 ff.; Walger (1995), S. 2 ff.

2.2.2 Das Beratungssystem

Mit Hilfe des Systembegriffs ist es möglich, einen komplexen Untersuchungsgegenstand in seine einzelnen Bestandteile aufgliedern und Beziehungen zwischen den Elementen aufzeigen.[147] Angewandt auf den Themenbereich Unternehmensberatung kann hierbei zunächst zwischen einem Beratersystem (das Unternehmen, das berät) und einem Klientensystem (die Organisation, die sich beraten lässt) unterschieden werden.[148] Das Beratersystem im weiten Sinne (i.w.S) und das Klientensystem i.w.S. sind auf Dauer angelegte Organisationssysteme, bestehend aus den jeweiligen Mitarbeitern des Berater- bzw. Klientenunternehmens. Gemeinsam bilden sie das Beratungssystem i.w.S. und deren Schnittmenge repräsentiert hingegen das Beratungssystem im engen Sinne (i.e.S). Hier findet die eigentliche Beratungsleistung aller relevanten Kommunikationsprozesse statt. Das Beratungssystem i.e.S. ist für eine befristete Zeit – nämlich für die Dauer des Beratungsprojektes – angelegt und wird nach Abschluss des Projektes wieder aufgelöst.

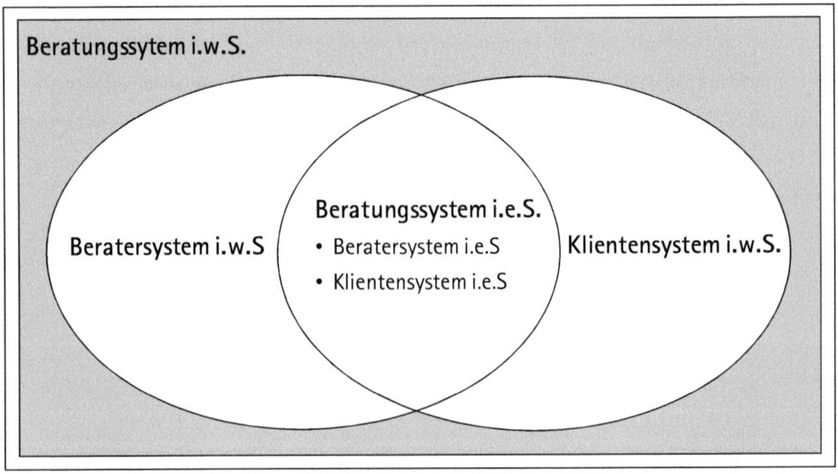

Abbildung 12: Das Beratungssystem[149]

Da Beratung einen ausgeprägten sozialen Charakter aufweist, stehen hierbei zunächst Individuen im Zentrum des Interesses. So gesehen ist ein Individuum Mitglied des Beratungssystems i.e.S., sobald es in irgendeiner Art und Weise am betreffenden Beratungsprojekt beteiligt ist. Also

[147] Vgl. z. B. Ulrich (1970), S. 42 ff.; Greif (1983), S. 19 ff.; Ulrich/Probst (1988), S. 27 ff.; Staehle (1990), S. 40 ff.; Luhmann (1994); Luhmann (1996).

[148] Vgl. hierzu und im Folgenden Stutz (1988), S. 118 ff.; Hoffmann (1991), S. 26 ff.; Strasser (1993), S. 54 ff.; Althaus (1994), S. 28 ff.; Hillemanns (1995), S. 16 ff.; Köppen (1999), S. 28 f.; Mohe (2003), S. 25 ff. Einige Autoren nennen zusätzlich noch das Auftraggebersystem, das allerdings im vorliegenden Rahmen unter dem Klientensystem subsumiert wird, vgl. Güttel (2007), S. 288 ff.

[149] Vgl. Stutz (1988), S. 119.

ist der Unterschied zwischen Beratungssystem im engeren und im weiteren Sinne die aktive Involvierung im Beratungsprojekt. Die Mitgliedschaft eines Individuums im Beratungssystem im engeren Sinne kann sich abhängig von den jeweiligen Projektphasen verändern.[150] So ist es etwa denkbar, dass ein Projektleiter das ganze Beratungsprojekt über diesem Schnittstellensystem angehört, wohingegen ein Interviewpartner des Klientenunternehmens nur in der Diagnosephase zum Beratungssystem i.e.S. gehören kann. Abbildung 12 stellt das Beratungssystem i.w.S. mit seinen einzelnen Unterkategorien grafisch dar.

Wie in Abbildung 12 bereits angedeutet, lässt sich das Beratungssystem i.e.S weiter untergliedern in ein Beratersytems und ein Klientensystems i.e.S. Die Mitglieder des Beratersystems und des Klientensystems i.e.S. (Beratungssystem i.e.S.) sind – wie bereits erwähnt – diejenigen Mitglieder aus Berater- und Klientensystem, die am Beratungsprojekt mitarbeiten und von dessen Auswirkungen direkt betroffen sind. Hierbei lassen sich prinzipiell drei unterschiedliche Hauptakteure unterscheiden, die für die Mehrzahl der klassischen Beratungsprojekte repräsentativ sind, auch wenn in der Praxis von den Beratungs- und Klientenunternehmen oft eigene, aber einander ähnelnde Bezeichnungen verwendet werden.

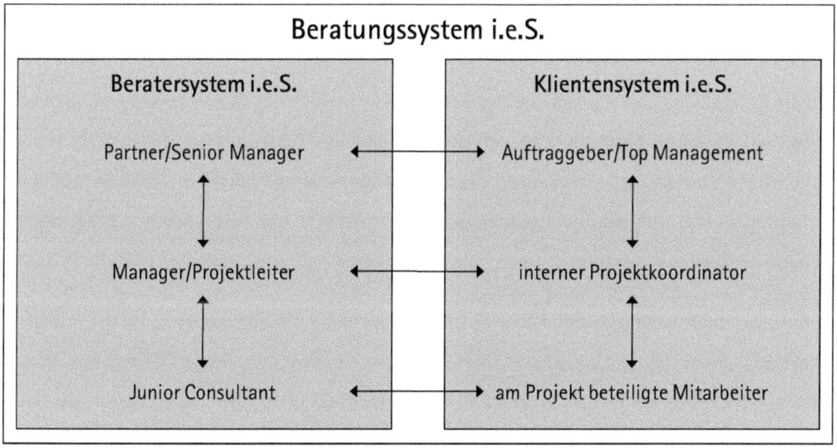

Abbildung 13: Hauptakteure des Beratungssystems im engeren Sinne[151]

Hierbei handelt es sich um folgende drei idealtypische Akteure: Partner/Senior Consultant, Manager/Projektleiter und Junior Consultants. Während Partner bzw. Senior Consultant für akquisitorische und marketingrelevante Aufgaben verantwortlich sind und zumeist mehrere Beratungs-

[150] Vgl. Kapitel 2.2.3.
[151] Vgl. Hoffmann (1991), S. 28; Hillemanns (1995), S. 19.

projekte überwachen, erstreckt sich der Aufgabenbereich von Managern bzw. Projektleitern auf die Organisation, Planung und Koordination eines oder mehrerer (Teil-)Projekte, für die sie in der Regel auch die Ergebnisverantwortung tragen. Junior Consultants erfüllen primär operative und technische Aufgaben wie etwa Datensammlung und Analyse. Als Pendant zu den Akteuren des Beratungssystems können auf der Klientenseite folgende Akteure identifiziert werden: Auftraggeber/Top-Managements, interner Projektleiter und am Projekt beteiligte Mitarbeiter.[152] Abbildung 13 stellt die einzelnen Akteure des Beratersystems i.e.S. und des Klientensystems i.e.S. dar und veranschaulicht die in der Praxis üblicherweise durchgeführten Kommunikations-und Interaktionsrichtungen.

2.2.3 Der Beratungsprozess

Der Beratungsprozess ist Gegenstand vieler Arbeiten in der Unternehmensberatungsliteratur.[153] Allerdings konnte sich dennoch bisher im Schrifttum kein allgemein gültiger theoretisch fundierter und empirisch bestätigter Beratungsprozess etablieren. Dies liegt zum einen darin begründet, dass in den meisten Arbeiten ein idealtypisch geglätteter Beratungsprozess dargestellt wird und zum anderen, dass die Gestaltung des Beratungsprozesses zum unternehmensinternen Wissen von Beratungsunternehmen zählt und diese sich einem empirischen Zugang weitestgehend versperren.

Da die Entwicklung bzw. Darstellung des Beratungsprozesses nicht Gegenstand der vorliegenden Arbeit ist, erfolgt nachfolgend keine detaillierte Analyse des Forschungsstandes zum Beratungsprozess. Vielmehr soll in Anlehnung an das Geschäftsbeziehungsmodell von Grönroos (1979) der Beratungsprozess auf einer Metaebene betrachtet werden, um dort jeweils die wichtigsten Hauptaktivitäten darzustellen.

Grönroos (1979) unterscheidet folgende drei Phasen einer Geschäftsbeziehung bei investiven Dienstleistungen: Initial Stage, Purchasing Stage und Consumption Stage.[154] Diese drei Phasen lassen sich einfach auf den Unternehmensberatungskontext übertragen. So entspricht die Initial Stage der Anbahnungsphase, die Purchasing Stage der Durchführungsphase und die Consumpti-

---

[152] Vgl. Hoffmann (1991), S. 28 ff.; Hillemanns (1995), S. 17 f.

[153] Vgl. z.B. Kienbaum/Meissner (1979), S. 110 ff.; Mugler/Lampe (1987), S. 477 ff.; Elfgen (1991), S. 285 ff.; Hoffmann (1991), S. 58 ff.; Hafner/Reineke (1992), S. 29 ff.; Strasser (1993), S. 94 ff.; Althaus (1994), S. 45 ff.; Hillemanns (1995), S. 20 f.; Schrädler (1996), S. 58 ff.; Effenberger (1998), S. 98 ff.; Köppen (1999), S. 39 ff.; Sommerlatte (2000), S. 130 ff.; Lippitt/Lippitt (2006), S. 17 ff.; Verlander (2012), S. 38 ff.

[154] Vgl. Grönroos (1979), S. 45 ff.; Grönroos (1991), S. 88.

on Stage der Nachbereitungsphase des Beratungsprozesses.[155] Nachfolgend wird jeweils auf die wichtigsten Hauptaktivitäten der einzelnen Phasen eingegangen.

Ausgangspunkt eines Beratungsprojektes ist im Rahmen der Anbahnungsphase zunächst das Problembewusstsein beim Klienten.[156] Hieraus resultiert in der Regel die notwendige Entscheidung, ob das zu bewältigende Problem in Eigenregie unter Einsatz interner Ressourcen gelöst werden soll, ob für die Lösung des Problems eine Unternehmensberatungsfirma beauftragt werden soll, oder ob das Problem ignoriert werden soll.[157] Bei einer Entscheidung für die Beauftragung einer Unternehmensberatung folgt als nächster Schritt die Suche nach geeigneten Beratungsunternehmen.[158]

Sobald der Erstkontakt zwischen potentiellem Auftragnehmer und Auftraggeber hergestellt ist, folgen in der Regel erste Abstimmmeetings, in denen grundsätzliche Fragen hinsichtlich Beratungsaufgabe, -system und -prozess geklärt werden. Die Verhandlungen münden in der Regel in einer ersten Offerte der Berater, die auch zumeist eine Durchführungsplanung enthält. Auf Basis dieser Informationen trifft der Klient seine Wahl und entscheidet sich für ein Beratungsunternehmen. Schließlich endet die Anbahnungsphase mit der Formulierung des Beratungsvertrages, der u.a. als wesentlichen Inhaltspunkt die angestrebten Projektziele enthält.

Im Rahmen der Anbahnungsphase muss berücksichtigt werden, dass das Problembewusstsein bzw. die Erstkontaktherstellung nicht unbedingt vom Klienten selber ausgehen muss. Oft verhält es sich in der Praxis so, dass ein Beratungsunternehmen im Rahmen der Auftragsakquisition – sei es durch Neuprojektakquise oder durch Folgeprojektakquise – einen potenziellen Klienten auf gewisse Probleme erst aufmerksam macht.[159] Letztlich ist es auch möglich, dass Dritte wie z.B. Verbände oder Geschäftspartner ein Unternehmen auf ein existentes Problem hinweist.[160]

Mit der Unterzeichnung des Beratungsvertrages beginnt die Hauptphase eines jeden Beratungsprojektes, die Durchführungsphase. Typischerweise startet die Durchführungsphase – nach einer grundsätzlichen Vorbereitung auf den Beratereinsatz beim Klienten (Mitarbeiterinformation bzw. -motivation, Bereitstellung von benötigten Personal- und Materialressourcen etc.) – mit einer Ist-Analyse. Es werden alle diejenigen Informationen beschafft und verarbeitet, die benö-

155 Vgl. Greschnucha (2006), S. 22.
156 Vgl. Szyperski/Klaile (1982), S. 60; Kubr (1993), S. 53 ff.; Höck/Keuper (2001), S. 428.
157 Vgl. zur Thematik Make-or-Buy-Entscheidung z.B. Mitchell (1994), S. 317 ff.; Rück (1995), S. 2 ff.; Haase (2002).
158 Hierunter fällt auch die Entscheidung, ob das Beratungsprojekt mit einer internen oder externen Beratung bearbeitet werden soll, vgl. Reineke (2007), S. 74.
159 Vgl. Niedereichholz (2010), S. 8.
160 Vgl. Heuermann/Herrmann (2003), S. 140 ff.

tigt werden, um sich ein möglichst genaues Bild der aktuellen Situation des zu bearbeitenden Problems machen zu können. Hierauf aufbauend werden im Rahmen der Sollkonzeption verschiedene Lösungsalternativen von den Beratern generiert, bewertet und schließlich dem Klienten präsentiert. Obwohl die Unternehmensberater zumeist eine klare Empfehlung aussprechen, welche Lösungsalternativen ihrer Meinung nach präferiert umzusetzen sind, liegt die Entscheidungsmacht letztlich nur beim Auftraggeber.

Eine weitere Aktivität der Durchführungsphase betrifft die Umsetzung der präferierten Lösungsalternative. In klassischen Unternehmensberatungsprojekten war die Umsetzung in der Regel nicht Teil des Beratungsprojektes. Für den Berater war das Beratungsprojekt nach der Ergebnispräsentation der Lösungsalternativen und der Übergabe des Abschlussberichtes beendet. Der Klient war somit ab diesem Zeitpunkt hinsichtlich der Umsetzung der präferierten Lösung auf sich alleine gestellt. Allerdings geht sein mehreren Jahren der Trend dahin, dass die Berater die Implementierung und Realisierung der präferierten Lösung - oft auch in Kooperation mit anderen Unternehmensberatungen - begleiten.[161] Durch eine laufende Kontrolle können Abweichungen und Probleme schnell erkannt und entsprechende Korrekturmaßnahmen eingeleitet werden.

Mit dem Abschluss der Realisierung folgt als dritte und letzte Phase des Beratungsprozesses die Nachbereitungsphase. Zunächst wird hierbei geklärt, ob das Projekt abgeschlossen wird oder nicht. Im Falle eines Abschlusses erfolgt eine Schlussberichterstattung durch die Berater, und das Beratungsergebnis wird evaluiert. Bei der Evaluation geht es insbesondere darum, zu bewerten, inwieweit das ursprüngliche Problem durch das Beratungsprojekt gelöst werden konnte.[162] Schließlich gilt noch als letzter Bestandteil der Nachbereitungsphase die Klientenpflege. Gerade im Hinblick auf potenzielle Folgeaufträge ist es aus Beratersicht notwendig, die Beratungsbeziehung auch nach Abschluss des eigentlichen Projektes zu pflegen.

Nachfolgende Abbildung 14 stellt die drei Metaphasen des Beratungsprozesses mit seinen jeweiligen Hauptaktivitäten grafisch dar. Insgesamt muss allerdings berücksichtigt werden, dass innerhalb dieses Beratungsprozesses einzelne Aktivitäten je nach konkretem Einzelfall umfangreicher oder weniger umfangreicher ausfallen. Darüber hinaus kann es zu jedem Zeitpunkt immer wieder zu Rückkoppelungsschleifen kommen.

---

[161] Vgl. Weidner/Kass (2002), S. 177.
[162] Vgl. Greschnucha (2006), S. 24 ff.; vgl. auch Kapitel 3.2.

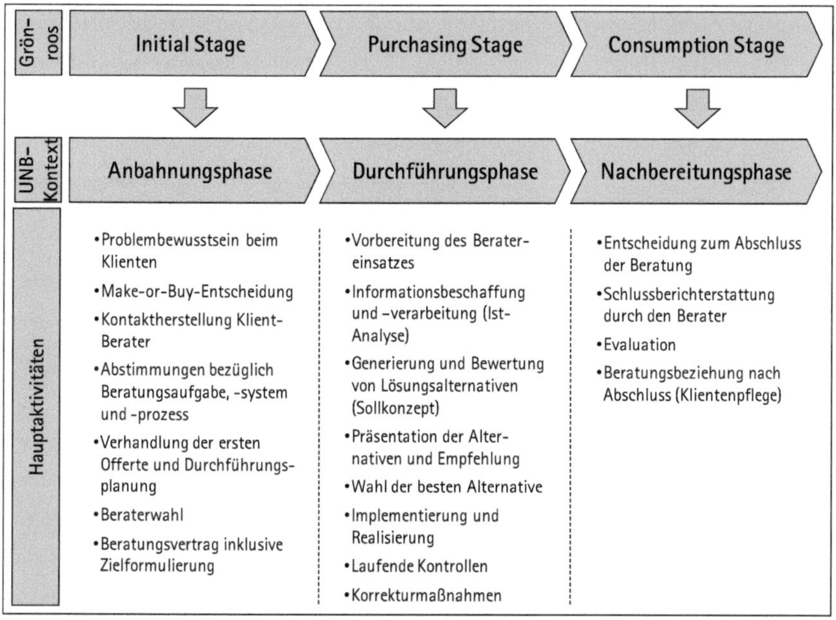

Abbildung 14: Der Beratungsprozess

2.3 Aktueller Forschungsstand

Neben den wissenschaftstheoretischen und terminologischen Grundlagen bildet die Bestandsaufnahme bisheriger Forschungsergebnisse eine wichtige Grundlage für die vorliegende Untersuchung. Der strukturierte Forschungsüberblick verfolgt zwei Ziele: Zum einen soll er die Forschungslücke präzisieren und zum anderen erste Hinweise für die Beantwortung der Forschungsfragestellungen liefern. Zu diesem Zweck wird nachfolgend das relevante Schrifttum systematisch analysiert, die Kernaussagen der einzelnen Forschungsbeiträge werden dargestellt und deren Wertbeitrag für die vorliegende Untersuchung herausgearbeitet.

Trotz der überaus hohen Praxisrelevanz von Unternehmensberatung[163] wurde bis Ende der 90er Jahre ein akuter Mangel an Beratungsforschung im Allgemeinen und an einer theoretischen Fundierung im Speziellen festgestellt.[164] In diesem Zusammenhang war sogar die Rede von einer „Theorie- und Empirieflaute".[165] Obwohl sowohl die Zahl als auch das inhaltliche Spektrum der

[163] Vgl. Kapitel 1.1 und Kienbaum/Meissner (1979), S. 109; Deelmann (2007), S. 39; Niewiem/Richter (2007), S. 57.
[164] Vgl. Schade (1997), S. 5 ff.; Armbrüster/Kieser (2001), S. 688 ff.; Femers (2002), S. 28.
[165] Steyrer (1991), S. 3.

Publikationen zum Themengebiet Unternehmensberatung bis dato deutlich zugenommen hat,[166] „steht die wissenschaftliche Auseinandersetzung mit dem Phänomen der Unternehmensberatung noch immer relativ am Anfang."[167] Somit kann festgehalten werden, „dass die intensive wissenschaftliche Auseinandersetzung mit den Besonderheiten dieser Disziplin vergleichsweise jung und wenig fortgeschritten ist,"[168] und von einer universell gültigen Theorie der Unternehmensberatung aktuell (noch) nicht ausgegangen werden kann.[169]

Auch wenn einige Forscher behaupten, dass aufgrund der mangelnden institutionellen Verankerung des Forschungsfeldes Unternehmensberatung, sich zunehmend unverbundene „Forschungsinseln" [170] entwickelt haben, die zu einer Zersplitterung der wissenschaftlichen Gemeinschaft beigetragen haben,[171] können im Schrifttum dennoch unterschiedliche Forschungsstränge ausgemacht werden. Neben dem für diese Arbeit relevanten Forschungsstrang (Erfolgsfaktoren von Unternehmensberatungsprojekten),[172] beschäftigt sich eine Reihe von Forschungsbeiträgen mit den unterschiedlichen Phasen des Beratungsprozesses und damit oft einhergehend mit den einzelnen Funktionen von Beratung. Nennenswerte Forschungsbeiträge sind beispielweise die Arbeiten von Strasser (1993), Althaus (1994), Mitchell (1994), Sturdy (1997), McLarty/Robinson (1998) und Werr/Styhre (2002).

Ein weiterer sich herauskristallisierender Forschungsstrang von Unternehmensberatung beschäftigt sich unter Berücksichtigung des damit einhergehenden komplexen Beziehungsverhältnisses mit den unterschiedlichen Rollen im Rahmen von Unternehmensberatung. Hier können beispielsweise die Arbeiten von Tilles (1961), McKinney Kellog (1984), Mohe/Kolbeck (2003) und Sewchurran/Barron (2008) genannt werden. Darüber hinaus existiert eine Reihe von Studien, die sich mit dem Themengebiet der internen Beratung als Spezialdisziplin von Unternehmensberatung beschäftigen. Hier können zum Beispiel die Arbeiten von Johri/Molnar (1989), Selchert (1997), Johri/Cooper/Prokopenko (1998), Vosburgh (2007) und Wright (2009) angeführt werden.

Die Darstellung des für diese Arbeit relevanten Forschungsstrangs des Themengebietes Unternehmensberatung – die Erfolgsfaktoren von Unternehmensberatungsprojekten – wird im Folgenden anhand der drei möglichen Betrachtungsperspektiven vorgenommen. Dementsprechend

---

166 Vgl. z.B. Schade (1997); Kohr (2000); Glückler/Armbrüster (2003); Mohe (2003); Barchewitz/Armbrüster (2004); Greschnucha (2006); Jung (2010); Solomonson (2012); Verlander (2012).
167 Kraus/Mohe (2007), S. 263; vgl. auch Kapitel 1.1.
168 Nissen (2007), S. 9.
169 Vgl. Schweizer/zu Knyphausen-Aufsess/Rajes (2009), S. 394.
170 Mohe (2004), S. 704.
171 Vgl. Nissen (2007), S. 31.
172 Die systematische Analyse dieses Forschungsstranges erfolgt im weiteren Verlauf des Kapitels 2.3.

werden in Kapitel 2.3.1 zunächst die Studien vorgestellt, die die Erfolgsfaktoren von Unternehmensberatungsprojekten aus der Perspektive der Klienten analysieren. Hieran anschließend erfolgt die Darstellung der Arbeiten, die die Erfolgsfaktoren von Unternehmensberatungsprojekten aus der Beraterperspektive untersuchen (Kapitel 2.3.2). Kapitel 2.3.3 widmet sich schließlich den Studien, die die Erfolgsfaktoren von Unternehmensberatung aus der Klienten- und der Beraterperspektive analysieren.

Im Rahmen der Darstellung des Forschungsüberblicks zu den Erfolgsfaktoren von Unternehmensberatungsprojekten wird auf jene forschungsorientierte Arbeiten fokussiert, die eine besonders hohe Relevanz für die Lösung der vorliegenden Forschungsfragestellungen haben. Es werden ausschließlich empirische Arbeiten - gentrennt nach einfach-empirischen und komplex-empirischen Studien - im Literaturüberblick aufgegriffen[173]. Aus diesen Arbeiten lassen sich potenzielle Anhaltspunkte zur Messung der für diese Untersuchung relevanten Konstrukte und empirischen Überprüfung der Wirkungsbeziehungen ableiten. Abschließend werden in Kapitel 2.3.4 die wesentlichen Erkenntnisse zusammengefasst und die Implikationen für die vorliegende Untersuchung dargestellt. Folgende Abbildung 15 fasst das Vorgehen zur Literaturrecherche zusammen.

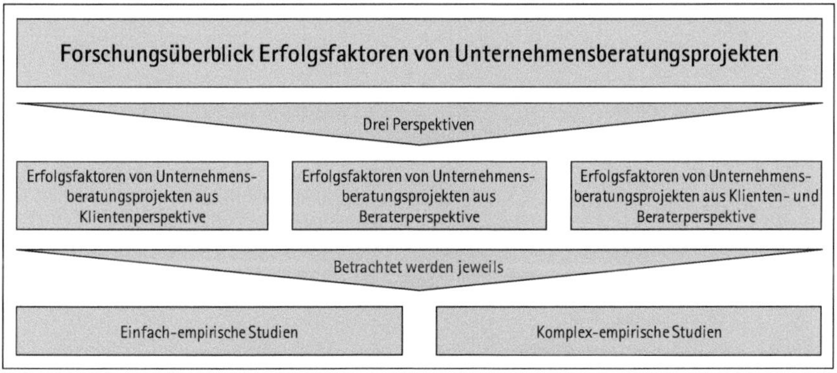

Abbildung 15: Vorgehen zur Literaturrecherche

[173] Als einfach-empirisch werden diejenigen Arbeiten eingestuft, die sich methodisch z.B. einer Faktorenanalyse, Diskriminanzanalyse oder einer Regressionsanalyse bedienen. Als komplex-empirisch werden hingegen diejenigen Arbeiten bezeichnet, die ein vollständiges Strukturgleichungsmodell abbilden. Diese Einteilung dient lediglich der besseren Kategorisierung der Arbeiten und beinhaltet keine Wertung hinsichtlich der methodischen Qualität der Arbeiten.

2.3.1 Studien aus Klientenperspektive

Im Schrifttum zum Themengebiet Erfolgsfaktoren von Unternehmensberatungsprojekten sind Studien, die dies aus der Perspektive der Klienten untersuchen, am weitesten verbreitet. Allerdings weisen die meisten betrachteten Studien im Rahmen der theoretischen Herleitung Mängel hinsichtlich der Intensität und Tiefe und im Rahmen der empirischen Überprüfung hinsichtlich des Anspruchsniveaus auf. In der Regel werden auch nur spezifische Teilbereiche betrachtet, und somit konnte keine Arbeit identifiziert werden, die die Thematik der Erfolgsfaktoren von Unternehmensberatungsprojekten aus Klientenperspektive hinreichend umfassend, theoretisch fundiert und anspruchsvoll empirisch untermauert, bearbeitet.[174]

Nachfolgend werden zunächst in Kapitel 2.3.1.1 die identifizierten einfach-empirischen Studien zu den Erfolgsfaktoren von Unternehmensberatungsprojekten aus Klientenperspektive vorgestellt. Hieran anschließend werden in Kapitel 2.3.1.2 diejenigen Arbeiten dargestellt, die den komplex-empirischen Verfahren zuzuordnen sind. Darüber hinaus werden alle betrachteten Studien am Ende dieses Teilkapitels in tabellarischer Form zusammengefasst. Abbildung 16 gibt einen Überblick über die im Folgenden zu analysierenden Studien inklusive einer Einordnung hinsichtlich der methodischen Fundierung.

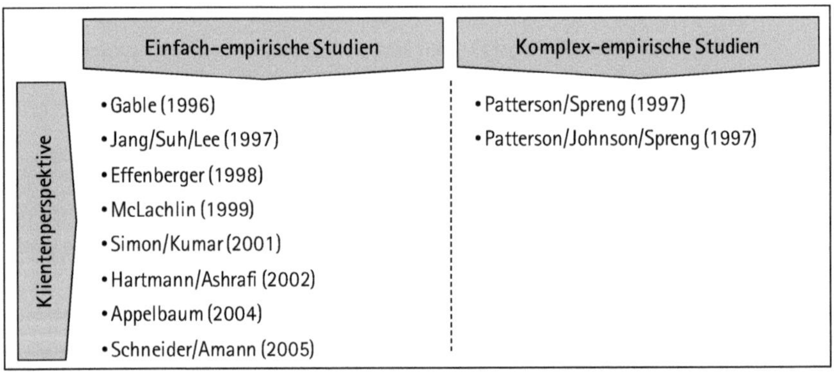

Abbildung 16: Übersicht der Studien zu den Erfolgsfaktoren von Unternehmensberatung aus Klientenperspektive

2.3.1.1 Einfach-empirische Studien

Insgesamt konnten im Rahmen der einfach-empirischen Studien acht Arbeiten identifiziert werden, die einen Erkenntnisgewinn für die vorliegende Untersuchung darstellen und daher im Fol-

[174] Vgl. auch Kapitel 2.3.4.

genden näher betrachtet werden. In der Studie von Gable (1996) wird basierend auf einer Literaturanalyse und fünf Case Studies ein Modell zur Erklärung von Unternehmensberatungserfolg entwickelt.[175] Das von den Forschern entwickelte Modell fokussiert auf die folgenden drei Hauptbereiche:

- Consultant recommendations,
- Client Understanding und
- Consultant Performance.

Die empirische Überprüfung des entwickelten Modells erfolgte anhand einer Umfrage bei registrierten Klienten des „Local Enterprise Computerization Program", einem Programm der singapurischen Regierung zur Unterstützung lokaler Unternehmen, um durch die Adaption von computerbasierten Informationssystemen deren Wettbewerbsfähigkeit zu verbessern. Insgesamt flossen allerdings nur 67 Fälle in die empirische Untersuchung ein.[176] Basierend auf einer Faktoren- und Korrelationsanalyse konnten die drei zuvor unterstellten Hauptbereiche von Unternehmensberatungserfolg bestätigt werden. Dabei wurden folgende explizite Dimensionen von Unternehmensberatungserfolg aus Klientenperspektive eruiert:

- „Consultant recommendations" bestehend aus „Recommendations Acceptance" und „Recommendations Satisfaction",
- „Client Understanding" bestehend aus „Understanding Improvement" und „Understanding Satisfaction" und
- „Consultant Performance" bestehend aus „Performance Reasonability" und „Performance Satisfaction".

In der Studie von Jang/Suh/Lee (1997) wird ein auf Basis der Rollentheorie und des Schrifttums entwickeltes Modell vorgestellt, mit Hilfe dessen Faktoren untersucht werden sollen, die einen direkten Einfluss auf den Erfolg von Unternehmensberatungsprojekten haben.[177] Hierbei handelt es sich insbesondere um organisationale Eigenschaften (Top Management Support, Client Staff Commitment und Functional Heterogeneity of Client Staff), die Beraterkompetenz (Managerial Competence and Professional Competence) und den Consultation Mode (Clearly Defined Goals, Methodological Compatibility, Rigidity of Procedures and Client Participation).

---

[175] Vgl. hierzu und im Folgenden Gable (1996), S. 1175 ff.

[176] Parallel wurden auch an den Projekten beteiligte Unternehmensberater befragt. Da dies jedoch hauptsächlich zu Validierungszwecken durchgeführt wurde und keine explizite Betrachtung der Beraterperspektive vorgenommen wurde, wird die Studie von Gable (1996) unter der Rubrik „Studien aus Klientenperspektive" geführt.

[177] Vgl. hierzu und im Folgenden Jang/Suh/Lee (1997) S. 165 ff.

Empirisch getestet wurden die hieraus resultierenden neun Hypothesen anhand von Daten, die bei 119 Beratungsprojekten in 60 koreanischen Unternehmen erhoben wurden. Nach Berechnung eines Regressionsmodells wurde als wesentliches Ergebnis festgehalten, dass sowohl die organisationalen Eigenschaften als auch der Consultation Mode signifikant mit dem Erfolg von Beratungsprojekten korrelieren. Allerdings konnte für die Beraterkompetenz keine signifikante Korrelation mit dem Unternehmensberatungserfolg nachgewiesen werden.

In der Arbeit von Effenberger (1998) werden unterschiedliche Erfolgsfaktoren von Strategieberatungsprojekten untersucht.[178] Basierend auf einem bezugsrahmengesteuerten, den Beratungsprozess und das Beratungsergebnis abbildenden Forschungsdesign werden unterschiedliche Untersuchungshypothesen aufgestellt, die hauptsächlich lediglich durch den Vergleich von Mittelwerten (erfolgreiche versus weniger erfolgreiche Beratungsprojekte), Korrelationsanalysen und Diskriminanzanalysen beantwortet werden. Die zwei durchgeführten Kausalanalysen, die einerseits den Einfluss der Ausgangssituation auf die Zufriedenheit mit der Beratung und andererseits den Einfluss der Beratungsziele auf den Beratungserfolg untersuchen sollten, liefern keine verwertbaren Ergebnisse. Aus diesem Grund erfolgte eine Einstufung dieser Arbeit in den Bereich „einfach-empirisch". Für die empirische Erhebung wurden deutsche Großunternehmen (Handel, Industrie und Dienstleistung) befragt, wovon lediglich 74 auswertbare Rückläufer in die Studie einflossen. Folgende relevanten Erfolgsfaktoren konnten im Rahmen der Studie bestätigt werden:

- Einbindung der Mitarbeiter,
- Zufriedenheit in der Durchführungsphase der Beratung,
- Präsentation von Zwischenergebnissen,
- Dauer des Projekts,
- Verlängerung der Durchführung der Strategieberatung und
- Umsetzung unter Mitarbeit der Berater.

Die Studie von McLachlin (1999) zielt auf die Identifikation von generellen Faktoren ab, die den Erfolg von Unternehmensberatungsprojekten beeinflussen.[179] Basierend auf einer Literaturanalyse wurde ein Set von Erfolgsfaktoren identifiziert, das mit Hilfe von neun durchgeführten Expertengesprächen empirisch überprüft wurde. Als Ergebnis stellt die Studie heraus, dass der Erfolg

[178] Vgl. hierzu und im Folgenden Effenberger (1998), S. 15 ff.
[179] Vgl. hierzu und im Folgenden McLachlin (1999), S. 394 ff.

von Unternehmensberatungsprojekten von folgenden sechs generellen Faktoren positiv beeinflusst wird:

- „the consultant exhibit integrity, in particular by always putting the client's best interests first",
- „the client be involved and ready to change",
- „there be a clear agreement, which may or may not be a formal contract, concerning requirements and expectations",
- „the client control the engagement, partly by using clear and limited assignments"
- „the consultant be competent" und
- „there be a good fit between client and consultant along a number of dimensions, including models of consultancy, client expectations, consultant capabilities, and consultant type".[180]

Simon/Kumar (2001) untersuchen auf der theoretischen Basis des Environment-Strategy-Capability Gap Models, was aus Klientenperspektive die wesentlichen Gründe für den Einsatz von Unternehmensberatern sind, und welche wichtigen strategischen Fähigkeiten ausgemacht werden können, die zum Erfolg eines Unternehmensberatungsprojektes führen.[181] Damit einhergehend widmet sich die Studie auch der Frage, welche Performance-Indikatoren zur Erfolgseinschätzung eines Beratungsprojektes verwendet werden können. Basierend auf einer Literaturanalyse und 22 Experteninterviews wurde ein Set von Gründen für den Beratereinsatz, wichtigen strategischen Fähigkeiten und Performance Indikatoren entwickelt und in einen Fragebogen übersetzt. Hierbei wurden die Indikatoren einzeln aufgelistet, und die Probanden hatten die Möglichkeit, diese mit Hilfe einer vier-stufigen Skala hinsichtlich ihrer Wichtigkeit (sehr wichtig, wichtig, nicht sehr wichtig, absolut unwichtig) zu bewerten. Dieser Fragebogen wurde an 1.286 High-Level Exekutives der Top 500 Unternehmen in Australien versendet und mündete in einen verwertbaren Rücklauf von 149 Fällen.

Die statistischen Auswertungen beschränkten sich hauptsächlich auf die Analyse von Häufigkeiten und Mittelwerten. Auf diese Art und Weise wurden folgende Ergebnisse deduziert: "The five main reasons consultants are hired are: 1 insufficient expertise in-house; 2 independent/objecttive advice; 3 gaining additional help/resources; 4 insufficient manpower in-house; 5 quick resolution of issue. (...) The ten strategic capabilities which clients identified as the most im-

---

180 McLachlin (1999), S. 400.

181 Vgl. hierzu und im Folgenden Simon/Kumar (2001), S. 362 ff.

portant to success, in order, were: 1 ability to listen/comprehend client; 2 quality of service; 3 client-consultant communication; 4 integrity and honesty; 5 technical knowledge; 6 credibility; 7 going the extra mile - the X factor; 8 identifying problems/opportunities; 9 innovation/creativity; 10 solving problems. (...) Finally, the five most important success/performance indicators identified by clients were: 1 achieving objectives agreed upon; 2 customer/client satisfaction; 3 timeliness of service delivery; 4 recommendations actually implemented; 5 achieving measurable financial results."[182]

Ähnlich einfach gehalten ist die Studie von Hartman/Ashrafi (2002), deren Zweck darin besteht, herauszufinden, welche Projektmanagement-Praktiken ausschlaggebend sind für die erfolgreiche Durchführung eines Beratungsprojektes in der IT/IS Branche.[183] Basierend auf einem Literaturüberblick entwickelten die Forscher einen Fragebogen, der als Leitfaden für 36 Experteninterviews mit Firmenvertretern in Kanada diente, die über explizite Erfahrung in diesem Bereich verfügen. Der Fragebogen enthielt verschiedene kritische Erfolgsfaktoren und „Project metries", die die Probanden auf einer fünf-stufigen Skala hinsichtlich ihrer Wichtigkeit (5 = sehr wichtig, 1 = nicht wichtig und 0 = nicht zutreffend) bewerten sollten. Folgende Tabelle 4 gibt die zehn von den Experten jeweils als am wichtigsten eingestuften Erfolgsfaktoren bzw. Projektmetriken wieder.

Rank order	Critical success factors	Project metrics
1	Owner is informed of the project status and his/her approval is obtained at each stage	Project completed on time or ahead of schedule
2	Owner is consulted at all stages of development and implementation	Milestones are identified and met
3	Proper communication channels are established at appropriate levels in the project team	Deliverables are identified
4	The project has a clearly defined mission	The scope of the project is clearly defined and quantified
5	Top management is willing to provide the necessary resources (money, expertise, equipment)	Activities and logical sequences are determined and scheduled (CPM
6	The project achieves its stated business purpose	Project completion is precisely defined
7	A detailed project plan (including time schedules, and milestones) with a detailed budget in place	The project is completed within a predetermined budget

182 Simon/Kumar (2001), S. 371.

183 Vgl. hierzu und im Folgenden Hartman/Ashrafi (2002), S. 5 ff.

Rank order	Critical success factors	Project metrics
8	The appropriate technology and expertise are available	Resource requirements are identified and supplied as needed
9	Project changes are managed through a formal process	Responsibilities are assigned
10	The project is completed with minimal and mutually agreed scope changes	A specific new technology is adopted and accepted by end users

Tabelle 4: Die zehn wichtigsten Erfolgsfaktoren und Project Metrics aus der Studie von Hartman/Ashrafi (2002)[184]

In der Studie von Appelbaum (2004)[185] werden kritische Erfolgsfaktoren der Klienten-Berater-Beziehung basierend auf „anecdotal views, conceptual frameworks and empirical studies"[186] abgeleitet und hinsichtlich ihrer Relevanz untersucht. In einer Umfrage in einem nordamerikanischen Telekommunikationsunternehmen, an der 102 Mitarbeiter teilnahmen, wurden in einem anschließenden Regressionsmodell folgende sechs Variablen mit signifikantem Einfluss auf den Erfolg von Unternehmensberatungsprojekten identifiziert:

- "the solution took into account our internal state of readiness;
- the project included prototyping new solutions;
- the project deliverables were clear;
- the consultant partnered with the project team throughout;
- the consultant was professional; and
- the consultant understood our sense of urgency."[187]

Die Untersuchung von Schneider/Amann (2005) nimmt basierend auf der Methode des „Success Resource Deployments" ein Benchmarking von Beratungsgesellschaften vor.[188] Dabei wird auf die Kunden-Lieferanten-Schnittstelle fokussiert und es werden unter anderem insgesamt 43 verschiedene Erfolgsfaktoren für Unternehmensberatungsprojekte aus der Klientenperspektive hinsichtlich ihrer Wichtigkeit untersucht. Die untersuchten Erfolgsfaktoren werden weder vollständig genannt, noch theoretisch fundiert hergeleitet. Als empirische Basis dienen 107 durchgeführte Experteninterviews mit Fach- und Führungskräften aus unterschiedlichen Industriebranchen und Unternehmensgrößen. Als ein wesentliches Ergebnis bzgl. der Analyse der Erfolgsfak-

[184] Vgl. Hartman/Ashrafi (2002), S. 12.

[185] Die Arbeiten Appelbaum (2004), Appelbaum/Steed (2004) und Appelbaum/Steed (2005) weichen inhaltlich nicht voneinander ab, weshalb eine Darstellung der Arbeit Appelbaum (2004) ausreichend ist.

[186] Appelbaum (2004), S. 186; vgl. im Folgenden Appelbaum (2004), S. 183 ff.

[187] Appelbaum (2004), S. 184.

[188] Die Success Resource Deployment-Methode ist eine typische Beratermethodik zur Analyse von beliebigen Geschäftsfeldern; vgl. hierzu und im Folgenden Schneider/Amann (2005), S. 5 ff.

toren werden folgende als besonders wichtig eingestuften Erfolgsfaktoren hervorgehoben (absteigend sortiert):

- Beraterfachkompetenz,
- Seriosität/Diskretion Berater,
- Preis-Leistungsverhältnis,
- Umsetzbarkeit der Problemlösung,
- Kommunikationsfähigkeit des Beraters,
- Einhaltung des Budgets,
- Wissensübertrag,
- Nachhaltigkeit und Reichweite,
- Berufserfahrung des Beraters,
- gute persönliche Beziehung zum Berater,
- hoher Selbstfinanzierungsgrad des Projektes,
- kurze Zeitdauer des Projektes,
- Internationale Ausrichtung,
- Vielfalt des Beratungsangebots,
- Umsetzung durch Berater,
- Unternehmensgröße (MA) und
- Pressepräsenz der Gesellschaft.

2.3.1.2 Komplex-empirische Studien

Für das Cluster der komplex-empirischen Arbeiten konnten insgesamt lediglich zwei Studien identifiziert werden, die nachfolgend näher dargestellt werden. Im Mittelpunkt der Betrachtung der Studie von Patterson/Spreng (1997) steht die empirische Untersuchung des Verhältnisses von wahrgenommenem Nutzen, Zufriedenheit und Wiederkaufsabsicht im B2B-Kontext.[189] Auf Basis des existenten Schrifttums wird ein Untersuchungsmodell entwickelt, in dessen Mittelpunkt die drei Konstrukte „Value", „Satisfaction" und „Intentions" stehen. Es wird postuliert, dass sechs aus dem Schrifttum abgeleitete Performancedimensionen („problem identification", „outcome of the project, „methodology used", „relationship with the consultancy firm", „level of services provided" und „global competence") sowohl auf die Zufriedenheit (satisfaction) als auch den wahrgenommenen Nutzen (value) positiv wirken. Darüber hinaus wird unterstellt, dass wie-

[189] Vgl. hierzu und im Folgenden Patterson/Spreng (1997), S. 414 ff.

derum die Zufriedenheit und der wahrgenommene Nutzen positiv auf die Wiederkaufsabsicht (intentions) wirken. Letztlich wird noch davon ausgegangen, dass eine mediierende Wirkung des wahrgenommenen Nutzens auf die Wiederkaufsabsicht über die Zufriedenheit existiert.

Das Modell wurde operationalisiert und der hieraus resultierende Fragebogen an 207 australische Klientenunternehmen von Unternehmensberatungen versendet, wovon insgesamt 128 verwertbare Fälle in die empirische Untersuchung einfließen konnten. Die empirische Auswertung erfolgte anhand einer Kausalanalyse. Es konnte bestätigt werden, dass alle sechs Performancedimensionen einen signifikanten Einfluss auf die Zufriedenheit und den wahrgenommenen Nutzen von Unternehmensberatung haben. Darüber hinaus konnte nachgewiesen werden, dass die Zufriedenheit einen signifikant positiven Einfluss auf die Wiederkaufsabsicht hat. Dies konnte jedoch nicht für den wahrgenommenen Nutzen bestätigt werden. Allerdings wurde eine mediierende Wirkung des wahrgenommenen Nutzens über die Zufriedenheit auf die Wiederkaufsabsicht empirisch nachgewiesen.

Eine analoges Vorgehen findet sich in einer weiteren Studie von Patterson/Johnson/Spreng (1997).[190] Basierend auf dem existenten Schrifttum entwickelten die Forscher ein Modell zur Analyse von Faktoren für Kundenzufriedenheit bzw. Kundenunzufriedenheit im Kontext von B2B-Dienstleistungen am Beispiel von Unternehmensberatung. Die empirische Überprüfung des Modells erfolgte in der gleichen Umfrage wie bei Patterson/Spreng (1997) mit einem verwertbaren Rücklauf von 128 Fällen. Mittels Kausalanalyse wird der simultane Effekt von wesentlichen Konstrukten der Klientenzufriedenheit bzw. -unzufriedenheit (Erwartungen, Performance und Disconfirmation) und verschiedenen anderen Variablen hinsichtlich der „purchase situation" (Fairness, Neuartigkeit, Wichtigkeit und Komplexität) und „individual level variables" (Entscheidungsunsicherheit und Stakeholding) untersucht. Als zentrales Ergebnis der Studie stellen die Forscher heraus, dass die „purchase situation" und „individual level variables" genauso zur Erklärung der Kunden(un)-zufriedenheit beitragen wie „disconfirmation" und „expectations". Darüber hinaus beeinflusst die Performance die Kunden(un)-zufriedenheit direkt, allerdings nicht so stark wie die „disconfirmation".

Folgende Tabelle 5 gibt zusammenfassend einen Überblick der dargestellten Studien über die Erfolgsfaktoren von Unternehmensberatung aus Klientenperspektive. Dabei wird neben dem/n Autor(en), dem Titel der Arbeit und der empirischen Vorgehensweise auch angegeben, welche Untersuchungsschwerpunkte und wesentlichen Ergebnisse jeweils erzielt wurden.

---

[190] Vgl. hierzu und im Folgenden Patterson/Johnson/Spreng (1997), S. 4 ff.

Studie	Titel	Empirie	Untersuchungs-schwerpunkt	Wesentliche Ergebnisse
Gable (1996)	A multidimensional model of client success when engaging external consultants	• n = 67 • einfach-empirisch (Faktoren- und Korrelationsanalyse)	Analyse eines Messmodells zur Beurteilung von Unternehmensberatungserfolg	Es konnten sechs Dimensionen von Unternehmensberatungserfolg aus Klientenperspektive identifiziert werden: 1. Recommendations Acceptance, 2. Recommendations Satisfaction, 3. Understanding Improvement, 4. Understanding Satisfaction, 5. Performance Reasonability und 6. Performance Satisfaction
Jang/Suh/Lee (1997)	Empirical study of management consulting success in Korea	• n = 119 • einfach-empirisch (Regressionsmodell)	Entwicklung eines integrierten Modells von Faktoren, die einen direkten Einfluss auf den Erfolg von Unternehmensberatungsprojekten haben	Als wesentliches Ergebnis wurde festgehalten, dass sowohl organisationale Eigenschaften als auch der Consultation Mode signifikant mit dem Erfolg von Beratungsprojekten korrelieren
Patterson/Spreng (1997)	Modelling the relationship between perceived value, satisfaction and repurchase intentions in a business-to-business, services context	• n = 128 • komplex-empirisch (Kausalmodell)	Untersuchung des Verhältnisses von wahrgenommenem Nutzen, Zufriedenheit und Wiederkaufsabsicht im B2B-Kontext (Unternehmensberatung)	Sechs identifizierte Erfolgsfaktoren (problem identification, outcome of the project, methodology used, relationship with the consultancy firm, level of services provided und global competence) wirken signifikant positiv auf die Zufriedenheit und den wahrgenommenen Nutzen von Unternehmensberatung
Patterson/Johnsen/Spreng (1997)	Modeling the Determinants of Customer Satisfaction for Business-to-Business Professional Services	• n = 128 • komplex-empirisch (Kausalmodell)	Analyse der Faktoren für Kundenzufriedenheit bzw. Kundenunzufriedenheit im Kontext von B2B-Dienstleistungen (Unternehmensberatung)	Als zentrales Ergebnis kann festgehalten werden, dass die „purchase situation" und „individual level variables" genauso zur Erklärung der Kunden(un)zufriedenheit beitragen wie „disconfirmation" und „expectations"; darüber hinaus beeinflusst die Performance die Kunden(un)zufriedenheit direkt, allerdings nicht so stark wie die „disconfirmation"

Studie	Titel	Empirie	Untersuchungs-schwerpunkt	Wesentliche Ergebnisse
Effenberger (1998)	Erfolgsfaktoren der Strategieberatung	• n = 74 • einfach-empirisch (Vergleich von Mittelwerten, Korrelations-analyse, Diskriminanzanalyse)	Entwicklung eines bezugsrahmengesteuerten, den Beratungsprozess und das -ergebnis abbildenden Forschungsdesigns, welches zur Messung der Qualität und des Erfolgs von Leistungen der Strategieberatung Untersuchungshypothesen generiert	Folgende Erfolgsfaktoren konnten im Rahmen der Studie bestätigt werden: Einbindung der Mitarbeiter, Zufriedenheit in der Durchführungsphase der Beratung, Präsentation von Zwischenergebnissen, Dauer des Projekts, Verlängerung der Durchführung der Strategieberatung und Umsetzung unter Mitarbeit der Berater
McLachlin (1999)	Factors for consulting engagement success	• n = 9 • einfach-empirisch (Experteninterviews)	Ziel der Studie liegt in der Identifikation von generellen Faktoren, die den Erfolg von Unternehmensberatungsprojekten positiv beeinflussen	Der Erfolg von Unternehmensberatungs-projekten wird von folgenden sechs generellen Faktoren positiv beeinflusst: 1. consultant integrity, 2. client involvement and readiness to change, 3. a clear agreement concerning requirements and expectations, 4. client control of the engagement, 5. consultant competence, 6. a good fit between client and consultant along a number of dimensions, including models of consultancy, client expectations, consultant capabilities, and consultant type
Simon/ Kumar (2001)	Client's views on strategic capabilities which lead to management consulting success	• n = 149 • einfach-empirisch (Häufigkeiten bzw. Mittelwerte)	In der Studie werden neben wesentlichen Gründen für den Einsatz von Beratung die aus Klientensicht strategisch wichtigen Fähigkeiten untersucht, die zum Erfolg von Unternehmensberatungsprojekten führen	Folgende top fünf Einflussfaktoren für ein erfolgreiches Beratungsprojekt konnten identifiziert werden: 1. ability to listen to and comprehend the client, 2. quality of service, 3. client-consultant communication, 4. integrity and honesty, 5. technical knowledge

Studie	Titel	Empirie	Untersuchungs-schwerpunkt	Wesentliche Ergebnisse
Hartman/ Ashrafi (2002)	Project Management in the Information Systems and Information Technologies Industries	• n = 36 • einfach-empirisch (Häufigkeiten bzw. Mittelwerte)	Der Zweck der Studie besteht darin, herauszufinden, welche Projektmanagement-Praktiken ausschlaggebend sind für die erfolgreiche Durchführung eines Beratungsprojektes in der IT/IS Branche	Eine wesentliches Ergebnis wird eine Liste von den jeweils zehn wichtigsten kritischen Erfolgsfaktoren bzw. Project Metrics präsentiert
Appelbaum (2004)	Critical Success Factors in the Client-Consulting Relationship	• n = 102 • einfach-empirisch (Regressionsmodell)	Identifikation von kritischen Erfolgsfaktoren für Projekte eines nordamerikanischen Telekommunikationsunternehmens, an denen Unternehmensberater beteiligt sind	Als wesentliches Ergebnis kann festgehalten werden, dass folgende sechs Variablen einen signifikanten Einfluss auf den Erfolg von Unternehmensberatungsprojekten haben: 1. the solution took into account our internal state of readiness, 2. the project included prototyping new solutions, 3. the project deliverables were clear, 4. the consultant partnered with the project team throughout, 5. the consultant was professional, 6. the consultant understood our sense of urgency
Schneider/ Amann (2005)	Benchmarking von Beratungsgesellschaften mit Success Resource Deployment	• n = 107 • einfach-empirisch (Häufigkeiten bzw. Mittelwerte)	Die Untersuchung fokussiert auf ein Benchmarking von Beratungsgesellschaften und geht hierbei insbesondere auf die Analyse der Beziehung zwischen Unternehmensberatern und Klienten ein	Von 43 untersuchten Erfolgsfaktoren für Unternehmensberatungsprojekte werden folgende 17 als besonders wichtig eingestuft (absteigend sortiert): 1. Beraterfachkompetenz, 2. Seriosität/Diskretion Berater, 3. Preis-Leistungsverhältnis, 4. Umsetzbarkeit der Problemlösung, 5. Kommunikationsfähigkeit des Beraters, 6. Einhaltung des Budgets, 7. Wissensübertrag, 8. Nachhaltigkeit und Reichweite, 9. Berufserfahrung des Beraters, 10. Gute persönliche Beziehung zum Berater, 11. Hoher Selbstfinanzierungsgrad des Projektes, 12. Kurze Zeitdauer des Pro-

Studie	Titel	Empirie	Untersuchungs-schwerpunkt	Wesentliche Ergebnisse
				jektes, 13. Internationale Ausrichtung, 14. Vielfalt des Beratungsangebots, 15. Umsetzung durch Berater, 16. Unternehmensgröße (MA), 17. Pressepräsenz der Gesellschaft

Tabelle 5: Zusammenfassende Darstellung des Literaturüberblicks (Klientenperspektive)

2.3.2 Studien aus Beraterperspektive

Analysiert man das Schrifttum zum Themengebiet Erfolgsfaktoren für Unternehmensberatungsprojekte aus Beraterperspektive, stößt man unweigerlich auf eine Vielzahl so genannter „Enthüllungsliteratur“[191]. Viele (ehemalige) Unternehmensberater aber auch Journalisten wollen ihren Beitrag zu diesem Thema leisten. Allerdings besitzen die meisten dieser Arbeiten aufgrund ihrer narrativen Natur keinen oder nur einen sehr geringen wissenschaftlichen Gehalt und werden daher hier nicht weiter berücksichtigt.

Auch die identifizierten Studien, die die Erfolgsfaktoren von Unternehmensberatungsprojekten aus der Beraterperspektive auf wissenschaftliche Art und Weise analysieren, weisen im Rahmen der theoretischen Herleitung erhebliche Mängel hinsichtlich ihrer Intensität und Tiefe und im Rahmen der empirischen Überprüfung hinsichtlich des Anspruchsniveaus auf. So konnte keine Arbeit identifiziert werden, die diese Thematik hinreichend umfassend, theoretisch fundiert und anspruchsvoll empirisch untermauert, bearbeitet.[192] Es muss berücksichtigt werden, dass ein empirischer Zugang der Wissenschaft gerade für die Beraterperspektive oft versperrt bleibt, da Unternehmensberatungen sehr darauf bedacht sind, kein internes Wissen an die Öffentlichkeit gelangen zu lassen. Dies gilt als ein Erklärungsansatz für die geringe Anzahl wissenschaftlich empirischer Studien für diese Perspektive.[193]

Nachfolgend werden in Kapitel 2.3.2.1 wieder zunächst die identifizierten einfach-empirischen Studien zu den Erfolgsfaktoren von Unternehmensberatungsprojekten aus Beraterperspektive vorgestellt und hieran anschließend in Kapitel 2.3.2.2 die Arbeiten, die den komplex-empirischen Verfahren zuzuordnen sind. Darüber hinaus werden auch die hier betrachteten Studien am Ende dieses Teilkapitels in tabellarischer Form zusammengefasst. Folgende Abbildung 17 gibt einen

[191] Armbrüster/Kieser (2001), S. 691.
[192] Vgl. auch Kapitel 2.3.4.
[193] Vgl. Mohe (2004), S. 705.

Überblick über die für diese Arbeit relevanten Studien inklusive einer Einordnung hinsichtlich der methodischen Fundierung.

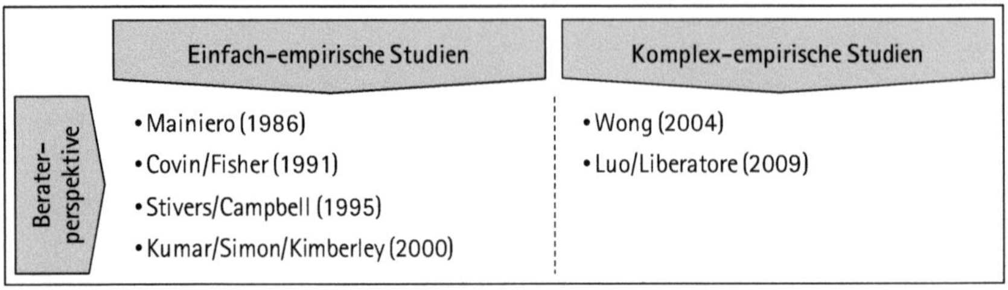

Abbildung 17: Übersicht der Studien zu den Erfolgsfaktoren von Unternehmensberatung aus Beraterperspektive

2.3.2.1 Einfach-empirische Studien

Insgesamt konnten im Rahmen der einfach-empirischen Studien vier Arbeiten identifiziert werden, die einen Erkenntnisgewinn für die vorliegende Untersuchung darstellen und im Folgenden daher näher betrachtet werden. In der konzeptionell einfach gehaltenen Arbeit von Mainiero (1986) werden typische Beratungsleitsätze für Unternehmensberater untersucht.[194] Auf eine theoretische Herleitung der Leitsätze wurde verzichtet, sondern basierend auf zwei Case Studies werden folgende fünf typischen Beratungsleitsätzen formuliert:

- "Engender top management support.
- Ensure accurate communication.
- Use task forces effectively to aid programme design.
- Break down barriers of resistance.
- Build ongoing support mechanisms."[195]

Die ebenfalls konzeptionell und empirisch einfach gehaltene Studie von Covin/Fisher (1991) untersucht basierend auf einer Literaturanalyse und 27 Experteninterviews mit Unternehmensberatern, welche Einstellungen und Verhaltensweisen für den Erfolg eines Unternehmensberatungsprojektes wichtig sind.[196] Als wesentliche Ergebnisse stellen die Autoren heraus, dass für ein erfolgreiches Unternehmensberatungsprojekt die Beraterkompetenzen den Klientenbedürfnissen entsprechen müssen, dass ein zwischenmenschlicher Fit zwischen Berater und Klient bestehen muss und dass darüber hinaus Grundregeln für den Beratungsprozess etabliert werden sollten.

---

[194] Vgl. hierzu und im Folgenden Mainiero (1986), S. 10 ff.
[195] Mainiero (1986), S. 10.
[196] Vgl. hierzu und im Folgenden Covin/Fisher (1991), S. 11 ff.

Die Studie von Stivers/Campbell (1995) fokussiert auf die Untersuchung von Eigenschaften von Unternehmensberatern in der Accounting Branche, die ausschlaggebend für deren Erfolg sind.[197] Zu diesem Zweck wurde ein Fragebogen entwickelt, der insgesamt 95 Deskriptoren von Charakteristika erfolgreicher Manager enthält. Dieser Fragebogen wurde an 500 Accounting-Berater versendet und es konnte ein verwertbarer Rücklauf von 156 Fällen generiert werden. Die statistischen Auswertungen beschränken sich auf die Analyse von Häufigkeiten und Mittelwerten, wobei insgesamt 16 Charakteristika erfolgreicher Accounting-Berater identifiziert werden konnten. Als Top-5 werden folgende Eigenschaften genannt:

- analytical,
- intelligent,
- logical,
- competent,
- self-confident und
- skilled in business (gleichauf mit self-confident).

In der Arbeit von Kumar/Simon/Kimberley (2000) wurde basierend auf dem Environment-Strategy-Capability Gap Model in einem zweistufigen Vorgehen Strategic Capabilities und Performance Indicators von Unternehmensberatung in Australien ermittelt.[198] In einer ersten Phase wurden neun Strategic Capabilities und sechs Performance Indicators identifiziert, die anschließend in 23 nicht-standardisierten Interviews mit Beratern integriert, bestätigt und ergänzt wurden. Aufbauend auf Phase eins wurde in einer zweiten Phase ein Fragebogen entwickelt, der an 1.128 Berater australienweit versendet wurde.

Mit dem Rücklauf von 391 Fällen wurden qualitative statistische Auswertungen gefahren, die letztlich zur Identifikation von insgesamt 21 Strategic Capabilities, getrennt nach functions und skills/values, und zehn Performance Indikatoren führten. Im Rahmen der Analyse der Strategic Capabilities wurden als wichtigste Funktionen in absteigender Reihenfolge die „quality of service, setting objectives and solving problems" identifiziert und als wichtigste skills/values die „integrity and honesty, „client-consultant communication and credibility".[199] Darüber hinaus

---

[197] Vgl. hierzu und im Folgenden Stivers/Campbell (1995), S. 23 ff.
[198] Vgl. hierzu und im Folgenden Kumar/Simon/Kimberley (2000), S. 24 ff.
[199] Kumar/Simon/Kimberley (2000), S. 24.

kamen die Forscher zu dem Ergebnis, dass die „customer satisfaction, „profitability and repeat business"[200] die drei wichtigsten Performance Indikatoren von Unternehmensberatung sind.

2.3.2.2 Komplex-empirische Studien

Für das Cluster der komplex-empirischen Arbeiten konnten für die Beraterperspektive insgesamt lediglich zwei Studien identifiziert werden, die nachfolgend näher dargestellt werden. Basierend auf einer Literaturanalyse untersucht Wong (2004) mit Hilfe eines Kausalmodells den Einfluss von verschiedenen Faktoren (unabhängige Variablen) auf den Erfolg interner Unternehmensberatung (abhängige Variable) und deren gegenseitigen Einfluss.[201] Als abhängige Variablen wurden hierbei folgende sechs Faktoren verwendet: Consulting Agreement, Top Management Support, Competence of the Consultant, Client-Consultant Relationship, Organizational Standing of the Consultant, Readiness-to-Change of the client. Trotz des sehr geringen Samples (58 verwertbare Rücklaufer) und der Tatsache, dass die Studie von Wong (2004) auf den Erfolg von interner Unternehmensberatung fokussiert ist, konnten interessante Ergebnisse abgeleitet werden. So korrelierten beispielsweise folgende vier Beziehungen am höchsten:

- Top Management Support und Consulting Agreement,
- Top Management Support und Client's Readiness-to-Change,
- Competence of Consultant und Top Management Support,
- Top Management Support und Client-Consultant Relationship.

Wohingegen für folgende drei Pfadbeziehungen keine signifikante Beziehung festgestellt werden konnte:

- Consulting Agreement - Internal Consulting Success,
- Competence of Consultant - Client's Readiness-to-Change,
- Organizational Standing of Consultant - Client-Consultant Relationship.

Die Studie von Luo/Liberatore (2009) untersucht die Klienten-Berater-Beziehung hinsichtlich deren Ziele und inwieweit das Erreichen dieser Ziele durch Koordination beeinflusst wird.[202] Zu diesem Zweck entwickelten die Forscher basierend auf der Agency Theory und der Coordination Theory ein Untersuchungsmodell, das mit Hilfe einer Kausalanalyse untersucht wurde. Das Modell umfasst sechs Konstrukte (Client-Consultant Coordination, Technical Uncertainty, Require-

[200] Kumar/Simon/Kimberley (2000), S. 24.
[201] Vgl. hierzu und im Folgenden Wong (2004), S. 1 ff.
[202] Vgl. hierzu und im Folgenden Luo/Liberatore (2009), S. 259 ff.

ments Uncertainty, Project Performance, Knowledge Acquisition und Business Development) und wurde mit einem Sample von 199 Fällen gerechnet. Für das relativ einfache Modell konnte ein guter Modellfit erreicht werden, und insgesamt neun der elf aufgestellten Beziehungen sind statistisch signifikant. Als wesentliche Ergebnisse stellten die Autoren heraus, dass das Erreichen der Beraterziele abhängig ist von der Erreichung der Klientenziele, und Koordination hierauf einen positiven Einfluss hat. Allerdings muss berücksichtigt werden, dass sich die Ergebnisse der Arbeit lediglich auf Beratungsprojekte mit dem Schwerpunkt Information-System beziehen.

In Tabelle 6 sind die dargestellten Studien über die Erfolgsfaktoren von Unternehmensberatungsprojekten aus Beraterperspektive aufgelistet. Dabei wird analog zur Klientenperspektive neben dem Autor, dem Titel der Arbeit und der empirischen Vorgehensweise auch angegeben, welche Untersuchungsschwerpunkte und wesentlichen Ergebnisse jeweils erzielt wurden.

Studie	Titel	Empirie	Untersuchungs-schwerpunkt	Wesentliche Ergebnisse
Mainiero (1986)	When You've Done Everything Right and Things Still Go Wrong	• n = 2 • einfach-empirisch (Case Studies)	In diesem Artikel werden typische Beratungsleitsätze für Unternehmensberater vorgestellt und anhand von zwei Case Studies überprüft	Für Unternehmensberater existieren folgende fünf Beratungsleitsätze: 1. Engender top management support, 2. ensure accurate communication, 3. use task forces effectively to aid programme, 4. design, break down barriers of resistance, 5. build ongoing support mechanisms
Covin/ Fisher (1991)	Consultant and client must work together	• n = 27 • einfach-empirisch (Experteninterviews)	Basierend auf einer Literaturanalyse und 27 Experteninterviews mit Unternehmensberatern werden Einstellungen und Verhaltensweisen präsentiert, die für den Erfolg eines Unternehmensberatungsprojektes wichtig sind	Als wesentliche Ergebnisse kann festgehalten werden, dass für ein erfolgreiches Unternehmensberatungsprojekt die Beraterkompetenzen den Klientenbedürfnissen entsprechen müssen, dass ein zwischenmenschlicher Fit zwischen Berater und Klient bestehen muss und dass darüber hinaus Grundregeln für den Beratungsprozess etabliert werden sollten

Studie	Titel	Empirie	Untersuchungs-schwerpunkt	Wesentliche Ergebnisse
Stivers/ Campbell (1995)	Characterizing accounting consultants	• n = 156 • einfach-empirisch (Häufigkeiten bzw. Mittelwerte)	Die Studie fokussiert auf die Untersuchung von Eigenschaften von Unternehmensberatern in der Accounting Branche, die ausschlaggebend für deren Erfolg sind	Es konnten insgesamt 16 Charakteristika von erfolgreichen Unternehmensberatern identifiziert werden; die Top-fünf lauten: 1. analytical, 2. intelligent, 3. logical, 4. competent, 5. self-confident und skilled in business (gleichauf mit self-confident)
Kumar/ Simon/ Kimberley (2000)	Strategic capabilities which lead to management consulting success in Australia	• n = 391 • einfach-empirisch (Häufigkeiten und Chi-Quadrat-Unabhängigkeitstest)	In der Studie wird untersucht, welche strategischen Fähigkeiten Unternehmensberatung erfolgreich machen bzw. einen Wettbewerbsvorteil verschaffen können	Insgesamt wurden 21 strategische Fähigkeiten identifiziert, die zu Unternehmensberatungserfolg führen (u.a. integrity and honesty, client-consultant communication und credibility) und darüber hinaus wurden zehn Performance Indikatoren von Unternehmensberatungsprojekten erarbeitet (u.a. customer satisfaction, profitability und repeat business)
Wong (2004)	Factors Influencing the Success of Internal Consulting in Managing Organizational Change in Malaysian Companies	• n = 58 • komplex-empirisch (Kausalanalyse)	In der Studie wird ein Modell zur Untersuchung der Faktoren, die einen Einfluss auf die Praxis von internen Unternehmensberatern im Bereich Organization Development haben können, erarbeitet und empirisch überprüft	Als wesentliches Ergebnis der Studie kann festgehalten werden, dass folgende sechs Faktoren den Erfolg von internen Unternehmensberatungsprojekten positiv beeinflusst: 1. Consulting Agreement, 2. Top Management Support, 3. Competence of the Consultant, 4. Client-Consultant Relationship, 5. Organizational Standing of the Consultant, 6. Readiness-to-Change of the client
Luo/ Liberatore (2009)	Achieving it consultant objectives through client project success	• n = 199 • komplex-empirisch (Kausalanalyse)	Der Schwerpunkt dieser Studie liegt in der Untersuchung der Beziehung Klientenziele – Beraterziele in Unternehmensberatungsprojekten und welchen Einfluss Koordination hierbei hat	Das Erreichen der Beraterziele ist abhängig von der Erreichung der Klientenziele und Koordination hat einen positiven Einfluss hierauf

Tabelle 6: Zusammenfassende Darstellung des Literaturüberblicks (Beraterperspektive)

2.3.3 Studien aus Klienten- und Beraterperspektive

Obwohl die Studien, die die Erfolgsfaktoren von Unternehmensberatungsprojekten aus der Klienten- und der Beraterperspektive analysieren, zu den vermeintlich komplexesten zählen – es ist eine empirische Überprüfung bei zwei Zielgruppen notwendig – konnten insgesamt neun Arbeiten dieser Art mit Relevanz für die vorliegende Untersuchung identifiziert werden. Dies liegt unter anderem darin begründet, dass es sich zwar einerseits um die komplexeste Untersuchungsvariante handelt, andererseits vom wissenschaftlichen Erklärungsgehalt aus gesehen jedoch auch um die Interessanteste. Allerdings muss berücksichtigt werden, dass – bis auf eine Ausnahme – die identifizierten Arbeiten insbesondere hinsichtlich ihres Empiriegehaltes äußerst einfach gehalten sind, und die theoretische Fundierung überwiegend unzureichend oder gar nicht vorhanden ist.[203]

Im Folgenden werden analog zu den vorangegangen Abschnitten zunächst in Kapitel 2.3.3.1 die identifizierten einfach-empirischen Studien zu den Erfolgsfaktoren von Unternehmensberatungsprojekten aus Klienten- und Beraterperspektive vorgestellt. Kapitel 2.3.3.2 widmet sich der von Liberatore/Luo (2010) als einzige identifizierte komplex-empirischen Studie zu den Erfolgsfaktoren von Unternehmensberatungsprojekten aus Klienten- und Beraterperspektive. Am Ende dieses Teilkapitels werden alle betrachteten Studien wieder in tabellarischer Form zusammengefasst. Abbildung 18 gibt einen Überblick über die im Folgenden zu analysierenden Studien inklusive einer Einordnung bezüglich der methodischen Fundierung.

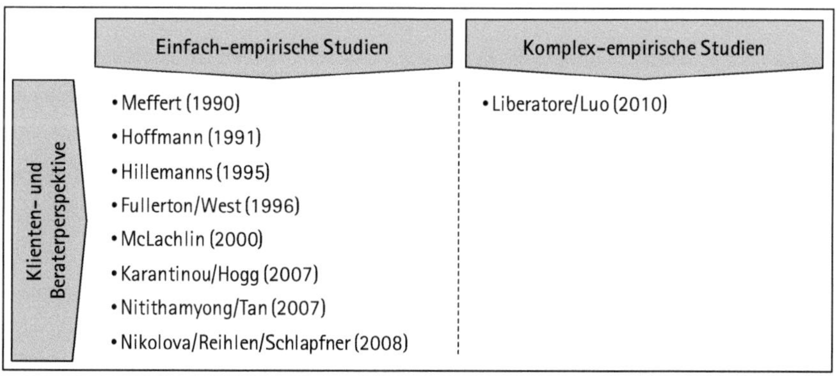

Abbildung 18: Übersicht der Studien zu den Erfolgsfaktoren von Unternehmensberatung aus Klienten- und Beraterperspektive

[203] Vgl. auch Kapitel 2.3.4.

2.3.3.1 Einfach-empirische Studien

Im Mittelpunkt der Studie von Meffert (1990) steht die Untersuchung der wesentlichen Gründe für die Inanspruchnahme von Unternehmensberatung, Auswahlkriterien, Probleme bei der Zusammenarbeit von Klienten und Beratern und die Beurteilung von Unternehmensberatungserfolg.[204] Ohne eine erkennbare theoretische Basis wurde ein Fragebogen entwickelt, der verschiedene Aussagen gegliedert nach den genannten Untersuchungsschwerpunkten enthält. Dieser Fragebogen wurde von 268 Klientenunternehmen und 39 Beratungsunternehmen beantwortet, wobei die Probanden gebeten wurden, die aufgelisteten Aussagen hinsichtlich ihrer Relevanz auf einer 6-stufigen Skala (1=trifft sehr zu; 6= trifft gar nicht zu) einzuschätzen.

Die statistische Auswertung erfolgte lediglich anhand der Berechnung des Mittelwertes und der Streuung für jede gelistete Aussage, geclustert nach den Untersuchungsschwerpunkten. Weitere statistische Auswertungsverfahren kamen nicht zur Anwendung. Als wesentliches für diese Arbeit relevantes Ergebnis konnte festgestellt werden, dass aus Klientenperspektive „der Erfolg der Unternehmensberatung vorrangig an der Erreichung der gesetzten Ziele, der Effektivität, und weniger an der Effizienz der Unternehmensberatung festgemacht wird".[205] Allerdings konnten hierbei keine wesentlichen Unterschiede in der vom Klienten wahrgenommenen Relevanz der Kriterien eruiert werden. Für die Beraterperspektive konnte festgestellt werden, dass die Zufriedenheit des Kunden als das wichtigste Kriterium zur Erfolgsmessung angesehen wird. Darüber hinaus stellen die Richtigkeit der Empfehlung und der Grad der Umsetzung zwei weitere wichtige Kriterien zur Erfolgsbeurteilung aus Beraterperspektive da.

Neben einer umfassenden Analyse des Beratungsprozesses widmet sich die Studie von Hoffmann (1991) insbesondere der Entwicklung eines Modells zur Messung und Erklärung des Beratungserfolges (Beratungseffizienz), um letztlich Erfolgsfaktoren und Gestaltungsempfehlungen für Aktionsträger von Unternehmensberatung ableiten zu können.[206] Das auf Basis des Schrifttums aufgestellte Modell zur Erklärung der Beratungseffizienz geht von der Grundannahme aus, dass der Beratungserfolg „entscheidend von der Beratungsreife und dem Konsultationsverhalten des ratsuchenden Unternehmens ab[hängt; Matias Bronnenmayer]. Es gilt: Je größer die Beratungsreife des Klientensystems und je engagierter und kooperativer das Klientenverhalten sind, desto

[204] Vgl. hierzu und im Folgenden Meffert (1990), S. 181 ff.
[205] Meffert (1990), S. 191.
[206] Vgl. hierzu und im Folgenden Hoffmann (1991), S. 12 ff.

größer ist der Beratungserfolg. Zusätzlich üben noch der Beratungskontext und das Beraterverhalten einen Einfluss auf die Beratungseffizienz aus."[207]

Der Untersuchungsablauf gliedert sich in zwei wesentliche Schritte. Zunächst wurden 62 standardisierte Interviews zum Beratungsprozess- und zur Beratungseffizienz mit ausgewählten Unternehmensberatern geführt. Darüber hinaus wurden die befragten Berater gebeten, jeweils ein besonders erfolgreiches und ein fehlgeschlagenes Projekt zu nennen, die in einem zweiten Schritt als Basis für eine Klientenbefragung dienten. Untersuchungsschwerpunkt der Klientenbefragung war ebenfalls der Beratungsprozess, die Beratungseffizienz, aber auch Einflussfaktoren des Beratungserfolges. Insgesamt flossen 40 Fälle in die Untersuchung ein (jeweils 20 positive und 20 negative Fälle). Basierend auf den erhobenen Daten konnte mit Hilfe einer Diskriminanzanalyse als für diese Untersuchung wesentliches Ergebnis folgende sechs Erfolgsfaktoren für Unternehmensberatungsprojekte identifiziert werden (absteigende Wichtigkeit):

- Konsultationsvorbereitung,
- finanzielle Ausstattung,
- Bereitschaft zur aktiven Mitarbeit,
- Fähigkeit zum Lernen und zum Wandel,
- Projektcontrolling und
- Fit von Beraterverhalten und Klientenverhalten.

Die Studie von Hillemanns (1995) untersucht basierend auf sozialpsychologischen Theorien (Attitüdentheorien)[208] kritische Erfolgsfaktoren von Unternehmensberatung anhand des Beratungsprozesses.[209] Für jede identifizierte Phase des Beratungsprozesses (Akquisitionsphase, Vorbereitungsphase, Diagnosephase, Therapiephase, Präsentationsphase und Implementierungsphase) werden kritische Erfolgsfaktoren vorgestellt und diskutiert. Eine echte empirische Überprüfung bleibt allerdings aus. Lediglich am Ende jeder diskutierten Prozessphase wird kurz auf Ergebnisse von nicht weiter definierten Experteninterviews mit Beratern und Klienten bzw. Fallbeispielen eingegangen. Als relevantes Ergebnis der Studie können folgende acht Erfolgsfaktoren von Unternehmensberatung hervorgehoben werden:

- Anzahl der bislang in einem Marktsegment akquirierten Projekte,
- interpersonelle Attraktion,

[207] Hoffmann (1991), S. 176.
[208] Vgl. Osgood/Tannenbaum (1955); Festinger (1957); Sherif/Hovland (1961).
[209] Vgl. hierzu und im Folgenden Hillemanns (1995), S. 5 ff.

- leistungsbereites Beratersystem,
- konsultationsbereites Klientensystem,
- Interaktionsbereitschaft vorhanden,
- Identifikation und Konsens über Projektziel,
- Planung und Realisation einer klientenseitig adäquaten Kommunikationsstrategie und
- Erfolgs- oder gesamtbudgetorientierte Vergütung.

Die Studie von Fullerton/West (1996) widmet sich der Analyse von Dimensionen der Klienten-Berater-Beziehung.[210] Basierend auf einer Literaturanalyse und mehreren Interviews (eine genaue Anzahl wird nicht genannt) entwickelten die Forscher einen Fragebogen mit 61 Dimensionen mit Bezug auf die Klienten-Berater-Beziehung. Der Fragebogen wurde an 22 interne Prozessberater eines großen britischen Unternehmens versendet, mit der Bitte die aufgelisteten Dimensionen hinsichtlich ihrer Wichtigkeit (5-stufige Likert-Skala: „sehr wichtig" bis „absolut unwichtig") und Häufigkeit (wie oft die einzelnen Dimensionen in der Vergangenheit von Bedeutung waren, 5-stufige Likert-Skala: „immer" bis „nie") zu bewerten. Hierbei konnte ein verwertbarer Rücklauf von lediglich 15 Fällen erzielt werden. Das Klientensample wurde generiert, indem die befragten Berater gebeten wurden, die Namen zweier aktueller oder früherer Klienten zu nennen. Auf diese Art und Weise konnten 25 Klienten kontaktiert werden und es wurde ein verwertbarer Rücklauf von ebenfalls 15 Fällen generiert.

Mit Hilfe der Durchführung der Repertory Grid-Technik konnten interessante Ergebnisse für beide Perspektiven erzielt werden. Demnach ist es aus Beratersicht für eine erfolgreiche Klienten-Berater-Beziehung ausschlaggebend, dass der Klient den Berater als glaubwürdig ansieht. Außerdem ist es wichtig, dass das Verhältnis offen, vertrauensvoll, experimentell (nicht konservativ) und langfristig ist, und dass Klient und Berater zusammenarbeiten. Aus Klientensicht ist es für eine erfolgreiche Klienten-Berater-Beziehung am wichtigsten, dass der Berater nicht zu theoretisch ist und sich auf die praktische Situation des Klienten einstellen kann. Außerdem ist es für die Klienten wichtig, dass die Berater sie challengen, dass klientenindividuelle Lösungen erarbeitet werden, dass die Berater Mehrwert liefern, dass Ziele klar definiert sind und der Klient selber die Kontrolle über das Projekt hat. Außerdem konnte mit Hilfe verschiedener t-Test festgestellt werden, dass Berater das Beziehungsmanagement als wichtiger für eine effektive Klienten-Berater-Beziehung einschätzen als Klienten.

[210] Vgl. hierzu und im Folgenden Fullerton/West (1996), S. 40 ff.

McLachlin (2000) widmet sich in seiner Studie der zentralen Frage, „What is engagement success in consulting, from both the client and the consultant points of view?".[211] Zur Beantwortung dieser Frage wurden neben einer Literaturanalyse sieben explorative Experteninterviews mit Unternehmensberatern durchgeführt, die in lokalen Verzeichnissen für zertifizierte Unternehmensberater vertreten waren. Darüber hinaus wurde ein exploratives Experteninterview mit einem Klienten durchgeführt, der über umfassende Erfahrung mit Unternehmensberatung für Just-in-time-Implementierung verfügt. Basierend auf der Literaturanalyse und den Experteninterviews wird als wesentliches Ergebnis der Studie folgende Definition von Beratungserfolg präsentiert: „Regardless of the specific situation, a consulting engagement may be defined as successful if the client is satisfied that the consultant has met expectations (by improving one or more of client performance, client capabilities, or organisational culture, without making any category worse) – whether or not a core need has been addressed – and the consultant is satisfied that his or her reputation has been enhanced, with expectations of future revenue streams – whether or not any immediate income has been received."[212]

Die ebenfalls empirisch sehr einfach gehaltene Studie von Karantinou/Hogg (2007) untersucht im Kontext von Unternehmensberatung, was Erfolgsfaktoren für die Entwicklung einer langfristigen Geschäftsbeziehung zwischen Klient und Berater sind, und wie Geschäftsbeziehungen optimal gemanaged werden können.[213] Es wurden insgesamt 18 Experteninterviews durchgeführt – 12 mit Unternehmensberatern aus zwei großen internationalen Unternehmensberatungen mit Sitz in London und sechs Interviews mit Klientenvertretern von großen britischen Unternehmen unterschiedlicher Industriezweige. Hierbei wurden beide Respondantgruppen gebeten, Faktoren und Bedingungen anzugeben, die aus deren Sicht wichtig für die Entwicklung einer langfristigen Geschäftsbeziehung sind. Darüber hinaus wurden die Probanden darüber befragt, wie sie ihre Geschäftsbeziehung in der Vergangenheit managenten, und wie erfolgreich diese Bemühungen waren. Als wesentliches Ergebnis präsentieren die Forscher eine konsolidierte Liste von Erfolgsfaktoren für die Entwicklung langfristiger Geschäftsbeziehung und Mechanismen zur Optimierung des Relationship Managements im Kontext von Unternehmensberatung (vgl. Tabelle 7.)

Rang	Erfolgsfaktoren für die Entwicklung langfristigen Geschäftsbeziehung	Mechanismen zur Optimierung des Relationship Managements
1	High Quality Result,	Active and Careful Management of Relationships

[211] McLachlin (2000), S. 239; vgl. im Folgenden McLachlin (2000), S. 239 ff.
[212] McLachlin (2000), S. 246.
[213] Vgl. hierzu und im Folgenden Karantinou/Hogg (2007), S. 16 ff.

Rang	Erfolgsfaktoren für die Entwicklung langfristigen Geschäftsbeziehung	Mechanismen zur Optimierung des Relationship Managements
2	Improved Client Performance in the Marketplace	Structured Key Account Management
3	Active/Close Monitoring of Satisfaction	Careful Selection of Key Accounts
4	Careful Handling of the Process Aspects of the Service	Centralized Management of Relationships
5	Personal Chemistry	Different Handling at Different Stages of the Relationship
6	Personal Relationships	Effective Coordination of Relationships across Levels
7	Similarity of Philosophies	Careful Change Management and Effective Succession Planning
8	Continuity of Contact, Consistency and Personal Attention	Good Inter-Departmental Coordination for Successful Relationship Expansion
9	Empathy, Care, Active Involvement, and Genuine Interest in the Client's Well-being	-
10	Corporate Events, Workshops, and Seminars	-

Tabelle 7: Überblick der Ergebnisse der Studie von Karantinou/Hogg (2007)[214]

Die Arbeit von Nitithamyong/Tan (2007) untersucht neben verschiedene Rollen von Project Management Consulting Firms (PMC) im Baugewerbe, wesentliche Erfolgsfaktoren von PMC und Kriterien hinsichtlich der Performance-Messung.[215] In einem mehrstufigen Verfahren wurden zunächst potenzielle Erfolgsfaktoren von PMC und Kriterien zur Performance-Messung aus dem Schrifttum abgeleitet und anhand eines Expertenpanels validiert. Hierauf aufbauend wurde ein Fragebogen entwickelt, der industrieweit an malaysische Klienten, die einschlägige Erfahrung mit Project Management Consulting Firms haben, und aktiv tätige Berater versendet wurde. Die Probanden wurden gebeten, die dargestellten Aussagen bezüglich den potenziellen Erfolgsfaktoren von PMC und Kriterien zur Performance-Messung anhand einer 5-stufigen Likert-Skala (1 = stimme überhaupt nicht zu; 5 = stimme zu) zu bewerten. Mit dem Rücklauf von 82 Fällen (62 Klienten und 20 Berater) wurde eine Faktorenanalyse mit Varimax-Rotation durchgeführt.

Auch wenn sich die Studie von Nitithamyong/Tan (2007) primär auf den erfolgreichen Einsatz von „project management consulting firms (PMCs) in construction projects"[216] bezieht, konnten mit Hilfe des beschriebenen Vorgehens interessante Ergebnisse erzielt werden, die auch für das Projektmanagement von klassischer Unternehmensberatung von Interesse sind. So wurden ne-

[214] Vgl. Karantinou/Hogg (2007), S. 22 und S. 25.
[215] Vgl. hierzu und im Folgenden Nitithamyong/Tan (2007), S. 463 ff.
[216] Nitithamyong/Tan (2007), S. 463.

ben einem Ranking relevanter Rollen von Project Management Consulting Firms folgende 12 den Daten zugrunde liegende PMC-Erfolgsfaktoren identifiziert:

- PMC's interaction skills,
- Efficient management of information,
- Proper planning for project execution,
- Establishment of standard procedures,
- Organisation of collaboration among team members,
- Client's support,
- PMC's commitment and flexibility,
- PMC's adequacy of resources and understanding of client's requirements,
- Clear delegation of decision-making authority,
- Client's characteristics and contribution,
- PMC's competency,
- Experience und PMC's problem-solving skill.[217]

Der Untersuchungsschwerpunkt der Studie von Nikolova/Reihlen/Schlapfner (2008) liegt in der Analyse der Klienten-Berater-Interaktion mit dem selbst auferlegten Ziel, „to develop an empirically grounded theory of social practices within client-consultant teams."[218] In Kooperation mit einer führenden IT-Unternehmensberatung wurden sieben Case Studies durchgeführt, bestehend aus insgesamt 28 semistruktiruerten Tiefeninterviews mit Beratern und falls möglich auch Klienten.[219] Darüber hinaus flossen in die Analyse auch sekundäre Daten in die Untersuchung ein, und zwar in Form von Projektdokumenten, Firmen-, Klienten- und persönliche Informationen, offizielle Projektevaluationen von Klienten und Beratern, interne Memos und Firmenpublikationen.[220] Die Datenanalyse erfolgte gemäß den Prinzipien des grounded theory frameworks, wobei die Software ATLAS.ti zum Einsatz kam.[221] Als zentrales, konsolidiertes Ergebnis stellen die Forscher heraus, dass deren "empirically grounded theory implies that client-consultant interaction is centred around three practices – shaping impressions, problem-solving, and negotiating expectations – that together provide the social fabric through which clients

[217] Vgl. Karantinou/Hogg (2007), S. 475.
[218] Nikolova/Reihlen/Schlapfner (2008), S. 1; vgl. im Folgenden Nikolova/Reihlen/Schlapfner (2008), S. 1 ff.
[219] Eine genaue Aufteilung wird nicht genannt.
[220] Eine genaue Beschreibung auf welche Weise welche Informationen verwendet wurden, erfolgt in der Studie nicht.
[221] Vgl. Strauss/Corbin (2008).

and consultants shape common background assumptions, engage in communication, and create knowledge from social learning activities."[222]

2.3.3.2 Komplex-empirische Studien

Das Ziel der einzigen identifizierten komplex-empirischen Studie zu den Erfolgsfaktoren von Unternehmensberatungsprojekten aus Klienten- und Beraterperspektive von Liberatore/Luo (2010) besteht darin, herauszufinden, inwiefern interorganisationale Koordination dabei helfen kann, eine auf Vertrauen und Zielkongruenz basierende Beziehung zwischen Klient und Berater aufzubauen und somit höhere Projektperformance zu erreichen.[223] Basierend auf der Principal-Agent Theory und der Coordination Theory wird ein Untersuchungsmodell entwickelt, dass im Einzelnen aus folgende sechs Konstrukten besteht:

- Client·Consultant Coordination,
- Requirements Uncertainty,
- Technical Uncertainty,
- Trust,
- Goal Congruence und
- Project Performance.[224]

Die aus dem Untersuchungsmodell abgeleiteten Hypothesen wurden mittels eines Fragenbogens operationalisiert, und die Datenerhebung erfolgte in Kooperation mit dem Project Management Institute (PMI).[225] An der Befragung konnten sowohl Klienten als auch Berater teilnehmen. Eine genaue Unterscheidung erfolgt allerdings nicht. Auf diese Weise konnte ein Sample von 324 verwertbaren Fällen generiert werden, das mittels Kausalanalyse das zuvor definierte Modell empirische überprüfen sollte. Insgesamt weist das Modell einen akzeptablen Modellfit auf, und als zentrales Ergebnis stellen die Forscher fest, dass interorganisationale Koordination einen starken Einfluss auf den Beratungserfolg hat, indirekt unterstützt durch den Aufbau von Vertrauen, gemeinsame Zielvorstellungen und den Abbau von technischen Unsicherheiten und Anforderungsunsicherheiten. Abschließend sind in Tabelle 8 wieder die zuvor dargestellten Studien über die Erfolgsfaktoren von Unternehmensberatung aus Klienten- und Beraterperspektive zusammengefasst aufgelistet.

---

[222] Nikolova/Reihlen/Schlapfner (2008), S. 3.
[223] Vgl. hierzu und im Folgenden Liberatore/Luo (2010), S. 255 ff.
[224] Vgl. Liberatore/Luo (2010), S. 259.
[225] Das PMI ist einer der weltweit größten not-for-profit-Mitgliedschaftsverbände für das Berufsfeld Projektmanagement, vgl. PMI (2013a).

Studie	Titel	Empirie	Untersuchungs-schwerpunkt	Wesentliche Ergebnisse
Meffert (1990)	Unternehmensberatung und Unternehmensführung - Eine empirische Bestandsaufnahme	• n = 307 (268 Klienten und 39 Berater) • einfach-empirisch (Mittelwerte und Streuung)	In der Studie erfolgt die Untersuchung von Gründen für die Inanspruchnahme von Unternehmensberatung und Kriterien der Auswahl von Unternehmensberatungen; analog werden Probleme der Zusammenarbeit und die Beurteilung des Beratererfolges behandelt	Die Erfolgsbeurteilung von Beratung erfolgt aus Klientenperspektive vorrangig anhand des Zielerreichungsgrades und der Effektivität und aus Beraterperspektive anhand der Zufriedenheit des Kunden, der Richtigkeit der Empfehlung und dem Grad der Umsetzung
Hoffmann (1991)	Faktoren erfolgreicher Unternehmensberatung	• $n_1 = 62$ (Berater) • $n_2 = 40$ (Klienten) • einfach-empirisch (Diskriminanz analyse)	Neben der Erläuterung des Beratungsprozesses und der Beratungseffizienz (-erfolg) liegt ein Schwerpunkt der Studie in der Identifikation von Erfolgsfaktoren für Unternehmensberatungsprojekte sowie der Ableitung entsprechender Gestaltungs- und Handlungsempfehlungen	Folgende Erfolgsfaktoren für Unternehmensberatungsprojekte konnten identifiziert werden (absteigende Wichtigkeit): 1. Konsultationsvorbereitung, 2. finanzielle Ausstattung, 3. Bereitschaft zur aktiven Mitarbeit, 4. Fähigkeit zum Lernen und zum Wandel, 5. Projektcontrolling, 6. Fit von Beraterverhalten und Klientenverhalten
Hillemanns (1995)	Kritische Erfolgsfaktoren der Unternehmensberatung	• n = k.A. • einfach-empirisch (Experteninterviews)	Auf der Basis einer differenzierten Beschreibung der Phasen des Beratungsprozesses erfolgt eine Eruierung der kritischen Erfolgsfaktoren von Unternehmensberatungsprojekten	Folgende acht wesentliche Erfolgsfaktoren von Unternehmensberatung konnten identifiziert werden: 1. Anzahl der bislang in einem Marktsegment akquirierten Projekte, .2 interpersonelle Attraktion, 3. leistungsbereites Beratersystem, 4. konsultationsbereites Klientensystem, 5. Interaktionsbereitschaft vorhanden, 6. Identifikation und Konsens über Projektziel, 7. Planung und Realisation einer klientenseitig adäquaten Kommunikationsstrategie, 8. Erfolgs- oder gesamtbudgetorientierte Vergütung

Studie	Titel	Empirie	Untersuchungsschwerpunkt	Wesentliche Ergebnisse
Fullerton/ West (1996)	Consultant and client - working together?	• n = 30 (15 Berater und 15 Klienten) • einfach-empirisch (Repertory grid Technik, t-Tests)	Der primäre Zweck der Studie liegt in der Identifikation von Dimensionen der Klienten-Berater-Beziehung, um hierauf aufbauend Verbesserungs- und Erweiterungspotenzial zu entwickeln	Neben einer Auswertung, welche Aspekte jeweils aus Klienten- bzw. Beratersicht wichtig sind für eine erfolgreiche Klienten-Berater-Beziehung konnte festgestellt werden, dass Berater das Beziehungsmanagement als wichtiger für eine effektive Klienten-Berater-Beziehung einschätzen als Klienten
McLachlin (2000)	Service quality in consulting: what is engagement success?	• n = 8 (1 Klient und 7 Berater) • einfach-empirisch (Experteninterviews)	Die Studie behandelt die grundlegende Frage, wie Beratungserfolg, sowohl aus Klienten-, als auch aus Beraterperspektive, definiert werden kann.	Die Studie kommt allgemein zu dem Ergebnis, dass ein Unternehmensberatungsprojekt dann als erfolgreich eingestuft werden kann, wenn der Unternehmensberater die Erwartungen des Klienten erfüllt und der Berater gleichzeitig durch die Durchführung des Beratungsprojektes seine Reputation erhöhen konnte
Karantinou/ Hogg (2007)	Developing and Managing Relational Market-Based Assets in Professional Services	• n = 18 (6 Klienten und 12 Berater) • einfach-empirisch (Experteninterviews)	In der Studie wird im Kontext von Unternehmensberatung untersucht, was die Erfolgsfaktoren für die Entwicklung einer langfristigen Klienten-Berater-Geschäftsbeziehung sind, und wie diese Geschäftsbeziehungen optimal gemanaged werden können	Als Ergebnis präsentieren die Forscher eine konsoliderte Liste von Erfolgsfaktoren für die Entwicklung langfristiger Geschäftsbeziehung und Mechanismen zur Optimierung des Relationship Managements im Kontext von Unternehmensberatung
Nitithamyong/Tan (2007)	Determinants for effective performance of external project management consultants in Malaysia	• n = 82 (62 Klienten und 20 Berater) • einfach-empirisch (Faktorenanalyse)	Die Studie zielt neben der Untersuchung von wichtigen Rollen von Project Management Consulting Firms darauf ab, wesentliche Erfolgsfaktoren und Kriterien der Erfolgsmessung von Project Management Consulting Firms zu identifizieren	Neben der Identifikation von wichtigen Beraterrollen konnten insgesamt 12 Project Management Consulting Firm Erfolgsfaktoren und fünf wichtige Kriterien zur Bewertung von Project Management Consulting Performance identifiziert werden

Studie	Titel	Empirie	Untersuchungs-schwerpunkt	Wesentliche Ergebnisse
Nikolova/ Reihlen/ Schlapfner (2008)	Client and consultant interaction	• n = 7[226] • einfach-empirisch (Case Study)	Der Untersuchungsschwerpunkt der Studie liegt in der Analyse der Klienten-Berater-Interaktion mit dem Ziel, eine empirisch fundierte Theorie hinsichtlich sozialer Praktiken in Klienten-Berater-Teams zu entwickeln	Im Rahmen der Studie konnten drei soziale Praktiken identifiziert werden, die die Klienten-Berater-Beziehung charakterisieren: das Bilden von Erwartungshaltungen, das Lösen von Problemen und das Verhandeln über Erwartungen
Liberatore/Luo (2010)	Coordination in Consultant-Assisted IS Projects	• n = 324[227] • komplex-empirisch (Kausalmodell)	Die Studie zielt darauf ab, mit Hilfe eines Untersuchungsmodells zu ergründen, wie im Rahmen von IS-Unternehmensberatungsprojekten interorganisationale Koordination dabei helfen kann, Vertrauen und Zielkongruenz herzustellen und somit zu einer besseren Projektperformance beiträgt	Die Forscher kommen zu dem Ergebnis, dass Interorganisationale Koordination einen starken Einfluss auf den Beratungserfolg hat und dieser Effekt indirekt unterstützt wird durch den Aufbau von Vertrauen, gemeinsamen Zielvorstellungen und dem Abbau von technischen Unsicherheiten und Anforderungsunsicherheiten

Tabelle 8: Zusammenfassende Darstellung des Literaturüberblicks (Klienten- und Beraterperspektive)

2.3.4 Zusammenfassung der Forschungsbeiträge, Implikationen für die Untersuchung und Identifikation der Forschungslücke

Nachdem in den vorangegangenen Abschnitten 25 für diese Arbeit relevante Arbeiten aus der Klienten-, Berater- und der Klienten- und Beraterperspektive präsentiert wurden, werden im Folgenden die Forschungsbeiträge aus inhaltlicher und methodischer Sicht zusammengefasst dargestellt und deren Implikationen für die vorliegende Untersuchung aufgezeigt. In diesem Zusammenhang wird auch auf die Forschungslücke näher eingegangen. Dieses Kapitel schließt mit einer Übersicht der in dieser Arbeit verwendeten Erfolgsfaktoren/-dimensionen und deren Zuordnung zu den zuvor vorgestellten Studien.

Im Hinblick auf die empirische Vorgehensweise der vorgestellten Arbeiten kann eine klare Dominanz der einfach-empirischen Studien festgestellt werden. Von 25 Arbeiten bedienen sich lediglich fünf Arbeiten eines komplex-empirischen Verfahrens und davon existiert lediglich eine ein-

[226] Es werden keine Angaben hinsichtlich der Klienten-Berater-Aufteilung gemacht.
[227] Es werden keine Angaben hinsichtlich der Klienten-Berater-Aufteilung gemacht.

zige Arbeit, die dabei sowohl die Klienten als auch die Beraterperspektive betrachtet.[228] Allerdings handelt es sich bei dem von Liberatore/Luo (2010) untersuchten Modell um ein recht einfach gehaltenes Forschungsmodell mit insgesamt lediglich sechs Konstrukten, das keine explizite Perspektivenunterscheidung vornimmt und darüber hinaus einen starken Fokus auf IT-Beratungsprojekte hat. Bei den einfach-empirischen Arbeiten kommen vorwiegend Experteninterviews, Case Studies und die einfache Analyse von Häufigkeiten und Mittelwerten zur Anwendung. Lediglich vereinzelt wird eine Regressionanalyse, Diskiminanzanalyse oder Faktorenanalyse gerechnet.

Hinsichtlich der Stichprobengröße kann ein ähnlich wissenschaftlich unausgereiftes Bild deduziert werden. Von den 25 untersuchten Arbeiten können lediglich drei Studien ausgemacht werden, deren empirische Ergebnisse auf einem n größer als 200 basieren (Meffert (1990), Kumar/Simon/Kimberley (2000) und Liberatore/Luo (2010)). Als Ergebnis kann somit festgehalten werden, dass aus wissenschaftlicher Sicht das Niveau in Bezug auf das empirische Vorgehen für die untersuchten Arbeiten als wenig elaboriert einzustufen ist. Diesem Forschungsdefizit soll mit der vorliegenden Arbeit entgegengewirkt werden. Tabelle 9 gibt einen Überblick der gewählten empirischen Vorgehensweise der vorgestellten Arbeiten, differenziert nach den Betrachtungsperspektiven Klient, Berater und Berücksichtigung beider Perspektiven.

Empirische Vorgehensweise / Perspektive	Einfach-empirisch		Komplex-empirisch	
	absolut	%	absolut	%
Klient	8	32%	2	8%
Berater	4	16%	2	8%
Beide	8	32%	1	4%
Summe	**20**	**80%**	**5**	**20%**

Tabelle 9: Empirische Vorgehensweise der vorgestellten Arbeiten

Hinsichtlich der verwendeten Methodik bezüglich der theoretischen Fundierung kann festgehalten werden, dass die überwiegende Mehrheit der vorgestellten Arbeiten über keine theoretische Fundierung verfügt bzw. lediglich aus dem Schrifttum relevante Erfolgsfaktoren bzw. Erfolgskonstrukte ableitet. So verfügen mehr als zwei Drittel der untersuchten Arbeiten über keine theoretische Fundierung. Auch diesem Defizit soll mit der vorliegenden Arbeit entgegengewirkt werden.

[228] Vgl. Liberatore/Luo (2010).

Betrachtet man die Arbeiten, die über eine theoretische Fundierung verfügen, stellt man fest, dass keine einheitlich verwendete Theorie ausgemacht werden kann. Die meisten der betrachteten Arbeiten verwenden unterschiedliche theoretische Ansätze. Eine klare Dominanz einer spezifischen Theorie herrscht somit nicht vor. Allerdings können die Prinzipal-Agent-Theorie und Ressourcen-basierte Ansätze als theoretische Ansätze identifiziert werden, die über alle drei Perspektiven hinweg gesehen am häufigsten verwendeten wurden und somit als besonders relevant anzusehen sind.[229] Folgende Tabelle 10 gibt einen Überblick über die verwendeten theoretischen Ansätze mit der jeweiligen Anzahl der Arbeiten pro Perspektive und als Summe. Weniger als zweimal verwendete Ansätze wie beispielsweise die Human Capital Theory oder die Rollentheorie wurden unter „Sonstige" zusammengefasst.

Theorie / Perspektive	Prinzipal-Agent-Theorie	Ressourcen-basierte Ansätze[230]	Koordinationstheorie	Sonstige	Schrifttum/keine
Klient	1	2	-	4	7
Berater	1	1	1	-	4
Beide	1	-	1	1	7
Summe	3	3	2	5	18

Tabelle 10: Theoretische Fundierung der vorgestellten Arbeiten[231]

Zusammenfassend kann festgehalten werden, dass alle drei betrachteten Perspektiven in der wissenschaftlichen Forschung derzeit noch unausgereift sind, und somit ein Forschungsbedarf für die Erfolgsfaktorenforschung im Bereich Unternehmensberatung perspektivenunabhängig besteht. Hierbei gilt der Bereich der Erfolgsfaktoren aus Klientensicht noch am weitesten fortgeschritten, da immerhin 40% der Arbeiten über eine theoretische Fundierung verfügen und vorwiegend multivariate Analyseverfahren und zwei komplex-empirische Kausalanalysen zum Einsatz kommen.

[229] Vgl. auch Kapitel 2.4.

[230] Zusammengefasst sind hierunter auch die Beiträge, die auf dem Environment-Strategy-Capability Gap Model, vgl. Hubbard/Pocknee/Taylor (1997), bzw. dem Success Resource Deployment Ansatz, vgl. Schneider (2001), basieren.

[231] Mehrfachnennungen möglich.

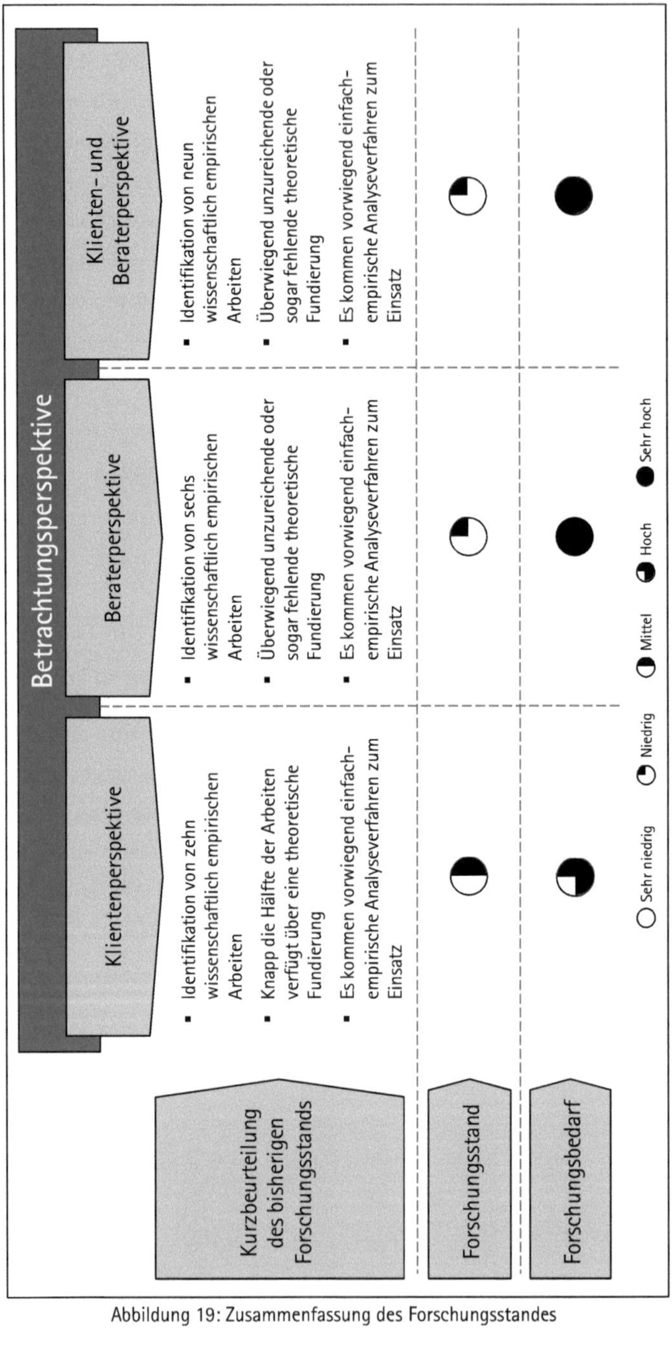

Abbildung 19: Zusammenfassung des Forschungsstandes

Hingegen erweist sich die Beraterperspektive als am wenigsten ausgereift. Dies zeigt sich vor allem anhand der geringen Anzahl der forschungsrelevanten Arbeiten, von denen die meisten eine unzureichende oder sogar fehlende theoretische Fundierung aufweisen und empirisch bis auf die zwei Kausalanalysen von Wong (2004) und Luo/Liberatore (2009) sehr einfach gehalten sind. Ein ähnliches Bild zeigt sich für die Perspektive, die sowohl die Klientenseite als auch die Beraterseite berücksichtigt. Die überwiegende Mehrheit der identifizierten Arbeiten weist eine unzureichende oder sogar fehlende theoretische Fundierung auf, und es kommen bis auf eine Ausnahme lediglich sehr einfach gehaltene empirische Analyseverfahren zum Einsatz.

Es kann somit festgehalten werden, dass im relevanten Schrifttum zu Unternehmensberatung keine Untersuchung identifiziert wurde, die die Erfolgsfaktoren von Unternehmensberatung umfassend, auf Basis eines fundierten theoretischen Ansatzes und qualitativ empirisch anspruchsvoll weder aus Klienten-, noch aus Berater- oder Klienten- und Beraterperspektive untersucht. Abbildung 19 stellt den erläuterten Forschungsstand zusammenfassend dar und verdeutlicht, dass insbesondere für die Betrachtungsperspektive Berater und die übergreifende Perspektive aus Klienten- und Beraterperspektive ein sehr hoher Forschungsbedarf besteht.

Trotz der bestehenden Forschungslücke gibt die existente Literatur jedoch auch einige wichtige Hinweise für die vorliegende Untersuchung. So konnten erste Erkenntnisse zu möglichen Erfolgsfaktoren von Unternehmensberatung und Hinweise zur Konzeptionalisierung des Unternehmensberatungserfolgs gewonnen werden. Abschließend listet folgende Tabelle 11 die in dieser Arbeit verwendeten Erfolgsfaktoren/-dimensionen auf und ordnet diese den identifizierten Faktoren innerhalb der vorgestellten Studien zu. Dabei gilt zu berücksichtigen, dass nicht immer eine 100-prozentig eindeutige Zuordnung möglich ist. In diesem Fall wurde die Bezeichnung des originären Faktors in Klammern ergänzt.

Faktoren / Studie	Erfolgsfaktoren							Unternehmensberatungserfolg					
	Gemeinsame Zielvorstellung	Intensität der Kollaboration	Vertrauen	Projektmanagement	Beraterkompetenz	Bereitgestellte Ressourcen	Top Management Support	Zufriedenheit	Grad der Akzeptanz	Einhaltung von Budget und Zeitplan	Zielerreichungsgrad	Profitabilität	Expansion und Extension
Mainiero (1986)		✓ (accurate communication)		✓ (use task forces)	✓ (break down the resistance to change)		✓						
Meffert (1990)								✓	✓		✓	✓	✓
Covin/Fisher (1991)				✓ (establishing ground rules)	✓								
Hoffmann (1991)		✓		✓ (Projektcontrolling)		✓							
Hillemanns (1995)	✓	✓			✓								
Stivers/Campbell (1995)					✓								
Fullerton/West (1996)	✓		✓ (honest relationship)	✓ (clarity about roles)	✓								
Gable (1996)								✓	✓	✓	✓		

Fortsetzung der Tabelle auf der nächsten Seite

Faktoren / Studie	Erfolgsfaktoren							Unternehmensberatungserfolg					
	Gemein same Zielvor-stellung	Intensität der Kolla-boration	Vertrauen	Projekt managem entt	Berater kompe-tenz	Bereitge stellte Ressour-cen	Top Ma nagement Support	Zufrie denheit	Grad der Akzeptanz	Einhal tung von Budget und Zeit-plan	Zielerrei chungs-grad	Profitabi lität	Expansion und Ex-tension
Jang/Suh/Lee (1997)	✓ (clearly defined goals)				✓ (nicht sig-nificant, n.s.)		✓	✓	✓	✓	✓ (solves client's problems)		
Patterson/ Spreng (1997)	✓ (problem identifica-tion)	✓ (relation-ship with the con-sultancy firm)			✓ (relation-ship with the con-sultancy firm)			✓			✓ (outcome of the project)		
Patterson/ Johnson/ Spreng (1997)			✓ (Fairness)					✓ (discon-firmation)			✓ (perceived perfor-mance)		
Effenberger (1998)		✓ (Einbin-dung der Mitarbei-ter)						✓					
McLachlin (1999)	✓ (klare Ver-einbarung zu Pro-jektanfor-derungen und -er-wartun-gen)				✓								✓

Fortsetzung der Tabelle auf der nächsten Seite

Faktoren / Studie	Erfolgsfaktoren							Unternehmensberatungserfolg					
	Gemein-same Zielvor-stellung	Intensität der Kolla-boration	Vertrauen	Projekt-managem entt	Berater-kompe-tenz	Bereitge-stellte Ressour-cen	Top Ma-nagement Support	Zufrie-denheit	Grad der Akzeptanz	Einhal-tung von Budget und Zeit-plan	Zielerrei-chungs-grad	Profitabi-lität	Expansion und Ex-tension
Kumar/Si-mon/Kimberl ey (2000)	✓ (setting objec-tives)	✓ (client-consultant communi-cation)	✓ (integrity and hon-esty)					✓				✓	✓
McLachlin (2000)								✓			✓		✓
Simon/Ku-mar (2001)		✓ (client-consultant communi-cation)	✓ (integrity and hon-esty)					✓	✓	✓	✓		
Hartmann/ Ashrafi (2002)	✓			✓ (a detailed project plan with detailed budget in place)		✓	✓				✓		
Appelbaum (2004)	✓ (the pro-ject deliv-erables were clear)	✓ (the con-sultant partnered with the project team through-out)			✓ (the con-sultant was pro-fessional								

Fortsetzung der Tabelle auf der nächsten Seite

	Erfolgsfaktoren							Unternehmensberatungserfolg					
Faktoren / Studie	Gemeinsame Zielvorstellung	Intensität der Kollaboration	Vertrauen	Projektmanagement	Beraterkompetenz	Bereitgestellte Ressourcen	Top Management Support	Zufriedenheit	Grad der Akzeptanz	Einhaltung von Budget und Zeitplan	Zielerreichungsgrad	Profitabilität	Expansion und Extension
Wong (2004)	✓ (consulting agreeagreement, n.s.)	✓ (client-consultant relationship)			✓ (r.s.)		✓						
Schneider/ Amann (2005)					✓					✓			
Karantinou/ Hogg (2007)		✓ (continuity of contact, consistency and personal attention)						✓			✓ (high quality result)		
Nititham yong/Tan (2007)		✓ (organization of collaboration among team members)		✓									
Nikolova/ Reihlen/ Schlapfner (2008)		✓ (Interaktion)											

Fortsetzung der Tabelle auf der nächsten Seite

	Erfolgsfaktoren							Unternehmensberatungserfolg						
Faktoren / Studie	Gemeinsame Zielvorstellung	Intensität der Kollaboration	Vertrauen	Projektmanagementt	Beraterkompetenz	Bereitgestellte Ressourcen	Top Management Support	Zufriedenheit	Grad der Akzeptanz	Einhaltung von Budget und Zeitplan	Zielerreichungsgrad	Profitabilität	Expansion und Extension
Luo/ Liberatore (2009)				✓ (client-consultant coordination)		✓ (requirements uncertainty)							✓
Liberatore/ Luo (2010)	✓		✓	✓ (client-consultant coordination)		✓ (requirements uncertainty)				✓			

Tabelle 11: Identifizierte Faktoren aus dem Schrifttum

2.4 Theoretischer Bezugsrahmen

Ein zentraler Anspruch an die vorliegende Untersuchung liegt in der Entwicklung eines umfassenden theoretischen Bezugsrahmens zur Erklärung der Erfolgsfaktoren von Unternehmensberatung. Zu diesem Zweck wird zunächst in Kapitel 2.4.1 darauf eingegangen, warum für die vorliegende Untersuchung ein multitheoretischer Bezugsrahmen zur Anwendung kommt, und welche Theorien hierfür Verwendung finden. Anschließend erfolgt eine Beschreibung der identifizierten betriebswirtschaftlichen Theorien des theoretischen Bezugsrahmens dieser Arbeit inklusive der Herausarbeitung der jeweiligen Bezugspunkte zur vorliegenden Untersuchung (Kapitel 2.4.2 und 2.4.3).

2.4.1 Notwendigkeit eines multitheoretischen Bezugsrahmens

Wie bereits unter Kapitel 2.1.1 herausgestellt, soll für diese Arbeit die Idee des Theorienpluralismus (multi-theoretischer Bezugsrahmen) zur Anwendung kommen.[232] Dabei werden für die Erklärung einer interessierenden Forschungsfrage mehrere unterschiedliche in Frage kommenden Theorien bzw. Theorienansätze verwendet.[233] Ziel dieses Vorgehens ist es, im Sinne einer interdisziplinären Forschung den Erklärungsgehalt zu erhöhen und somit möglichst viele Facetten der zu untersuchenden Sachverhalte zu erklären.[234] Allerdings bezeichnen einige Kritiker ein solches Vorgehen als gefährlich, da unterschiedliche Theorien zumeist auch auf unterschiedlichen Grundaxiomen beruhen und somit nicht unbedingt komplementär sind, sondern sich sogar stellenweise widersprechen.[235]

Diesem Vorwurf kann damit begegnet werden, dass bei der vorliegenden Arbeit lediglich Theorien herangezogen werden, die zum größten Teil konkurrenzfrei sind, sich gegenseitig ergänzen und zudem zu empirisch gehaltvollen Erklärungsmodellen kombinieren lassen.[236] Darüber hinaus wird die wissenschaftstheoretische Grundposition bezogen, dass neben jeder wissenschaftlichen Theorie auch noch andere Theorien existieren, die wirtschaftliche Zusammenhänge in anderer, aber dennoch sinnvoller Art und Weise zu konzeptionalisieren in der Lage sind.[237] Ziel dieser kritischen Auseinandersetzung mit weiterführenden wissenschaftlichen Ansätzen ist die Weiter-

---

[232] Vgl. Kapitel 2.1.1.
[233] Vgl. Feyerabend (1965), S. 223 ff.; Spinner (1974), S. 80 ff.; Albert (1980), S. 49 ff.
[234] Vgl. Fleischmann (1966), S. 26; Fritz (1984), S. 117.
[235] Vgl. Freiling (2001), S. 15 ff.
[236] Vgl. Fritz (1995), S. 26; Homburg/Baumgartner (1995b), S. 61.
[237] Vgl. Kirsch/Seidl/van Aaken (2007), S. 81.

entwicklung der eigenen Konzeptionalisierung und die Erhöhung des Erklärungsgehalts für die übergeordnete interessierende Forschungsfrage bzw. eine differenzierte Betrachtung selbiger.[238]

Die Entscheidung für dieses Vorgehen liegt darüber hinaus auch darin begründet, dass zum gegenwärtigen Zeitpunkt „keine geschlossene Universaltheorie der Unternehmensberatung oder auch nur die Überlegenheit einer bestimmten theoretischen Fundierung nachzuweisen" ist.[239] Trotz der überaus hohen Praxisrelevanz von Unternehmensberatung[240] wurde bis Ende der 90er Jahre ein akuter Mangel an Beratungsforschung im Allgemeinen und an einer theoretischen Fundierung im Speziellen festgestellt.[241] Dementsprechend war sogar die Rede von einer „Theorie- und Empirieflaute".[242]

Obwohl sowohl die Zahl als auch das inhaltliche Spektrum der Publikationen über Unternehmensberatung bis dato deutlich zugenommen hat,[243] „steht die wissenschaftliche Auseinandersetzung mit dem Phänomen der Unternehmensberatung noch immer relativ am Anfang."[244] Somit kann festgehalten werden, „dass die intensive wissenschaftliche Auseinandersetzung mit den Besonderheiten dieser Disziplin vergleichsweise jung und wenig fortgeschritten ist,"[245] und von einer universell gültigen Theorie der Unternehmensberatung aktuell (noch) nicht ausgegangen werden kann.[246]

Ein weiterer wesentlicher Grund, der für die Verwendung eines multitheoretischen Bezugsrahmens spricht, ist die vorherrschende Komplexität der zu untersuchenden Fragestellungen. So erfolgt nicht nur eine umfassende Konzeptionalisierung und Operationalisierung des betrachteten Erklärungszusammenhangs, sondern darüber hinaus werden auch zwei unterschiedliche Perspektiven mit in die Analyse einbezogen (Klienten- und Beraterperspektive). Diese vorherrschende Komplexität unterstreicht die Notwendigkeit einer multitheoretischen Vorgehensweise, um möglichst viele Facetten des hier zu bearbeitenden Untersuchungsgegenstandes zu erfassen.

Die Bestandsaufnahme der Literatur zum Forschungsbereich der Erfolgsfaktoren von Unternehmensberatung hat gezeigt, dass viele Arbeiten auf eine theoretische Fundierung verzichten bzw.

238 Vgl. Kirsch/Seidl/van Aaken (2007), S. 81 ff.
239 Nissen (2007), S. 30.
240 Vgl. z.B. Kienbaum/Meissner (1979), S. 109; Deelmann (2007), S. 39; Niewiem/Richter (2007), S. 57.
241 Vgl. Schade (1997), S. 5 ff.; Armbrüster/Kieser (2001), S. 688 ff.; Femers (2002), S. 28.
242 Steyrer (1991), S. 3.
243 Vgl. z.B. Schade (1997); Kohr (2000); Glückler/Armbrüster (2003); Mohe (2003); Barchewitz/Armbrüster (2004); Greschnucha (2006); Jung (2010); Solomonson (2012); Verlander (2012).
244 Kraus/Mohe (2007), S. 263.
245 Nissen (2007), S. 9.
246 Vgl. Schweizer/zu Knyphausen-Aufsess/Rajes (2009), S. 394.

sich hierfür lediglich des Schrifttums bedienen.[247] Darüber hinaus hat sich bestätigt, dass bei den Arbeiten, die über eine theoretische Basis verfügen, sich bisher noch keine eindeutig führende Theorie zur Ableitung von Erfolgsfaktoren von Unternehmensberatung identifizieren lässt. Allerdings konnten im Rahmen der Darstellung des Forschungsstandes zwei theoretische Ansätze identifiziert werden, die nicht zuletzt aufgrund der häufigen Verwendung als potentiell geeignete Theorien gehandelt werden: die Prinzipal-Agent-Theorie und Ressourcen-basierte Ansätze.[248]

Allgemein lässt sich die Prinzipal-Agent-Theorie als „die Analyse und darauf aufbauende Ableitung von Empfehlungen für die Gestaltung von Auftragsbeziehungen zwischen einem Auftraggeber, dem Prinzipal und einem Beauftragten oder Auftragnehmer, dem Agent"[249], verstehen. Informationsasymmetrien und Interessenkonflikte zwischen Prinzipal und Agent gelten als eine wesentliche Grundannahme der Prinzipal-Agent-Theorie. Bei Unternehmensberatungsprojekten handelt es sich um eine klassische Auftragsbeziehungen zwischen einem Auftraggeber und einem Auftragnehmer, die durch Informationsasymmetrien und Interessenkonflikte geprägt sind. Aus diesem Grund lässt sich der Prinzipal-Agent-Ansatz direkt auf den Unternehmensberatungskontext übertragen bzw. anwenden und gilt somit als eine gute Basis zur Ableitung relevanter Erfolgsfaktoren. Auch im Schrifttum existieren hierzu bereits erste konzeptionelle Überlegungen.[250]

Ein im Schrifttum allgemein sehr weit verbreiteter Ressourcen-basierter Ansatz zur Identifikation von Erfolgsfaktoren ist der Resource Based View.[251] Im Sinne des Ressource Based Views wird der Ursprung von Wettbewerbsvorteilen durch überlegene Ressourcenbündel begründet.[252] Die Ausgestaltung des personellen, finanziellen und materiellen Ressourcenrahmens stellt hierbei eine entscheidende Erfolgsgröße dar.[253]

Auch ein Unternehmensberatungsprojekt bündelt gewisse strategisch wichtige Ressourcen für den Zeitraum des Projektes. Hierbei spielen insbesondere personelle und finanzielle Ressourcen eine bedeutende Rolle. Einerseits muss die Ressource „Unternehmensberater" über gewisse Ei-

[247] Vgl. Kapitel 2.3.
[248] Darüber hinaus konnte auch die Koordinationstheorie als eine Theorie identifiziert werden, die zumindest bei zwei der untersuchten Arbeiten zum Einsatz kam. Da allerdings bei diesen Arbeiten die Theorienauswahl stark dem Forschungsinteresse geschuldet ist, die für die vorliegende Arbeit nicht zweckdienlich ist, wird hierauf nicht weiter eingegangen.
[249] Fischer (1995), S. 320.
[250] Vgl. Kipping/Clark (2012a), S. 212 und ausführlich Kapitel 2.4.2.2 und 3.1.1.2.
[251] Vgl. z.B. Prahalad/Hamel (1990), S. 79 ff.; Mahoney/Pandian (1992), S. 369; Aharoni (1993), S. 31 ff.
[252] Vgl. Barney (1991).
[253] Vgl. Turner (1999), S. 81.

genschaften verfügen, um zu dem Erfolg des Beratungsprojektes beitragen zu können. Auf der anderen Seite kann ein Projekt nur dann erfolgreich durchgeführt werden, wenn auch gewisse Ressourcen vom Klienten bereit gestellt werden. Hierbei spielen neben finanziellen Ressourcen insbesondere auch Humanressourcen eine wichtige Rolle.[254] Aus diesem Grund erscheint es sinnvoll, den mehr interpersonellen, relationalen Ansatz der Prinzipal-Agent-Theorie um einen ressourcenbasierten Ansatz zu ergänzen.

Sowohl die „Prinzipal-Agent-Theorie" als auch der „Resource based View" liefern sehr gute Ansätze zur Ableitung und Erklärung von Erfolgsfaktoren von Unternehmensberatungsprojekten und bilden daher gemeinsam den multitheoretischen Bezugsrahmen dieser Arbeit. Dabei ergänzt der Resource Based View die eher relationale Denkweise der Prinzipal-Agent-Theorie um eine Ressourcen-orientierte Sichtweise und unterstreicht damit den wichtigen Charakter der Ressourcenausstattung eines Unternehmensberatungsprojektes als wichtigen zu berücksichtigenden Erfolgstreiber.

Durch die Verwendung dieser weitestgehend konkurrenzfreien theoretischen Ansätze kann dem Anspruch dieser Arbeit entsprochen werden, im Sinne einer interdisziplinären Forschung den Erklärungsgehalt dieser Arbeit zu erhöhen, möglichst viele Facetten der Erfolgsfaktoren von Unternehmensberatungsprojekten zu erfassen bzw. eine differenzierte Betrachtung selbiger zu ermöglichen.[255] Zur weiteren Konkretisierung der Relevanz dieser beiden theoretischen Ansätze für diese Arbeit wird in den folgenden Kapiteln auf beide Theorien inklusive derer Bezugspunkte zur vorliegenden Untersuchung näher eingegangen.

2.4.2 Prinzipal-Agent-Theorie

Wie bereits in Kapitel 2.4.1 angedeutet, stellt die Prinzipal-Agent-Theorie einen bedeutenden Rahmen für die Herleitung relevanter Erfolgsfaktoren für Unternehmensberatungsprojekte dar. Zum einen leistet sie einen Beitrag zur Erklärung der vorherrschenden Informationsasymmetrien und Interessenkonflikte zwischen Berater und Klient bei einem Unternehmensberatungsprojekt, und zum anderen lassen sich Ansatzpunkte für die Lösung dieses Problems ableiten. In Kapitel 2.4.2.1 werden zunächst die Grundlagen und Kernaussagen der Prinzipal-Agent-Theorie skizziert. Anschließend werden in Kapitel 2.4.2.2 Bezugspunkte dargestellt, die sich für die vorliegende Untersuchung aus den Erkenntnissen der Prinzipal-Agent-Theorie ableiten lassen.

---

[254] Vgl. Kraus/Westermann (1998), S. 14; Ringlstetter/Kaiser/Kampe (2007), S. 179 und ausführlich Kapitel 2.4.3.2 und 3.1.1.2.

[255] Vgl. Kirsch/Seidl/van Aaken (2007), S. 81 ff.

2.4.2.1 Gegenstand der Prinzipal-Agent-Theorie

Die Prinzipal-Agent-Theorie gilt neben der Theorie der Property Rights und der Transaktionskostentheorie als einer der drei großen Bausteine der Neuen Institutionenökonomik.[256] Im Mittelpunkt der Prinzipal-Agent-Theorie stehen arbeitsteilige Auftragnehmer-Auftraggeber-Beziehungen, die insbesondere durch asymmetrisch verteilte Informationen gekennzeichnet sind,[257] und definiert werden können „as a contract under which one or more persons (the principal(s)) engage another person (the agent) to perform some service on their behalf which involves delegating some decision making authority to the agent."[258]

Der Prinzipal (Auftraggeber) erteilt dem Agenten (Auftragnehmer) einen Leistungsauftrag, wodurch beide Parteien in einer Leistungsbeziehung zueinander stehen, die durch Informationsasymmetrien und Interessenkonflikte geprägt ist, da der Auftraggeber weder über das Verhalten des Auftragnehmers noch über die konkreten Umweltzustände vollkommen informiert ist. Der sich daraus ergebende diskretionäre Spielraum kann vom Agenten für opportunistisches Verhalten ausgenutzt werden.[259] Darüber hinaus wird davon ausgegangen, dass beide Akteure eigennützige Ziele verfolgen, in ihrem eigenen Interesse handeln und ihren eigenen Nutzen maximieren wollen. Folgende Abbildung 20 fasst die grundlegende Prinzipal-Agent-Beziehung zusammen.

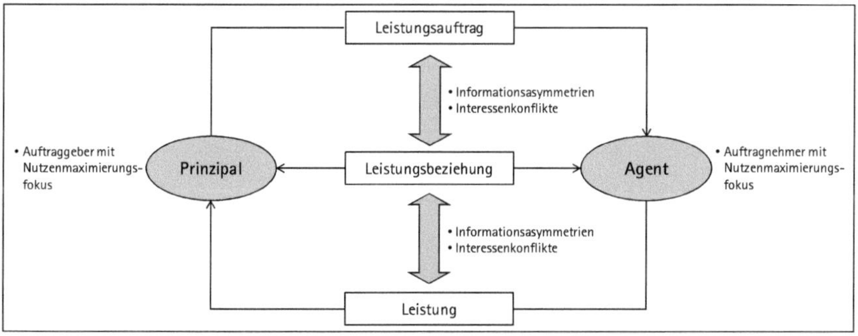

Abbildung 20: Die Prinzipal-Agent-Beziehung

---

[256] Vgl. Picot/Reichwald/Wigand (2003), S. 38. Die Neue Institutionenökonomik befasst sich im Allgemeinen mit der Entstehung, der Funktion und dem Wandel von Institutionen. Es werden u.a. die Wirkungen von Institutionen auf das Verhalten der mit diesen Institutionen konfrontierten Akteure analysiert, mit dem Ziel, wesentliche Verhaltensweisen der Akteure auf Märkten zu erklären, vgl. Erlei/Leschke/Sauerland (2007), S. 1 ff. Für eine detaillierte Darstellung der Neuen Institutionenökonomik sei auf die gängige Standardliteratur verwiesen, z.B. Martiensen (2000); Göbel (2002); Erlei/Leschke/Sauerland (2007); Voigt (2009); Richter/Furubotn (2010).

[257] Vgl. hierzu und im Folgenden Ross (1973), S. 134 ff.; Jensen/Meckling (1976), S. 305 ff.; Bergen/Dutta/Walker (1992), S. 1 ff.; Picot/Reichwald/Wigand (2003), S. 55 ff.; Picot/Dietl/Franck (2008), S. 72 ff.

[258] Jensen/Meckling (1976), S. 308.

[259] Vgl. Breid (1995), S. 823; Göbel (2002), S. 100; Erlei/Leschke/Sauerland (2007), S. 74.

Als Effizienzkriterium werden im Rahmen der Prinzipal-Agent-Theorie die so genannten Agency-Kosten angeführt, die sich nach Jensen/Meckling (1976) aus folgenden drei Komponenten zusammensetzen: Signalisierungskosten des Agenten (bonding costs), Kontrollkosten des Prinzipals (monitoring costs) und verbleibender Wohlfahrtsverlust (residual loss).[260] Unter den Signalisierungskosten werden all diejenigen Ressourcenausgaben des Agenten zusammengefasst, die zum Abbau der vorherrschenden Informationsasymmetrien und zur Herbeiführung einer Zielharmonie von ihm aufgewendet werden, wie z.B. Aufbau von Vertrauen durch Gewährung von Garantien.[261] Unter den Kontrollkosten des Prinzipal versteht man hingegen all diejenigen Anstrengungen des Prinzipal, die von ihm durchgeführt werden, um den bestehenden Informationsnachteil abzubauen, z.B. durch die Etablierung eines umfassenden Projektcontrollings sowie der Schaffung von Anreizsystemen, damit der Agent keine Handlungen ausführt, die nicht im Interesse des Prinzipals sind.[262]

Die beiden eben genannten Kostenarten (Signalisierungskosten und Kontrollkosten) entstehen aufgrund der Bemühungen von Prinzipal und Agent, die in der Leistungsbeziehung bestehenden Unsicherheiten möglichst gering zu halten. Der verbleibende Wohlfahrtsverlust repräsentiert dagegen diejenigen Kosten, die trotz der Anstrengungen von Prinzipal und Agent übrig bleiben, da beispielsweise aufgrund der unvollkommenen Informationsstände an sich wohlfahrtsteigende Transaktionen dennoch nicht oder nur teilweise durchgeführt werden. Letztlich können die Agency-Kosten als diejenigen Kosten zusammengefasst werden, die entstehen, weil aufgrund der asymmetrischen Informationsverteilung und des Vorherrschens von nicht rationalem Verhalten nur Second-Best-Lösungen erzielbar sind. Ziel ist es durch entsprechende Vertragsgestaltungen/Vereinbarungen die Agency-Kosten zu minimieren.[263]

Die Ursachen, aufgrund derer zwischen Prinzipal und Agent Informationsasymmetrien existieren, lassen sich auf folgende drei Problemtypen reduzieren, die nachfolgend inklusive Lösungsansätzen überblicksartig beschrieben werden: verborgene Eigenschaften (Hidden Characteristics), verborgenes Handeln (Hidden Action) und verborgene Absicht (Hidden Intention).[264] Beim Problemtyp der Hidden Characteristics handelt es sich um die Tatsache, dass der Prinzipal vor Vertragsabschluss gewisse Eigenschaften des Agenten bzw. der von ihm angebotenen Produkte nicht kennt und somit nicht in der Lage ist, die Qualität der angebotenen Leistung ex ante zu beurtei-

260 Vgl. Jensen/Meckling (1976), S. 308.
261 Vgl. Göbel (2002), S. 125.
262 Vgl. Picot/Reichwald/Wigand (2003), S. 55 f.
263 Vgl. Junker (2005), S. 37; Richter/Furubotn (2010), S. 176 f.
264 Vgl. hierzu und im Folgenden Spremann (1990), S. 561 ff.

len.[265] Aus diesem Grund besteht die Gefahr der adversen Selektion (adverse selection), dass also aufgrund eines kontraproduktiven Anreizschemas systematisch schlechte Vertragspartner ausgewählt werden.[266] Als Beispiel kann ein Bewerbungsgesprächs zwischen einem Arbeitgeber und einem potenziellen Arbeitnehmer angeführt werden. Hierbei bestehen insofern Hidden Charac-ter-istics, dass der Arbeitgeber vor bzw. bei Vertragsabschluss nicht umfassend beurteilen kann, über welche Fähigkeiten und Qualitäten der potenzielle Arbeitnehmer verfügt, bzw. wie gut dieser zur Erfüllung der ihm übertragenen Aufgaben geeignet ist.[267]

Als Lösungsmöglichkeiten, um der adverse selection entgegenzuwirken, bietet die Prinzipal-Agent-Theorie einerseits die Strategie des Signalling/Screening bzw. Self-selection-Verträge als Instrumente zur Reduzierung der Informationsasymmetrien, und andererseits soll durch Instrumente der Interessenangleichung verhindert werden, dass die vorhandenen Informationsasymmetrien vom jeweiligen Geschäftspartner ausgenutzt werden.

Bei der Strategie des Signalling kommuniziert der Agent seinem potenziellen Geschäftspartner seine Produkt- bzw. Dienstleistungseigenschaften mit dem Ziel, zu einer Geschäftsvereinbarung mit dem Prinzipal zu gelangen.[268] Dies kann am Beispiel des Arbeitsmarktes verdeutlicht werden: Der besser informierte Arbeitnehmer sendet gewisse Signale, z.B. Zeugnisse mit Schul-/Universitätsabschlüssen, mit dem Ziel, seinen Angaben Glaubwürdigkeit zu verschaffen und bessere Vertragsbedingungen auszuhandeln. Allerdings führen Signale nur dann zur Induktion von Glaubwürdigkeit, wenn diese gewissen Anforderungen genügen. Von besonderer Bedeutung ist es hierbei, dass Signale mit Kosten verbunden sind, und dass das Senden von falschen Signalen zu teuer für den Agenten ist.[269] Darüber hinaus müssen Signale folgende Merkmale erfüllen, um eine genaue Unterscheidung zu anderen Signalen zu gewährleisten: die direkte oder indirekte Verifizierbarkeit, die Messbarkeit, die Identifizierbarkeit, die Konsistenz sowie die Eindeutigkeit des Signals.[270]

---

[265] Vgl. Spremann (1990), S. 566; Wirtz (2012), S. 31.

[266] Vgl. Akerloff (1970), S. 488 ff.; Voigt (2009), S. 85 f.

[267] Neben den Hidden Characteristics existiert auch noch der Problemtyp Hidden Information, der allerdings aufgrund seiner Ähnlichkeit zu den Hidden Characteristics zumeist hierunter subsumiert wird. Hierbei verfügt der Agent über Informationen, die der Principal nicht vollständig kennt bzw. die ihm verborgen bleiben oder die der Principal zwar kennt, allerdings aufgrund fehlenden Sachverstands nicht richtig beurteilen kann, vgl. Spremann (1988a), S. 44 f.; Hartmann-Wendels (1989), S. 715; Petersen (1989), S. 32; Scholtis (1998), S. 15; Picot (1991), S. 152.

[268] Vgl. Spence (1973), S. 355 ff.

[269] Vgl. Bergen/Dutta/Walker (1992), S. 7; Scholtis (1998), S. 81; Göbel (2002), S. 111.

[270] Vgl. Spörk (1996), S. 21 ff.

Hingegen geht beim Screening die Initiative nicht vom Agent, sondern vom Prinzipal aus.[271] Der Prinzipal versucht seinen Informationsstand zu verbessern, indem er sich zusätzliche Informationen über seinen potenziellen Geschäftspartner bzw. dessen Produkte/Dienstleistungen und deren Qualität verschafft.[272] Beispiele hierfür sind stichprobenartige Qualitätsprüfungen oder Leistungstests bzw. Auswahlverfahren vor Personalentscheidungen.[273] Im Rahmen von Self-selection-Verträgen werden dem Agenten Verträge mit unterschiedlichen Rahmenbedingungen zur Auswahl gestellt, die derart ausgestaltet sind, dass der Agent durch seine Wahl des entsprechenden Vertrages seine verborgenen Eigenschaften offenlegt. Die Vertragsgestaltung kann auch als ein Instrument der Interessenangleichung zum Einsatz kommen, wenn z.B. entsprechende Garantien vereinbart werden.[274]

Im Gegensatz zum Grundtyp Hidden Characteristics werden die beiden Problemtypen Hidden Action und Hidden Intention inklusive der damit einhergehenden Informationsasymmetrien erst nach Vertragsabschluss relevant. Unter Hidden Action subsumiert man die Tatsache, dass der Prinzipal in der Regel die Handlungen des Agenten nicht vollständig beobachten kann bzw. nicht in der Lage ist, die Qualität der Handlungen des Agenten zu beurteilen.[275] Dem Prinzipal sind lediglich die Ergebnisse der Handlungen des Agenten bekannt, eine abschließende Beurteilung, ob für das Ergebnis einer Leistungsbeziehung die Handlungen des Agenten verantwortlich sind oder lediglich gewisse Umwelteinflüsse, kann somit durch den Prinzipal nicht erfolgen.[276]

Die hieraus resultierende Gefahr eines opportunistischen Verhaltens des Agents wird als Moral Hazard bezeichnet.[277] Aufgrund der beschränkten Beobachtbarkeit des Agenten wird dieser dazu verleitet, die entstandenen Handlungsspielräume eigennützig auszuschöpfen oder bestimmte Ressourcen opportunistisch einzusetzen. Dies kann so weit gehen, dass der Agent entgegen den Interessen des Prinzipals handelt und beispielsweise die ihm übertragenen Aufgaben nachlässig ausführt bzw. mit weniger Arbeitsanstrengung nachgeht.[278]

Um der Gefahr des Moral Hazard entgegenzuwirken, verweist die Prinzipal-Agent-Theorie auf Monitoringstrategien zur Reduzierung der Informationsasymmetrien, beispielsweise durch die

[271] Vgl. Stiglitz (1975), S. 27 ff.
[272] Vgl. Adler (1996), S. 45 f.; McLachlan (2004), S. 60.
[273] Vgl. Adler (1996), S. 46; Scholtis (1998), S. 48.
[274] Vgl. hierzu und im Folgenden Picot/Reichwald/Wigand (2003), S. 57 ff.
[275] Vgl. Scholtis (1998), S. 14.
[276] Vgl. Spremann (1988b), S. 615; Elschen (1991), S. 1005.
[277] Vgl. Spremann (1985a), S. 64; Picot/Reichwald/Wigand (2003), S. 58.
[278] Vgl. Wosnitzka (1995), S. 18.

Implementierung von Informationssystemen und Kontrollinstanzen.[279] Diese Informations- und Kontrollsysteme können darüber hinaus um Anreizsysteme erweitert werden, so dass die Interessen von Prinzipal und Agent sich entsprechend annähern und damit eine Zielkonvergenz zwischen Prinzipal und Agent hergestellt wird.[280] Eine beliebte Variante ist in diesem Zusammenhang die vertraglich definierte Erfolgsbeteiligung, bei der die Entlohnung des Agenten mit der Ergebnishöhe variiert.

Beim zweiten Grundtyp der nachvertraglichen Informationsasymmetrie, den Hidden Intention, hat der Prinzipal irreversible Vorleistungen (sunk costs) erbracht. Da der Nachfrager allerdings nicht erkennen kann, welche wahren Absichten der Agent hat bzw. wie glaubhaft seine gemachten Leistungszusagen sind, gerät er in ein Abhängigkeitsverhältnis zum Agenten.[281] In diesem Zusammenhang spricht man von der so genannten Hold-Up-Gefahr, die dann besteht, wenn der Agent bestehende Abhängigkeiten des Prinzipals opportunistisch ausnutzen kann. Im Umgang mit der Hold-Up-Problematik empfiehlt die Prinzipal-Agent-Theorie wie im Fall der Moral Hazard-Problematik eine Interessenangleichung. Diese kann beispielweise durch den Abschluss langfristiger Leistungs- bzw. Lieferbeziehungen, einer vertikalen Integration des Agenten oder das Stellen von Sicherheiten erfolgen.[282] Bevor auf die Bezugspunkte der Prinzipal-Agent-Theorie zur eigenen Untersuchung näher eingegangen wird, fasst nachfolgende Tabelle 12 die wesentlichen Punkte der Prinzipal-Agent-Theorie im Überblick zusammen.

Informations-asymmetrie / Unter-scheidungskriterium	Hidden Characteristics	Hidden Action	Hidden Intention
Informationsproblem des Prinzipal	Qualitätseigenschaften der Leistung des Vertragspartners unbekannt	Anstrengungen des Vertragspartners nicht beobachtbar bzw. nicht beurteilbar	Absichten des Vertragspartners unbekannt
Problemursache oder wesentliche Einflussgröße	Verbergbarkeit von Eigenschaften	Überwachsungsmöglichkeiten und -kosten	Ressourcenabhängigkeit
Verhaltensspielraum des Agenten	Vor Vertragsabschluss	Nach Vertragsabschluss	Nach Vertragsabschluss
Problem	Adverse Selection	Moral Hazard	Hold Up

[279] Vgl. Erlei/Leschke/Sauerland (2007), S. 109 ff.
[280] Vgl. Bea/Haas (2009), S. 374.
[281] Vgl. Alewell (1994), S. 63; Scholtis (1998), S. 39.
[282] Vgl. Spremann (1990), S. 651 ff.

Informationsasymmetrie / Unterscheidungskriterium	Hidden Characteristics	Hidden Action	Hidden Intention
Art der Bewältigung	Interessenangleichung, Beseitigung der Informationsasymmetrien durch Signalling/ Screening und/oder Self-Selection	Interessenangleichung, Reduzierung der Informationsasymmetrien durch Monitoring	Interessenangleichung

Tabelle 12: Die Prinzipal-Agent-Theorie im Überblick[283]

2.4.2.2 Bezugspunkte zur eigenen Untersuchung

Die Prinzipal-Agent-Theorie kann auf viele reale Vertrags- bzw. Austauschbeziehungen angewandt werden. Klassische Anwendungsfälle sind beispielsweise das Arbeitgeber-Arbeitnehmer-Verhältnis, das Arzt-Patient-Verhältnis, das Vermieter-Mieter-Verhältnis, das Versicherer-Versicherter-Verhältnis oder das Kreditgeber-Schuldner-Verhältnis.[284] So kann auch das Verhältnis zwischen Klient und Unternehmensberater als eine klassische Principal-Agency-Beziehung aufgefasst werden.[285]

In der einfachsten Form handelt es sich hierbei bei dem Klientenunternehmen als Auftraggeber um den Prinzipal und dem Unternehmensberater als Auftragnehmer um den Agenten. Als Dienstleistungsnachfrager verfügt der Prinzipal in der Regel auch nur über oberflächliche Informationen über den Agent. Der sich hieraus ergebende diskretionäre Spielraum kann vom Agenten für opportunistisches Verhalten ausgenutzt werden.[286] Jedoch legt nicht nur der Agent opportunistisches Verhalten an den Tag, vielmehr verfolgen beide Parteien eigene Interessen, die nicht zwingend miteinander vereinbar sein müssen und streben jeweils nach ihrer persönlichen Nutzenmaximierung.[287]

Betrachtet man jedoch die komplexen Beziehungsstrukturen zwischen einem Klienten- und Beraterunternehmen bei der Anbahnung bzw. Abwicklung eines Beratungsprojektes etwas detaillierter und berücksichtigt man, dass der Klient eines Unternehmensberatungsprojektes als externer Faktor in den Dienstleistungsprozess mit eingebunden ist, so stellt man fest, dass es hierbei

283 In Anlehnung an Picot/Dietl/Franck (2008), S. 77.
284 Vgl. Picot/Dietl/Franck (2008), S. 72.
285 Vgl. Schade (1997), S. 47 ff.; Effenberger (1998), S. 86; Stegemeyer (2002), S. 162 ff.; Jeschke (2004), S. 145; Luo/Liberatore (2009), S. 260.
286 Vgl. Greschnucha (2006), S. 59.
287 Vgl. Stegemeyer (2002), S. 177.

zu mehreren wechselseitigen Prinzipal-Agent-Rollenverteilungen kommen kann.[288] Nachfolgend werden die für die im Rahmen eines Unternehmensberatungsprojektes wichtigsten Prinzipal-Agent-Beziehungen näher betrachtet.

Zunächst lässt sich ein klassisches unternehmensübergreifendes Auftraggeber-Auftragnehmer-Verhältnis zwischen Klientenunternehmen und Beraterunternehmen differenzieren. Hierbei werden zumeist ein oder mehrere Leitungsorgane beider Parteien bereits in der vorvertraglichen Phase aktiv, wenn es darum geht, die konkreten Vertragsbedingungen eines anstehenden Beratungsprojektes auszuhandeln. Diese unternehmensübergreifende Prinzipal-Agent-Beziehung bleibt auch nach Vertragsabschluss fortbestehen, beispielsweise wenn es im Rahmen von Lenkungskreisen um wichtige projektentscheidende Fragestellungen oder Eskalationsprozesse geht.

Zwei weitere – für diese Arbeit wesentlich interessantere – Prinzipal-Agent-Beziehungen können innerhalb des gemischten Projektteams identifiziert werden. Je nach Betrachtungsperspektive und zu untersuchendem Einzelfall, können hier sowohl die Klienten als auch die Berater beide Rollen einer Prinzipal-Agent-Beziehung einnehmen. So tritt der für die Durchführung des Beratungsengagements abgestellte Mitarbeiter einerseits als Prinzipal auf, beispielsweise stellvertretend für das Leitungsorgan des Klientenunternehmens, und andererseits übernimmt er ebenso die Rolle des Agenten, da der Berater keine Informationen über die Qualität der Mitarbeit des Klienten hat.

Eine eindeutige Abgrenzung, in welcher Situation welche Rolle von welcher Partei übernommen wird, ist nur sehr schwer bestimmbar. Vielmehr ist in der jeweiligen Situation wechselseitig zu berücksichtigen, dass beide Parteien beide Rollen einnehmen können.[289] Darüber hinaus existieren zwei weitere Prinzipal-Agenten-Beziehungen unternehmensintern sowohl auf Berater-, als auch auf Klientenseite. Diese können als das klassische Verhältnis von Vorgesetzten und Mitarbeiter interpretiert werden und sind für diese Arbeit von untergeordneter Bedeutung. Nachfolgende Abbildung 21 fasst die genannten Prinzipal-Agent-Beziehungen im Unternehmensberatungskontext grafisch zusammen.

[288] Vgl. Meffert/Bruhn (2009), S. 95 ff.
[289] Vgl. Picot/Dietl/Franck (2008), S. 72.

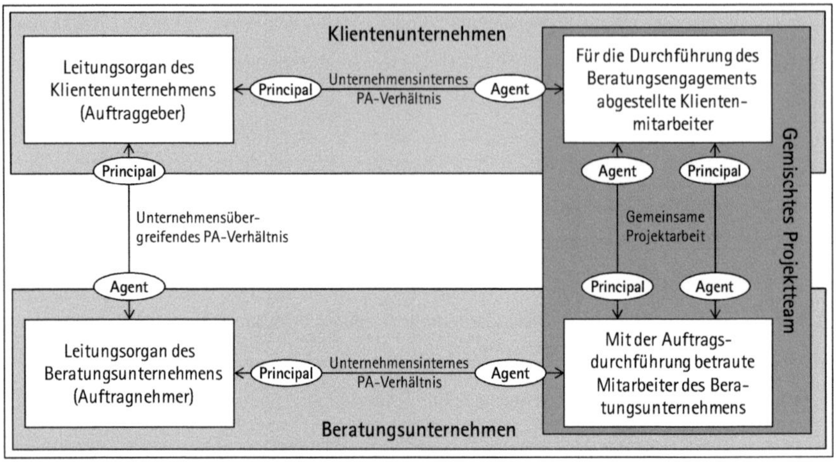

Abbildung 21: Prinzipal-Agent-Beziehungen im Unternehmensberatungskontext[290]

In der Regel wird allerdings immer vereinfacht diejenige Partei als Prinzipal angesehen, die mit dem größeren Informationsdefizit umzugehen hat. Im Rahmen von Unternehmensberatungsdienstleistungen handelt es sich hierbei um den Dienstleistungsnachfrager, also den klientenseitigen Auftraggeber, womit folglich der Auftragnehmer (Beratungsunternehmen) als Agent angesehen wird.[291] Die aus der Prinzipal-Agent-Theorie entstammenden Informationsasymmetrien (Hidden Characteristics, Hidden Action und Hidden Intention), die hieraus resultierenden Probleme (Adverse Selection, Moral Hazard und Hold Up) und die entsprechenden Lösungsansätze (Interessenangleichung, Signalling/Screening, Self-Selection und Monitoring)[292] sind somit auch für die Dienstleistung Unternehmensberatung von sehr hoher Relevanz.[293]

Übertragen auf den Unternehmensberatungskontext ist das aus der Prinzipal-Agent-Theorie abgeleitete Ziel, sowohl für die Klientenseite als auch für die Beraterseite, die Minimierung der Agency Costs, um das Unternehmensberatungsprojekt möglichst erfolgreich durchführen zu können. Abbildung 22 stellt diesen Zusammenhang abschließend grafisch dar.

[290] In Anlehnung an Schade (1997), S. 48; Stegemeyer (2002), S. 174.
[291] Vgl. Bauer/Bayón (1995), S. 82 f.
[292] Vgl. Kapitel 2.4.2.1.
[293] Vgl. Barchewitz/Armbrüster (2004), S. 35 f. und zu den einzelnen Informationsasymmetrien, den daraus resultierenden Problemen und den Lösungsansätzen die Ausführungen in Kapitel 2.4.2.1.

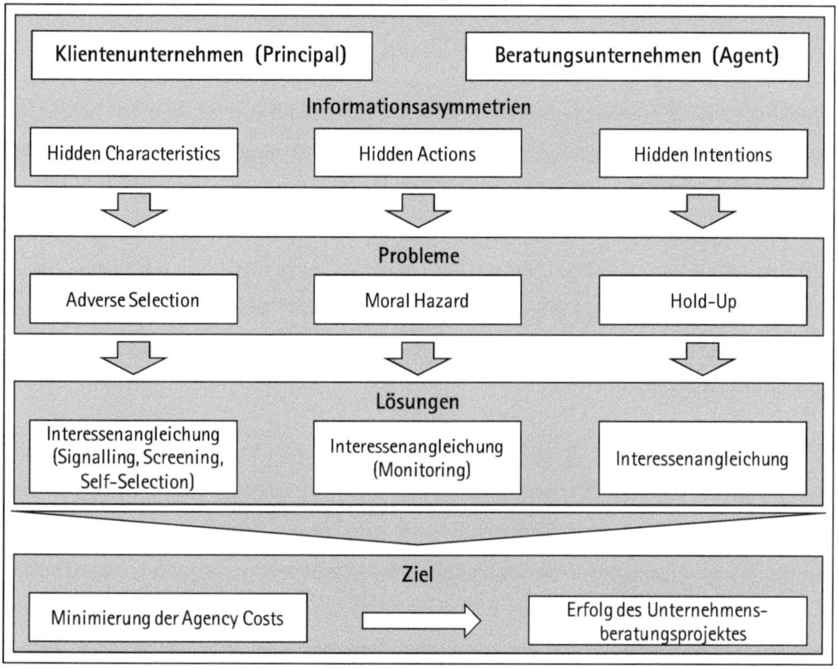

Abbildung 22: Übertragung der Prinzipal Agent-Theorie auf den Unternehmensberatungskontext

2.4.3 Resource Based View

Neben der Prinzipal-Agent-Theorie bietet insbesondere der Resource Based View einen bedeutenden Rahmen für die Herleitung relevanter Erfolgsfaktoren für Unternehmensberatung. Aus diesem Grund werden in Kapitel 2.4.3.1 zunächst die konzeptionellen Grundlagen, wesentlichen Kernaussagen, Kritik und Weiterentwicklungen des Resource Based View dargestellt. Anschließend werden in Kapitel 2.4.3.2 die spezifischen Bezugspunkte herausgearbeitet, die sich für die vorliegende Untersuchung aus den Erkenntnissen der Resource Based View ableiten lassen.

2.4.3.1 Gegenstand des Resource Based View

Das Grundgerüst des Resource Based View basiert im Wesentlichen auf den Arbeiten von Selznick (1957) und Penrose (1959), die in den 50er Jahren mit dem soziologischen Leadership-Modell und insbesondere mit der Wachstumstheorie von Penrose bereits die Bedeutung von unternehmensinternen Bedingungen und insbesondere unternehmensspezifischen Ressourcen und Fähigkeiten hervorgehoben haben.[294] Seit den 90er Jahren gilt der Resource Based View (RBV)

[294] Vgl. Selznick (1957); Penrose (1959).

quasi als Alternative bzw. Ergänzung zu dem aus der Industrieökonomik stammenden „Market-based View" bzw. dessen Ausgangsbasis dem „Structure-Conduct-Performance-Paradigma".[295]

Sowohl den industrieökonomischen als auch den ressourcenorientierten Ansätzen ist gemein, dass sie neben dem strategischen Verhalten insbesondere den wirtschaftlichen Erfolg von Unternehmen zu erklären versuchen. Jedoch unterscheiden sich die Ansätze bezüglich ihrer Herangehensweise bzw. Betrachtungsperspektive. Während der Market-based View den Unternehmenserfolg outside-in aufgrund von gegebenen Marktstrukturen und einer vorteilhaften Positionierung innerhalb attraktiver Branchen zu erklären versucht,[296] konzentriert sich der Resource Based View auf die Innenverhältnisse und Ressourcen der Unternehmen, worauf nachfolgend näher eingegangen wird.

Im Rahmen des klassischen Resource Based View werden Unternehmen prinzipiell als Bündel von Ressourcen verstanden.[297] Jedes Unternehmen weist eine idiosynkratische Ressourcenausstattung auf, und die unternehmensspezifischen heterogenen Ressourcenbündel werden im Rahmen des Resource Based Views als die Quelle des Unternehmenserfolges bzw. -misserfolges angesehen.[298] Der Begriff der Ressource ist hierbei relativ weit gefasst. Der Resource Based View versteht unter einer Ressource all das, was einem Unternehmen zur Verfügung steht und worauf es direkt oder indirekt zugreifen kann.[299] Hierbei lassen sich jedoch folgende vier Ressourcenarten unterscheiden: physische, intangible, finanzielle und organisationale Ressourcen.[300]

Physische Ressourcen, wie etwa Rohstoffe, Maschinen oder IT-Systeme, zeichnen sich durch eine begrenzte Kapazität, variierende Flexibilität und gegebene Abnutzbarkeit aus. Intangible Ressourcen lassen sich in verfügungsrechtlich gesicherte Vermögenswerte wie etwa Copyrights, Patente oder Reputation und in Fähigkeiten wie etwa Handlungsfähigkeit, Lernfähigkeit oder Responsiveness[301] untergliedern. Dabei erweisen sich Vermögenswerte im Gegensatz zu Fähigkeiten als kapazitätsmäßig kaum begrenzt und sowohl Vermögenswerte als auch Fähigkeiten nutzen sich im Vergleich zu den physischen Ressourcen weniger ab bzw. im Rahmen von Fähig-

---

[295] Vgl. z.B. Barney (1986); Barney (1991); Connor (1991); Rasche/Wolfrum (1994), S. 513; Bürki (1996), S. 72; Peteraf/Bergen (2003), S. 1028. Zum Structure-Conduct-Performance-Paradigma sei verwiesen auf Mason (1939); Bain (1956); Bain (1968), Scherer (1980) und zum Market-based View vgl. beispielsweise Porter (1980); Porter (1981); Porter (1985).

[296] Vgl. Bain (1968), S. 7 ff.; Porter (1991), S. 95 ff.; Rühli (1994), S. 32 ff.; Kammel (2000), S. 162; Burmann (2002), S. 142.

[297] Vgl. Penrose (1959), S. 5 ff.

[298] Vgl. Wernefelt (1984), S. 171 ff.; Peteraf (1993), S. 179 ff.; Wernefelt (1995), S. 171 ff.

[299] Vgl. Wernerfelt (1984), S. 172; Amit/Schoemaker (1993), S. 35; Sanchez/Heene/Thomas (1996), S. 8; Teece/Pisano/Shuen (1997), S. 516.

[300] Vgl. hierzu und im Folgenden Bamberger/Wrona (2004), S. 42 ff.

[301] Vgl. Kirsch (1996).

keiten besteht diesbezüglich sogar ein inverser Zusammenhang, da Fähigkeiten verloren gehen können, wenn sie nicht eingesetzt werden.[302] Außerdem erweisen sich insbesondere Fähigkeiten als äußerst flexibel, da beispielsweise die Handlungsfähigkeit sich nicht zwingend nur auf ein bestimmtes strategisches Geschäftsfeld beziehen muss, sondern auch dazu beitragen kann, andere Geschäftsfelder handlungsfähiger zu gestalten.

Finanzielle Ressourcen können unterschieden werden in interne und externe Mittel. Nicht ausgeschöpftes Fremdkapitel oder frei gesetzte Liquidität sind Beispiele für interne Mittel und Risikokapitel oder Einlagen für externe finanzielle Ressourcen. Sowohl interne als auch externe finanzielle Ressourcen zeichnen sich durch begrenzte Kapazität, Abnutzbarkeit und eine relativ hohe Flexibilität aus. Wobei externe Mittel beschränkt flexibel sind, da die Flexibilität durch den möglichen Einfluss der Kapitalgeber gemindert werden kann. Als letzte Ressourcenart versteht man unter den organisationalen Ressourcen neben der Unternehmenskultur, der Organisationsstruktur und den Managementsystemen (Informations- und Kommunikationssysteme, Planungs- und Kontrollsystem, Personalführungssysteme) auch die vorherrschenden organisationalen Prozesse und interorganisationale Beziehungsstrukturen.[303] Organisationale Ressourcen sind begrenzt verfügbar und flexibel und weisen analog zu den Fähigkeiten eine inverse Beziehung bezüglich deren Abnutzbarkeit auf. Folgende Tabelle 13 fasst die verschiedenen Ressourcenarten zusammen.

Kriterium / Ressource	Kapazität	Flexibilität	Abnutzbarkeit
Physische Ressourcen	begrenzt	variiert	ja
Intangible Ressourcen			
• Vermögen	z.T. unbegrenzt	unflexibel	nein
• Fähigkeiten	begrenzt	flexibel	wertsteigernd
Finanzielle Ressourcen			
• interne Fonds	begrenzt	vollkommen flexibel	ja
• externe Fonds	begrenzt	beschränkt flexibel	ja
Organisationale Ressourcen	begrenzt	beschränkt flexibel	wertsteigernd

Tabelle 13: Ressourcenarten[304]

Der Resource Based View basiert auf den drei zentralen Prämissen Ineffizienz der Faktormärkte, Ressourcenheterogenität und Unsicherheit. Zum besseren Verständnis werden diese nachfolgend kurz erläutert. Vollkommene (effiziente) Faktormärkte gehen davon aus, dass eine vollständige

[302] Vgl. Prahalad/Hamel (1991), S. 66 ff.
[303] Vgl. Bamberger/Wrona (1996), S. 386 ff.
[304] In Anlehnung an Bamberger/Wrona (2004), S. 44.

Markttransparenz vorliegt, alle gehandelten Waren bzw. Güter homogen und uneingeschränkt mobil sind und alle Austauschbeziehungen frei von jeglichen Transaktionskosten sind.[305] Diese Voraussetzungen sind bei unvollkommenen (ineffizienten) Faktormärkten nicht gegeben, allerdings im Sinne des Resourve Based View auch nicht erforderlich. Vielmehr ist es nur auf unvollkommenen Märkten möglich, langfristig Wettbewerbsvorteile bzw. im Vergleich zur Konkurrenz überdurchschnittliche Renditen zu erzielen.[306] Wettbewerbsvorteile gegenüber der Konkurrenz können auf vollkommenen Märkten nicht generiert werden, jegliche Versuche würden umgehend von der Konkurrenz nachgeholt werden.

Die zweite zentrale Prämisse des Resource Based View, die Ressourcenheterogenität, hängt stark mit der Prämisse der unvollkommenen Faktormärkte zusammen und besagt, dass die Ressourcen zwischen den Unternehmen immer, beispielweise aufgrund deren begrenzten Imitier- und Substituierbarkeit, ungleich verteilt sind.[307] Darüber hinaus geht der Resource Based View auch davon aus, dass diese Ressourcenheterogenität trotz stetigen Umverteilungsprozessen von dauerhafter Natur ist. Ein symmetrischer Gleichverteilungszustand wird nie eintreten. Somit gilt die Ressourcenheterogenität als ursachlich für die idiosynkratische Ressourcenausstattung eines jeden Unternehmens und die daraus resultierenden Erfolgsunterschiede von Unternehmen.[308]

Ebenso wie die Ressourcenheterogenität hängt auch die letzte zentrale Prämisse des Resource Based View, die Unsicherheit, stark mit der Prämisse der unvollkommenen Faktormärkte zusammen. Aufgrund der unvollständigen Markttransparenz auf ineffizienten Faktormärkten liegen den Unternehmen lediglich unvollständige Informationen hinsichtlich aller vergangenen, gegenwärtigen und zukünftigen externen sowie internen Aktivitäten und Situationen vor. So kann beispielsweise interne Intransparenz hinsichtlich der Absichten der unternehmenseigenen Mitarbeiter herrschen. Jedoch von weitaus bedeutender Relevanz ist der vorherrschende Informationsmangel hinsichtlich der zukünftigen Aktivitäten der Mitbewerber. Da hierüber keine vollständigen Informationen vorliegen, kann ein Unternehmen wirtschaftliche Entscheidungen immer nur unter Unsicherheit fällen und keine zuverlässigen Aussagen über zukünftige Aktivitäten anderer Wirtschaftssubjekte treffen.[309]

---

[305] Vgl. Mahoney/Pandian (1992), S. 369.

[306] Vgl. Barney (1986), S. 1231 ff.; Dierickx/Cool (1989), S. 1504 ff.; Barney (1991), S. 99 ff.; Peteraf (1993), S. 179 ff.; Freiling (2001), S. 84 ff.

[307] Vgl. Grant (1991), S. 126.

[308] Vgl. Barney (1986), S. 1231 ff.; Lawless/Bergh/Wilsted (1988), S. 649 ff.; Dierickx/Cool (1989), S. 1504 ff.; Barney (1991), S. 99 ff.; Amit/Schoemaker (1993), S. 37 ff.; Peteraf (1993), S. 179 ff.; Zu Knyphausen-Aufseß (1993), S. 774 ff.

[309] Vgl. Freiling (2001), S. 84 ff.

Wettbewerbsvorteile können gemäß des Resource Based View allerdings nur dann erzielt werden, wenn die Ressourcen grundlegende Bedingungen bzw. Eigenschaften erfüllen. Dementsprechend müssen die Ressourcen zunächst einmal von strategischem Wert sein (valuable) und darüber hinaus einzigartig bzw. selten (rare). Für die langfristige Aufrechterhaltung der Wettbewerbsvorteile müssen die Ressourcen zusätzlich die Eigenschaften der begrenzten Imitierbarkeit (imperfectly imitable) und Substituierbarkeit (no substitutes) aufweisen. Diese vier Kriterien werden im Schrifttum auch als die sogenannten VRIN-Kriterien bezeichnet.[310]

Auch wenn der Resource Based View sich mittlerweile zu einer der führenden Theorieansätze des strategischen Managements entwickelt hat,[311] enthält dieser einige konzeptionelle Schwachpunkte. Diese betreffen insbesondere eine mangelnde terminologische Präzision des Ressourcenbegriffs und des Begriffs des Wettbewerbsvorteils, einen tautologischen Charakter der Basisargumentation und das Fehlen eines marktbasierten Effizienzkonstruktes.[312] Weitere Kritikpunkte betreffen die unklare Analyseebene, da der Resource Based View zumeist auf isolierte Ressourcen fokussiert, und das Zusammenspiel mehrere Ressourcen versperrt bleibt, und letztens die Vernachlässigung dynamischer bzw. prozessualer Fragestellungen, da dem klassischen Resource Based View eine ausgeprägt statische Betrachtungsweise zugrunde liegt.[313]

Basierend auf den genannten Kritikpunkten zum Resource Based View etablierte sich in der jüngeren Vergangenheit insbesondere der Knowledge Based View (KBV), der Competence Based View (CBV) und der Dynamic Capability Based View (DCV) als Weiterentwicklungen zum klassischen Resource Based View. Um ein vollständiges Bild der Thematik zu erlangen, wird nachfolgend auf die genannten Weiterentwicklungen kurz eingegangen.

Der Knowledge Based View konkretisiert den im klassischen Resource Based View unklaren und unspezifisch abgegrenzten Ressourcenbegriff, indem er das Unternehmenswissen als strategisch wichtigste Ressource definiert. Unternehmen werden nicht mehr als Ressourcenbündel verstanden, sondern vielmehr als „institution for integrating knowledge“[314] bzw. als Institutionen, in

[310] Vgl. Barney (1991), S. 105 f.; Barney (1998), S. 32 ff.; Barney (2010), S. 173 ff.
[311] Vgl. Duschek/Sydow (2002), S. 426.
[312] Vgl. hierzu und im Folgenden Al-Laham (2003), S. 128 ff.
[313] Vgl. Dierickx/Cool (1989), S. 1504 ff.; Levinthal/Myatt (1994), S. 45 ff.; Foss (1997), S. 245 ff.; Priem/Butler (2001), S. 22 ff.
[314] Grant (1996), S. 109.

denen Lernprozesse stattfinden und neues Wissen aktiv kreiert wird.[315] Darüber hinaus gilt die Lernfähigkeit als die wichtigste Quelle für einen nachhaltigen Wettbewerbsvorteil.[316]

Die Diskussion über das Grundverständnis von Wissen, wie genau Wissen definiert werden kann und aus welchen Bestandteilen es besteht, ist eine disziplinär übergreifende und seit Jahrhunderten prominente Fragestellung, die allerdings bis dato noch zu keinem allgemein gültigen Ergebnis gelangt ist.[317] Im Rahmen des Knowledge Based View kann Wissen jedoch gemäß Al-Laham (2003) wie folgt definiert werden: „Werden einzelne Informationen miteinander in einen Sinnzusammenhang gestellt, der eine Verwendung im Sinne der semiotischen Ebene der Pragmatik gestattet, entsteht ein Informationsnetz, das als Wissen definiert werden kann."[318] Außerdem unterscheidet man zwischen individuellem Wissen, kollektivem Wissen und organisationalem Wissen.[319] Hierbei steht organisationales Wissen allen Organisationsmitgliedern zur Verfügung, während kollektives Wissen von einer begrenzten Anzahl von Organisationsmitgliedern geteilt wird, und individuelles Wissen an eine spezifische Person gebunden ist.

Eine im Rahmen von ressourcentheoretischen Ansätzen häufig verwendete Unterscheidung differenziert darüber hinaus zwischen „explicit knowledge" (explizitem Wissen) und „tacit knowledge" (implizitem Wissen).[320] Explizites Wissen beschreibt kontextgebundenes, theoretisches Wissen („know-that"), dass ohne größeren Aufwand dokumentiert und imitiert werden kann, da es leichter artikuliert werden kann.[321]

Außerdem unterscheiden man zwischen der einfachen Reproduktion („know-what") und der Erklärung („know-why"). Implizites Wissen hingegen beschreibt schwer kodifizierbares verborgenes Erfahrungs- oder Handlungswissen, das schwer bzw. nur unvollständig artikulierbar ist und sich dem direkten Zugang von Drittparteien entzieht.[322] Ein Aufbau von implizitem Wissen ist kurzfristig in der Regel nicht möglich, sondern kann vielmehr nur im Rahmen von langwierigen, ins-

---

315 Vgl. Kogut/Zander (1992), S. 384; Kim (1998), S. 508 f.

316 Vgl. De Geus (1988), S. 71; Prahalad/Hamel (1990), S. 82 ff.; Slater/Narver (1995), S. 66 f.; Edmondson/Moingeon (1996), S. 7 ff.; Riesenberger (1998), S. 94 ff.; Helfat/Raubitschek (2000), S. 968; Zahra/George (2002), S. 185 ff.; Wilcox King/Zeithaml (2003), S. 763 f.

317 Vgl. Nelson/Winter (1982), S. 60 ff.

318 Al-Laham (2003), S. 28. Für weitere Definition von Wissen und zur Diskussion des Wissensbegriffs allgemein vgl. Ryle (1949), S. 25 ff.; Berger/Luckmann (1967); Nelson/Winter (1982), S. 60 ff.; Kogut/Zander (1992), S. 383 ff.; Albrecht (1993), S. 45 ff.; Nonaka (1994), S. 14 ff.; Sanchez/Heene/Thomas (1996), S. 9; von Krogh/Köhne (1998), S. 235 ff.; Burmann (2002), S. 190 ff.; Probst/Raub/Romhardt (2006), S. 44 ff.; North (2010), S. 35 ff.

319 Vgl. z.B. Güldenberg (2003), S. 195 ff.

320 Vgl. Greschner 1996; Burmann (2002), S. 196; Polanyi/Sen (2009), S. 22 ff.; Nonaka/Takeuchi/Mader (2012), S. 9 ff.

321 Vgl. Nonaka/Takeuchi (1997), S. 8 ff.

322 Vgl. Reed/DeFillippi (1990), S. 91; Kogut/Zander (1992), S. 383 f.; Kim (1998), S. 508; Freiling (2001), S. 117 ff.

besondere erfahrungsgeleiteten Lernprozessen sukzessive erfolgen. Folgende Abbildung 23 stellt den Zusammenhang zwischen den verschiedenen Wissensarten im Überblick dar.

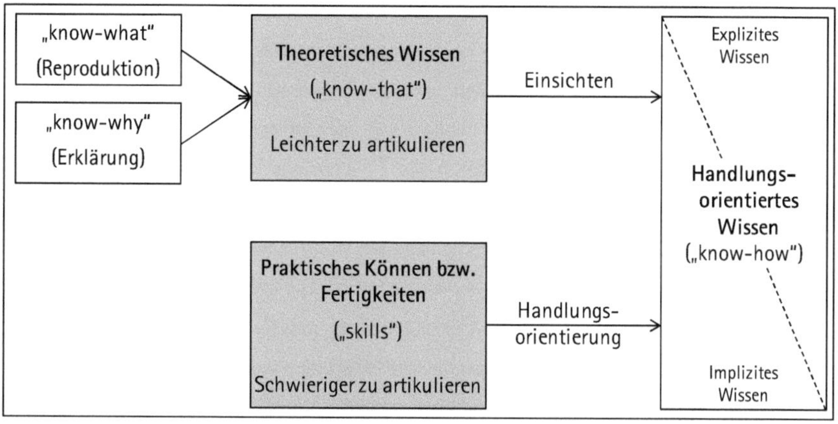

Abbildung 23: Abgrenzung des Wissensbegriffs[323]

Der Ressource „Wissen" kommt unmissverständlich eine zentrale Rolle insbesondere im Rahmen der Akkumulierung und des Verständnisses von organisationalen Fähigkeiten zu. Unternehmen werden nicht mehr als Ressourcenbündel, sondern vielmehr als ein „Body of Knowledge" verstanden. Darüber hinaus zeichnet sich der Knowledge Based View im Gegensatz zum Resource Based View dadurch aus, dass er primär dynamisch ausgerichtet ist und keine statische Betrachtungsperspektive einnimmt.[324] So werden beispielsweise die Identifikation, Generierung, Nutzbarmachung, Übertragung, Akkumulation und die Sicherung des Wissens als dynamische Prozesse konzeptionalisiert und sind für die Erzielung langfristiger Wettbewerbsvorteile von besonderer Bedeutung.[325]

Eine weitere Weiterentwicklung des Resource Based View mündet im sogenannten Competence Based oder auch Capability Based View.[326] Dieser eher statisch deskriptiv ausgelegte ressourcentheoretische Ansatz fokussiert neben den Ressourcen insbesondere auch auf die firmenspezifischen Kompetenzen zur Erklärung nachhaltiger Wettbewerbsvorteile. Insbesondere den Unternehmensfähigkeiten als zentrale Analyseeinheit kommt im Rahmen des Competence Based View eine bedeutende Rolle zu, wobei es um die Nutzung und Ausschöpfung des Handlungspotentials

[323] In Anlehnung an Burmann (2002), S. 198.
[324] Vgl. Bamberger/Wrona (2004), S. 49.
[325] Vgl. Kogut/Zander (1992), S. 282 ff.; Nonaka (1994), S. 14 ff.; Grant (1996), S. 109 ff.
[326] Vgl. Nelson/Winter (1982); Dierickx/Cool (1989); Mahoney/Pandian (1992); Amit/Schoemaker (1993); Teece/Pisano/Shuen (1997).

von Inputgütern und Ressourcen geht: „Capabilities, in contrast, refer to a firm's capacity to deploy Resources, usually in combination, using organizational process, to effect a desired end."[327]

Ein einheitliches Begriffsverständnis von Kompetenzen/Fähigkeiten existiert derzeit im Schrifttum nicht.[328] Vielmehr herrscht insbesondere in der englischsprachigen Literatur ein ausgereifter Begriffswirrwarr.[329] So ist unter anderem die Rede von "competences"[330], "core competences"[331], "capabilities"[332], "core cababilities"[333] oder "skills"[334]. Allerdings können Fähigkeiten im Sinne des Competence Based View allgemein als komplexe Interaktions-, Koordinations- und Problemlösungsmuster verstanden werden, die häufig mit einer spezifischen Gruppe und deren inhärenten Wissensbasis verbunden sind.[335] Der Aufbau derartiger Fähigkeiten bedarf eines langwierigen Entwicklungsprozesses und aufgrund ihrer engen organisatorischen Verankerung und der komplexen Zusammensetzung sind organisatorische Fähigkeiten weder auf andere Unternehmen transferierbar noch können sie käuflich erworben werden.

Dem Verständnis des Competence Based Views folgend werden Unternehmen als Kompetenzbündel angesehen. Die spezifischen Kompetenzenausstattungen determinieren die Handlungsmöglichkeiten und somit auch den langfristigen Erfolg bzw. Misserfolg der Unternehmung. Als zentrale Aufgabe des strategischen Managements werden die Anpassung, Integration und Rekonfiguration von internen und externen Fertigkeiten bzw. Ressourcen angesehen. Letztlich werden die Produkte eines Unternehmens als die Manifestation der Unternehmenskompetenzen und -fähigkeiten erachtet.

Eine weitere Interpretation von Fähigkeiten kann in der Manifestation von Routinen gesehen werden.[336] Routinen repräsentieren regelbasierte, sich wiederholende und überindividuelle wiederholbare Interaktionsmuster für interdependente Handlungen im Unternehmen.[337] Diese stellen nicht notwendigerweise reine Automatismen dar, sondern können auch in gezielter und si-

[327] Amit/Schoemaker (1993), S. 35.
[328] Aufgrund des Mangels an Erkenntniszuwachs wird für die vorliegende Arbeit auf eine Differenzierung zwischen Kompetenzen und Fähigkeiten verzichtet und diese synonym verwendet, vgl. Lieberman/Montgomery (1998), S. 1111 ff.; Burmann (2002) S. 157; Freiling (2001), S. 24.
[329] Vgl. Rasche (1994), S. 398; Freiling (2001), S. 24
[330] Vgl. z. B. Lado/Boyd/Wright (1992), S. 82.
[331] Vgl. z. B Teece/Pisano/Shuen (1997), S. 516.
[332] Vgl. z.B. Grant (1991), S. 116.
[333] Vgl. z. B. Schoemaker (1992), S. 75.
[334] Vgl. z. B. Lado/Boyd/Wright (1992), S. 82.
[335] Vgl. Müller-Stewens/Lechner (2011), S. 349.
[336] Vgl. Grant (1991), S. 122; Collis (1994), S. 145; Teece/Pisano/Shuen (1997), S. 516.
[337] Vgl. Vgl. Rasche (1994), S. 98; Burmann (2002), S. 162. Vgl. ausführlich zum Konzept organisationaler Routinen Freiling (2001), S. 127 ff.; Feldman/Pentland (2003), S. 94 ff.

tuationsgerechter Weise zur Lösung spezifischer Probleme eingesetzte Fertigkeiten repräsentieren.[338] Eine Routine funktioniert dabei umso effizienter, je öfter sie wiederholt bzw. eingeübt wurde und im Unternehmen internalisiert ist. Des Weiteren sind Kompetenzen bzw. Fähigkeiten prinzipiell durch eine externe Intransparenz, eine hohe soziale Komplexität, hohe Spezifität und eine starke Pfadabhängigkeit gekennzeichnet, so dass Kompetenzen bzw. Fähigkeiten ein inhärenter Imitationsschutz zugeschrieben werden kann.[339]

Während der Competence Based View ähnlich wie der Resource Based View eine eher statisch deskriptive Sichtweise vertritt, ist die Weiterentwicklung des Competence Based View - der Dynamic Capabilities-Ansatz - ein dynamisch ressourcentheoretischer Ansatz und fokussiert stärker auf prozessual-dynamische bzw. zeitraumbezogene Aspekte. Im Mittelpunkt der Betrachtung stehen dynamische Fähigkeiten als intangible Ressourcen höherer Ordnung und Prozesse, die die Akkumulation neuer Ressourcen und Fähigkeiten zum Inhalt haben.[340] Eine dynamische Fähigkeit kann definiert werden als „a firm's ability to integrate, build, and reconfigure internal and external competences to address rapidly changing environments".[341] Der Dynamic Capabilities-Ansatz weicht insofern vom klassischen Resource Based View und dem Competence Based View ab, als er auf die stetige Verbesserung und Erneuerung der Unternehmensfähigkeiten abzielt.

Beim Dynamic Capabilities-Ansatz geht es um die organisationalen Fähigkeiten zur Veränderung, Weiterentwicklung des Ressourcenbestandes von Unternehmen. Nicht die Ressourcen und Fähigkeiten stehen im Mittelpunkt der Forschung, sondern wie sie miteinander verbunden, umgruppiert bzw. in das Unternehmen integriert werden können. Sinn und Zweck der Entwicklung und des Aufbaus dieser dynamischen Fähigkeiten ist es, dynamische Veränderungen im Wettbewerbsumfeld antizipieren zu können und aufgrund dessen z.B. neue Produkte zu generieren bzw. um zukünftig über wettbewerbsvorteilsrelevante Ressourcen und Kompetenzen zu verfügen.[342]

Der Dynamic Capabilities-Ansatz hat sich in der Vergangenheit zu einer beliebten Theoriebasis entwickelt, insbesondere wenn es um Neuproduktentwicklungen bzw. um den Kontext Innovati-

[338] Vgl. Pentland/Rueter (1994), S. 468 ff.; Freiling (2001), S. 129.
[339] Vgl. Becker (1993), S. 386.
[340] Vgl. Christensen (1996), S. 116; Eisenhardt/Martin (2000), S. 1107; Helfat/Peteraf (2003), S. 997.
[341] Teece/Pisano/Shuen (1997), S. 516.
[342] Vgl. Porter (1985), S. 20; Day/Wensley (1988), S. 2 f.; Bharadwaj/Varadarajan/Fahy (1993), S. 87; Chaharbaghi/Lynch (1999), S. 49.

onen im Allgemeinen geht.[343] Dies liegt darin begründet, dass die Neuproduktentwicklung als ein integrativer Prozess angesehen wird,[344] der neben Kompetenzen, Ressourcen und Inputguter insbesondere auf dynamischen Fähigkeiten basiert. Darüber hinaus generiert das Unternehmen durch die Entwicklung, Produktion und Vermarktung seiner Produkte Erfahrungen, Wissen und Kompetenzen, die wiederum für die Neuproduktentwicklung eingesetzt werden können.[345] Da der Dynamic Capabilities-Ansatz für die vorliegende Untersuchung lediglich eine untergeordnete Rolle spielt, wird dieser hier nicht weiter ausgeführt.[346] Bevor im nächsten Teilkapitel die Bezugspunkte des Resource Based Views zur eigenen Untersuchung dargestellt werden, fasst nachfolgende Abbildung 24 die zentralen Aussagen des Resource-Based View inklusive seiner Weiterentwicklungen zusammen.

	Theoretische Grundbausteine des Resource Based View	Klassischer Resource Based View	Weiterentwicklungen des Resource Based View
Zeit	• 1950er Jahre	• ab 1980er Jahre	• ab 1990er Jahre
Gegenstand	• Betonung der Bedeutung von unternehmensinternen Bedingungen • soziologische Leadership-Modell, Wachstumstheorie	• Unternehmen als Ressourcenbündel • Langfristige Wettbewerbsvorteile durch wertvolle, seltene, begrenzt imitierbare und nicht-substituierbare Ressourcen	• Knowledge Based View, Competence Based View, Dynamic Capability Based View • In Mittelpunkt stehen Wissen (KBV), Kompetenzen (CBV) bzw. dynamische Fähigkeiten (DCA)
Autoren (Auswahl)	• Selznick (1957) • Penrose (1959)	• Wernefelt (1984) • Rumelt (1984) • Barney (1986a) • Dierickx/Cool (1989)	• Teece/Pisano/Shuen (1990) • Prahalad/Hamel (1990) • Hall (1992) • Kogut/Zander (1992) • Leonard-Barton (1992) • Grant (1996) • Teece/Pisano/Shuen (1997)

Abbildung 24: Der Resource Based View im Überblick

2.4.3.2 Bezugspunkte zur eigenen Untersuchung

Die vorangegangenen Ausführungen machen deutlich, dass der Resource Based View eine wichtige Grundlage für die Erklärung von Erfolgspotenzialen, Wettbewerbsvorteilen und den Unter-

[343] Vgl. z. B. Henderson/Clark (1990); Iansiti/Clark (1994); Helfat (1997); Deeds/DeCarolis/Coombs (1999); Eisenhardt/Martin (2000), S. 1108 f.; Helfat/Raubitschek (2000); Lawson/Samson (2001); Danneels (2002); Verona/Ravasi (2003); Sammerl (2006).

[344] Vgl. Danneels (2002), S. 1115.

[345] Vgl. Helfat/Raubitschek (2000), S. 961 ff.

[346] Zur weiteren Vertiefung des Dynamic Capabilities-Ansatz sei verwiesen auf Schumpeter (1934); Schumpeter (1942); Teece/Pisano/Shuen (1997); Eisenhardt/Martin (2000); Zahra/Sapienza/Davidsson (2006); Barreto (2010).

nehmenserfolg liefert.[347] Mit Hilfe des ressourcenorientierten Ansatzes wird versucht, die Frage zu beantworten, warum ein Unternehmen im Vergleich zu anderen Konkurrenzunternehmen derselben Branche am Markt erfolgreicher ist und dauerhaft Gewinne erzielen kann, ohne dass die Wettbewerber diesen Vorteile egalisieren.[348] Als Quelle für derartige strategische Vorteile werden im Resource Based View die jeweiligen unternehmensspezifischen Ressourcenbündel eines Unternehmens angesehen, die somit als Erklärungsgrundlage für den Unternehmenserfolg bzw.
-misserfolg dienen.

Auch wenn es sich bei Unternehmensberatung um eine individuelle Dienstleistung hoher Komplexität handelt, gehören Unternehmensberatungsprojekte, wie bereits erwähnt, mittlerweile zum „daily business" der meisten mittleren und großen Unternehmen.[349] Hierbei gilt als einer der Hauptgründe für den Einsatz von Beratung das Bereitstellen von Kapazitäten.[350] Aufgrund eingeschränkter Ressourcen (zumeist Zeit und/oder Qualifikationen) wird eine externe oder interne Unternehmensberatung engagiert.[351]

Allerdings muss berücksichtigt werden, dass, obwohl die Dienstleistung Unternehmensberatung am Markt öffentlich zugänglich ist, wesentliche Unterschiede hinsichtlich des Erfolges von Unternehmensberatungsprojekten bestehen. Zur Erklärung dieser Erfolgsunterschiede kann der Resource Based View herangezogen werden. Überträgt man den Resource Based View auf den Unternehmensberatungskontext, befindet man sich nicht mehr auf der Ebene der Firma, sondern auf der Ebene des Beratungsprojektes. Ein Unternehmensberatungsprojekt unterscheidet sich demnach hinsichtlich seiner Ressourcenausstattung und kann der Logik des Resource Based View folgend erfolgreicher als ein vergleichbar durchgeführtes Beratungsprojekt bei einem Konkurrenzunternehmen der gleichen Branche ausfallen.

Darüber hinaus können aufgrund des vollzogenen Perspektivenwechsels von Unternehmensebene auf Beratungsprojektebene auch unterschiedliche Unternehmensberatungsprojekte der gleichen Firma miteinander vergleichen werden. Der unterschiedliche Erfolg von Unternehmensberatungsprojekten ist auf die unterschiedliche Ressourcen- und Kompetenzausstattung der jeweiligen Beratungsprojekte zurückzuführen. Folgende Abbildung 25 stellt diesen Zusammenhang abschließend grafisch dar.

---

[347] Vgl. Bamberger/Wrona (2004), S. 45.
[348] Vgl. Rühli (1994), S. 33.
[349] Vgl. Kapitel 1.1.
[350] Vgl. z.B. Greiner/Metzger (1983), S. 8 ff.; Eschbach (1984), 37 ff.; Bartling (1985), S. 38 ff.; Kubr (2005), S. 6 ff.
[351] Vgl. Mohe (2003), S. 63 f.; Greschnucha (2006), S. 50 f.

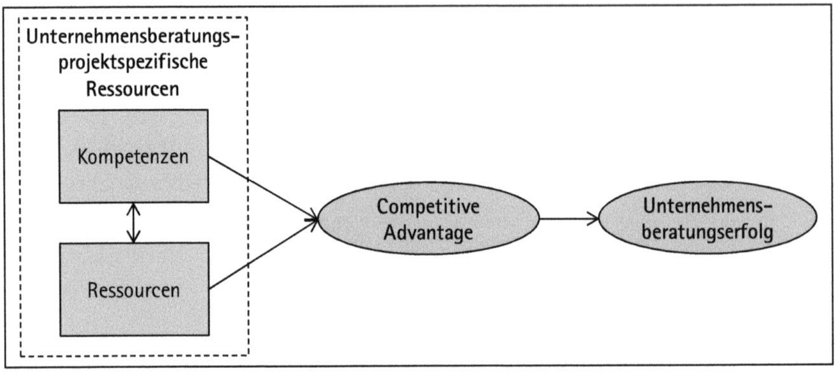

Abbildung 25: Der Resource Based View im Kontext von Unternehmensberatung[352]

[352] In Anlehnung an Grant (1991), S. 115; Carmeli/Tishler (2004), S. 303.

3 Konzeptionalisierung der Konstrukte und Modellentwicklung

Ziel und Gegenstand dieses Kapitels ist die theoriegeleitete Entwicklung der empirisch zu überprüfenden Modelle sowohl aus Klienten- als auch aus Beraterperspektive. Ausgehend von den in Kapitel 1.2 definierten vier Forschungsfragen werden die einzelnen Modellkonstrukte konzeptionalisiert und inhaltlich konkretisiert. Darüber hinaus werden konkrete, zu überprüfende Hypothesen hinsichtlich ihrer Wirkungsbeziehungen formuliert. Da sowohl für die Klienten- als auch die Beraterperspektive die gleichen Erfolgsfaktoren untersucht werden, erfolgt deren Konzeptionalisierung bzw. inhaltliche Konkretisierung perspektivenunabhängig. Lediglich die hieraus resultierenden Hypothesen bezüglich ihrer Wirkungsbeziehungen müssen perspektivenabhängig formuliert werden.

Für die Konzeptionalisierung des Beratungserfolges kann aufgrund unterschiedlich relevanter Bestandteile keine perspektivenunabhängige Bearbeitung erfolgen. Die Konzeptionalisierung, inhaltliche Konkretisierung und Hypothesenformulierung wird daher getrennt nach Klienten- und Beraterperspektive durchgeführt. Folgende Abbildung 26 ordnet das Kapitel 3 in die Gesamtuntersuchung ein.

	1. Einführung	2. Grundlagen der Untersuchung	3. Konzeptionalisierung und Modellentwicklung	4. Grundlagen und Methodik der empirischen Untersuchung	5. und 6. Ergebnisse der empirischen Untersuchung	7. Synopse und Implikationen
Inhalte	• Ausgangssituation • Abgrenzung des Untersuchungsobjektes und der Problemstellung • Gang der Untersuchung	• Wissenschaftstheoretische Grundlagen • Terminologische Grundlagen • Aktueller Forschungsstand • Multitheoretischer Bezugsrahmen	• Konzeptionalisierung der Erfolgsfaktoren aus Klienten- und Beraterpersp. • Konzeptionalisierung des Beratungserfolges getrennt nach Klienten-/Beraterpersp. • Zusammenfassung	• Grundlagen von Strukturgleichungs- und Messmodellen • Beurteilung von Strukturgleichungsmodellen • Datenerhebungen und Datengrundlagen	• Kapitel 5: Klientenperspektive • Kapitel 6: Beraterperspektive – Operationalisierung der Konstrukte – Wirkung der Erfolgsfaktoren	• Zusammenfassung, Synopse und Würdigung der Untersuchungsergebnisse • Implikationen für die betriebswirtschaftliche Forschung und die Unternehmenspraxis
Zwischenfazit	• Untersuchungsforschungsfragestellungen	• Untersuchungsgrundlagen und Identifikation der Forschungslücke • Bezugsrahmen	• Empirisch zu überprüfende Forschungsmodelle und Hypothesen	• Grundlagen des Empirieteils	• Empirische Befunde aus Klienten- und Beraterperspektive	• Synopse und Implikationen der Untersuchung

Abbildung 26: Einordnung von Kapitel 3 in die Untersuchung

Damit die Konzeptionalisierung der einzelnen Konstrukte der Untersuchungsmodelle auf eine strukturierte Art und Weise erfolgen kann, wird im Folgenden ein heuristischer Bezugsrahmen entwickelt. Dieser heuristische Bezugsrahmen basiert auf dem zuvor vorgestellten multitheoretischen Bezugsrahmen bestehend aus der Prinzipal-Agent-Theorie und dem Resource Based

View.[353] Der heuristische Bezugsrahmen wird darüber hinaus um die bisherigen Erkenntnisse aus dem relevanten Schrifttum ergänzt, und es fließen außerdem die Ergebnisse der geführten Expertengespräche mit in die Konzeptionalisierung ein. Ziel dieses heuristischen Bezugsrahmens ist es, die komplexe Umwelt der dieser Untersuchung zugrundeliegenden Problemstellung zu systematisieren und zu strukturieren. Innerhalb dieses theoretischen Suchraumes sollen die entsprechend relevanten Modellkonstrukte identifiziert und spezifiziert werden.

Im Rahmen dieses Vorgehens erfolgt die Konzeptionalisierung der Erfolgsfaktoren weitestgehend theoretisch deduktiv und die Literaturanalyse bzw. die Ergebnisse der Expertengespräche werden lediglich zur genauen Spezifikation der einzelnen Faktoren verwendet. Bei der Auswahl, Konzeptionalisierung und inhaltlichen Spezifizierung der Erfolgskonstrukte aus Klienten- und Beraterperspektive wird neben theoretischen Überlegungen insbesondere auf das relevante Schrifttum und die Erkenntnisse der durchgeführten Expertengespräche zurückgegriffen.

Das weitere Vorgehen lässt sich anhand der vier definierten Forschungsfragen beschreiben.[354] In Kapitel 3.1 erfolgt die Konzeptionalisierung, inhaltliche Konkretisierung und Hypothesenentwicklung zu den Erfolgsfaktoren von Unternehmensberatung aus Klienten- und Beraterperspektive (entspricht Forschungsfrage 1 bzw. 2). Da sich die einzelnen Erfolgsfaktoren nur begrenzt direkt aus den jeweiligen Theorien ableiten lassen, wird hier eine Ebene von Antezedenzvariablen eingeführt. Durch diese zusätzliche Ebene soll der Zusammenhang zwischen dem entsprechenden Erfolgsfaktor und dem dahinter liegendem Theoriekonzept verdeutlichen werden, wobei die einzelnen Antezedenzvariablen nicht in der empirischen Untersuchung berücksichtigt werden.[355]

Anschließend wird in Kapitel 3.2 das Unternehmensberatungserfolgskonstrukt getrennt nach Klienten- bzw. Beraterperspektive entwickelt und es werden entsprechende Hypothesen hinsichtlich der Wirkungen der Erfolgsfaktoren auf den Unternehmensberatungserfolg (entspricht Forschungsfrage 3 bzw. 4) abgeleitet. Schließlich werden in Kapitel 3.3 die deduzierten Untersuchungshypothesen zusammengefasst und die entwickelten Forschungsmodelle dargestellt. Nachfolgende Abbildung 27 stellt einen Überblick über den heuristischen Bezugsrahmen zur Entwicklung der Untersuchungsmodelle dar, der im Folgenden sukzessive mit den entsprechenden Inhalten gefüllt wird.

---

353 Vgl. Kapitel 2.4.
354 Vgl. Kapitel 1.2.
355 Vgl. zu diesem Vorgehen Defren (2008), S. 112 ff.

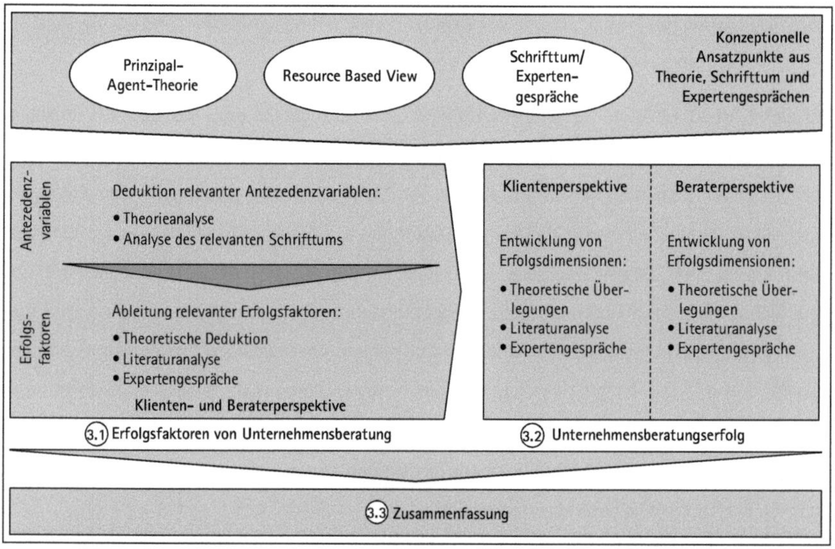

Abbildung 27: Heuristischer Bezugsrahmen zur Entwicklung der Untersuchungsmodelle

3.1 Konzeptionalisierung der Erfolgsfaktoren von Unternehmensberatungsprojekten

Die Konzeptionalisierung der Erfolgsfaktoren von Unternehmensberatung erfolgt in zwei Schritten. Zunächst werden in Kapitel 3.1.1 basierend auf dem theoretischen Bezugsrahmen und einer Analyse des relevanten Schrifttums perspektivenunabhängig Erfolgsfaktoren von Unternehmensberatungsprojekten deduziert. In einem zweiten Schritt werden die Ergebnisse der durchgeführten Expertengespräche in Kapitel 3.1.2 herangezogen. Hiermit wird das Ziel verfolgt, die theoretisch deduzierten Erfolgsfaktoren auf ihre Praxistauglichkeit hin zu untersuchen, um auch gegebenenfalls wichtige, nicht berücksichtigte Bestandteile ergänzen zu können.

Bei der Konzeptionalisierung der Erfolgsfaktoren von Unternehmensberatungsprojekten wird bewusst ein perspektivenunabhängiges Vorgehen gewählt, um qualitative Vergleiche hinsichtlich der Wichtigkeit der einzelnen Faktoren für den Erfolg von Unternehmensberatungsprojekten zu ermöglichen.[356] Das Kapitel schließt mit einer Zusammenfassung der Konzeptionalisierung der Erfolgsfaktoren von Unternehmensberatung inklusive der Hypothesenentwicklung (Kapitel 3.1.3).

[356] Vgl. Kapitel 7.

3.1.1 Ableitung der Erfolgsfaktoren aus dem theoretischen Bezugsrahmen und aus der Analyse des Schrifttums

Der dieser Arbeit zu Grunde liegende multitheoretische Bezugsrahmen besteht aus der Prinzipal-Agent-Theorie und dem Ressource Based View und bildet den Ausgangspunkt der perspektivenübergreifenden Deduktion der Erfolgsfaktoren von Unternehmensberatungsprojekten. Ergänzend durch die Ergebnisse einer ausführlichen Literaturanalyse werden im Folgenden die einzelnen Erfolgsfaktoren von Unternehmensberatungsprojekten perspektivenübergreifend abgeleitet und inhaltlich konkretisiert. Für eine bessere Verdeutlichung der Zusammenhänge der einzelnen Theoriekonzepte des multitheoretischen Bezugsrahmens und der jeweiligen Erfolgsfaktoren werden nachfolgend in Kapitel 3.1.1.1 zunächst geeignete Antezedenzvariablen aus dem theoretischen Bezugsrahmen dieser Arbeit dargestellt. Hierauf aufbauend erfolgt dann in Kapitel 3.1.1.2 die theoretische Herleitung und inhaltliche Konkretisierung der perspektivenunabhängigen Erfolgsfaktoren von Unternehmensberatungsprojekten.

3.1.1.1 Ermittlung von Antezedenzvariablen

Die Ermittlung von Antezedenzvariablen erfolgt getrennt für beide Theorien des dieser Arbeit zu Grunde liegenden theoretischen Bezugsrahmens. Dementsprechend werden nachfolgend Antezedenzvariablen der Prinzipal-Agent-Theorie und des Ressource Based View bestimmt, auf dessen Basis im nächsten Kapitel die einzelnen Erfolgsfaktoren von Unternehmensberatungsprojekten deduziert werden können.

Die Prinzipal-Agent-Theorie basiert auf der grundlegenden Annahme von vorherrschenden Informationsasymmetrien zwischen einem Auftraggeber (Prinzipal) und einem Auftragnehmer (Agent) bzw. übertragen auf den Unternehmensberatungskontext zwischen dem Klienten (Prinzipal) und dem Unternehmensberater (Agent).[357] Ein Klient erteilt einem Unternehmensberater bzw. einer Beratungsfirma einen Beratungsauftrag, wodurch beide Parteien in einer Leistungsbeziehung zueinander stehen. Dabei gilt es insbesondere zu berücksichtigen, dass es sich hierbei um eine wechselseitige Prinzipal-Agent-Beziehung handelt, der Klient bzw. der Berater also abhängig von der jeweiligen spezifischen Situation wechselseitig die Rolle des Prinzipals bzw. Agenten einnehmen kann.[358]

Aufgrund unvollkommener Information gilt die Leistungsbeziehung zwischen Klient und Berater generell als ein Verhältnis angereichert von Informationsasymmetrien und Interessenskonflikten.

---

[357] Vgl. hierzu und im Folgenden Kapitel 2.4.2 und die dort angegebene Literatur.
[358] Vgl. Kapitel 2.4.2.2.

Der sich daraus ergebende diskretionäre Spielraum kann für opportunistisches Verhalten ausgenutzt werden und das Handeln von Klient bzw. Berater ist stets durch Nutzenmaximierungsanstrengungen geprägt.[359]

Bei der Analyse der Grundtypen der unterschiedlichen vorherrschenden Informationsasymmetrien und insbesondere bei der Ausarbeitung von Gegenmaßnahmen zur Minimierung der Agency-Costs spielt die Unterscheidung in eine vorvertragliche und eine nachvertragliche Phase eine herausragende Rolle.[360] Im Rahmen der vorvertraglichen Phase wurde noch kein Leistungsvertrag zwischen Klient und Berater unterzeichnet, während hingegen bei der nachvertraglichen Phase die Informationsasymmetrien ex-post auftreten, also nach der Vertragsunterzeichnung bzw. während der Leistungserfüllung.

Abhängig von der betrachteten Phase (vorvertraglich versus nachvertraglich) ergeben sich unterschiedliche Informationsasymmetrien, und es können jeweils unterschiedliche Verhaltensspielräume bzw. Lösungsansätze zur Reduktion dieser Informationsasymmetrien ausgearbeitet werden. Auch in der Literatur wird diese Unterscheidung als essentiell für die Prinzipal-Agent-Theorie angesehen.[361] Aus diesem Grund soll diese Unterscheidung für die vorliegende Arbeit als Antezedenzvariable zur Ableitung relevanter Erfolgsfaktoren aus der Prinzipal-Agent-Theorie herangezogen werden. Konkret kann somit in Erfolgsfaktoren unterschieden werden, die zum Ziel haben, existente vorvertragliche Informationsasymmetrien zu reduzieren oder deren Fokus auf der Reduktion von nachvertraglichen vorherrschenden Informationsasymmetrien liegt.

Der Ressource Based View betrachtet Unternehmen als Bündel von Ressourcen mit einer idiosynkratischen Ressourcenausstattung, die als Quelle des Unternehmenserfolges bzw. -misserfolges angesehen werden.[362] Übertragen auf den Unternehmensberatungskontext findet ein Ebenenwechsel von der Ebene Firma auf die Ebene Unternehmensberatungsprojekt statt.[363] Um auf dieser Ebene einen adäquaten Suchraum zu schaffen, ist es sinnvoll, eine Eingrenzung hinsichtlich der in Frage kommenden Ressourcenarten zu machen. Allgemein wurde im Rahmen der Beschreibung des Resource Based Views vier unterschiedliche Ressourcenarten unterschieden:

- physische Ressourcen,

[359] Vgl. Breid (1995), S. 823; Göbel (2002), S. 100; Erlei/Leschke/Sauerland (2007), S. 74.
[360] Vgl. Picot/Dietl/Franck (2008), S. 77.
[361] Vgl. Ross (1973), S. 134 ff.; Jensen/Meckling (1976), S. 305 ff.; Bergen/Dutta/Walker (1992), S. 1 ff.; Picot/Reichwald/Wigand (2003), S. 55 ff.; Picot/Dietl/Franck (2008), S. 72 ff.
[362] Vgl. Kapitel 2.4.3.1.
[363] Vgl. Kapitel 2.4.3.2.

- intangible Ressourcen,
- finanzielle Ressourcen und
- organisationale Ressourcen.[364]

Eine Berücksichtigung aller vier Ressourcenarten als Antezedenzvariablen zur Ableitung von Erfolgsfaktoren von Unternehmensberatungsprojekten auf Basis des Ressource Based View ist nicht zielführend. Vielmehr soll hier eine den Unternehmensberatungskontext Geltung tragende Einschränkung vorgenommen werden und auf diejenigen Ressourcenarten fokussiert werden, die für den Erfolg von Unternehmensberatungsprojekten am ausschlaggebendsten sind. So spricht schon der wissensintensive Dienstleistungscharakter von Unternehmensberatung an sich dafür, dass intangible Ressourcen für den Erfolg eines Unternehmensberatungsprojektes von essentieller Bedeutung sind.[365]

Darüber hinaus muss allerdings berücksichtigt werden, dass eine Fokussierung auf die intangiblen Ressourcen für den Beratungskontext nicht ausreichend ist. Aufgrund der hohen Tagessätze professioneller Unternehmensberater impliziert ein Beratungsprojekt in der Regel hohe Ausgaben oft mehrere hunderttausend Euro.[366] Somit spielen neben den intangiblen Ressourcen auch finanzielle Ressourcen eine bedeutende Rolle. Die Betrachtung von physischen und organisationalen Ressourcen kann vernachlässigt werden.

Auch wenn diese im Rahmen einer spezifischen Betrachtung durchaus von Erfolgsrelevanz sein können, so spielen sie doch, wenn es darum geht, generelle Erfolgsfaktoren von Unternehmensberatungsprojekten zu untersuchen, eine eher untergeordnete Rolle. Aus diesem Grund werden als Antezedenzvariablen des Ressource Based Views die intangiblen Ressourcen und die finanziellen Ressourcen für diese Untersuchung gewählt.

Nachfolgende Abbildung 28 fasst die bisherigen Überlegungen zur sukzessiven Modellentwicklung zusammen und erweitert den heuristischen Bezugsrahmen um die soeben beschriebene Antezedenzvariablen.

[364] Vgl. Kapitel 2.4.3.1 bzw. Bamberger/Wrona (2004), S. 44.
[365] Vgl. Kapitel 2.2.1; Anand/Gardner/Morris (2007), S. 407; Ringlstetter/Kaiser/Kampe (2007), S. 179 ff.
[366] Vgl. BDU (2013c).

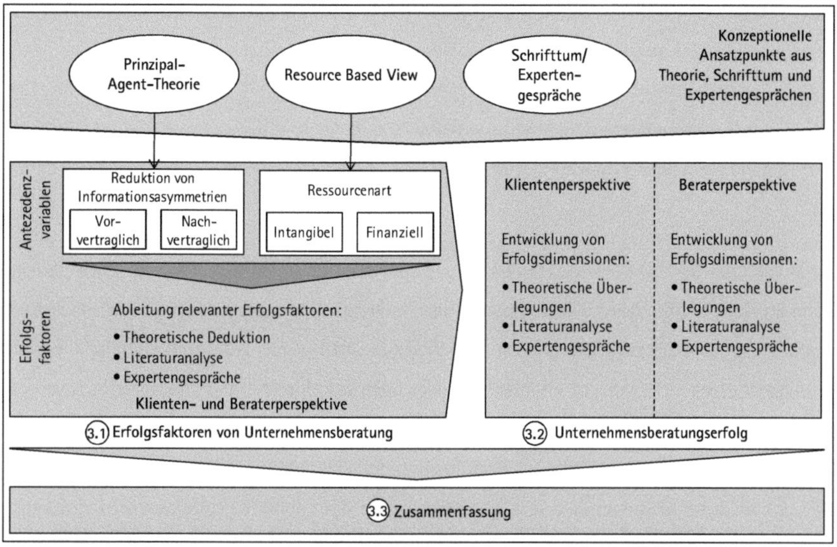

Abbildung 28: Sukzessive Modellentwicklung inklusive Antezedenzvariablen

3.1.1.2 Deduktion der Erfolgsfaktoren auf Basis der Antezedenzvariablen

Die Herleitung der Erfolgsfaktoren von Unternehmensberatungsprojekten erfolgt auf Basis des multitheoretischen Bezugsrahmens, bestehend aus der Prinzipal-Agent-Theorie und dem Resource Based View und den zuvor abgeleiteten Antezedenzvariablen. Hierauf aufbauend werden im Folgenden sieben Erfolgsfaktoren von Unternehmensberatungsprojekten deduziert und inhaltlich konkretisiert.

- *Gemeinsame Zielvorstellung*

Die Prinzipal-Agent-Theorie besteht auf der grundlegenden Annahme, dass zwischen einem Prinzipal und einem Agenten gravierende Informationsasymmetrien und Zielkonflikte bestehen. Die hieraus resultierenden Probleme werden im Kontext der Prinzipal-Agent-Theorie als Adverse Selection, Moral Hazard und Hold Up bezeichnet.[367] Insbesondere in der vorvertraglichen Phase eines Unternehmensberatungsprojektes besteht das Risiko der adversen Selektion.[368] Das Risiko liegt größtenteils darin begründet, dass die Qualitätseigenschaften der Leistung und die zugrunde liegenden Absichten des jeweiligen Vertragspartners unbekannt sind (hidden characteris-

[367] Vgl. für eine genaue Beschreibung der Informationsasymmetrien und Zielkonflikte zwischen Prinzipal und Agent und den hieraus resultierenden Problemen Adverse Selection, Moral Hazard und Hold Up Kapitel 2.4.2.1.
[368] Vgl. Clark (1993), S. 235.

tics).[369] Daher ist es für den Klienten sehr schwierig, die Qualität des geplanten Unternehmensberatungsprojektes vorab korrekt einzuschätzen.[370] Darüber hinaus erschwert der äußerst heterogene und sehr intransparente Markt für Unternehmensberatung die Einschätzung des Klienten, ob die auserwählte Unternehmensberatungsgesellschaft auch in der Lage ist, die im Fokus der Betrachtung stehenden Probleme des Unternehmens auf eine angemessene Art und Weise zu lösen.[371]

Da es sich bei der Klienten-Berater-Beziehung um eine wechselseitige Prinzipal-Agent-Beziehung handelt,[372] gilt zu beachten, dass die beschriebenen Unsicherheiten aufgrund von hidden characteristics vor Vertragsabschluss hinsichtlich der Qualität des geplanten Unternehmensberatungsprojektes nicht nur auf Klienten- sondern auch auf Unternehmensberaterseite bestehen. So ist es genauso wie für den Klienten auch für den Berater ex ante sehr schwierig einzuschätzen, was die genauen Absichten des Vertragspartners sind, welche politischen Entscheidungen sich ggf. dahinter verbergen und was die wahren Ziele des geplanten Unternehmensberatungsprojektes sind.

Um das Risiko der adversen Selektion im Kontext von Unternehmensberatung zu vermindern und somit zum Erfolg von Unternehmensberatung beizutragen, kann die Entwicklung einer gemeinsamen Zielvorstellung zwischen Klient und Berater während der Projektinitialisierung hierzu einen wesentlichen Beitrag leisten. Dieser auch im relevanten Schrifttum weitestgehend anerkannte Erfolgsfaktor von Unternehmensberatung soll im Folgenden weiter inhaltlich konkretisiert werden.[373]

Zunächst gilt es im Rahmen des Konstrukts „Gemeinsame Zielvorstellung" zu berücksichtigen, dass diese im Zuge eines gemeinsamen Diskurses zwischen Klientenunternehmen und Beratungsgesellschaft am Anfang eines jeden Beratungsprojektes bereits in der vorvertraglichen Phase definiert werden muss. Wesentlicher Inhalt sollte dabei die Spezifizierung der konkreten zu erreichenden Projektziele des geplanten gemeinsamen Beratungsprojektes sein. Dabei muss darauf geachtet werden, dass die definierten Ziele möglichst präzise und eindeutig formuliert werden und darüber hinaus messbar sind. Andernfalls ist es schwierig ein gemeinsames Verständnis hinsichtlich der zu erreichenden Ziele aufzubauen, Konflikte können entstehen, Synergieeffekte bleiben ungenutzt und nicht zuletzt wird auch die nachträgliche Projektevaluation

[369] Vgl. zu hidden characteristics Kapitel 2.4.2.1.
[370] Vgl. Kaas (2001), S. 112.
[371] Vgl. Greschnucha (2006), S. 59 ff.
[372] Vgl. Kapitel 2.4.2.2.
[373] Vgl. Ford (1974), S. 1 ff.; O'Driscoll/Eubanks (1993), S. 318 f.; McLachlin (1999), S. 394.

erschwert: „When goals are perceived as vague and contradictory by organisation members, conflicts within the organisation may pervade, inhibiting synergy effects, and eventually deteriorating organisational performance."[374]

Darüber hinaus gilt die klare Kommunikation der Projektziele gegenüber allen relevanten Stakeholdern des betrachteten Unternehmensberatungsprojektes, insbesondere gegenüber allen Mitgliedern des aufgesetzten Projektteams, als eine hinreichende Voraussetzung, um zu einer geeigneten gemeinsamen Zielvorstellung zwischen Klientenunternehmen und Beratungsgesellschaft zu gelangen.[375] Für die vorliegenden Studie wird unter dem Konstrukt „Gemeinsame Zielvorstellung" das Ausmaß verstanden, inwieweit die Projektziele deutlich spezifiziert wurden, alle relevanten Aspekte enthalten sind und gegenüber den relevanten Stakeholdern kommuniziert wurden oder kurz: „clear and well communicated expectations and outcomes".[376] Letztlich können mit Hilfe einer guten gemeinsamen Zielvorstellung zwischen Klient und Berater Informationsasymmetrien abgebaut werden, was zu einer Verringerung der agency costs führt und somit zu dem Erfolg von Unternehmensberatung beiträgt.[377]

- *Intensität der Kollaboration*

Ein weiterer wichtiger Erfolgsfaktor von Unternehmensberatung, der auf Basis der Prinzipal-Agent-Theorie abgeleitet werden kann und insbesondere zur Reduktion von nachvertraglichen Informationsasymmetrien beiträgt, ist die Intensität der Kollaboration zwischen Klient und Berater. Bei dem Service Unternehmensberatung handelt es sich um eine Dienstleistung von höchst individuellem Charakter, bei der der Klient als externer Faktor mit in den Dienstleistungsprozess integriert wird.[378] Um zu einer zufriedenstellenden und verwertbaren Lösung für die zu bearbeitenden Projektgegenstände zu gelangen, ist eine „mutual collaboration and shared responsibilities"[379] zwischen Klient und Berater unabdingbar. Dies beginnt beispielsweise bereits bei der anfänglichen Ist-Analyse eines Beratungsprojektes, die ohne den Input mehrerer Klientenorganisationsmitglieder in der Regel nicht durchführbar ist. Der Bedarf an Klienten-Berater-Kollaboration zieht sich jedoch durch alle Phasen des Engagements und ist abhängig von der konkreten Aufgabenstellung durchweg mehr oder weniger notwendig. Die Intensität der

374 Jang/Suh/Lee (1997), S. 170.

375 Auch wenn die Grenze von vorvertraglich zu nachvertraglich hier fließend übergeht, liegt der Schwerpunkt der Entwicklung der gemeinsamen Zielvorstellung in der vorvertraglichen Phase.

376 Appelbaum/Steed (2005), S. 77.

377 Vgl. Jap/Anderson (2003), S. 1684 ff.; Liberatore/Luo (2010), S. 261.

378 Vgl. Kapitel 2.2.

379 Covin/Fisher (1991), S. 18.

Kollaboration geht bei manchen Unternehmensberatungsprojekten sogar soweit, dass man von einer „real partnership with consultants"[380] sprechen kann.

Je höher die Intensität der Kollaboration in einem Unternehmensberatungsprojekt ist, desto mehr können z.B. im Rahmen von gemeinsamen Meetings, Workshops oder inoffiziellen „Flurgesprächen" existente nachvertragliche Informationsasymmetrien abgebaut werden. Eine hohe Intensität der Kollaboration trägt somit wesentlich zum Erfolg eines Unternehmensberatungsprojektes bei. Auch im relevanten Schrifttum gibt es eine Reihe von Studien, die diese positive Wirkung hoher Kollaborations-Intensität auf den Unternehmensberatungserfolg attestieren.[381] Aus diesem Grund kann das Konstrukt „Intensität der Kollaboration" als „a key factor of MC [Management Consulting, Matias Bronnenmayer]"[382] angesehen werden.

In der vorliegenden Untersuchung wird von einer hohen Intensität der Kollaboration ausgegangen, wenn zwischen Klient und Berater in regelmäßigen Abständen projektrelevante Informationen ausgetauscht werden, eine durchweg enge Zusammenarbeit über alle nachvertraglichen Phasen des Projektes vorherrscht und zwischen Klient und Berater eine rege Kollaboration zum Wissensaustausch stattfindet. Allerdings spielt auch die Kommunikation eine wichtige Rolle bei der Intensität der Kollaboration, beispielweise wenn es darum geht, sicherzustellen, dass von Projektentscheidungen betroffene Personen/Parteien umgehend darüber informiert werden. „A good collaboration will exist among team members if [...] a proper line of communication, which involves setting up a reporting structure and communication methods [is established; Matias Bronnenmayer]."[383]

- *Vertrauen*

Ein dritter Erfolgsfaktor, der basierend auf der Prinzipal-Agent-Theorie zur Reduktion der agency problems und insbesondere zur Verminderung von Unsicherheit beiträgt, ist Vertrauen.[384] Vertrauen gilt als ein für Dienstleistungen sehr relevanter Erfolgsfaktor und existiert im Allgemeinen dann, „wenn sich ein Nachfrager in einer risikobehafteten Situation freiwillig darauf verlässt, dass eine Marke bzw. ein Anbieter die Fähigkeit bzw. Bereitschaft dazu aufweist, eine bestimmte Leistung zu erfüllen, um so seinen Erwartungen gerecht zu werden."[385] Für die vorlie-

380 Appelbaum (2004), S. 184.
381 Vgl. z.B. Jang/Suh/Lee (1997), S. 171; Appelbaum/Steed (2005), S. 77; Nitithamyong/Tan (2007), S. 471.
382 Jang/Suh/Lee (1997), S. 171.
383 Nitithamyong/Tan (2007), S. 471.
384 Vgl. Göbel (2002), S. 118 ff.; Glückler/Armbrüster (2003), S. 289 f.
385 Meffert/Burmann/Kirchgeorg (2012), S. 132. Das Konstrukt Vertrauen findet in einer Vielzahl wissenschaftlicher (Teil-) Disziplinen Verwendung. Für einen Überblick zur Vertrauensforschung und deren Ursprung sei verwiesen

gende Untersuchung wird unter Vertrauen zwischen Klient und Berater Folgendes verstanden: „The expectations that result from benevolence and honesty. Benevolence is the extent to which an individual is genuinely interested in a partner's welfare and is motivated to seek maximum joint gain. Honesty is the extent to which an individual's statements of future intentions are believable."[386]

Im Kontext von Unternehmensberatung gilt Vertrauen als ein „core construct within these dyadic social exchange relationships"[387] und spielt vor allem in der Initiierungsphase eines Beratungsprojektes eine herausragende Rolle.[388] Ein existentes vertrauenswürdiges Verhältnis zwischen Klientenunternehmen und Beratungsfirma kann dazu beitragen, dass der Klient auf spezielle Screening-Aktivitäten, wie etwa das Einholen von Referenzen oder andere Nachforschungen hinsichtlich der Fähigkeiten der Berater oder der Kompetenzen bzw. der Expertise des Beratungsunternehmens verzichtet.[389]

Doch auch in den übrigen Projektphasen eines Beratungsprojektes hat Vertrauen eine ausschlaggebende Bedeutung. Ein Unternehmensberater hat bei seiner Arbeit in der Regel sehr große Verhaltensspielräume. Der Klient kann nur sehr schwer abschätzen, welche Produktionsfaktoren der Berater tatsächlich einsetzt bzw. eingesetzt hat. Selbst bei der körperlichen Anwesenheit des Beraters beim Klientenunternehmen vor Ort, ist es aufgrund des besonderen Leistungscharakters von Beratung, der hauptsächlich auf von Kreativität und Innovation gekennzeichneten Denkprozessen basiert, für den Klienten sehr schwer einschätzbar, inwieweit der Berater auch tatsächlich für das entsprechende Beratungsprojekt tätig ist oder anderen (Business-)Aktivitäten nachgeht.

Ein zusätzlicher Verhaltensfreiraum ergibt sich auch aufgrund der Tatsache, dass für Beratungshandlungen keine festen Strukturen oder eine gesetzliche Pflicht zur ordnungsgemäßen Dokumentation der gewählten Beratungsschritte existiert, wie dies beispielsweise bei Wirtschaftsprüfern der Fall ist.[390] So gesehen sind Klienten in diesem Zusammenhang auch dem Problem des moral hazard ausgesetzt.[391] Dies geht sogar so weit, dass einige Autoren davon berichten, dass

auf Deutsch (1958); Rotter (1967); Rotter (1971); Lindskold (1978); Larzelere/Huston (1980); Lewis/Weigert (1985); Rousseau et al. (1998); Luhmann (2000); Coleman (2010).

386 Solomonson (2012), S. 58.

387 Solomonson (2012), S. 54; vgl. auch Powers/Reagan (2007), S. 1235.

388 Vgl. hierzu und im Folgenden Mencke (2005), S. 396 ff.; Greschnucha (2006), S. 59 ff.

389 Vgl. zu Screening Kapitel 2.4.2.1.

390 Vgl. Glückler/Armbrüster (2003), S. 289; Wirtschaftsprüferkammer (2012), § 24.

391 Vgl. Greschnucha (2006), S. 61 und zu moral hazard Kapitel 2.4.2.1.

es in der Unternehmensberatungsbranche häufig vorkomme, dass Arbeitszeiten fakturiert werden, die in Wirklichkeit gar nicht im Zusammenhang mit dem entsprechenden Projekt stehen.[392]

Um ein Vertrauensverhältnis zwischen Klientenunternehmen und Beratungsfirma herzustellen, besteht auf Seiten der Beratungsfirma die Möglichkeit, gewisse Signaling-Aktivitäten in der Form von vertrauensbildenden Maßnahmen zu vollziehen.[393] So kann eine Unternehmensberatungsfirma sich beispielsweise als Mitglied eines anerkannten Wirtschafts- und Berufsverbundes wie etwa dem BDU ausweisen oder auf der eigenen Firmenhomepage aktiv unterschiedliche Referenzprojekte publizieren.

Darüber hinaus muss in diesem Zusammenhang berücksichtigt werden, dass eine auf Vertrauen basierende Geschäftsbeziehung oft Basis dafür ist, dass ein Klient gegenüber anderen Geschäftspartnern Empfehlungen für die entsprechende Unternehmensberatung ausspricht. Dies verdeutlicht die hohe Relevanz von Vertrauen im Rahmen des Signaling.[394] Dementsprechend hat ein Agent (Unternehmensberatungsfirma) wenig Interesse daran, ein bestehendes Geschäftsverhältnis mit einem Klienten aufs Spiel zu setzen, da dies den Vertrauensaufbauprozess stark negativ beeinflussen kann. Ein Unternehmensberater, der lediglich opportunistisches Verhalten an den Tag legt, würde damit einen konträren Vertrauensaufbaueffekt auslösen und letztlich den Verlust von Vertrauen riskieren.

Letztlich kann ein auf Vertrauen basierendes Verhältnis zwischen Klient und Berater dazu beitragen, existierende Informationsasymmetrien und Unsicherheit zwischen Klient und Berater zu reduzieren und hat somit eine positive Auswirkung auf den Erfolg von Unternehmensberatung. Auch im relevanten Schrifttum existiert eine Reihe von Studien, die dieses positive Verhältnis bestätigen.[395]

- *Projektmanagement*

Der letzte Erfolgsfaktor, der auf Basis der Prinzipal-Agent-Theorie abgeleitet werden kann, ist das Projektmanagement. Wie bereits beschrieben, handelt es sich bei Unternehmensberatung um eine integrative, individuelle Dienstleistung mit hohen Involvement sowohl des Prinzipals (Klientenunternehmen) als auch des Agents (Beratungsfirma). Darüber hinaus wurde festgestellt,

---

392 Vgl. Niedereichholz (1994), S. 13; Schade (1997), S. 34; Stegemeyer (2002), S. 178.

393 Vgl. Göbel (2002), S. 121; Richter/Furubotn (2010), S. 295 ff. und zu Signaling auch Kapitel 2.4.2.1.

394 Vgl. Spremann (1985b), S. 251.

395 Vgl. Covin/Fisher (1991), S. 17; Glückler/Armbrüster (2003), S. 289 f.; Mencke (2005), S. 391 ff.; Greschnucha (2006), S. 62 f.; Solomonson (2011), S. 113 f.; Solomonson (2012), S. 57.

dass die Arbeitsleistung des Agenten aufgrund der großen Verhaltensfreiräume nur sehr bedingt durch den Agenten beobachtbar und bewertbar ist. Diese Intransparenz hinsichtlich der Arbeitsleistung gilt aufgrund der wechselseitigen Prinzipal-Agent-Beziehung[396] nicht nur für den Klienten, sondern auch für den Berater. Somit besteht das Risiko von moral hazard für beide Parteien nach Vertragsabschluss.[397]

Um diesem Risiko des moral hazards in adäquater Weise zu begegnen, ist es in beinahe jedem Unternehmensberatungsprojekt mittlerweile üblich, abhängig von dessen Größe, ein umfangreiches Projektmanagement zu etablieren. Ziel dieses Projektmanagements im Kontext der Prinzipal-Agent-Theorie besteht darin, die vorherrschenden Informationsasymmetrien durch geeignete Monitoring-Maßnahmen möglichst gering zu halten und somit zu dem Erfolg des Unternehmensberatungsprojektes beizutragen. Auch im relevanten Schrifttum gilt das Projektmanagement als ein allgemein anerkannter Erfolgsfaktor von Unternehmensberatung.[398]

Im Allgemeinen wird unter Projektmanagement die Planung, Kontrolle und Überwachung von Projekten verstanden und gilt als die „application of knowledge, skills and techniques to execute projects effectively and efficiently. It's a strategic competency for organizations, enabling them to tie project results to business goals - and thus, better compete in their markets".[399] Inhalt, Umfang und Prozesse des Projektmanagements sind Bestandteil vieler wissenschaftlicher Studien mit eigenen hierfür ausgerichteten Journals (z.B. das Project Management Journal), und darüber hinaus existieren einige sehr etablierte professionelle Verbände, die sich mit dem Themengebiet Projektmanagement beschäftigen (z.B. das Project Management Institute (PMI) oder die International Project Management Association (IPMA)).[400]

Ein wesentlicher Bestandteil des Projektmanagements ist die systematische Unterteilung des Projektablaufes in grundlegende Phasen, um im Sinne einer Komplexitätsreduktion die notwendigen Aufgabenstellungen rund um das Projektmanagement strukturiert darstellen zu können. Ein hierbei gängiges Vorgehen ist die Untergliederung des Projektmanagements in folgende fünf Phasen: Initiating, Planning, Executing, Monitoring & Controlling und Closing.[401] Hierbei muss

[396] Vgl. Kapitel 2.4.2.2.
[397] Vgl. Kapitel 2.4.2.1.
[398] Vgl. z.B. Nidumolu (1996), S. 105; Kubr (2005), S. 755; Nitithamyong/Tan (2007), S. 471; Liberatore/Luo (2010), S. 263 ff.
[399] PMI (2013b).
[400] Vgl. IPMA (2013); PMI (2013a).
[401] Vgl. Project Management Institute (2013), S. 37 ff. Darüber hinaus existieren eine Reihe von individuell definierten Prozessen wie zum Beispiel die DIN-Norm 69901-2:2009-01, die die Phasen Initialisierung, Definition, Planung, Steuerung und Abschluss unterscheidet.

allerdings berücksichtigt werden, dass sich die einzelnen Phasen nicht zwingend linear aneinander anschließen, sondern aufgrund der in der Realität vorherrschenden hohen Komplexität und Entwicklungsdynamik vielmehr wechselseitige vernetzte Vernetzungsbeziehungen aufweisen. Diese Interdependenzen bestehen grundsätzlich zwischen allen Phasen und müssen insbesondere bei den Phasen Executing und Monitoring and Controlling berücksichtigt werden.

Da der Schwerpunkt des Erfolgsfaktors „Projektmanagement" der vorliegenden Arbeit nicht in der Ausgestaltung der einzelnen Phasen bzw. deren Inhalte liegt, wird hierauf im Folgenden nicht weiter eingegangen. Für einen groben Überblick sind in Abbildung 29 die einzelnen Phasen des Projektmanagements inklusive derer wesentlichen Inhalte dargestellt. Für eine detaillierte Betrachtung sei auf die einschlägige Projektmanagementliteratur verwiesen.[402]

Im Rahmen dieser Arbeit wird unter dem Erfolgsfaktor „Projektmanagement" die allgemeine Etablierung eines umfassenden Projektmanagements für Unternehmensberatungsprojekte verstanden, um als Monitoring-Tool im Sinne der Prinzipal-Agent-Theorie wie bereits beschrieben dem nachvertraglichen Risiko von moral hazard entgegenzuwirken. Vorherrschende Informationsasymmetrien können dadurch abgebaut werden, und das Projektmanagement kann somit letztlich zum Erfolg eines Unternehmensberatungsprojektes beitragen.

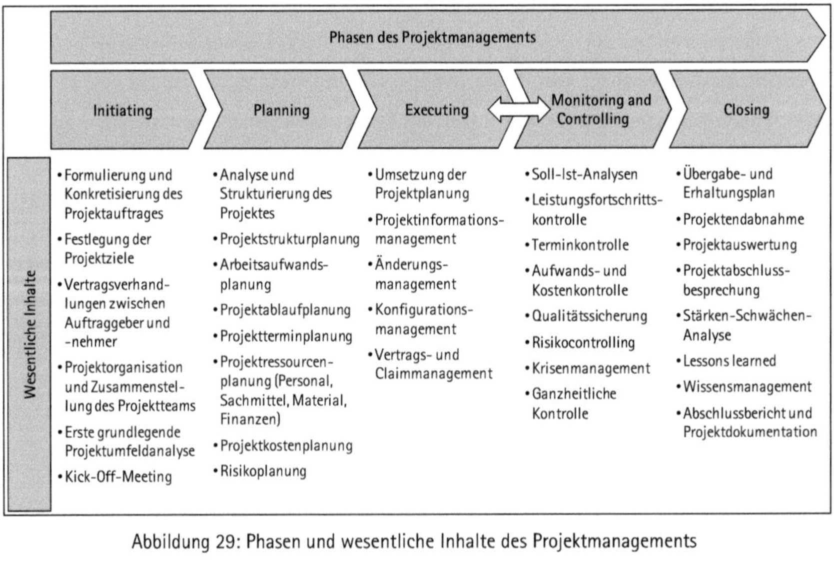

Abbildung 29: Phasen und wesentliche Inhalte des Projektmanagements

[402] Z.B. Kraus/Westermann (1998); Seibert (1998); Corsten/Corsten/Gössinger (2008); Patzak/Rattay (2009); Bea/Scheurer/Hesselmann (2011); Kanda (2011); Meredith/Samuel J. Mantel (2011); Burghardt (2012).

- *Beraterkompetenz*

Im Kontext des Resource Based View's unterscheiden sich verschiedene Unternehmensberatungsprojekte hinsichtlich ihrer intangiblen und finanziellen Ressourcenausstattung und können hiervon abhängig als erfolgreiche oder weniger erfolgreiche Engagements hervorgehen.[403] Bisherige Forschungsbemühungen zu den Erfolgsfaktoren von Unternehmensberatung und die durchgeführten Experteninterviews mit Managern sowohl aus Klientenunternehmen als auch Unternehmensberatungen erachten die Beraterkompetenz als eine der wichtigsten intangiblen Ressourcen eines Unternehmensberatungsprojektes mit einem positiven Einfluss auf den Erfolg von Unternehmensberatung.[404]

Diese Einschätzung wird auch durch die Tatsache unterstützt, dass es sich bei Unternehmensberatung um eine wissensintensive Dienstleistung mit sehr starkem Service-Charakter bzw. um ein „people business"[405] handelt. Einer der Hauptgründe, weshalb ein Unternehmen eine Unternehmensberatung engagiert, liegt in der Bereitstellung von Kapazitäten und Wissen, das im eigenen Unternehmen (kurzfristig) nicht verfügbar ist.[406] Aus diesem Grund ist es gemeinverständlich, dass die engagierten Berater über derartige Kompetenzen verfügen müssen, die für die Lösung des zu bearbeitenden Problems notwendig sind. Abhängig von den zu lösenden Problemen des Beratungsprojektes ist es erfolgskritisch, dass ein möglichst guter Fit besteht zwischen den Fähigkeiten und Erfahrungen, die notwendig sind, um die definierten Projektziele zu erreichen und der Kompetenz der engagierten Berater.[407] Zusammenfassend kann festgehalten werden, dass die Kompetenz der Berater für den Erfolg eines Unternehmensberatungsprojektes von hohem strategischem Wert ist.[408]

Für die vorliegende Arbeit werden unter dem Konstrukt „Beraterkompetenz" die allgemeinen Fähigkeiten eines Unternehmensberaters zusammengefasst, die notwendig sind, um zu einem erfolgreichen Beratungsprojekt beizutragen. Hierbei stehen insbesondere Eigenschaften wie exzellentes Fachwissen, umfangreiches Industrie-Know-How und Projekterfahrung im Mittelpunkt der Betrachtung.[409] Allerdings geht es neben diesen offensichtlich relevanten Unternehmensbe-

[403] Vgl. Kapitel 2.4.3.2.
[404] Vgl. z.B. Williams/Woodward (1994); Jang/Suh/Lee (1997), S. 169 f.; Appelbaum/Steed (2005), S. 73 ff.; Richter/Schmidt (2006), S. 372; Nitithamyong/Tan (2007), S. 469 f.; vgl. zu den Ergebnissen der Expertengespräche Kapitel 3.1.2.
[405] Vgl. Roland Berger (2013).
[406] Vgl. Kapitel 1.1.
[407] Vgl. Covin/Fisher (1991), S. 18; Richter/Schmidt (2006), S. 372.
[408] Vgl. Barney (1991), S. 99; Amit/Schoemaker (1993), S. 36.
[409] Vgl. Jang/Suh/Lee (1997), S. 173; Appelbaum/Steed (2005), S. 80 ff.; Richter/Schmidt (2006), S. 381 ff.; Nitithamyong/Tan (2007), S. 470.

ratungsfähigkeiten auch um Aspekte wie eine schnelle Auffassungsgabe und die Fähigkeit, bei kritischen Punkten und Meinungsverschiedenheiten einen Konsens herbeizuführen.[410]

Ein weiterer Punkt, der für viele Klienten von entscheidender Bedeutung hinsichtlich der Kompetenz der engagierten Berater ist, ist, dass diese in der Lage sind, das Klientenunternehmen aus einem externen Blickwinkel zu sehen, so genannten „blinde Flecken" aufdecken und Impulse für neue Ideen bzw. Perspektiven einbringen können.[411] Aus den genannten Gründen wird die Beraterkompetenz als ein wesentlicher Erfolgsfaktor von Unternehmensberatungsprojekten für die vorliegende Untersuchung herangezogen.

- *Bereitgestellte Ressourcen*

Ein zweiter Erfolgsfaktor von Unternehmensberatung, der auf Basis des Resource Based View's deduziert werden kann, beinhaltet die Bereitstellung von Ressourcen für das entsprechende Beratungsprojekt. Jedes Unternehmensberatungsprojekt benötigt zu dessen erfolgreichen Umsetzung einen entsprechenden Ressourcenframework, der – im Gegensatz zur Beraterkompetenz – in aller Regel durch den Klienten zur Verfügung gestellt wird.[412] Im Kontext des Resource Based View's kann ein Unternehmensberatungsprojekt abhängig von den hierfür vom Klienten bereitgestellten Ressourcen und dessen Inhalt und Umfang sich als mehr oder weniger erfolgreich erweisen. Diese Erfolgswirkung wurde auch im relevanten Schrifttum mehrfach bestätigt.[413]

Im Zusammenhang von Unternehmensberatung sind vor allem der vom Klienten für das Beratungsprojekt zur Verfügung gestellte „amount of capital and human resources to be employed"[414] für den Erfolg eines Beratungsprojektes hierbei von ausschlaggebender Bedeutung.[415] Allerdings geht es in diesem Zusammenhang nicht nur um die Anzahl bzw. Höhe der bereitgestellten Human- und Finanzmittel. Darüber hinaus sind – insbesondere im Hinblick auf die personellen Ressourcen – auch Aspekte der Verfügbarkeit, Geeignetheit und die den Kliententeammitgliedern des Beratungsprojektes zur Verfügung gestellten Zeit zur Projektunterstützung relevant.[416]

[410] Vgl. Jang/Suh/Lee (1997), S. 173; Appelbaum/Steed (2005), S. 89; Richter/Schmidt (2006), S. 381; Nitithamyong/Tan (2007), S. 469 f.
[411] Vgl. Rynning 1992, S. 53 ff.; Jang/Suh/Lee (1997), S. 173; Appelbaum/Steed (2005), S. 87 ff.
[412] Vgl. Turner/Müller (2003), S. 2 f.
[413] Vgl. Hoffmann (1991), S. 173 ff.; Hartman/Ashrafi (2002), S. 12; Liberatore/Luo (2010), S. 259.
[414] Vanlommel/de Brabander (1975), S. 392.
[415] Vgl. Verlander (2012), S. 116 ff.
[416] Vgl. Young/Poon (2013), S. 946.

Die vom Klienten für das Unternehmensberatungsgeschäft bereitgestellten Ressourcen müssen aus dem Tagesgeschäft herausgelöst oder hierfür extra aufgebaut werden. Ein Einsatz dieser Ressourcen für andere Unternehmensaktivitäten ist somit nicht bzw. nur eingeschränkt möglich. Darüber hinaus werden die Kliententeammitglieder aufgrund ihrer speziellen Fähigkeiten bzw. ihres Wissens und ihrer Erfahrungen für das Beratungsprojekt als Teammitglieder ausgewählt. Vor diesem Hintergrund ist es ist es gerechtfertigt die vom Klienten bereitgestellten Ressourcen - insbesondere in Form von Finanz- und Humankapitel - als bedeutenden Erfolgsfaktor zu berücksichtigen.

- *Top Management Support*

Der letzte Erfolgsfaktor, der als strategisch wichtige intangible Ressource für den Erfolg von Unternehmensberatung basierend auf dem Resource Based View abgeleitet werden kann, ist der Top Management Support des Klientenunternehmens für das entsprechende Unternehmensberatungsprojekt. Top Management Support wird im relevanten Schrifttum seit langem als ein wesentlicher Faktor für den Erfolg eines Projektes angesehen.[417] „A lack of sincere management support"[418] wird als ein wesentlicher Grund für das Scheitern von Beratungsprojekten angesehen.

Viele Unternehmensberatungsprojekte sind gekennzeichnet durch einen massiven internen Widerstand der Klientenorganisationsmitglieder. Dies liegt zumeist darin begründet, dass Beratungsprojekte oft mit umfassenden organisatorischen Veränderungen des Klientenunternehmens einhergehen, was mitunter weitreichende Konsequenzen für die einzelnen Organisationsmitglieder mit sich bringt. Beispielsweise kann es im Rahmen der strategischen Neuausrichtung bzw. Weiterentwicklung eines Klientenunternehmens zu einer Umstrukturierung des Unternehmens, der Zusammenlegung verschiedener Abteilungen oder der Verschiebung von Aufgaben- und Verantwortungsbereichen kommen. Nicht zuletzt trägt auch der allgemein negative Ruf von Unternehmensberatung dieser Tatsache Rechnung.

Angesicht der Tatsache, dass intra-organisationaler Widerstand gegen Unternehmensveränderungen ein Bestandteil so gut wie aller Veränderungs- und Innovationsbemühungen in einer Or-

---

[417] Vgl. Vanlommel/de Brabander (1975), S. 392; Garrity (1963), S. 6 ff.; Markus (1981), S. 203 ff.; Doll (1985), S. 17; Slevin/Pinto (1986), S. 62; Lederer/Mendelow (1988), S. 73; Covin/Fisher (1991), S. 18; Jang/Suh/Lee (1997), S. 166, 179; Schmidt et al. (2001), S. 5 ff.; Wu et al. (2004), S. 323 f.; Appelbaum/Steed (2005), S. 77; Young/Jordan (2008), S. 713 ff.; Young/Poon (2013), S. 943 ff.

[418] Covin/Fisher (1991), S. 18.

ganisation ist[419] und auch insbesondere im Kontext von Unternehmensberatungsprojekten von hoher Relevanz ist, ist es von essentieller Bedeutung, dass das Top Management des Klientenunternehmens sein Commitment für die Beratungsaktivitäten klar signalisiert. Dadurch wird Sinn und Zweck des Unternehmensberatungsprojektes weniger in Frage gestellt, das Widerstandsverhalten der Klientenorganisationsmitglieder nimmt ab bzw. kann sich in ein positives unterstützendes Verhalten von Seiten der Klientenorganisationsmitglieder wandeln. Dieser Wandel geht in der Regel einher mit einem positiven Beitrag zum Erfolg des Beratungsprojektes.[420]

Im Allgemeinen spricht man von Top Management Support, „when a senior management project sponsor/champion, the CEO and other senior managers devote time to review plans, follow up on results and facilitate management problems."[421] Dabei spielen insbesondere Faktoren wie "strength of commitment, sustainability of top manager's commitment during a projects life and speed of response to issues"[422] eine wichtige Rolle. Im Wesentlichen geht es darum, inwieweit das Top Management des Klientenunternehmens sein nachhaltiges Commitment gegenüber dem Beratungsprojekt und den sich daraus ergebenen Konsequenzen gegenüber allen Unternehmensmanagern und allen anderen betroffenen Organisationsmitgliedern signalisierst, kommuniziert und vorlebt.[423] Darüber hinaus geht es auch darum, dass das Top Management den einzelnen Projektmitgliedern in einem hinreichenden Maße vertraut, diese unterstützt und motiviert, um letztlich aktiv zum Erfolg des Unternehmensberatungsprojektes beizutragen. Dementsprechend ist es sinnvoll, den Top Management Support als Erfolgsfaktor von Unternehmensberatungsprojekten mit in die Untersuchung einzubeziehen.

3.1.2 Ergebnisse der Expertengespräche

Während eines Zeitraums von zwei Monaten (Anfang Januar 2012 bis Anfang März 2012) wurden 12 Expertengespräche mit einem Fokus auf die Klientenperspektive und 13 Expertengespräche mit Fokus auf die Beraterperspektive geführt. Davon waren jeweils drei Interviewpartner aus der Wissenschaft, wobei mehrere der interviewten Wissenschaftler auch über praktische Erfahrung mit Unternehmensberatung verfügen. Die restlichen neun (Klientenperspektive) bzw. zehn (Beraterperspektive) Gesprächspartner waren reine Praktiker, also Klienten, die über umfassende Erfahrung in der Zusammenarbeit mit Unternehmensberatern verfügen, bzw. aktive Unternehmensberater mit langjähriger Berufserfahrung. Die geführten Gespräche wurden bis auf zwei

419 Vgl. z.B. Morris/Raben (1995), S. 47 ff.
420 Vgl. Jang/Suh/Lee (1997), S. 167.
421 Young/Jordan (2008), S. 720.
422 Young/Poon (2013), S. 946.
423 Vgl. Vanlommel/de Brabander (1975), S. 392; Slevin/Pinto (1986), S. 57.

Ausnahmen alle persönlich durchgeführt, dauert im Durchschnitt ca. eine Stunde und hatten den Charakter eines teilstrukturierten Interviews.

Der den Gesprächen zu Grunde liegende Gesprächsleitfaden umfasste zwei wesentliche Punkte. Zunächst wurden den Experten die zwei relevanten Forschungsfragen pro Perspektive als offene Fragen formuliert.[424] Im Sinne eines Brainstormings sollte so ermittelt werden, inwieweit die theoretisch abgeleiteten Modellkonstrukte sich in den Erfahrungen und dem Wissen der Gesprächspartner wiederfinden.

Im zweiten Teil des Gesprächs stand das pro Perspektive jeweils theoretisch deduzierte Gesamtmodell im Mittelpunkt der Diskussion. Hierbei sollten die Experten zunächst auf die Relevanz der einzelnen Konstrukte inklusive deren Wirkungsbeziehungen eingehen. Darüber hinaus bestand die Möglichkeit, das Modell und die Wirkungsbeziehung auf deren Vollständigkeit hin zu überprüfen. Hieran anschließend wurde explizit auf die Operationalisierung der einzelnen Messinstrumente eingegangen.[425] Zur Diskussion stand die geplante Operationalisierung aller Faktoren und es wurden Messindikatoren bezüglich ihrer inhaltlichen Geeignetheit und Interpretationsmöglichkeiten diskutiert.

Erfolgsfaktoren	Klienten												Berater													Nennungen	Prozent
	Interview K1	Interview K2	Interview K3	Interview K4	Interview K5	Interview K6	Interview K7	Interview K8	Interview K9	Interview K10	Interview K11	Interview K12	Interview B1	Interview B2	Interview B3	Interview B4	Interview B5	Interview B6	Interview B7	Interview B8	Interview B9	Interview B10	Interview B11	Interview B12	Interview B13		
Kompetenz und Erfahrung der Unternehmensberater	✓	✓	✓	✓	✓	✓	✓	✓		✓	✓	✓	✓	✓		✓	✓		✓	✓	✓	✓		✓	✓	21	84 %
Eine intensive Zusammenarbeit/intensiver Austausch zw. Klient und Berater	✓		✓		✓	✓			✓		✓		✓	✓		✓	✓		✓	✓		✓	✓	✓	✓	16	64 %
Definition klarer Ziele/ Deliverables	✓	✓		✓		✓		✓		✓			✓		✓	✓		✓			✓		✓			12	48 %
Support des Projektsponsors	✓			✓			✓					✓	✓		✓			✓					✓			8	32 %
Ausreichend verfügbare Ressourcen	✓		✓		✓				✓				✓				✓				✓				✓	8	32 %
Ein stringentes Projektcontrolling	✓							✓		✓			✓		✓									✓		6	24 %
Vertrauensvolles Verhältnis zw. Klient und Berater	✓	✓					✓						✓													4	16 %

Abbildung 30: Darstellung der Ergebnisse der Expertengespräche bzgl. der Erfolgsfaktoren

[424] Für die Klientenperspektive ist dies die Forschungsfrage 1 und 3; für die Beraterperspektive die Forschungsfrage 2 und 4.

[425] Vgl. ausführlich Kapitel 4.4.2.2.

Mit Bezug auf die Konzeptionalisierung der Erfolgsfaktoren von Unternehmensberatungsprojekten stellt Abbildung 30 die Ergebnisse der im ersten Teil des Interviews gestellten offenen Frage dar. Hierbei wurden die Experten gebeten, die aus ihrer Sicht wichtigsten Erfolgsfaktoren von Unternehmensberatungsprojekten zu nennen.

Auch wenn die Antworten der Experten im Detail unterschiedlich formuliert wurden – beispielweise nannten einige Experten das Bereitstellen von ausreichenden finanziellen und/oder personellen Ressourcen als erfolgskritischen Punkt, betitelten dies allerdings nicht explizit als den Erfolgsfaktor „Bereitgestellte Ressourcen" – so lassen sich die theoretisch deduzierten Erfolgsfaktoren sehr gut wieder finden. Anhand der Häufigkeit der Nennungen beurteilt, sind demnach die Kompetenz und Erfahrung der Unternehmensberater und eine intensive Zusammenarbeit bzw. ein intensiver Austausch zwischen Berater und Klient die wichtigsten Erfolgsfaktoren von Unternehmensberatungsprojekten. Diese beiden Aussagen finden sich in den theoretisch deduzierten Erfolgsfaktoren „Beraterkompetenz" und „Intensität der Kollaboration" wieder. Auch die restlichen zusammengefassten Aussagen der Experten spiegeln die theoretisch deduzierten Erfolgsfaktoren sehr gut wieder.

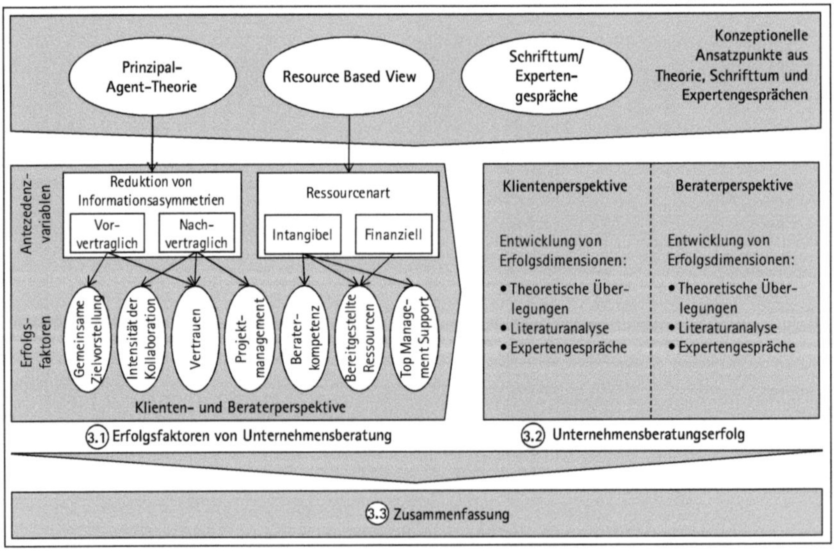

Abbildung 31: Sukzessive Modellentwicklung inklusive der Erfolgsfaktoren

Abbildung 31 fasst die auf Basis des theoretischen Bezugsrahmens, der Literaturanalyse und der Expertengespräche sieben deduzierten Erfolgsfaktoren von Unternehmensberatungsprojekten dieser Arbeit grafisch zusammen (gemeinsame Zielvorstellung, Intensität der Kollaboration, Vertrauen, Projektmanagement, Beraterkompetenz, bereitgestellte Ressourcen und Top Management Support) und gibt somit den aktuellen Stand der Modellkonzeptionalisierung wieder. Nach einer zusammenfassenden Darstellung der bisherigen Konzeptionalisierung und der Ableitung der ersten Untersuchungshypothesen im nächsten Kapitel, erfolgt die Konzeptionalisierung und Hypothesenentwicklung zum Beratungserfolg, getrennt nach Klienten- und Beraterperspektive.

3.1.3 Zusammenfassung der Konzeptionalisierung und Hypothesen zu den Erfolgsfaktoren

In den vorangegangenen Kapiteln wurden auf Basis eines multitheoretischen Bezugsrahmens und des relevanten Schrifttums sieben voneinander abgrenzbare Erfolgsfaktoren von Unternehmensberatungsprojekten deduziert und inhaltlich konkretisiert. Alle sieben hergeleiteten Erfolgsfaktoren von Unternehmensberatung konnten darüber hinaus durch verschiedene Expertengespräche sowohl mit Wissenschaftlern als auch Praktikern beider Perspektiven (Klienten und Unternehmensberater) bestätigt werden. Im Einzelnen handelt es sich bei den sieben Erfolgsfaktoren von Unternehmensberatung um die Konstrukte „Gemeinsame Zielvorstellung", „Intensität der Kollaboration", „Vertrauen", „Projektmanagement", „Beraterkompetenz", „Bereitgestellte Ressourcen" und „Top Management Support".

Im Rahmen der theoretischen Deduktion mit Hilfe des multitheoretischen Bezugsrahmens wurde auf die beiden Theorien Prinzipal-Agent-Theorie und Resource Based View zurückgegriffen. Vier der sieben deduzierten Erfolgsfaktoren gingen aus der Prinzipal-Agent-Theorie hervor („Gemeinsame Zielvorstellung", „Intensität der Kollaboration", „Vertrauen" und „Projektmanagement"). Der Unterscheidung nach vorvertraglicher Phase (ex-ante) und nachvertraglicher Phase (ex-post) kommt bei der Reduktion von Informationsasymmetrien im Sinne der Prinzipal-Agent-Theorie eine wesentliche Bedeutung zu. Aus diesem Grund wurden diese Bezugsgrößen eingeführt. Aus dem Bezugspunkt „Reduktion von vorvertraglichen Informationsasymmetrien" konnte der Erfolgsfaktor „Gemeinsame Zielvorstellung" abgeleitet werden. Aus dem Bezugspunkt „Reduktion von nachvertraglichen Informationsasymmetrien" konnten die Erfolgsfaktoren „Intensität der Kollaboration" und „Projektmanagement" deduziert werden. Der Erfolgsfaktor „Vertrauen" wurde auf Basis beider Antezedenzvariablen abgleitet, da hier keine trennscharfe Unterteilung möglich war.

Die restlichen drei Erfolgsfaktoren konnten aus dem Ressource Based View abgeleitet werden („Beraterkompetenz", „Bereitgestellte Ressourcen" und „Top Management Support"). Hier wurden die Bezugsgrößen „Intangible Ressourcen" und „Finanzielle Ressourcen" gewählt, da diese Ressourcenarten im Unternehmensberatungskontext von besonderer Relevanz sind. Als intangible erfolgskritische Ressourcen wurden die „Beraterkompetenz" und der „Top Management Support" identifiziert. Darüber hinaus wurde mit dem Faktor „Bereitgestelle Ressourcen" eine weitere erfolgskritische Ressource abgeleitet, die sowohl aus intangiblen als auch finanziellen Ressourcen besteht. In Abbildung 32 sind die einzelnen Erfolgsfaktoren und deren Ableitung aus dem multitheoretischen Bezugsrahmen überblicksartig dargestellt.

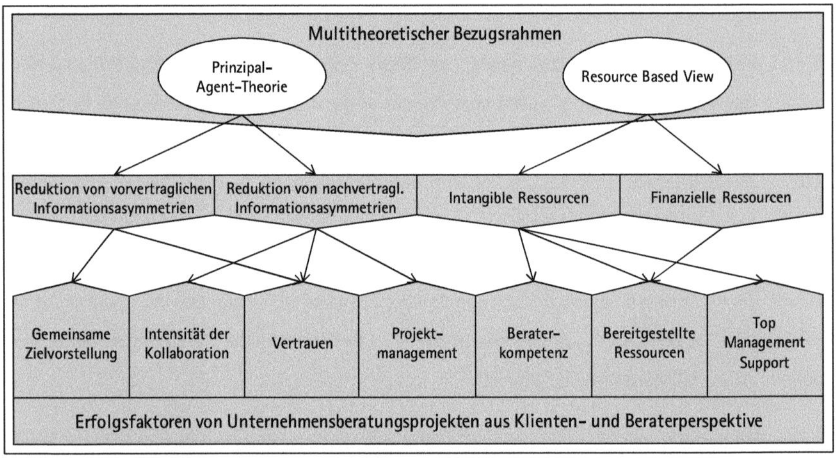

Abbildung 32: Erfolgsfaktoren von Unternehmensberatung auf Basis des multitheoretischen Bezugsrahmens

Bevor im nächsten Kapitel auf die Konzeptionalisierung des Beratungserfolges eingegangen wird, können auf Basis der bisherigen Ausführungen zur Beantwortung der ersten beiden Forschungsfragen dieser Untersuchung abhängig von der Betrachtungsperspektive Klient (H_K) oder Berater (H_B) folgende deskriptive Untersuchungshypothesen aufgestellt werden:

H_{K1}: Aus Klientensicht existieren bei einem Unternehmensberatungsprojekt sieben voneinander abgrenzbare Erfolgsfaktoren: die gemeinsame Zielvorstellung, die Intensität der Kollaboration, das Vertrauen, das Projektmanagement, die Beraterkompetenz, die bereitgestellten Ressourcen und der Top Management Support.

H_{B1}: Aus Beratersicht existieren bei einem Unternehmensberatungsprojekt sieben voneinander abgrenzbare Erfolgsfaktoren: die gemeinsame Zielvorstellung, die Intensität der Kollaboration, das Vertrauen, das Projektmanagement, die Beraterkompetenz, die bereitgestellten Ressourcen und der Top Management Support.

3.2 Konzeptionalisierung und Hypothesen zum Erfolg von Unternehmensberatungsprojekten

Nachdem zur Beantwortung der ersten beiden Forschungsfragen dieser Untersuchung die einzelnen Erfolgsfaktoren von Unternehmensberatung konzeptionalisiert wurden, widmet sich dieses Kapitel der Konzeptionalisierung des Erfolgs von Unternehmensberatung aus Klienten- und Beraterperspektive (Forschungsfrage 3 bzw. 4). In diesem Zusammenhang werden auch die empirisch zu überprüfenden Hypothesen hinsichtlich der Erfolgswirkungen der deduzierten Erfolgsfaktoren abgeleitet und formuliert.[426]

Nachfolgend wird in Kapitel 3.2.1 zunächst darauf eingegangen, warum für die vorliegende Arbeit das theoretische Konstrukt Unternehmensberatungserfolg sowohl für die Klientenperspektive als auch die Beraterperspektive mehrdimensional konzeptionalisiert werden soll. Hieran anschließend werden in Kapitel 3.2.2 auf Basis von theoretischen Überlegungen, dem relevanten Schrifttum und den Ergebnissen der Expertengespräche die für diese Arbeit zum Einsatz kommenden Dimensionen des Unternehmensberatungserfolges abgeleitet. Dabei wird aufgrund unterschiedliche relevanter Dimensionen für die Klienten- bzw. Beraterperspektive bewusst in perspektivenunabhängige und perspektivenabhängige bzw. perspektivenspezifische Erfolgsdimensionen unterschieden. Abschließend werden in Kapitel 3.2.3 die Ergebnisse hinsichtlich der mehrdimensionalen Konzeptionalisierung des Unternehmensberatungserfolges für die Klienten- und Beraterperspektive zusammengefasst und die hieraus abzuleitenden Hypothesen werden für beide Perspektiven formuliert.

3.2.1 Dimensionalität des Unternehmensberatungserfolges

Bei der Konzeptionalisierung von komplexen Konstrukten kann grundsätzlich zwischen uni- und mehrdimensionalen Strukturen unterschieden werden.[427] Eindimensionale Konstrukte bilden lediglich ein einzelnes Konzept bzw. eine entsprechende These ab, wohingegen mehrdimensionale Konstrukte, auch Second-Order Konstrukte oder Konstrukte zweiter Ordnung genannt, unterschiedliche, allerdings verwandte bzw. synergetische Dimensionen in einem einheitlichen Konstrukt aggregieren.[428] Dabei existiert bei einer mehrdimensionalen Abbildung neben den Konstrukten erster Ordnung ein übergeordnetes, nicht direkt messbares Konstrukt zweiter Ordnung,

[426] Vgl. Kapitel 1.2.
[427] Vgl. hierzu und im Folgenden Hattie (1985), S. 139 ff.; Giere/Wirtz/Schilke (2006), S. 678 ff.
[428] Vgl. Law/Wong/Mobley (1998), S. 741; Edwards (2001), S. 144.

dass sich aus den latenten Konstrukten erster Ordnung zusammensetzt.[429] Abbildung 33 veranschaulicht die unterschiedlichen Möglichkeiten der Konzeptionalisierung theoretischer Konstrukte grafisch.

Mehrdimensionale Konstrukte erfreuen sich in der betriebswirtschaftlichen Forschung seit geraumer Zeit einer steigenden Beliebtheit.[430] Hauptgrund hierfür liegt in der Möglichkeit, mit Hilfe von mehrdimensionalen Konstrukten selbst komplexe Sachverhalte auf eine holistische Art und Weise abzubilden und somit häufig zu einem Fortschritt in der Theorieentwicklung beizutragen.[431] Hinsichtlich der Entscheidung, ob ein Konstrukt ein- oder mehrdimensional abgebildet werden soll, ist es zunächst von ausschlaggebender Bedeutung, „wie differenziert ein Sachverhalt im Rahmen des Forschungsvorhabens erfasst werden soll."[432]

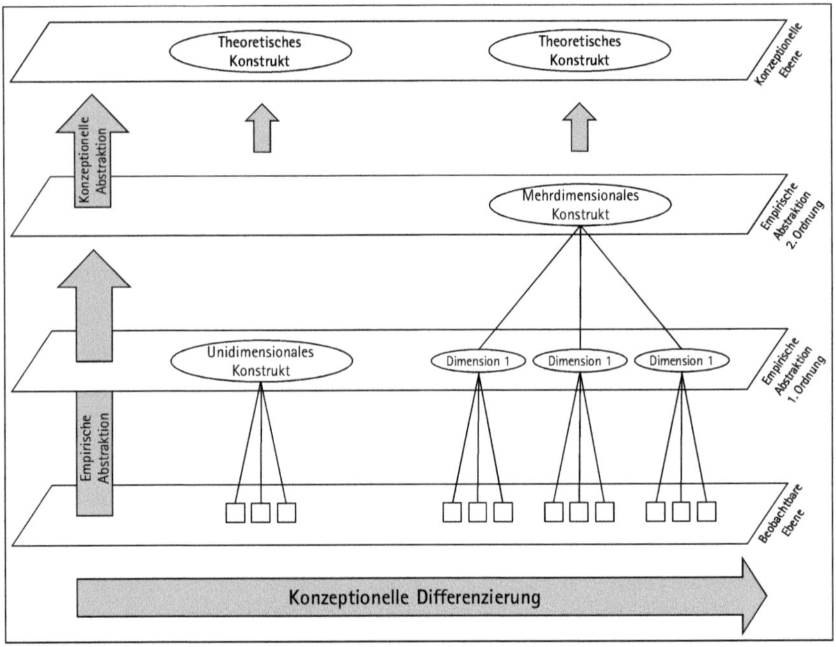

Abbildung 33: Mögliche Konzeptionalisierung theoretischer Konstrukte[433]

[429] Vgl. Jarvis/Mackenzie/Podsakoff (2003), S. 204 f.

[430] Vgl. Law/Wong (1999), S. 145; Edwards (2001), S. 144.

[431] Vgl. Roznowski/Hanisch (1990), S. 361; Ones/Viswesvaran (1996), S. 609 f.; Edwards (2001), S. 148; Pavlou/El Sawy (2004), S. 34 f.

[432] Giere/Wirtz/Schilke (2006), S. 679.

[433] Vgl. Giere/Wirtz/Schilke (2006), S. 679 bzw. im Original MacKenzie/Podsakoff/Jarvis (2005), S. 714 f.

Hierbei muss letztlich auch berücksichtigt werden, welchen Stellenwert das zu untersuchende Konstrukt in der Forschungsarbeit einnimmt.[434] Darüber hinaus ist bei der Entscheidung für oder gegen eine mehrdimensionale Konzeptionalisierung zu beachten, wie komplex das zu konzeptionalisierende Konstrukt ist. Bei komplizierten Sachverhalten ist eine eindimensionale Konzeptionalisierung eher selten realisierbar, da die Identifikation von hierfür adäquaten bzw. kongruenten Indikatoren in der Regel nicht möglich ist.[435]

In der vorliegenden Arbeit soll das Konstrukt Unternehmensberatungserfolg mehrdimensional konzeptionalisiert werden. Dieses Vorgehen wird nachfolgend kurz anhand der zwei soeben dargestellten Entscheidungskriterien begründet. Zunächst spricht der dem Erfolgskonstrukt zugeordnete Stellenwert in dieser Arbeit eindeutig für eine mehrdimensionale Konzeptionalisierung. Die Forschungsfragen 3 und 4 befassen sich abhängig von der Betrachtungsperspektive explizit mit diesem Thema, und somit stellt die Konzeptionalisierung des Erfolgs von Unternehmensberatungsprojekten einen wesentlichen Teil dieser Forschungsarbeit dar.

Darüber hinaus ist die Konzeptionalisierung des Beratungserfolges durchaus keine triviale Fragestellung. Dies zeigt sich schon anhand der Tatsache, dass bisher im Schrifttum keine Einigkeit darüber besteht, wie Beratungserfolg genau definiert werden kann bzw. wann ein Unternehmensberatungsprojekt als erfolgreich einzustufen ist, und wann es als gescheitert gilt.[436] Im Schrifttum existieren verschiedene Sichtweisen der Annäherung an die Problematik des Beratungserfolges, bei denen je nach Forschungsschwerpunkt unterschiedliche Aspekte berücksichtigt werden, aber auch oft ein unterschiedliches Verständnis der verwendeten Begrifflichkeiten vorliegt.[437]

Bei einer sinnvollen allgemeinen Konzeptionalisierung von Unternehmensberatungserfolg sind mehrere unterschiedliche Dimensionen, wie zum Beispiel der Zielerreichungsgrad oder die Einhaltung von Budget und Zeitplan, von Relevanz.[438] Eine direkte Messbarkeit ist nur sehr eingeschränkt durchführbar. Aufgrund dieser Tatsache und der vorherrschenden Komplexität ist eine

[434] Vgl. MacKenzie/Podsakoff/Jarvis (2005), S. 713 f.
[435] Vgl. Hulland (1999), S. 196 f.; Subramaniam/Youndt (2005), S. 633 f.
[436] Vgl. zu Knyphausen-Aufseß/Schweizer/Rajes (2009), S. 6; Schweizer/zu Knyphausen-Aufsess/Rajes (2009), S. 394.
[437] Vgl. Schweizer/zu Knyphausen-Aufsess/Rajes (2009), S. 394 f. Eine im Zusammenhang mit dem Erfolg von Unternehmensberatung häufig verwendete Begrifflichkeit ist die sogenannte Evaluation (vgl. z.B. Ernst (2002)). Evaluation kann allgemein definiert werden als „the process of determining the merit, worth and value of things", Scriven (1991), S. 1. Da es bei der Evaluation von Beratungsleistung nicht um die Bestimmung bestimmter Erfolgsdimensionen von Beratung geht, sondern der Prozess, der letztlich zur Wahrnehmung und Bewertung des Beratungserfolges führt, im Mittelpunkt der Betrachtung steht, wird hierauf im Folgenden nicht weiter eingegangen.
[438] Vgl. Kapitel 3.2.2.

Konzeptionalisierung des Beratungserfolges mit Hilfe von verschiedenen Erfolgsdimensionen unabdingbar.[439]

Darüber hinaus wird im Kontext dieser Arbeit aufgrund der Zweiperspektivenbetrachtung die Komplexität der Konzeptionalisierung des Erfolgs von Unternehmensberatung noch weiter erhöht. Eine komplett perspektivenunabhängige Konzeptionalisierung ist nicht zielführend, da aus Klientenperspektive zum Teil andere Aspekte für den Erfolg von Unternehmensberatung von Bedeutung sind als aus der Beraterperspektive: „Eine sinnvolle Analyse wählt die Erfolgskriterien aus dem Bereich der ratsuchenden oder beratenen Unternehmen."[440]

Zusammenfassend kann festgehalten werden, dass, um der nicht trivialen Fragestellung der Konzeptionalisierung des Beratungserfolges in ausreichendem Maße gerecht werden können, für die vorliegende Arbeit das Konstrukt Unternehmensberatungserfolg mehrdimensional konzeptionalisiert wird. Darüber hinaus werden abhängig von der Betrachtungsperspektive (Klienten- oder Beraterperspektive) zwei unterschiedliche Konzeptionalisierungen des Beratungserfolges entwickelt. Zu diesem Zweck werden in den nachfolgenden Kapitel basieren auf theoretischen Überlegungen, dem Schrifttum und den Ergebnissen der durchgeführten Expertengesprächen unterschiedliche Dimensionen des Beratungserfolges abgleitet.

3.2.2 Dimensionen des Unternehmensberatungserfolges

Wie bereits angedeutet erfolgt die Konzeptionalisierung des Erfolgs von Unternehmensberatung aufgrund zu berücksichtigender Besonderheiten abhängig von der jeweiligen Betrachtungsperspektive (Klienten- oder Beraterperspektive). Zu diesem Zweck wird folgendes dreistufiges Verfahren gewählt. Zunächst werden in Kapitel 3.2.2.1 zwei Erfolgsdimensionen abgleitet, die perspektivenübergreifend, also sowohl für die Klientenperspektive als auch für die Beraterperspektive zur Anwendung kommen können. Hieran anschließend werden in Kapitel 3.2.2.2 die jeweiligen Betrachtungsperspektiven um zwei weitere perspektivenspezifische Erfolgsdimensionen ergänzt, um das Konstrukt Unternehmensberatungserfolg für die jeweilige Perspektive weiter zu konkretisieren. Abschließend werden die Ergebnisse der geführten Expertengespräche in Kapitel 3.2.2.3 präsentiert und diskutiert.

[439] Vgl. zu Knyphausen-Aufseß/Schweizer/Rajes (2009), S. 19; Schweizer/zu Knyphausen-Aufsess/Rajes (2009), S. 401.

[440] Klein (1978), S. 105; vgl. hierzu auch Meffert (1990), S. 190. Dies muss allerdings nicht bedeutet, dass es hier auch Überschneidungen geben kann.

3.2.2.1 Perspektivenunabhängige Erfolgsdimensionen

Derzeit existiert im relevanten Schrifttum weder aus Klienten- noch aus Beraterperspektive Einigkeit darüber, wie der Erfolg von Unternehmensberatung einheitlich gemessen bzw. konzeptionalisiert werden kann. Je nach Forschungsschwerpunkt unterscheiden sich die Studien hinsichtlich ihrer Annäherung an die Konzeptionalisierung des Beratungserfolges. Der in Kapitel 2.3 dargestellte Forschungsüberblick bestätigt dieses Bild.

Allerdings gelten Effizienz- bzw. Effektivitätsaspekte als ein wesentlicher Bestandteil vieler im Schrifttum vorzufindender Erfolgskonzeptionen und können somit als Ausgangspunkt für die Ableitung perspektivenübergreifender Erfolgsdimensionen dienen.[441] Bereits Klein (1978) unterscheidet zur Erfolgsmessung bzw. zum Effizienznachweis von Unternehmensberatung allgemein die beiden Dimensionen „Effizienz" und „Effektivität".[442] Hierbei bezeichnet er Beratungserfolg als Effizienz im weiten Sinne, die die Effektivität und die Effizienz im engeren Sinne beinhaltet. Unter der Effizienz im engeren Sinne versteht Klein (1978) die Wirtschaftlichkeit eines Beratungsprojektes im Sinne der Input-Output-Relation, wohingegen die Effektivität auf das Ziel-Output-Verhältnis, also den Zielerreichungsgrad, verweist. Für die vorliegende Arbeit werden daher sowohl Effizienz- als auch Effektivitätsaspekte zur Konzeptionalisierung der perspektivenübergreifenden Erfolgsdimensionen herangezogen.

Unternehmensberatung befasst sich in aller Regel mit komplexen betriebswirtschaftlichen Problemstellungen öffentlicher oder privatwirtschaftlicher Organisationen, wie zum Beispiel die (Weiter-) Entwicklung von Unternehmensstrategien oder organisatorische Umstrukturierungen.[443] Eine klare Wirtschaftlichkeitsbetrachtung im Sinne einer Kosten-Nutzen-Analyse ist nur sehr eingeschränkt möglich. Viele unterschiedliche Faktoren nehmen hierauf Einfluss und „to isolate the impact of consultancy interventions"[444] ist äußerst schwierig. Auch ist die Bestimmung einer Ursache-Wirkungs-Beziehung zwischen Beratereinsatz und Unternehmenswertsteigerungen nur sehr schwer möglich. Aufgrund der hohen Individualität der Dienstleistung Beratung, kann nicht ermittelt werden, wie sich ein beratendes Unternehmen ohne die Einschaltung von Unternehmensberatern entwickelt hätte: „(..) it is very difficult to isolate a cause-and-effect

[441] Vgl. Meffert (1990), S. 191; Gable (1996), S. 1179 ff.; Hoffmann (1991), S. 148 ff.; Jang/Suh/Lee (1997), S. 172; Patterson/Johnson/Spreng (1997), S. 5 ff.; Patterson/Spreng (1997), S. 416 ff.; McLachlin (2000), S. 239; Simon/Kumar (2001), S. 370; Schneider/Amann (2005), S. 39 ff.; Richter/Schmidt (2006), S. 372 f.; Karantinou/Hogg (2007), S. 16 ff.; Nitithamyong/Tan (2007), S. 473 ff.; Liberatore/Luo (2010), S. 261.

[442] Vgl. hierzu und im Folgenden Klein (1978), S. 105 ff.; vgl. auch Kienbaum/Meissner (1979), S. 109 ff.; Hoffmann (1991), S. 147 f.

[443] Vgl. Kapitel 2.2.1.

[444] Schweizer/zu Knyphausen-Aufsess/Rajes (2009), S. 399; vgl. auch Engwall/Kipping (2005), S. 3 ff.

relationship between companies hiring consultants and increases in the value of those companies. It is difficult, if not impossible, to establish a control group."[445]

Somit erscheint es nicht zielführend, die Dimension „Wirtschaftlichkeit" als Effizienzkriterium von Beratung direkt für die Konzeptionalisierung des Beratungserfolges zu übernehmen. Um jedoch nicht vollständig bei der Konzeptionalisierung des Unternehmensberatungserfolgs auf Effizienzaspekte verzichten zu müssen, kann das auch im relevanten Schrifttum vielfach verwendetet Konstrukt „Einhaltung von Budget und Zeitplan" verwendet werden.[446] Darunter versteht man „the degree to which actual project resource [costs; Matias Bronnenmayer] and time requirements equal those originally estimated."[447]

Sowohl für den Klienten als auch den Berater ist es ohne Probleme möglich, eine Einschätzung abzugeben, inwieweit ein Beratungsprojekt im vorgesehenen Budgetrahmen bzw. definierten Zeitplan verläuft und somit als mehr oder weniger erfolgreich eingestuft werden kann. Aus diesem Grund wird das Konstrukt „Einhaltung von Budget und Zeitplan" als erste Dimension des Beratungserfolgs aus Klientenperspektive und Beraterperspektive herangezogen.

Zur Berücksichtigung von Effektivitätsaspekten von Unternehmensberatung kann auf eine weitere vielfach im Schrifttum verwendete und anerkannte perspektivenübergreifende Erfolgsdimension zurückgegriffen werden: der klassische Zielerreichung.[448] Das Konstrukt „Zielerreichungsgrad" drückt im Kontext von Unternehmensberatung aus, in welchem Umfang „mutually agreed project objectives were achieved".[449] In der Regel sind die im Rahmen eines Beratungsprojektes zu erreichenden Ziele ein wesentlicher Bestandteil des schriftlich festgehaltenen Projektauftrages.

Hierbei werden die zu erreichenden Projektziele spezifiziert und können somit bei der Beurteilung des Beratungserfolgs herangezogen werden. Umso höher der Zielerreichungsgrad ist, umso erfolgreicher wird ein Unternehmensberatungsprojekt eingestuft. Somit kann das Konstrukt „Zielerreichungsgrad" als eine weitere perspektivenunabhängige Dimension des Beratungserfolgs herangezogen werden.

---

[445] Solomon (1997), S. 67 f.

[446] Vgl. Gable (1996), S. 1180; Jang/Suh/Lee (1997), S. 172; Simon/Kumar (2001), S. 362; Schneider/Amann (2005), S. 12 ff.; Liberatore/Luo (2010), S. 258 f.

[447] Gable (1996), S. 1180.

[448] Vgl. z.B. Doll/Torkzadeh (1988), S. 259 ff.; Meffert (1990), S. 181 ff.; Gable (1996), S. 1180; Jang/Suh/Lee (1997), S. 172; Patterson/Spreng (1997), S. 423; Patterson/Johnson/Spreng (1997), S. 5 f.; McLachlin (2000), S. 241 f.; Simon/Kumar (2001), S. 370; Hartman/Ashrafi (2002), S. 10; Karantinou/Hogg (2007), S. 22; Verlander (2012), S. 138.

[449] Richter/Schmidt (2006), S. 371; vgl. auch Meffert (1990), S. 190 f.; Simon/Kumar (2001), S. 362.

3.2.2.2 Perspektivenabhängige Erfolgsdimensionen

Neben den soeben definierten perspektivenunabhängigen Erfolgsdimensionen „Einhaltung von Budget und Zeitplan" und „Zielerreichungsgrad" sollen im Folgenden sowohl für die Klienten- als auch die Beraterperspektive die einzelnen Betrachtungsperspektiven um weitere perspektivenspezifischen Erfolgsdimensionen ergänzt werden.

- *Klientenperspektive*

Eine erste klientenspezifische Erfolgsdimension, die auch in einem Zusammenhang mit der bereits beschriebenen Effektivität von Unternehmensberatung steht und darüber hinaus im Schrifttum häufig Verwendung findet, ist der Grad der Akzeptanz der erzielten Projektergebnisse.[450] Im Sinne des Ziel-Output-Verhältnisses können die Ziele eines Beratungsprojektes offiziell zwar erreicht worden sein, beispielsweise die Erarbeitung unterschiedlicher Expansions- oder Unternehmensentwicklungsmöglichkeiten, allerdings ist ein Beratungsprojekt aus Klientenperspektive erst dann als erfolgreich einzustufen, wenn zumindest einer der erarbeiteten Lösungsvorschläge vom Klienten auch akzeptiert wird, und eine Umsetzung als realistisch durchführbar eingestuft wird.

Ob eine der erarbeiteten Lösungsvorschläge dann auch tatsächlich umgesetzt wird, hängt oft von einer Vielzahl von Umwelteinflüssen (z.B. wirtschaftliche Entwicklung oder machtpolitische Entscheidungen) ab, die in der Regel nicht durch das Beratungsprojekt beeinflussbar sind. Daher ist hier bewusst von der „Akzeptanz" und nicht der „Umsetzung" der erarbeiteten Lösungsvorschläge die Rede: Der Grad der Akzeptanz „refers to the extent to which the client 'uses', accepts, or intends on acting upon consultant' s recommendations."[451] Um diesen wichtigen Aspekt des Erfolges von Unternehmensberatungsprojekten neben den eher ergebnisorientierten Dimensionen „Einhaltung von Budget und Zeitplan" und „Zielerreichungsplan" zu berücksichtigen, bildet das Konstrukt „Grad der Akzeptanz" die dritte Dimension der in dieser Arbeit zur Anwendung kommenden Konzeptionalisierung des Beratungserfolges aus Klientenperspektive.

Die letzte zu berücksichtigende Dimension des Beratungserfolges aus Klientenperspektive betrifft einer eher klassische, in ähnlichen Studien häufig verwendetet Erfolgsdimension: die subjektive Zufriedenheit des Klienten mit der Unternehmensberatung als Ganzes. Allgemein gehalten kann Zufriedenheit wie folgt definiert werden: "Satisfaction is the consumer's fulfillment

[450] Vgl. z.B. Meffert (1990), S. 190 f.; Gable (1996), S. 1179; Jang/Suh/Lee (1997), S. 172; Simon/Kumar (2001), S. 370.

[451] Gable (1996), S. 1179.

response. It is a judgement that a product/service feature, or the product/service itself, provided (or is providing) a pleasurable level of consumption-related fulfillment, including levels of under- or overfulfillment."[452]

Übertragend auf den Untersuchungskontext bedeutet dies, dass die Zufriedenheit mit Unternehmensberatung ausdrückt, inwieweit der Verlauf und die Ergebnisse der Unternehmensberatung den subjektiven Erwartungen und Vorstellungen des Klienten entsprechen bzw. diese über- oder unterschreiten. Das Konstrukt "Zufriedenheit" ist ein im relevanten Schrifttum sehr häufig verwendete Erfolgsdimension von Unternehmensberatung.[453] Teilweise wird sie sogar neben dem Zielerreichungsgrad als einer der wichtigsten Faktoren zur Beurteilung von Beratungserfolg aus Klientenperspektive angesehen.[454]

Zusammenfassend soll der Erfolg von Unternehmensberatungsprojekten aus Klientenperspektive im Rahmen dieser Arbeit neben den beiden perspektivenunabhängigen Dimensionen „Einhaltung von Budget und Zeitplan" und „Zielerreichungsgrad" die beiden Erfolgsdimensionen „Grad der Akzeptanz" und „Zufriedenheit" umfassen. Eine Überprüfung anhand der durchgeführten Expertengespräche erfolgt, nachdem nachfolgend noch auf die perspektivenspezifischen Erfolgsdimensionen für die Beraterperspektive eingegangen wird, in Kapitel 3.2.2.3.

- *Beraterperspektive*

Ebenso wie für die Klientenperspektive existiert aktuell auch für die Beraterperspektive im Schrifttum keine allgemein gültige Konzeptionalisierung von Unternehmensberatungserfolg. Die einzelnen Konzeptionalisierungen unterscheiden sich je nach Forschungsfragestellungen, bzw. oft werden lediglich anhand der einzelnen Beratungsphasen Faktoren beschrieben, die aus Beraterperspektive als besonders wichtig erachtet werden. Eine konkrete Konzeptionalisierung von Unternehmensberatungserfolg bleibt oftmals aus.[455]

Ein Rückgriff auf lediglich die beiden bereits beschriebenen perspektivenübergreifenden Erfolgsdimensionen „Einhaltung von Budget und Zeitplan" und „Zielerreichungsgrad" wäre allerdings auch für die Beraterperspektive zu kurz gegriffen. Der in Kapitel 2.3 erarbeitete Forschungsstand

452 Oliver (2010), S. 8.
453 Vgl. z.B. Meffert (1990), S. 190 f.; Gable (1996), S. 1181; Jang/Suh/Lee (1997), S. 172; Patterson/Johnson/Spreng (1997), S. 5 ff.; Patterson/Spreng (1997), S. 418; Effenberger (1998), S. 100 ff.; McLachlin (2000), S. 246; Simon/Kumar (2001), S. 362; Karantinou/Hogg (2007), S. 22 f.
454 Vgl. z.B. Simon/Kumar (2001), S. 371.
455 Vgl. z.B. Hillemanns (1995).

zeigt, dass es noch weitere allgemeine Erfolgsdimensionen gibt, die für die Beraterperspektive berücksichtigt werden müssen.

Zwei wesentliche beraterspezifische Erfolgsdimensionen, die auch im Schrifttum häufig zur Anwendung kommen, betreffen die betriebswirtschaftliche Geschäftstätigkeit des Unternehmensberatungsgeschäftes an sich: die Profitabilität und die Möglichkeit der Geschäftsentwicklung.[456] Nachfolgend wird auf beide genannten Punkte näher eingegangen. Es ist selbsterklärend, das eine Beratungsfirma langfristig nur dann am Markt bestehen kann, wenn durch das Beratungsgeschäft entsprechende Gewinne eingefahren werden können, bzw. das Unternehmen profitabel wirtschaftet. Neben den originären Erfolgsdimensionen „Einhaltung von Budget und Zeitplan" und „Zielerreichungsgrad" muss dieser Aspekt bei der Konzeptionalisierung des Erfolges von Unternehmensberatungsprojekten aus Beraterperspektive entsprechend berücksichtigt werden.

Aus diesem Grund soll mit der Dimension „Profitabilität" ausgedrückt werden, inwieweit im Rahmen der durchgeführten Unternehmensberatung ein Gewinn für das Beratungsunternehmen erzielt werden konnte, und es somit aus Beraterperspektive als erfolgreich bzw. weniger erfolgreich eingestuft werden kann. Für die Messung der Profitabilität von Unternehmensberatung aus Beraterperspektive kann eine Vielzahl unterschiedlicher Kennzahlen zum Einsatz kommen, wie zum Beispiel der Deckungsbeitrag, der Return on Investment oder die Umsatzrendite.[457] Wie genau die Dimension „Profitabilität" in dieser Arbeit operationalisiert wird, ist in Kapitel 6.1.2.3 beschrieben.

Schließlich soll als letzte Erfolgsdimension für die Beraterperspektive die Möglichkeit der Geschäftsentwicklung noch berücksichtigt werden. Hierbei geht es um das im Rahmen der durchgeführten Unternehmensberatung erfolgte „Business Development"[458] bzw. „Repeat Business"[459], „to secure future engagements."[460] Dabei wird einerseits berücksichtigt, inwiefern das entsprechende Projekt hilfreich war bei der Akquisition von zukünftigen Beratungsengagements (Expansion). Auf der anderen Seite geht es zusätzlich auch darum, inwieweit beispielweise aufgrund einer positiv wahrgenommen Projektentwicklung auf Kundenseite Projektextensionen generiert werden konnten. Oft werden auch im Rahmen der Durchführung des Beratungsprojektes durch die Berater weitere Schwachstellen im Klientenunternehmen entdeckt und aufgezeigt, die zu ei-

[456] Vgl. Meffert (1990), S. 190; Kumar/Simon/Kimberley (2000), S. 24; McLachlin (2000), S. 239; Luo/Liberatore (2009), S.260 f.
[457] Vgl. z.B. Coenenberg (2007), S. 281 ff.
[458] Liberatore/Luo (2010), S. 260.
[459] Kumar/Simon/Kimberley (2000), S. 24.
[460] Liberatore/Luo (2010), S. 261.

ner unmittelbaren Anschlussbeauftragung bzw. Budgeterhöhung des aktuellen Projektes führen (Extension).[461] Umso mehr Folgeprojekte (Expansion und/oder Extension) durch das Beratungsprojekt generiert werden können, umso erfolgreicher ist das Projekt aus Beraterperspektive verlaufen. Der beschriebene Sachverhalt wird im Rahmen dieser Arbeit in der Erfolgsdimension „Expansion und Extension" zusammengefasst.

Zusammenfassend kann festgehalten werden, dass im Rahmen dieser Arbeit sich der Erfolg von Unternehmensberatungsprojekten aus Beraterperspektive neben den beiden perspektivenunabhängigen Dimensionen „Einhaltung von Budget und Zeitplan" und „Zielerreichungsgrad" aus den beiden Erfolgsdimensionen „Profitabilität" und „Expansion und Extension" zusammensetzt. Nachfolgendes Kapitel widmet sich abschließend den Ergebnissen der geführten Expertengespräche.

3.2.2.3 Ergebnisse der Expertengespräche

Klientenperspektive

Erfolgsdimension	Interview 1	Interview 2	Interview 3	Interview 4	Interview 5	Interview 6	Interview 7	Interview 8	Interview 9	Interview 10	Interview 11	Interview 12	Nennungen	Prozent
Zielerreichungsgrad	✓	✓	✓	✓		✓	✓	✓	✓		✓	✓	10	83%
Grad der Akzeptanz (inkl. Umsetzung)	✓		✓		✓	✓		✓	✓	✓		✓	8	67%
Einhaltung von Budget und Zeitplan	✓	✓			✓		✓			✓	✓		6	50%
Wirtschaftlichkeit		✓			✓				✓	✓	✓		5	42%
Zufriedenheit	✓	✓		✓				✓					4	33%

Beraterperspektive

Erfolgsdimension	Interview 1	Interview 2	Interview 3	Interview 4	Interview 5	Interview 6	Interview 7	Interview 8	Interview 9	Interview 10	Interview 11	Interview 12	Interview 13	Nennungen	Prozent
Zielerreichungsgrad	✓	✓	✓		✓	✓		✓	✓	✓	✓	✓	✓	11	85%
Einhaltung von Budget und Zeitplan	✓	✓	✓	✓			✓	✓	✓		✓		✓	9	69%
Business Development	✓	✓					✓			✓		✓		5	38%
Profitabilität	✓			✓	✓	✓								4	31%
Erhöhung der Reputation			✓					✓	✓					3	23%
Klientenzufriedenheit					✓					✓				2	15%

Abbildung 34: Ergebnisse der Expertengespräche zu den Erfolgsdimensionen (Klienten- und Beraterperspektive)

[461] Vgl. auch Verlander (2012), S. 137 ff.

Analog zum Vorgehen bei der Konzeptionalisierung der Erfolgsfaktoren bestand das Ziel der Expertengespräche darin, die zuvor abgeleiteten Erfolgsdimensionen hinsichtlich ihrer Relevanz und Vollständigkeit hin zu überprüfen.[462] Nachfolgende Abbildung 34 gibt getrennt nach Betrachtungsperspektive einen Überblick über die von den Experten als am wichtigsten eingestuften Erfolgsdimensionen von Unternehmensberatungsprojekten.

Die Ergebnisse der durchgeführten Experteninterviews zeigen, dass sowohl für die Klienten- als auch für die Beraterperspektive sich die zuvor abgeleiteten Erfolgsdimensionen in den Antworten der Experten sehr gut wiederfinden lassen. Für beide betrachtete Perspektiven erweist sich hierbei die Dimension „Zielerreichungsgrad" als wichtigste Erfolgsdimension gemessen an der Anzahl der Nennungen. Als zweithäufigste Erfolgsdimension nannten die Klientenexperten den Grad der Akzeptanz, wobei hierbei auch Antworten subsumiert wurden, die in einem Zusammenhang mit der Implementierung der im Projekt erarbeiteten Lösung stehen. Aus Beraterperspektive war die Dimension „Einhaltung von Budget und Zeitplan" die zweithäufigste Nennung.

Darüber hinaus wurden auch Dimensionen genannt, die in der vorliegenden Arbeit nicht weiter berücksichtigt werden. So nannten fünf der befragten Klientenexperten, dass die Wirtschaftlichkeit eine ausschlaggebende Erfolgsdimension für sie ist. Allerdings – wie bereits erwähnt – ist es aufgrund der komplexen Umweltbedingungen und unterschiedlich relevanter Einflussfaktoren sehr schwierig, im Unternehmensberatungskontext einen Wirtschaftlichkeitsfaktor zu berücksichtigen.[463]

Auch die zusätzlich genannte Erfolgsdimension „Erhöhung der Reputation" aus Beraterperspektive bleibt unberücksichtigt, da der Aufbau von Reputation ein langfristiger Prozess ist und somit nicht im Rahmen dieser Arbeit behandelt werden kann.[464] Letztlich wurde noch von zwei befragten Experten aus Beraterperspektive die „Klientenzufriedenheit" als eine zu berücksichtigende Erfolgsdimension genannt. Eine sinnvolle Einschätzung der Klientenzufriedenheit kann allerdings nur aus Klientenperspektive bearbeitet werden, weshalb für die vorliegende Arbeit die Gesamtzufriedenheit auch nur aus Klientenperspektive abgefragt wird.

Außerdem stellte sich im Rahmen der Klientenexperteninterviews als ein weiteres wichtiges Ergebnis heraus, dass bei der Konzeptionalisierung des Erfolgs von Unternehmensberatung aus Klientenperspektive die Dimension „Zufriedenheit" nicht auf der gleichen Ebene wie die übrigen

[462] Vgl. ausführlich zur Vorgehensweise Kapitel 3.1.2.
[463] Vgl. Kapitel 3.2.2.1.
[464] Vgl. z.B. Chun et al. (2003).

drei Dimensionen anzusiedeln ist. Die Dimensionen „Einhaltung von Budget und Zeitplan", „Zielerreichungsgrad" und „Grad der Akzeptanz" wirken vielmehr auf die vom Klienten empfundene Gesamtzufriedenheit mit der Unternehmensberatung. Konkret bedeutet dies, dass ein kausaler Zusammenhang besteht zwischen den Erfolgsdimensionen „Einhaltung von Budget und Zeitplan", „Zielerreichungsgrad" und „ Grad der Akzeptanz". Umso besser/höher diese ausgeprägt sind, umso höher ist die Gesamtzufriedenheit des Klienten. Um dieser Tatsache Rechnung zu tragen, wird die Dimension „Zufriedenheit" den anderen drei Erfolgsdimensionen als nachgelagert konzeptionalisiert und ein entsprechender kausaler Zusammenhang unterstellt und überprüft.

Zusammenfassend konnten auf der Basis theoretischer Überlegungen, des Schrifttums und der geführten Expertengespräche zwei perspektivenübergreifende Erfolgsdimensionen von Unternehmensberatung und jeweils zwei perspektivenspezifische Erfolgsdimensionen abgeleitet werden, wovon eine Erfolgsdimension für die Klientenperspektive („Zufriedenheit") als nachgelagert anzusehen ist. Nachfolgende Abbildung 35 stellt die sukzessive Modellentwicklung inklusive des Beratungserfolges aus Klienten- und Beraterperspektive grafisch dar.

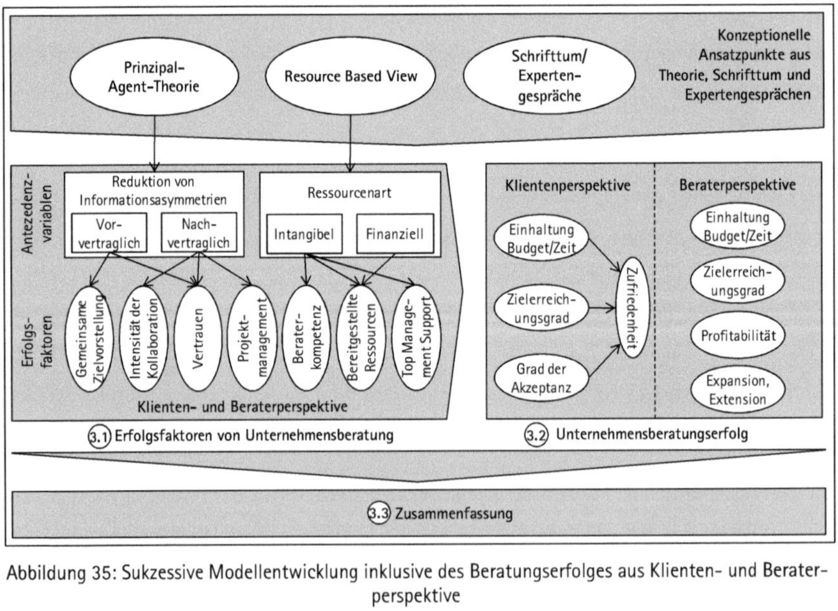

Abbildung 35: Sukzessive Modellentwicklung inklusive des Beratungserfolges aus Klienten- und Beraterperspektive

3.2.3 Zusammenfassung und Hypothesen

Im vorangegangenen Abschnitt wurden die für diese Untersuchung relevanten Erfolgsdimensionen aus Klienten- und Beraterperspektive bestimmt. Somit wurde eine wesentliche Voraussetzung geschaffen, um die Auswirkungen der in Kapitel 3.1 hergeleiteten Erfolgsfaktoren auf den Unternehmensberatungserfolg zu untersuchen. Insgesamt konnten zwei perspektivenunabhängige und jeweils zwei perspektivenspezifischen Dimensionen des Erfolgs von Unternehmensberatung identifiziert werden. Die perspektivenunabhängigen Erfolgsdimensionen lauten „Einhaltung von Budget und Zeitplan" und „Zielerreichungsgrad" und kommen sowohl für die Klienten- als auch die Beraterperspektive zum Einsatz. Die klientenperspektivenspezifischen Erfolgsdimensionen lauten „Grad der Akzeptanz" und „Zufriedenheit", wohingegen die beraterperspektivenspezifischen Erfolgsdimensionen mit „Profitabilität" und „Expansion und Extension" betitelt wurden.

Alle definierten Erfolgsdimensionen konnten mit Hilfe der durchgeführten Expertengespräche bestätigt werden. Darüber hinaus ergab sich als ein weiteres wichtiges Ergebnis der Expertengespräche für die Klientenperspektive, dass die Dimension „Zufriedenheit" den anderen drei Dimensionen nachgelagert ist. Folglich wird das Konstrukt „Unternehmensberatungserfolg" aus der Klientenperspektive als ein übergeordnetes reflektives Konstrukt zweiter Ordnung konzeptionalisiert, bestehend aus den drei Dimensionen „Einhaltung von Budget und Zeitplan", „Zielerreichungsgrad", „Grad der Akzeptanz", und es lässt sich zunächst folgende zweite deskriptive Untersuchungshypothese ableiten:[465]

> H_{K2}: Aus Klientensicht existieren bei einem Unternehmensberatungsprojekt drei voneinander abgrenzbare Erfolgsdimensionen, nämlich die Einhaltung von Budget und Zeitplan, der Zielerreichungsgrad und der Grad der Akzeptanz. Diese bilden ein übergeordnetes reflektives Konstrukt zweiter Ordnung, das sich inhaltlich als Unternehmensberatungserfolg aus Klientenperspektive interpretieren lässt.

Ein weiteres im Zusammenhang mit der nachgelagerten Konzeptionalisierung stehendes Ergebnis ist der positive Wirkungszusammenhang der drei Erfolgsdimensionen „Einhaltung von Budget und Zeitplan", „Zielerreichungsgrad" und „Grad der Akzeptanz" auf das nachgelagerte Konstrukt „Zufriedenheit.[466] Folgerichtig bedeutet dies, dass die Zufriedenheit des Klienten steigt, je besser das zuvor definierte Budget und der vorgegebene Zeitplan eingehalten wurde (H_{K3}), je besser die

[465] Zur Beschreibung reflektiver und formativer Konstrukte vgl. Kapitel 4.1.2.
[466] Vgl. Kapitel 3.2.2.3.

definierten Ziele erreicht wurden (H_{K4}) und/oder je höher der Grad der Akzeptanz beim Klienten ist (H_{K5}). Hieraus lassen sich folgende drei weiteren zu überprüfende explikativen Hypothesen für die Klientenperspektive ableiten:

H_{K3}: Je besser die Einhaltung von Budget und Zeitplan ist, desto höher ist die Zufriedenheit der Klienten mit der Unternehmensberatung.

H_{K4}: Je besser der Zielerreichungsgrad, desto höher ist die Zufriedenheit der Klienten mit der Unternehmensberatung.

H_{K5}: Je höher der Grad der Akzeptanz ist, desto höher ist die Zufriedenheit der Klienten mit der Unternehmensberatung.

In folgender Abbildung 36 ist die Konzeptionalisierung des Unternehmensberatungserfolgs aus Klientenperspektive unter Berücksichtigung der kausalen Wirkungsbeziehungen auf das Konstrukt „Zufriedenheit" zusammenfassend dargestellt. Darüber hinaus werden die zuvor abgeleiteten Hypothesen H_{K2} bis H_{K5} dargestellt.

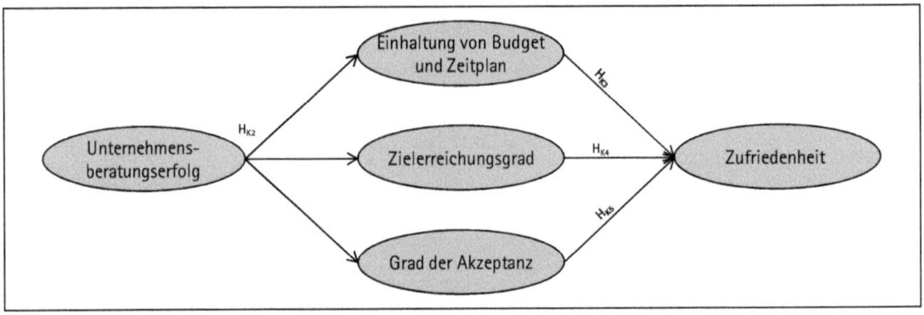

Abbildung 36: Konzeptionalisierung des Unternehmensberatungserfolgs aus Klientenperspektive unter Berücksichtigung der Zufriedenheit

Für die Beraterperspektive wurden analog insgesamt vier relevante Größen des Erfolgs von Unternehmensberatung identifiziert: die Einhaltung von Budget und Zeitplan, der Zielerreichungsgrad, die Profitabilität und Expansion und Extension. Folglich wird das Konstrukt „Unternehmensberatungserfolg" aus Beraterperspektive als ein übergeordnetes reflektives Konstrukt zweiter Ordnung konzeptionalisiert, bestehend aus den vier Dimensionen „Einhaltung von Budget und Zeitplan", „Zielerreichungsgrad", „Profitabilität" und „Expansion und Extension".[467] Dementsprechend lässt sich aus den Überlegungen zur Konzeptionalisierung des Unternehmensbera-

[467] Zur Beschreibung reflektiver und formativer Konstrukte vgl. Kapitel 4.1.2.

tungserfolges aus Beraterperspektive folgende zweite deskriptive Untersuchungshypothese für die Beraterperspektive ableiten:

H_{B2}: Aus Beratersicht existieren vier voneinander abgrenzbare Erfolgsdimensionen in Form der Einhaltung von Budget und Zeitplan, dem Zielerreichungsgrad, der Profitabilität sowie der Expansion und Extension, welche ein übergeordnetes reflektives Konstrukt zweiter Ordnung bilden, das sich inhaltlich als Unternehmensberatungserfolg aus Beraterperspektive interpretieren lässt.

In Abbildung 37 ist die Konzeptionalisierung des Unternehmensberatungserfolgs aus Beraterperspektive zusammenfassend dargestellt.

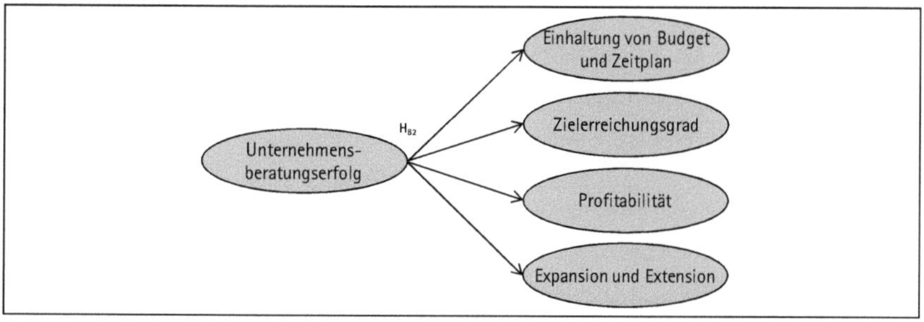

Abbildung 37: Konzeptionalisierung des Unternehmensberatungserfolgs aus Beraterperspektive

Nach der vorangegangenen Konzeptionalisierung des Beratungserfolges werden nachfolgend zur Beantwortung des zweiten Teils der dritten bzw. vierten Forschungsfrage (wie wirken die einzelnen Erfolgsfaktoren auf den Erfolg von Unternehmensberatung) die Hypothesen hinsichtlich der Wirkungsbeziehungen zwischen Erfolgsfaktoren und Unternehmensberatungserfolg abgeleitet. Aufgrund der perspektivenunabhängigen Konzeptionalisierung der Erfolgsfaktoren, ergeben sich hinsichtlich der Hypothesenableitung zu den Wirkungsbeziehungen zwischen Erfolgsfaktoren und Unternehmensberatungserfolg keine perspektivenbedingten zu berücksichtigenden Besonderheiten, weshalb eine getrennte Betrachtung nicht notwendig ist.

Bei der Konzeptionalisierung der Erfolgsfaktoren wurde bereits an unterschiedlichen Stellen auf deren positive Wirkung auf den Unternehmensberatungserfolg eingegangen.[468] Diese positiven Wirkungszusammenhänge konnten auch im Rahmen der durchgeführten Expertengespräche von

[468] Vgl. Kapitel 3.1.

allen interviewten Wissenschaftlern und Praktikern bestätigt werden. Die Konzeptionalisierung der Erfolgsfaktoren „Gemeinsame Zielvorstellung", „Intensität der Kollaboration", „Vertrauen" und „Projektmanagement" basierend auf der Prinzipal-Agent-Theorie und somit auf der zentralen Annahme vorherrschender Informationsasymmetrien zwischen Klient und Berater.[469] Nachfolgend werden die Wirkungsbeziehungen zwischen diesen Erfolgsfaktoren und dem Unternehmensberatungserfolg näher beschrieben und die entsprechenden Hypothesen abgeleitet.

Insbesondere in der vorvertraglichen Phase eines Unternehmensberatungsprojektes herrschen gravierende Informationsasymmetrien aufgrund von hidden characteristics und es besteht das Risiko der adversen Selektion.[470] Um diesem Risiko entgegen zu wirken und somit zum Erfolg eines Unternehmensberatungsprojektes beizutragen, kann die Entwicklung einer gemeinsamen Zielvorstellung erfolgsbringend wirken.[471] Hierbei werden die konkret zu erreichenden Projektziele definiert, festgehalten und kommuniziert. Ziel dieses Vorgehens ist es, zu einem gemeinsamen Verständnisses des Projekteauftrages zu gelangen und somit zum Erfolg des Unternehmensberatungsprojektes beizutragen. Demzufolge kann sowohl für die Klienten- als auch Beraterperspektive folgende explikative Untersuchungshypothese formuliert werden:

H_{K6}/H_{B3}: Je besser die gemeinsame Zielvorstellung zwischen Klient und Berater ist, desto höher ist der Unternehmensberatungserfolg.

Ein weiterer wichtiger Erfolgsfaktor, der auf Basis der Principal-Agent Theorie abgeleitet wurde, ist die Intensität der Kollaboration.[472] Unternehmensberatung ist ein klassisches Dienstleistungsgeschäft, dessen Erfolg stark von der Zusammenarbeit von Dienstleistungsnehmer und -geber abhängt.[473] Eine intensive Zusammenarbeit, der damit einhergehende enge Austausch von Informationen führt zu einer Reduktion von Informationsasymmetrien bzw. Unsicherheiten. Der sich hieraus ergebende positive Wirkungszusammenhang zwischen der Intensität der Kollaboration und dem Unternehmensberatungserfolg lässt sich in folgender explikativen Hypothese zusammenfassen:

H_{K7}/H_{B4}: Je höher die Intensität der Kollaboration, desto höher ist der Unternehmensberatungserfolg.

469 Vgl. Kapitel 2.4.2.2 und Kapitel 3.1.
470 Vgl. Kapitel 3.1.1.2.
471 Vgl. Ford (1974), S. 1 ff.; O'Driscoll/Eubanks (1993), S. 318 f.; McLachlin (1999), S. 394.
472 Vgl. Kapitel 3.1.1.2.
473 Vgl. z.B. Jang/Suh/Lee (1997), S. 171; Appelbaum/Steed (2005), S. 77; Nitithamyong/Tan (2007), S. 471.

Bei Unternehmensberatung spielt Vertrauen im Rahmen der Reduktion von Informationsasymmetrien und Unsicherheit eine wesentliche Rolle.[474] Dies beginnt bereits während der Initiierungsphase eines Beratungsprojektes. Ein vertrauenswürdiges Verhältnis zwischen Klientenunternehmen und Beratungsfirma trägt in der Regel zur Unsicherheitsreduktion bei und schwächt somit das gegenseitige Informationsproblem zwischen Klient und Berater ab. Dieser Effekt ist auch in den übrigen Projektphasen eines Beratungsprojektes von Bedeutung, wenn es beispielsweise um den Austausch sensibler Informationen geht. Dieser Austausch kann nur dann stattfinden, wenn ein vertrauensvolles Verhältnis zwischen Klient und Berater besteht. Dementsprechend kann davon ausgegangen werden, dass ein auf Vertrauen basierendes Verhältnis zwischen Klient und Berater dazu beiträgt, existierende Informationsasymmetrien und Unsicherheit zwischen Klient und Berater zu reduzieren und somit einen positiven Effekt auf den Erfolg von Unternehmensberatung hat.[475] Die sich hieraus ergebene explikative Hypothese lautet:

H_{K8}/H_{B5}: Je größer das Vertrauen zwischen Klient und Berater ist, desto höher ist der Unternehmensberatungserfolg.

Ein wesentlicher Teil eines jeden Unternehmensberatungsprojektes nimmt das mittlerweile standardmäßig durchgeführte Projektmanagement ein. Im Zuge des Projektmanagements sollen nicht nur bestehende Informationsasymmetrien abgebaut werden, es geht auch um die Reduktion der vorherrschenden Komplexität bzw. den damit einhergehenden Unsicherheiten, beispielsweise durch eine strukturierte Aufgaben- und Ressourcenplanung.[476] Aufgrund des Beitrages des Projektmanagements zur Überwindung des Informationsproblems kann von einem positiven Wirkungszusammenhang zwischen der Etablierung eines Projektmanagements und dem Unternehmensberatungserfolg ausgegangen werden.[477] Demzufolge lässt sich folgende weitere explikative Hypothese formulieren:

H_{K9}/H_{B6}: Je besser das Projektmanagement ist, desto höher ist der Unternehmensberatungserfolg.

Mit den Erfolgsfaktoren „Beraterkompetenz", „Bereitgestellte Ressourcen" und „Top Management Support" wurden auf Basis des Resource Based Views drei im Kontext von Unternehmens-

[474] Vgl. Kapitel 3.1.1.2.
[475] Vgl. z.B. Covin/Fisher (1991), S. 17; Glückler/Armbrüster (2003), S. 289 f.; Mencke (2005), S. 391 ff.; Solomonson (2012), S. 57.
[476] Vgl. Kapitel 3.1.1.2.
[477] Vgl. z.B. Nidumolu (1996), S. 105; Kubr (2005), S. 755; Nitithamyong/Tan (2007), S. 471; Liberatore/Luo (2010), S. 263 ff.

beratung erfolgsrelevante Ressourcen herausgearbeitet.[478] Bevor im nächsten Kapitel die Modellentwicklung und alle Untersuchungshypothesen zusammengefasst dargestellt werden, wird im Folgenden noch auf die Wirkungsbeziehungen zwischen diesen Erfolgsfaktoren und dem Unternehmensberatungserfolg näher eingegangen.

Unternehmensberatung gilt als eine äußerst wissensintensive Dienstleistung mit einem starken Service-Charakter, dessen Erfolg maßgeblich von den involvierten Beratern abhängig ist.[479] Unternehmensberater werden in der Regel engagiert, weil ein Klient nicht in der Lage ist, ein Problem mit eigenen Ressourcen bzw. dem eigenem vorhandenen Wissen selbständig zu lösen. Der Erfolg eines Beratungsprojektes hängt somit wesentlich von den vom Berater zur Verfügung gestellten Kompetenzen ab. Somit kann der Beraterkompetenz ein positiver Wirkungszusammenhang zum Erfolg einen Beratungsprojektes unterstellt werden.[480] Die sich hieraus ableitbare explikative Hypothese lautet:

H_{K10}/H_{B7}: Je besser die Beraterkompetenz, desto höher ist der Unternehmensberatungserfolg.

Weitere erfolgsrelevante Ressource betreffen die vom Klienten zur Verfügung gestellten Ressourcen, insbesondere finanzielle und personelle Mittel.[481] Diese Ressourcen müssen aus dem Tagesgeschäft herausgelöst oder hierfür extra aufgebaut werden. Dabei muss insbesondere im Hinblick auf die personellen Mittel auch berücksichtigt werden, dass die vom Klienten bereitgestellten Ressourcen verfügbar und für den Projektzweck entsprechend geeignet sind. Ohne ein passendes vom Klienten zur Verfügung gestelltes Ressourcenframework, sei es finanzieller, personeller oder anderer Natur, ist eine erfolgreiche Projektdurchführung nicht möglich.[482] Somit kann von einem positiven Wirkungszusammenhang von den vom Klienten bereitgestellten Ressourcen und dem Unternehmensberatungserfolg ausgegangen werden:

H_{K11}/H_{B8}: Je besser die bereitgestellten Ressourcen sind, desto höher ist der Unternehmensberatungserfolg.

Unternehmensberatungsprojekte gehen oft einher mit umfassenden organisatorischen Veränderungen. Diese organisatorischen Veränderungen werden häufig von den Klientenmitarbeitern mit

---

[478] Vgl. Kapitel 3.1.1.2.
[479] Vgl. Kapitel 3.1.1.2.
[480] Vgl. z.B. Williams/Woodward (1994); Jang/Suh/Lee (1997), S. 169 f.; Richter/Schmidt (2006), S. 372; Nitithamyong/Tan (2007), S. 469 f.
[481] Vgl. Kapitel 3.1.1.2.
[482] Vgl. z.B. Hoffmann (1991), S. 173 ff.; Hartman/Ashrafi (2002), S. 12; Liberatore/Luo (2010), S. 259.

massivem Widerstand begegnet. Es ist Aufgabe des Top Managements, nachhaltiges Commitment gegenüber dem Beratungsprojekt und den sich daraus ergebenen Konsequenzen zu signalisieren und kommunizieren, um das Widerstandsverhalten der Klientenmitarbeiter zu reduzieren bzw. in ein positives unterstützendes Verhalten umzuwandeln.[483] Dementsprechend kann von einem positiven Wirkungszusammenhang von dem Top Management Support mit dem Erfolg eines Beratungsprojektes ausgegangen werden.[484] Die hieraus ableitbare letzte explikative Hypothese lautet:

H_{K12}/H_{B9}: Je höher der Top Management Support, desto höher ist der Unternehmensberatungserfolg.

3.3 Zusammenfassung der Modellentwicklung und der Untersuchungshypothesen

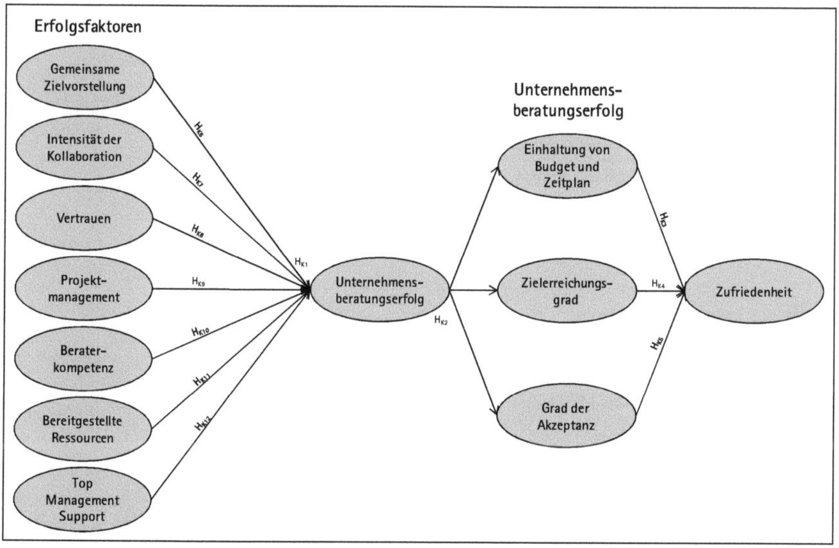

Abbildung 38: Integriertes Gesamtmodell der Untersuchung aus Klientenperspektive

In den vorangegangenen Kapiteln wurden die Erfolgsfaktoren und der Unternehmensberatungserfolg aus Klienten- und Beraterperspektive konzeptionalisiert und die sich daraus ergebenden Hypothesen abgeleitet. Bevor im nächsten Kapitel Grundlagen und Methodik der empirischen Untersuchung erläutert werden, werden abschließend die wesentlichen Ergebnisse hinsichtlich der Modellentwicklung und der zu überprüfenden Wirkungszusammenhänge zusammengefasst

483 Vgl. Kapitel 3.1.1.2.

484 Vgl. z. B. Markus (1981), S. 203 ff.; Doll (1985), S. 17; Lederer/Mendelow (1988), S. 73; Covin/Fisher (1991), S. 18; Appelbaum/Steed (2005), S. 77; Young/Jordan (2008), S. 713 ff.; Young/Poon (2013), S. 943 ff.

dargestellt. Zu diesem Zweck ist in Abbildung 38 zunächst das integrierte Gesamtmodell aus Klientenperspektive dargestellt. Die bereits in Abbildung 38 angedeuteten 12 Untersuchungshypothesen aus Klientenperspektive (H_{K1} bis H_{K12}) sind in Tabelle 14 im Überblick zusammengefasst. Die empirische Überprüfung dieser Hypothesen erfolgt in Kapitel 5.

Nr.	Hypothese	Art
H_{K1}	Aus Klientensicht existieren bei einem Unternehmensberatungsprojekt sieben voneinander abgrenzbare Erfolgsfaktoren: die gemeinsame Zielvorstellung, die Intensität der Kollaboration, das Vertrauen, das Projektmanagement, die Beraterkompetenz, die bereitgestellten Ressourcen und der Top Management Support.	deskriptiv
H_{K2}	Aus Klientensicht existieren bei einem Unternehmensberatungsprojekt drei voneinander abgrenzbare Erfolgsdimensionen, nämlich die Einhaltung von Budget und Zeitplan, der Zielerreichungsgrad und der Grad der Akzeptanz. Diese bilden ein übergeordnetes reflektives Konstrukt zweiter Ordnung, das sich inhaltlich als Unternehmensberatungserfolg aus Klientenperspektive interpretieren lässt.	deskriptiv
H_{K3}	Je besser die Einhaltung von Budget und Zeitplan ist, desto höher ist die Zufriedenheit der Klienten mit der Unternehmensberatung.	explikativ
H_{K4}	Je besser der Zielerreichungsgrad, desto höher ist die Zufriedenheit der Klienten mit der Unternehmensberatung.	explikativ
H_{K5}	Je höher der Grad der Akzeptanz ist, desto höher ist die Zufriedenheit der Klienten mit der Unternehmensberatung.	explikativ
H_{K6}	Je besser die gemeinsame Zielvorstellung zwischen Klient und Berater ist, desto höher ist der Unternehmensberatungserfolg.	explikativ
H_{K7}	Je höher die Intensität der Kollaboration, desto höher ist der Unternehmensberatungserfolg.	explikativ
H_{K8}	Je größer das Vertrauen zwischen Klient und Berater ist, desto höher ist der Unternehmensberatungserfolg.	explikativ
H_{K9}	Je besser das Projektmanagement ist, desto höher ist der Unternehmensberatungserfolg.	explikativ
H_{K10}	Je besser die Beraterkompetenz, desto höher ist der Unternehmensberatungserfolg.	explikativ
H_{K11}	Je besser die bereitgestellten Ressourcen sind, desto höher ist der Unternehmensberatungserfolg.	explikativ
H_{K12}	Je höher der Top Management Support, desto höher ist der Unternehmensberatungserfolg.	explikativ

Tabelle 14: Die zu überprüfenden Untersuchungshypothesen aus Klientenperspektive im Überblick

Folgende Abbildung 39 zeigt in einem integrierten Untersuchungsmodell analog zur Klientenperspektive das aufgestellte Hypothesengerüst für die Beraterperspektive.

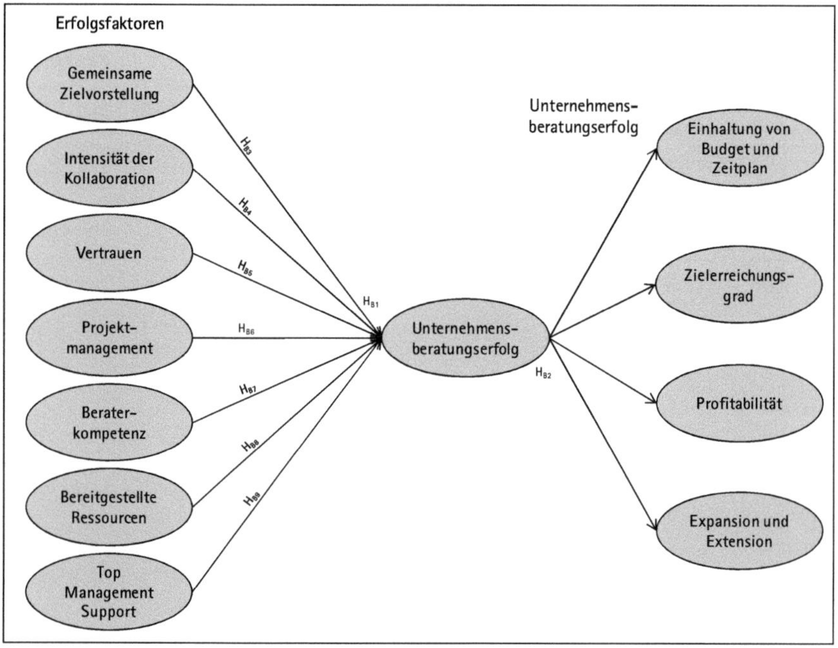

Abbildung 39: Integriertes Gesamtmodell der Untersuchung aus Beraterperspektive

Schließlich gibt Tabelle 15 die bereits in Abbildung 39 angedeuteten 9 Untersuchungshypothesen aus Beraterperspektive (H_{B1} bis H_{B9}) wieder. Die empirische Überprüfung dieser Hypothesen erfolgt in Kapitel 6.

Nr.	Hypothese	Art
H_{B1}	Aus Beratersicht existieren bei einem Unternehmensberatungsprojekt sieben voneinander abgrenzbare Erfolgsfaktoren: die gemeinsame Zielvorstellung, die Intensität der Kollaboration, das Vertrauen, das Projektmanagement, die Beraterkompetenz, die bereitgestellten Ressourcen und der Top Management Support.	deskriptiv
H_{B2}	Aus Beratersicht existieren vier voneinander abgrenzbare Erfolgsdimensionen in Form der Einhaltung von Budget und Zeitplan, dem Zielerreichungsgrad, der Profitabilität sowie der Expansion und Extension, welche ein übergeordnetes reflektives Konstrukt zweiter Ordnung bilden, das sich inhaltlich als Unternehmensberatungserfolg aus Beraterperspektive interpretieren lässt.	deskriptiv
H_{B3}	Je besser die gemeinsame Zielvorstellung zwischen Klient und Berater ist, desto höher ist der Unternehmensberatungserfolg.	explikativ
H_{B4}	Je höher die Intensität der Kollaboration, desto höher ist der Unternehmensberatungserfolg.	explikativ
H_{B5}	Je größer das Vertrauen zwischen Klient und Berater ist, desto höher ist der Unternehmensberatungserfolg.	explikativ

Nr.	Hypothese	Art
H_{B6}	Je besser das Projektmanagement ist, desto höher ist der Unternehmensberatungserfolg.	explikativ
H_{B7}	Je besser die Beraterkompetenz, desto höher ist der Unternehmensberatungserfolg.	explikativ
H_{B8}	Je besser die bereitgestellten Ressourcen sind, desto höher ist der Unternehmensberatungserfolg.	explikativ
H_{B9}	Je höher der Top Management Support, desto höher ist der Unternehmensberatungserfolg.	explikativ

Tabelle 15: Die zu überprüfenden Untersuchungshypothesen aus Beraterperspektive im Überblick

4 Grundlagen und Methodik der empirischen Untersuchung

Das vorangegangene Kapitel fokussierte auf die Konzeptionalisierung und die Modellentwicklung. Sowohl für die Berater- als auch für die Klientenperspektive wurden hierbei jeweils ein Untersuchungsmodell und entsprechende Hypothesen entwickelt. Um sicherzustellen, dass die theoretisch erarbeiteten Wirkungszusammenhänge auch in der Realität so existieren, werden diese einem empirischen Test unterzogen. Zu diesem Zweck wurden pro Untersuchungsperspektive zwei Erhebungen unabhängig voneinander durchgeführt. Bevor die Ergebnisse der empirischen Untersuchung dargestellt werden, werden in diesem Kapitel vorerst Grundlagen und Methodik der empirischen Untersuchungen behandelt.

Zunächst werden in Kapitel 4.1 die Grundlagen von Strukturgleichungsmodellen behandelt. Hieran anschließend werden in Kapitel 4.2 die zur Beurteilung von Strukturgleichungsmodellen zur Anwendung kommenden Gütekriterien vorgestellt und in Kapitel 4.3 die Vorgehensweise der Modellüberprüfung präsentiert. Schließlich wird in Kapitel 4.4 auf die Datengrundlage und Datenerhebung der beiden durchgeführten empirischen Untersuchungen näher eingegangen. Folgende Abbildung 40 ordnet das Kapitel 4 in den Gesamtkontext der Untersuchung ein.

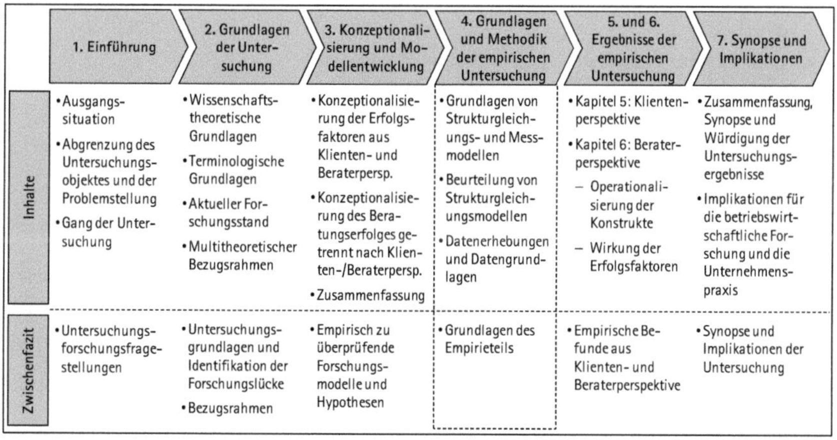

Abbildung 40: Einordnung von Kapitel 4 in die Untersuchung

4.1 Grundlagen von Strukturgleichungsmodellen

Bei der Wahl des für diese Untersuchung zu Anwendung kommenden Datenanalyseverfahrens muss insbesondere berücksichtigt werden, dass die in Kapitel 3 hergeleiteten Untersuchungsmodelle über eine Vielzahl von komplexen Wirkungszusammenhängen – überwiegend zwischen latenten Variablen – verfügen, und vor allem konfirmatorische Forschungsfragen im Mittelpunkt der Betrachtung stehen. Dementsprechend muss auch das eingesetzte Datenanalyseverfahren gewählt werden, um eine valide Überprüfung und Untersuchung der aufgestellten Hypothesen zu garantieren.

Strukturgleichungsmodelle genügen diesen Anforderungen in besonderem Maße und konnten sich seit den 1970er Jahren bei der Untersuchung von komplexen Wirkungszusammenhängen in der Wirtschafts- und Sozialforschung als besonders geeignetes Instrument etablieren.[485] Die Besonderheiten von Strukturgleichungsmodellen liegen neben der expliziten Berücksichtigung von Messfehlern[486] insbesondere in der Möglichkeit der Messung von latenten Variablen mit Hilfe mehrerer beobachtbarer Indikatoren und der simultanen Betrachtung von komplexen kausalen Beziehungen zwischen verschiedenen endogenen und exogenen Variablen.[487] Dabei ist auch die gleichzeitige Betrachtung mehrerer Wirkungszusammenhänge zwischen verschiedenen Faktoren möglich. Vor diesem Hintergrund wird der Strukturgleichungsmodell-Ansatz aufgrund seiner besonderen Eignung für diese Untersuchung als das führende Datenanalyseverfahren verwendet. Nachfolgend wird zunächst in Kapitel 4.1.1 auf den allgemeinen Ansatz von Strukturgleichungsmodellen eingegangen, um hierauf aufbauend in Kapitel 4.1.2 speziell die formative versus reflektive Operationalisierung und mehrdimensionale Konstrukte näher zu erläutern.

4.1.1 Allgemeiner Ansatz von Strukturgleichungsmodellen

Im Rahmen von Strukturgleichungsmodellen können prinzipiell zwei unterschiedliche Ansätze differenziert werden: der varianzanalytische und der kovarianzanalytische Ansatz.[488] Der varianzanalytische Ansatz wurde 1966 von Wold entwickelt und ist ein, basierend auf einer Kleinst-Quadrate-Schätzung, zweistufiger Ansatz.[489] In einem ersten Schritt werden zunächst für alle latenten Variablen aus den empirischen Daten konkrete Schätzwerte ermittelt, die in einem zweiten Schritt zur Schätzung der Modellparameter des Strukturmodells herangezogen werden.[490] Die Implementierung des Partial Least Square-Ansatzes (PLS) erfolgt erstmals 1984 durch Lohmüller mittels des Programms LVPLS (Latent Variables Path Analysis with Partial Least

---

[485] Vgl. Förster et al. (1984), S. 346; Bollen (1989), S. 4 f.; Homburg/Baumgartner (1995a), S. 139 ff.; Baumgartner/Homburg (1996), S. 139; Steenkamp/Baumgartner (2000), S. 195 ff.; Williams/Edwards/Vandenberg (2003), S. 903 ff.; Kline (2011), S. 18; Giere/Wirtz/Schilke (2006), S. 678.

[486] Vgl. Homburg/Dobratz (1998), S. 450; Goerzen/Beamish (2005), S. 339; Kline (2011), S. 9 f.; Backhaus/Erichson/Weiber (2011), S. 71 f.

[487] Vgl. Fornell (1987), S. 411; Bollen (1989), S. 20; Chin (1998a), S. VII; Hair et al. (2010), S. 634 ff.

[488] Vgl. Rigdon (1998), S. 251 ff.; Chin (1998a); Bliemel et al. (2005), S. 10; Fassott (2005), S. 20 f.; Temme/Kreis (2005), S. 199 f.; Herrmann/Huber/Kressmann (2006), S. 35.

[489] Vgl. Wold (1966).

[490] Vgl. Wold (1966); Wold (1975); Wold (1982a); Lohmöller (1989), S. 29 f.

Squares Estimation)[491] und ist Basis für alle heute gängigen PLS-Programms, wie z.B. PLS-Graph oder SmartPLS.[492]

Während es bei den varianzanalytischen Ansätzen um eine bestmögliche Reproduktion der Indikatorwerte geht,[493] werden beim kovarianzanalytischen Ansatz der Strukturgleichungsanalyse alle Parameter des Strukturgleichungsmodells auf Basis der Korrelationsmatrix bzw. der Varianz-Kovarianzmatrix simultan geschätzt.[494] Der kovarianzanalytische Ansatz geht insbesondere auf die Arbeiten von Karl G. Jöreskog zurück,[495] und ist in dem Program LISREL (LInear Structural RELationships) integriert. Darüber hinaus wurden auf Basis des LISREL-Ansatzes zwei weitere Programme entwickelt, die für die Schätzung des Gleichungssystems von Strukturgleichungsmodellen verwendet werden können: das Programm AMOS von Arbuckle (2008) und das Programm EQS von Bentler (1985).

Der ganzheitliche Ansatz der Kovarianzstrukturanalyse basiert auf der konfirmatorischen Faktorenanalyse und prüft die Nullhypothese, dass die modelltheoretische Kovarianzmatrix der empirisch erhobenen entspricht. Die Parameter des Strukturgleichungsmodells werden infolgedessen so geschätzt, dass die empirische Varianz-Kovarianzmatrix bzw. Korrelationsmatrix möglichst genau reproduziert werden kann.[496] Bei der Auswahl des zum Einsatz kommenden Verfahrens zur Schätzung des Gleichungssystems ist kein eindeutig zu präferierender Ansatz auszumachen. Vielmehr muss sich der Forscher abhängig vom jeweiligen Untersuchungsgegenstand und den vorliegenden empirischen Daten individuell für bzw. gegen einen Ansatz entscheiden. Folgende Tabelle 16 fasst die wesentlichen kritischen Eigenschaften beider Ansätze zusammen, die als Basis für eine Entscheidung zwischen varianzanalytischem Ansatz und kovarianzanalytischem Ansatz herangezogen werden kann.

Kriterium	Varianzanalytischer Ansatz	Kovarianzanalytischer Ansatz
Zielsetzung	Bestmögliche Vorhersage der Datenmatrix bzgl. der Zielvariablen	Bestmögliche Reproduktion der empirischen Varianz-Kovarianzmatrix
Theoriebezug	Daten- und prognoseorientierter Ansatz (Soft Modeling)	Theorie-testender Ansatz (Hard Modeling)

491 Vgl. Lohmöller (1984); Lohmöller (1989).
492 Vgl. Weiber/Mühlhaus (2010), S. 58.
493 Vgl. Herrmann/Huber/Kressmann (2006), S. 44.
494 Vgl. Weiber/Mühlhaus (2010), S. 47.
495 Vgl. Jöreskog (1970); Jöreskog (1973).
496 Vgl. Homburg/Dobratz (1998), S. 17; Betzin/Henseler (2005), S. 50; Fassott (2005), S. 26; für eine vertiefte Darstellung der beiden Verfahren sei verwiesen auf Jöreskog (1973), Bagozzi (1980) und Bollen (1989) (Kovarianzstrukturanalyse) und Wold (1982a), Wold (1982b), Lohmöller (1989), Barclay/Higgins/Thompson (1995), Chin (1998b) und Chin/Newsted (1999) (Varianzstrukturanalyse).

Kriterium	Varianzanalytischer Ansatz	Kovarianzanalytischer Ansatz
Zielfunktion	Minimierung der Differenz zwischen beobachtbaren und geschätzten Falldaten	Minimierung der Differenz zwischen empirischen und modelltheoretischen Kovarianzen
Methodik	Regressionsanalytischer Ansatz bei zweistufiger Schätzung von Messmodellen und Strukturmodell	Faktoranalytischer Ansatz mit simultaner Schätzung aller Parameter des Kausalmodells
Datenbasis	Ausgangsdatenmatrix	Varianz-Kovarianz-Matrix
Latente Variable	Dimensionen im Sinne der Hauptkomponentenanalyse und Konfundierung von Faktor- und Fehlervarianz bei der Schätzung der Konstruktwerte	Faktoren im Sinne der Faktorenanalyse und Isolierung der Fehlervarianz der Messvariablen bei der Schätzung des Strukturmodells
Strukturmodell	Nur rekursive Modelle	Rekursive und nicht-rekursive Modelle
Messmodell	Formativ und reflektive Messmodelle	Primär reflektiv
Verteilungsannahmen	keine	Multinormalverteilung (bei ML-Methode)
Gütebeurteilung	Partielle Gütekriterien bzgl. Vorhersage der Datenmatrix	Globale und lokale inferenzstatistische Gütemaße
Stichprobenumfang	Kleine Stichproben ausreichend	Große Stichproben
Modellvergleiche	Nur eingeschränkt möglich	Möglich
Programmpakete	LVPLS, PLS Graph, SmartPLS	LISREL, AMOS, EQS

Tabelle 16: Zentrale Unterschiede zwischen dem varianzanalytischen und dem kovarianzanalytischen Ansatz der Kausalanalyse[497]

Basierend auf diesen Kriterien existieren im Schrifttum einige generelle Entscheidungsempfehlungen. Somit ist ein varianzbasierter Ansatz generell dann vorzuziehen, wenn eine Vorhersage der Datenmatrix bzgl. der Zielvariablen im Mittelpunkt der Untersuchung steht, kleine Stichproben vorliegen und eine starke Abweichung der Daten von der Normalverteilung gegeben ist. Hingegen sind kovarianzbasierte Verfahren für Theorie-/Hypothesentests geeignet, insofern eine ausreichend große Stichprobe vorliegt ($n \geq 200$), und keine starke Abweichung der Daten von der Normalverteilung festgestellt wurde.[498]

Da für beide Erhebungen dieser Untersuchung eine ausreichende Anzahl an Rückläufern generiert werden konnte, und ein bedeutendes Ziel dieser Untersuchung insbesondere im Theorie-/Hypothesentest besteht, werden ausschließlich kovarianzbasierte Verfahren für die vorliegende Untersuchung zur Anwendung kommen.[499] Aus diesem Grund beziehen sich nachfolgende Ausführungen auf kovarianzbasierte Verfahren, gleichwohl auch viele der vorhergehenden Ausführungen ebenso Gültigkeit für varianzbasierte Verfahren haben.

[497] In Anlehnung an Weiber/Mühlhaus (2010), S. 66.

[498] Vgl. Anderson/Gerbing (1988), S. 412; Chin/Newsted (1999), S. 336; Scholderer/Balderjahn (2005), S. 97 f.; Herrmann/Huber/Kressmann (2006), S. 45 ff.; Giere/Wirtz/Schilke (2006), S. 682.

[499] Vgl. zur Normalverteilung Kapitel 4.4.3.2.

Ein vollständiges Strukturgleichungsmodell besteht aus drei konstitutiven Elementen: das Messmodell der latenten exogenen Variablen, das Messmodell der latenten endogenen Variablen und das Strukturmodell. Folgende Abbildung 41 stellt das Pfaddiagramm eines vollständigen Strukturgleichungsmodells mit den drei Teilmodellen und deren Beziehungen untereinander grafisch dar und wird anschließend näher erläutert.

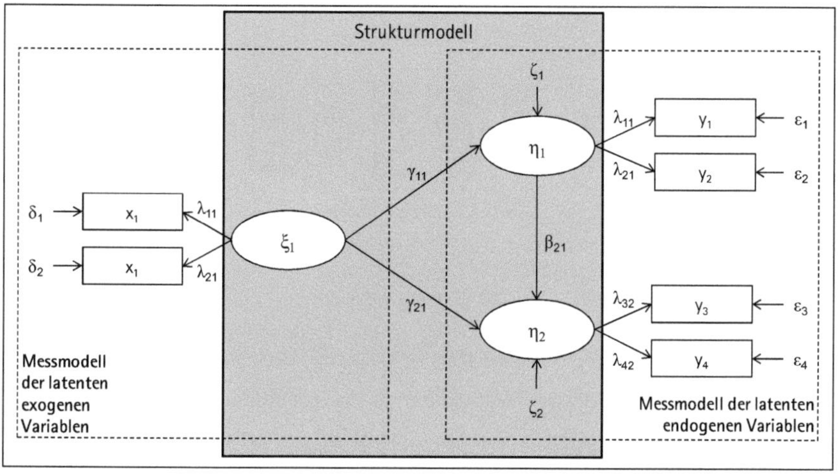

Abbildung 41: Pfaddiagramm eines vollständigen Strukturgleichungsmodells[500]

Ein Pfaddiagramm eines Strukturgleichungsmodells ist immer gleich aufgebaut. Auf der linken Seite befindet sich das Messmodell der latenten exogenen Variablen, bestehend aus den latenten exogenen Variablen (ξ-Variablen), den direkt beobachtbaren Indikatoren (x-Variablen) – die die latenten exogenen Variablen operationalisieren – und den vermuteten Zusammenhängen zwischen den exogenen Konstrukten und den Indikatoren (λ-Variablen).[501] Außerdem werden Messfehler explizit berücksichtigt (δ-Variablen). Somit lässt sich das Messmodell der latenten exogenen Variablen wie folgt darstellen:

$$\text{(1a)} \quad \begin{bmatrix} x_1 \\ x_2 \end{bmatrix} = \begin{bmatrix} \lambda_{11} \\ \lambda_{21} \end{bmatrix} * \xi_1 + \begin{bmatrix} \delta_1 \\ \delta_2 \end{bmatrix}$$

oder allgemein

$$\text{(1b)} \quad x = \Lambda_x * \xi + \delta.$$

500 In Anlehnung an Backhaus/Erichson/Weiber (2011), S. 76.

501 Vgl. hierzu und im Folgenden Weiber/Mühlhaus (2010), S. 33 ff.; Weiber/Mühlhaus (2010), S. 39 ff.; Backhaus/Erichson/Weiber (2011), S. 71 ff.

Das Messmodell der latenten endogenen Variablen befindet sich standardmäßig auf der rechten Seite des Pfaddiagrammes. Es besteht aus den latenten endogenen Variablen (η-Variablen), den direkt beobachtbaren Indikatoren (y-Variablen) – die zur Messung der latenten endogenen Variablen verwendet werden – und den vermuteten Zusammenhängen zwischen den endogenen Konstrukten und den manifesten Indikatoren (λ-Variablen). Außerdem werden auch hier Messfehler explizit berücksichtigt (ε-Variablen). Somit lässt sich das Messmodell der latenten endogenen Variablen wie folgt darstellen:

$$\text{(2a)} \quad \begin{bmatrix} y_1 \\ y_2 \\ y_3 \\ y_4 \end{bmatrix} = \begin{bmatrix} \lambda_{11} & 0 \\ \lambda_{12} & 0 \\ 0 & \lambda_{32} \\ 0 & \lambda_{43} \end{bmatrix} * \begin{bmatrix} \eta_1 \\ \eta_2 \end{bmatrix} + \begin{bmatrix} \varepsilon_1 \\ \varepsilon_2 \\ \varepsilon_3 \\ \varepsilon_4 \end{bmatrix}$$

oder allgemein

$$\text{(2b)} \quad y = \Lambda_y * \eta + \varepsilon.$$

Schließlich befindet sich in der Mitte des Pfaddiagramms das Strukturmodell. Es bildet den Kern des Strukturgleichungsmodells und stellt die theoretisch vermuteten Zusammenhänge (γ- und β-Variablen) zwischen den latenten exogenen (ξ-Variablen) und endogenen (η-Variablen) Konstrukten dar. Außerdem werden ebenfalls Residualvariablen explizit berücksichtigt (ζ-Variablen). Somit lässt sich das Strukturmodell wie folgt darstellen:

$$\text{(3a)} \quad \begin{bmatrix} \eta_1 \\ \eta_2 \end{bmatrix} = \begin{bmatrix} 0 & 0 \\ \beta_{21} & 0 \end{bmatrix} * \begin{bmatrix} \eta_1 \\ \eta_2 \end{bmatrix} + \begin{bmatrix} \gamma_{11} \\ \gamma_{21} \end{bmatrix} * \xi_1 + \begin{bmatrix} \zeta_1 \\ \zeta_2 \end{bmatrix}$$

oder allgemein

$$\text{(3b)} \quad \eta = B * \eta + \Gamma * \xi + \zeta.$$

Zusammenfassend kann das lineare Gleichungssystem eines vollständigen Strukturgleichungssystems mit Hilfe der drei Gleichungen (1b), (2b) und (3b) vollständig dargestellt werden:

- Gleichung der Messmodelle der latenten exogenen Variablen: $\boldsymbol{x} = \boldsymbol{\Lambda_x \xi} + \boldsymbol{\delta}$,
- Gleichung der Messmodelle der latenten endogenen Variablen: $\boldsymbol{y} = \boldsymbol{\Lambda_y \eta} + \boldsymbol{\varepsilon}$,
- Gleichung des Strukturmodells: $\boldsymbol{\eta} = \boldsymbol{B\eta} + \boldsymbol{\Gamma\xi} + \boldsymbol{\zeta}$.

Zwischen den direkt beobachtbaren x- bzw. y-Variablen lassen sich die jeweiligen Beziehungen in den Messmodellen über empirische Korrelationen berechnen, wobei sich die Beziehungen im Messmodell der latenten endogenen Konstrukte über die Korrelationen der y-Variablen und die Beziehungen im Messmodell der latenten exogenen Konstrukte über die Korrelationen der x-Variablen berechnen lassen. Hierauf aufbauend können die durch das Hypothesensystem postulierten Modellbeziehungen regressionsanalytisch berechnet werden. Dabei ist insbesondere die Wahl eines geeigneten Schätzers von bedeutender Wichtigkeit. Folgende fünf Schätzverfahren zählen hierbei zu den in der Forschungspraxis am häufigsten Verwendeten:[502]

- die Maximum Likelihood-Methode (ML),
- die Methode der verallgemeinerten kleinsten Quadrate (GLS = Generalized Least Square),
- die Methode der ungewichteten kleinsten Quadrate (ULS = Unweighted Least Square),
- die Methode der skalenunabhängigen kleinsten Quadrate (SLS = Scale free Least Squares) und
- die Methode der asymptotisch verteilungsfreien Schätzer (ADF = Asymptotically Distribution Free).

Die Auswahl des am besten geeigneten Schätzverfahrens ist anwendungsfallspezifisch zu treffen und orientiert sich an folgenden vier Kriterien: Multinormalverteilung der manifesten Variablen, Skaleninvarianz der Diskrepanzfunktion, Stichprobengröße und Verfügbarkeit von Inferenzstatistiken.[503] Folgende Tabelle 17 fasst die jeweiligen Ausprägungen der genannten Auswahlkriterien für die fünf aufgeführten Schätzverfahren zusammen.

Kriterium	ML	GLS	ULS	SLS	ADF
Annahme einer Multinormalverteilung	Ja	Ja	Nein	Nein	Nein
Skaleninvarianz	Ja	Ja	Nein	Ja	Ja
Stichprobengröße	> 100	> 100	> 100	> 100	> 1,5 (p^2+p)[504]
Inferenzstatistiken	Ja	Ja	Nein	Nein	Ja

Tabelle 17: Anforderungen und Eigenschaften iterativer Schätzverfahren[505]

Im Schrifttum gilt die Maximum Likelihood-Methode als der genaueste Ansatz zur Schätzung der Modellparameter, mit dem eine Vielzahl von inferenzstatistischen Tests möglich ist.[506] Aus

502 Vgl. Reinecke (2005), S. 109 ff.; Weiber/Mühlhaus (2010), S. 54 f.
503 Vgl. Adler (1996), S. 191 ff.; Weiber/Mühlhaus (2010), S. 54; Backhaus et al. (2011), S. 258 f.
504 p = Anzahl der beobachteten Variablen.
505 In Anlehnung an Backhaus et al. (2011), S. 258.
506 Vgl. Hair et al. (2010), S. 741; Weiber/Mühlhaus (2010), S. 57; Backhaus et al. (2011), S. 365.

diesem Grund gilt die Maximum Likelihood-Methode als das am häufigsten verwendete Schätzverfahren im Rahmen von Strukturgleichungsmodellen.[507] Da die in Tabelle 17 dargestellten Anforderungen – insbesondere die der Multinormalverteilung und der Stichprobengröße – für beide für diese Untersuchung relevanten Samples weitestgehend erfüllt sind,[508] kann hier die Maximum Likelihood-Methode zur Schätzung der Modellparameter verwendet werden.

Die bisherigen Ausführungen dienten dazu, einen allgemeinen Überblick über den Ansatz der Strukturgleichungsmodellierung zu bekommen. Dabei wurde allerdings noch nicht näher auf die verschiedenen Messmodelle innerhalb von Strukturgleichungsmodellen eingegangen. Hierbei handelt es sich zumeist um latente Variablen bzw. Konstrukte, die sich einer direkten Beobachtbarkeit auf empirischer Ebene entziehen und daher, um eine Überprüfung zu ermöglichen, zweckmäßig operationalisiert werden müssen.[509] Dabei ist es von essentieller Bedeutung, dass die erhobenen Daten und verwendeten Skalen auch das messen, was sie messen sollen und das theoretisch postulierte Konstrukt korrekt repräsentieren.[510] Aus diesem Grund werden, bevor auf die Gütekriterien zur Beurteilung von Strukturgleichungsmodellen näher eingegangen wird, im folgenden Kapitel die zwei grundlegenden Operationalisierungsansätze – formative versus reflektive Operationalisierung – näher betrachtet. Außerdem wird auf die Unterscheidung von mehrdimensionalen Konstrukten explizit eingegangen.

4.1.2 Formative versus reflektive Operationalisierung und mehrdimensionale Konstrukte

Hypothetische Konstrukte lassen sich am einfachsten durch eine direkte Abfrage mittels einer Bewertungs- oder Intensitätsskala erfassen. Pro Konstrukt bzw. latenter Variable wird nur eine so genannte Globalfrage beim Probanden abgefragt, z.B. „Wie zufrieden sind Sie mit dem Unternehmensberatungsprojekt?" Allerdings besteht eine große Problematik bei derartigen Globalabfragen darin, dass die einzelnen empirischen Daten in der Regel nicht miteinander verglichen werden können, da jeder Proband ein unterschiedliches Verständnis der einzelnen Globalfrage haben kann. Darüber hinaus widerspricht eine Erfassung via Globalfrage der Charakteristik von hypothetischen Konstrukten, da sich diese in der Regel aus mehreren Dimensionen zusammensetzen.[511]

---

507 Vgl. Homburg/Sütterlin (1990), S. 186.
508 Vgl. Kapitel 4.4.3.2.
509 Vgl. Anderson/Gerbing (1982), S. 453.
510 Vgl. Rossiter (2002), S. 305 ff.
511 Vgl. Weiber/Mühlhaus (2010), S. 34 f.

Eine sinnvolle Erschließung von hypothetischen Konstrukten kann daher nur über Messmodelle erfolgen. Hierbei werden nach Blalock (1964) zwei Typen der Operationalisierung unterschieden, die in Abbildung 42 illustrativ dargestellt sind: der reflektive Operationalisierungsansatz und der formative Operationalisierungsansatz.[512] Auf beide dargestellten Messmodelle wird im Folgenden näher eingegangen. Abbildung 42 zeigt die zentralen Unterschiede bei der Messung eines latenten Konstrukts durch ein reflektives oder ein formatives Messmodell unter Verwendung der gleichen Indikatoren.

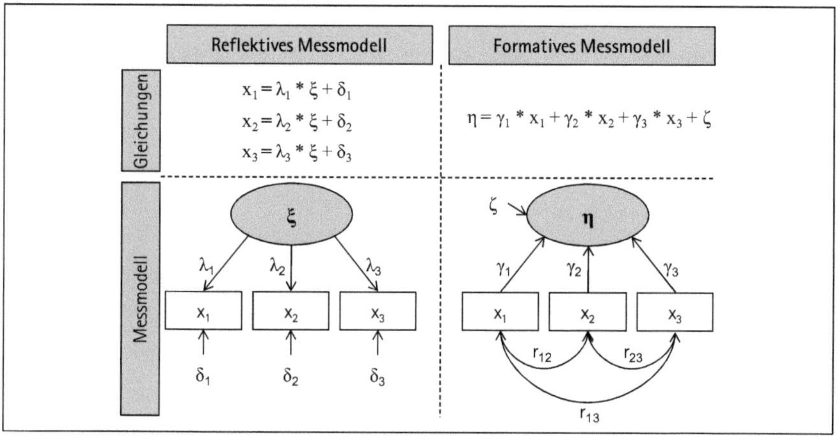

Abbildung 42: Reflektive versus formative Konstruktoperationalisierung[513]

Reflektive Messmodelle folgen dem faktoranalytischen Ansatz und zeichnen sich vor allem dadurch aus, dass die Ausprägungen der einzelnen Messindikatoren (x_1 bis x_n) durch die betrachtete latente Variable (ξ) verursacht werden.[514] Zwischen allen Indikatoren besteht idealerweise eine hohe Korrelation, wobei die Indikatoren austauschbare Messgrößen darstellen, und durch die Entfernung eines Indikators wird der Charakter des latenten Konstrukts nicht wesentlich verändert.[515] Dabei sollten die Indikatoren so konstruiert sein, dass sie das entsprechende latente Konstrukt in seiner Gesamtheit bestmöglich widerspiegeln. Ändert sich die Ausprägung des theoretischen Konstrukts, so geht dies auch mit einer Änderung der dazugehörigen Indikator-

[512] Vgl. Blalock (1964), S. 163.
[513] Vgl. Bollen/Lennox (1991), S. 308; Diamantopoulos/Winklhofer (2001), S. 270 f.
[514] Vgl. Blalock (1982), S. 242 ff.; Bagozzi (1982b), S. 15 f.; Bollen/Lennox (1991), S. 308; Chin (1998a), S. IX; Edwards/Bagozzi (2000), S. 157 ff.; Diamantopoulos/Winklhofer (2001), S. 269 ff.
[515] Vgl. Bollen/Lennox (1991), S. 308.

werte einher.[516] Außerdem werden Messfehler bei reflexiven Messmodellen auf Indikatorebene berücksichtigt (δ_1 bis δ_n).[517]

Demgegenüber folgen formative Messmodelle einem regressionsanalytischen Ansatz. Allerdings mit der Besonderheit, dass für die abhängige Größe (latente Variable) keine empirischen Werte verfügbar sind. Diese müssen in Relation zu anderen latenten Variablen des betrachteten Modells geschätzt werden. Darüber hinaus gehen formative Messmodelle im Gegensatz zu reflektiven Messmodellen davon aus, dass die Indikatoren (x_1 bis x_n) das latente Konstrukt (η) verursachen und nicht umgekehrt.[518] Aus diesem Grund ist es auch nicht ohne weiteres möglich, einzelne Indikatoren auszutauschen oder auszuschließen, da dies eine Veränderung des latenten Konstrukts nach sich ziehen würde.[519] Außerdem werden Messfehler bei formativen Messmodellen nicht auf Indikatorebene, sondern auf Konstruktebene berücksichtigt (ζ).[520] Dies liegt darin begründet, dass formative Messmodelle implizit davon ausgehen, alle Bereiche des betrachteten latenten Konstrukts fehlerfrei zu messen.[521]

Die soeben gemachten Ausführen zu den zwei verschiedenen Messmodellvarianten verdeutlichen die Wichtigkeit einer sorgfältigen Auseinandersetzung bei der Wahl der Konstruktoperationalisierung. Es wurde gezeigt, dass den beiden Operationalisierungsansätzen grundsätzlich verschiedene Kausalhypothesen zu Grunde liegen. Somit ist bei der Identifikation und Formulierung der Messvariablen streng drauf zu achten, welches Messmodell für die Operationalisierung einer latenten Variable zum Einsatz kommt.

Allerdings wird dieser Thematik gemäß einer von Fassott/Eggert (2005) durchgeführten Studie in der wissenschaftlichen Forschung nicht hinreichend Beachtung geschenkt. Fassott/Eggert (2005) untersuchten 25 wissenschaftliche Artikel, die mit hypothetischen Konstrukten arbeiteten. Dabei stellten sie fest, dass von insgesamt 135 reflektiv operationalisierten latenten Variablen bei 109 Fällen die Indikatoren so formuliert waren, „dass aus messtheoretischer Sicht eine formative Operationalisierung angebracht gewesen wäre."[522]

---

516 Vgl. Bagozzi (1994), S. 331; Fassott/Eggert (2005), S. 36.
517 Vgl. Jarvis/Mackenzie/Podsakoff (2003), S. 201 ff.; Reinartz/Krafft/Hoyer (2004), S. 298.
518 Vgl. MacCallum/Browne (1993), S. 533; Jarvis/Mackenzie/Podsakoff (2003), S. 202.
519 Vgl. Bollen/Lennox (1991), S. 308; Diamantopoulos/Winklhofer (2001), S. 270 f.; Jarvis/Mackenzie/Podsakoff (2003), S. 202.
520 Vgl. Diamantopoulos/Winklhofer (2001), S. 269 ff.
521 Vgl. Homburg (2000), S. 70; Diamantopoulos/Winklhofer (2001), S. 271; Reinartz/Krafft/Hoyer (2004), S. 298.
522 Fassott/Eggert (2005), S. 44; zu einem ähnlichen Ergebnis kommt auch Eberl (2004).

Um diese Problematik zu umgehen, kann der in Tabelle 18 dargestellte Fragenkatalog von Jarvis/Mackenzie/Podsakoff (2003) zum Einsatz kommen.[523] Darüber hinaus formulieren Weiber/Mühlhaus (2010) folgende Kernfrage zur Identifikation reflektiver bzw. formativer Messvariablen: „Bewirkt die Veränderung in der Ausprägung einer Messvariablen eine Veränderung in der Ausprägung der latenten Variablen (=formativ) oder bewirkt die Veränderung in der Ausprägung der latenten Variablen eine Veränderung in der Ausprägung der Messvariablen (=reflektiv)?".[524]

Kriterium	Reflektives Messmodell	Formatives Messmodell
1. Sind die Indikatoren definierende Merkmale oder Erscheinungsformen des Konstrukts?	Indikatoren sind Erscheinungsformen des Konstrukts	Indikatoren sind definierende Merkmale des Konstrukts
2. Führen veränderte Indikatoren-Ausprägungen zu Veränderungen des Konstrukts?	Konstruktveränderungen sollten zu Veränderungen der Indikatoren-Ausprägungen führen	Ausprägungen der Indikatoren sollten zu Veränderungen des Konstrukts führen
3. Haben die Indikatoren ähnliche Inhalte und ein „gemeinsames Thema"?	Indikatoren sollten denselben Inhalt oder ein gemeinsames Thema haben	Indikatoren müssen nicht denselben Inhalt oder ein gemeinsames Thema haben
4. Verändert der Ausschluss eines Indikators den konzeptionellen Konstrukt-Rahmen?	Sollte den konzeptionellen Rahmen des Konstrukts nicht verändern	Könnte den konzeptionellen Rahmen des Konstrukts verändern
5. Sollten die Indikatoren dieselbe Antezedenzen und Konsequenzen haben?	Indikatoren müssen dieselben Antezedenzen und Konsequenzen haben	Indikatoren müssen nicht dieselben Antezedenzen und Konsequenzen haben

Tabelle 18: Entscheidungskriterien zur Identifikation formativer und reflektiver Indikatorvariablen[525]

Bei der Anwendung des in Tabelle 18 dargestellte Fragenkatalogs muss jedoch berücksichtigt werden, dass die Beurteilungen nicht immer eindeutig sind und je nach dem zu Grunde liegendem Kontext für dasselbe hypothetische Konstrukt unterschiedlich ausfallen können.[526] In diesem Fall muss der Forscher individuell und auf Basis inhaltlicher Aspekte abwägen, welches Messmodell am ehesten dem entsprechenden theoretischen Konstrukt entspricht. Darüber hinaus empfiehlt es sich, Experteneinschätzungen zur Entscheidungsunterstützung einzuholen.[527] Für die vorliegende Arbeit wurden alle genannten Empfehlungen zur Konstruktoperationalisierung berücksichtigt, und es sei bereits an dieser Stelle darauf hingewiesen, dass sowohl für die

[523] Vgl. Jarvis/Mackenzie/Podsakoff (2003), S. 202 f.
[524] Weiber/Mühlhaus (2010), S. 36.
[525] Vgl. Jarvis/Mackenzie/Podsakoff (2003), S. 202 f.
[526] Vgl. Fayers et al. (1997), S. 295; Rossiter (2002), S. 317 f.; Jarvis/Mackenzie/Podsakoff (2003), S. 203.
[527] Vgl. Rossiter (2002), S. 306; Diamantopoulos/Winklhofer (2001), S. 271.

Klientenperspektive als auch für die Beraterperspektive lediglich reflektive Messmodelle zum Einsatz kommen.[528]

Die bisherigen Ausführungen zur Operationalisierung bezogen sich weitestgehend auf eindimensionale Konstrukte. Oft werden in der betriebswirtschaftlichen Forschung jedoch bei der Konzeptionalisierung hypothetischer Konstrukte mehrdimensionale Konstrukte verwendet. Daher schließt diesen Teilkapitel mit ergänzenden Ausführungen zu mehrdimensionalen Konstrukten. Während eindimensionale latente Konstrukte direkt mit den entsprechenden Messvariablen verbunden sind (vgl. Abbildung 42), wird das zu operationalisierende Konstrukt bei mehrdimensionalen Konstrukten in mehrere latente Dimensionen zerlegt. Erst die unterste Ebene ist schließlich mit den entsprechenden Messvariablen verbunden und die soeben dargestellten Korrespondenzregeln werden entsprechend angewendet.[529] Dabei können vier unterschiedliche Grundtypen unterschieden werden (vgl. Abbildung 43).

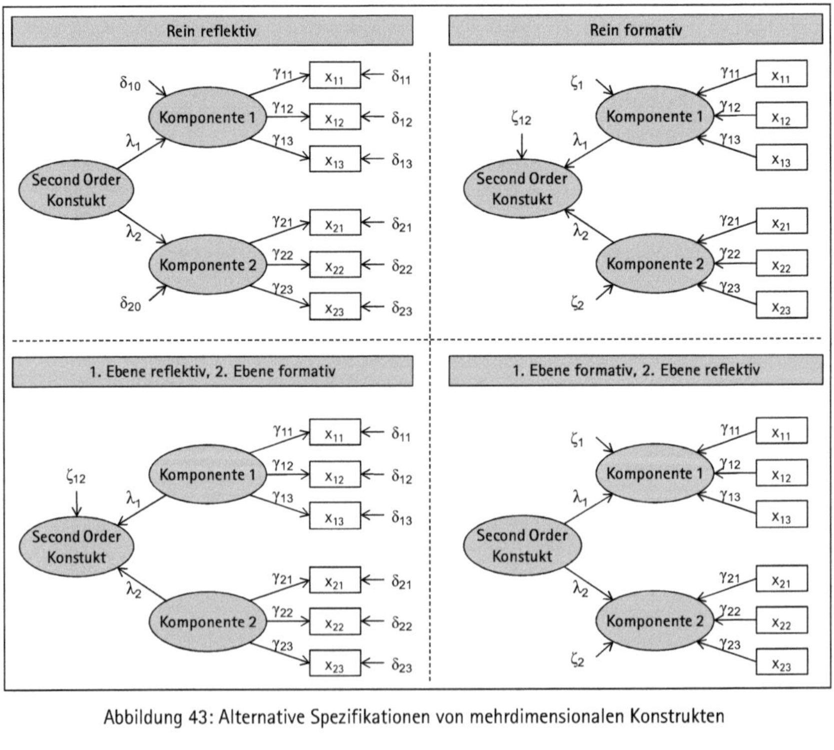

Abbildung 43: Alternative Spezifikationen von mehrdimensionalen Konstrukten

[528] Vgl. Kapitel 5.1.1 und 5.1.2 bzw. Kapitel 6.1.1 und 6.1.2.

[529] Vgl. Law/Wong/Mobley (1998), S. 741 ff.; Edwards (2001), S. 144; Giere/Wirtz/Schilke (2006), S. 680 ff.; Giere (2007), S. 121 ff.

Generell können diese vier Grundtypen in reine und gemischte Grundformen eingeteilt werden. Bei den reinen Grundformen sind alle Ebenen entweder komplett reflektiv oder komplett formativ gestaltet (obere Zeile in Abbildung 43). Bei den gemischten Grundformen besteht zwischen den verschieden Ebenen keine Einheitlichkeit des Operationalisierungstypus. Ist die erste Ebene formativ gestalten, so ist die zweite Eben reflektiv ausgeprägt und vice versa (untere Zeile in Abbildung 43). Es gilt zu berücksichtigen, dass die dargestellten vier Grundtypen lediglich zwei-Dimensionen erfassen, wobei eine Erweiterung um beliebig viele Dimensionen theoretisch denkbar wäre. Darüber hinaus sind auch komplexere Mischformen denkbar, die sowohl aus formativen als auch reflektiven latenten Konstrukten erster Ordnung bestehen, allerdings in der Forschungspraxis eher selten anzutreffen sind.

4.2 Gütekriterien zur Beurteilung von Strukturgleichungsmodellen

Nachdem im vorangegangenen Teilkapitel 4.1 die Grundlagen von Strukturgleichungsmodellen dargestellt wurden, wird im Folgenden auf die Gütekriterien zur Beurteilung von Strukturgleichungsmodellen näher eingegangen. Hierbei steht insbesondere die Sicherstellung der Reliabilität und Validität des Forschungsmodells im Mittelpunkt der Betrachtung. Entsprechend den für diese Untersuchung relevanten Bestandteilen von Strukturgleichungsmodellen werden nachfolgend drei Unterkapitel behandelt: Kapitel 4.2.1 widmet sich den Gütekriterien zur Beurteilung der Messmodelle, Kapitel 4.2.2 behandelt die Gütekriterien zur Beurteilung des Strukturmodells und darauf endet dieses Teilkapitel mit einer Untersuchung und Beurteilung von Konstrukten höherer Ordnung (Kapitel 4.2.3).

4.2.1 Gütekriterien zur Beurteilung der Messmodelle

Der Güteprüfung von Messmodellen wird im Rahmen von Strukturgleichungsmodellen eine herausragende Bedeutung zugeschrieben. Dies liegt darin begründet, dass das Hauptziel eines Strukturgleichungsmodells darin besteht, die im Strukturmodell abgebildeten theoretisch konstatierten Zusammenhänge empirisch zu überprüfen. Da die hypothetischen Konstrukte jedoch nicht beobachtbare latente Größen darstellen, ist deren Güte wesentlich von der Güte der Messmodelle abhängig. Fehlerhaft gemessene Messmodelle führen zu Fehlern in den Schätzungen der Konstruktbeziehungen.[530] Aus diesem Grund werden nachfolgend die für diese Untersu-

[530] Darüber hinaus stehen für formative Messmodelle spezielle Gütekriterien zur Verfügung, die hier allerdings nicht vorgestellt werden, da für die vorliegende Untersuchung kein formatives Messmodell zum Einsatz kommt, vgl. z.B. Bollen (1989), S. 222; Diamantopoulos/Winklhofer (2001), S. 271 oder Götz/Liehr-Gobbers (2004), S. 719.

chung zum Einsatz kommenden Kriterien vorgestellt, mit denen die Prüfung der Reliabilität und Validität zur Qualitätsbeurteilung der reflektiven Messmodelle vorgenommen wird.[531]

Während Reliabilität definiert werden kann als das Ausmaß, in dem eine Messung frei von zufälligen Fehlern ist und damit erklärt, wie zuverlässig und genau ein Messinstrument ist, spiegelt die Validität einer Messung das Ausmaß wider, mit dem ein Messinstrument auch das misst, was es messen soll und erklärt somit die Gültigkeit bzw. konzeptionelle Richtigkeit des Messmodells und damit die Freiheit von systematischen Fehlern.[532] Dementsprechend formulierte Churchill (1979) die sogenannte Grundgleichung für reflektive Messmodelle:[533]

$$X_O = X_T + X_S + X_R.$$

Hierbei setzt sich der beobachtete Wert eines Sachverhaltes (X_O: observed value) zusammen aus dem wahren Wert des Sachverhaltes (X_T: true value), dem systematischen Fehler (X_S: systematic error) und dem Zufallsfehler (X_R: random error). Systematische Fehler repräsentieren den Fehleranteil, der aufgrund von nicht zufälligen Einflüssen entsteht (z.B. sozial erwünschte Antworten, Haloeffekte oder generelle Stimmungstendenzen) und verringern die Validität des Modells.[534] Hingegen treten zufällige Fehler ohne eine erkennbare Systematik auf und beruhen beispielsweise auf Verzerrungen, die durch personenbezogene Merkmale oder situative Einflüsse hervorgerufen werden. Zufällige Fehler verringern nicht die Validität, sondern die Reliabilität des Messinstruments.[535]

Im Schrifttum findet sich eine Vielzahl unterschiedlicher Reliabilitäts- und Validitätskriterien mit verschiedenen Ausprägungen und Unterformen.[536] Folgende Tabelle 19 liefert einen Überblick über die in der empirischen Forschung am häufigsten verwendeten Reliabilitätskriterien (Test-Retest-Reliabilität, Parallel-Test-Reliabilität, Inter-Rater-Reliabilität und Interne-Konsistenz-Reliabilität) und Validitätskriterien (Konvergenzvalidität, Diskriminanzvalidität, Inhaltsvalidität und Nomologische Validität).

[531] Vgl. Jacoby (1978), S. 91; Churchill (1979), S. 65; Peter (1979), S. 6; Hildebrandt (1984), S. 41 f.; Homburg/Giering (1996), S. 6 f.
[532] Vgl. Peter (1979), S. 6; Churchill (1979), S. 65; Hair et al. (2010), S. 125.
[533] Vgl. Churchill (1979), S. 65 f.
[534] Vgl. Churchill (1979), S. 65 f.; Homburg/Giering (1996), S. 7.
[535] Vgl. Churchill (1979), S. 65.
[536] Vgl. z.B. Peter (1981) 135 ff.; Bagozzi/Phillips (1982), S. 469; Hildebrandt (1984), S. 41 ff.

Reliabilitätskriterien	Validitätskriterien
Test-Retest-Reliabilität: Prüfung der zeitlichen Stabilität mittels der Korrelation einer Vergleichsmessung desselben Messinstruments	Konvergenzvalidität: Ausmaß der Übereinstimmung von zwei oder mehreren unterschiedlichen Messungen desselben theoretischen Konstrukts
Parallel-Test-Reliabilität: Prüfung der Messäquivalenz mittels Vergleichsmessung auf einem äquivalenten Messinstrument	Diskriminanzvalidität: Ausmaß, zu dem sich die Messungen verschiedener Konstrukte signifikant unterscheiden
Inter-Rater-Reliabilität: Korrelation mit einer Vergleichsmessung desselben Messinstruments bei einem zweiten Probanden	Inhaltsvalidität: Ausmaß, zu dem die Variablen eines Messmodells für den inhaltlich-semantischen Bereich des Konstrukts repräsentativ sind
Interne-Konsistenz-Reliabilität: Korrelation zwischen zwei Hälften der Items eines Messinstruments	Nomologische Validität: Ausmaß, in dem Zusammenhänge zwischen zwei oder mehreren Konstrukten im Kontext einer übergeordneten Theorie bestätigt werden können

Tabelle 19: Überblick Reliabilitäts- und Validitätskriterien[537]

Im Rahmen der Reliabilitäts- und Validitätsprüfung existiert in der wissenschaftlichen empirischen Forschungspraxis eine Reihe von etablierten Gütekriterien. Diese können gemäß Fornell/Bookstein (1982) in Prüfkriterien der ersten und Prüfkriterien der zweiten Generation unterteilt werden.[538] Wohingegen die Gütekriterien der ersten Generation auf der explorativen Faktorenanalyse beruhen und somit im Wesentlichen auf der Betrachtung von Korrelationen zur Überprüfung der Reliabilität basieren,[539] beruhen die Gütekriterien der zweiten Generation auf der konfirmatorischen Faktorenanalyse und erlauben daher auch eine umfassende Validitätsüberprüfung der Messmodelle. Messfehler werden im Rahmen der Kriterien der zweiten Generation berücksichtigt und statistische Test können entsprechend durchgeführt werden.

Nachfolgend werden zunächst die einzelnen Gütekriterien der ersten Generation (Cronbachs Alpha, Item-to-Total-Korrelation und exploratorische Faktorenanalyse) vorgestellt, und im Anschluss daran die Gütekriterien der zweiten Generation (Indikatorreliabilität, Faktorreliabilität, durchschnittlich erfasste Varianz, normierter Chi-Quadrat-Wert, Goodness-of-Fit-Index, Adjusted Goodness-of-Fit-Index, Comparative-Fit-Index, Tucker-Lewis-Index/Non-Normed-Fit-Index und Root-Mean-Squared-Error-of-Approximation).

---

537 Vgl. inhaltlich Bohrnstedt (1970), S. 92; Carmines/Zeller (1979), S. 20; Peter (1981), S. 135 f.; Bagozzi (1982a), S. 468; Bagozzi/Phillips (1982), S. 469; Hildebrandt (1984), S. 41 ff.; Peter/Churchill (1986), S. 5; Bagozzi/Yi/Singh (1991), S. 425; Hair et al. (2010), S. 125 f.; Weiber/Mühlhaus (2010), S. 105 ff.

538 Vgl. Fornell/Bookstein (1982).

539 Vgl. Cronbach (1947), S. 297 ff.; Cronbach/Meehl (1955), S. 281 ff.; Campbell/Fiske (1959), S. 81 ff.; Campbell (1960), S. 546 ff.; Churchill (1979), S. 65 ff.

Das Cronbachs Alpha misst die Reliabilität einer Gruppe von Items, die einem bestimmten latenten Konstrukt zugeordnet sind und ist eine Maßzahl für die interne Konsistenz einer Skala. Sie gilt als die am häufigsten verwendete Reliabilitätskennzahl und berechnet sich wie folgt:

$$\alpha = \frac{n}{n-1}\left(1 - \frac{\sum \sigma_i^2}{\sigma_x^2}\right),$$

wobei n = die Anzahl der Indikatoren eines Konstrukts, σ^2_i = die Varianz des Indikators i und σ^2_x der Gesamtvarianz des Konstrukts entspricht.[540] Allgemein kann das Cronbachs Alpha Werte von null bis eins annehmen. Werte nahe eins deuten auf eine hohe Reliabilität hin, niedrige Werte auf eine geringe Reliabilität. Allgemein wird im Schrifttum von einer akzeptablen Reliabilität gesprochen, wenn der Schwellenwert von 0,7 bei vier oder mehr Indikatoren mindestens erreicht bzw. überschritten wird.[541] Dieser Schwellenwert soll auch für die vorliegende Untersuchung gelten.

Die Item-to-Total-Korrelation (ITK) ist definiert als die Korrelation einer Indikatorvariablen mit der Summe aller Indikatoren, die demselben Faktor zugeordnet sind.[542] Hohe Werte der ITK deuten hierbei auf eine hohe Reliabilität des entsprechenden Indikators hin:[543]

$$ITK(x_i, x_s) = \frac{cov(x_i, x_s)}{\sigma_{xi}\sigma_{xs}},$$

wobei x_i der Summenvariable, die aus den Werten aller Variablen errechnet wird, entspricht, σ_{xi} der Standardabweichung der Variablen x_i, σ_{xs} der Standardabweichung der Skala x_s und cov (x_i,x_s) der Kovarianz zwischen der Variable x_i und der Summenvariablen x_s.[544] Für den Fall, dass das Cronbachs Alpha nicht den geforderten Schwellenwert von 0,7 erreicht, kann eine schrittweise Indikatorelimination anhand der ITK (Indikator mit der geringsten ITK wird entfernt) zu einer Erhöhung der internen Konsistenz einer Skala beitragen.[545]

Als letztes Gütekriterium der ersten Generation können mit der exploratorischen Faktorenanalyse Aussagen hinsichtlich der Konvergenz- und Diskriminanzvalidität abgeleitet werden.[546] Hierbei ist es zunächst als Grundvoraussetzung zu prüfen, ob die Anwendung einer Faktorenanalyse

[540] Vgl. Peter (1979), S. 8.
[541] Vgl. Nunnally (1978), S. 245.
[542] Vgl. Homburg/Giering (1996), S. 8.
[543] Vgl. Nunnally (1978), S. 279.
[544] Vgl. Nunnally (1967), S. 262.
[545] Vgl. Churchill (1979), S. 68; Homburg/Giering (1996), S. 8.
[546] Vgl. Churchill (1979), S. 69; Homburg/Giering (1996), S. 8 und zur Konvergenz- und Diskriminanzvalidität Tabelle 19.

überhaupt sinnvoll ist. Dies ist der Fall, wenn zwischen den Ausgangsvariablen hinreichend hohe Korrelationen bestehen. Überprüft werden kann dies mittels des Kaiser-Meyer-Olkin (KMO)-Kriteriums, das bestimmt, in welchem Ausmaß die Ausgangsvariablen zusammengehören.[547] Der Wertebereich des KMO-Kriteriums liegt bei null bis eins, wobei hohe Werte (KMO $\geq$ 0,8) allgemein als wünschenswert bzw. verdienstvoll und Werte unter 0,5 als untragbar angesehen werden.[548]

Mit Hilfe der exploratorischen Faktorenanalyse können u.a. Indikatorgruppen auf ihre zugrunde liegende Faktorenstruktur untersucht werden, ohne dass eine vorherige Formulierung von Hypothesen über die Indikatorzuordnung erfolgt ist. Vielmehr soll die Struktur aus den vorliegenden Daten abgeleitet werden.[549] Dabei ist eine hohe Konvergenzvalidität gegeben, wenn lediglich ein Faktor extrahiert wird, der mindestens 50% der Faktorvarianz beschreibt.[550] Darüber hinaus sollten alle Faktorladungen mindestens einen Wert von 0,4 aufweisen.[551] Sollte die erklärte Varianz unter 50% liegen, können so lange jene Indikatoren eliminiert werden, die eine zu geringe Faktorladung aufweisen, bis die gewünschte Varianzerklärung gegeben ist.[552]

Wird die exploratorische Faktorenanalyse – wie soeben beschrieben – nur für Indikatoren durchgeführt, die einem einzigen Konstrukt zugeordnet sind, spricht man von der einfaktoriellen exploratorischen Faktorenanalyse. Hingegen werden bei der mehrfaktoriellen exploratorischen Faktorenanalyse alle Dimensionen eines mehrdimensionalen Konstrukts simultan betrachtet. Weisen die Indikatoren, die einem Faktor theoretisch zugeordnet sind, eine hohe Faktorladung auf und gleichzeitig weisen diese Indikatoren gegenüber allen übrigen Faktoren eine niedrige Faktorladung auf, so wurde die theoretisch postulierte Faktorenstruktur erkannt und man kann von einer hohen Konvergenz- und Diskriminanzvalidität der Daten ausgehen.

Wie bereits erwähnt, fokussieren die Kriterien der ersten Generation weitestgehend auf die Betrachtung von Korrelationen zur Überprüfung der Reliabilität. Vor allem in der psychometrischen Forschung entwickelt, unterliegen die Kriterien der ersten Generation im Schrifttum mittlerweile einer Reihe von Kritikpunkten und gelten daher als nicht sehr leistungsfähig, sondern eher

[547] Vgl. Kaiser (1970), S. 404 ff.; Stewart (1981), S. 57; Backhaus et al. (2011), S. 342 f.
[548] Vgl. Kaiser/Rice (1974), S. 111 ff.; Cureton/D'Agostino (1983), S. 389 ff.; Backhaus et al. (2011), S. 342 f.
[549] Vgl. Bollen (1989), S. 228; Backhaus et al. (2011), S. 342 f.
[550] Vgl. Homburg/Giering (1996), S. 12.
[551] Vgl. Bagozzi/Yi/Phillips (1991), S. 425; Homburg/Giering (1996), S. 12.
[552] Vgl. Homburg/Giering (1996), S. 12.

schwach.[553] Daher werden im Folgenden die Kriterien der zweiten Generation vorgestellt, mit Hilfe derer eine detailliertere Überprüfung der Reliabilitäts- und Validitätsbeurteilung möglich ist.[554] Abhängig von ihrer Bezugsebene können die Kriterien der zweiten Generation in Detailkriterien bezogen auf den Faktor bzw. Indikator (lokale Gütekriterien) oder gesamtmodellbezogene globale Gütekriterien unterschieden werden.[555] Im Rahmen der Detailkriterien kommen für diese Untersuchung folgende drei Gütemaße zum Einsatz: die Indikatorreliabilität, die Faktorreliabilität und die durchschnittlich erfasste Varianz.

Die Indikatorreliabilität ρ_{ii} (auch Squared Multiple Correlation) gibt den Anteil der Varianz eines Indikators an, der durch das Konstrukt erklärt wird und berechnet sich als das Quadrat der standardisierten Faktorladungen des jeweiligen Indikators:

$$\rho_{ii} = \frac{\lambda_{ij}^2 \phi_{jj}}{\lambda_{ij}^2 \phi_{jj} + \theta_{ii}},$$

wobei λ_{ij} der Faktorladung, ϕ_{jj} der Varianz der latenten Variablen und θ_{ii} der Varianz der Störgröße entspricht.[556] Die Indikatorreliabilität kann Werte von null bis eins annehmen, wobei hohe Werte für eine hohe Reliabilität sprechen. Als Grenzwert für eine gute Reliabilität konnte sich im Schrifttum ein $\rho_{ii} \geq 0{,}4$ weitestgehend etablieren.[557] Allerdings wird eine Unterschreitung dieses Schwellenwerts bis zu einem $\rho_{ii} \geq 0{,}2$ bei gleichzeitig guten übrigen Gütekriterien akzeptiert.[558]

Die Faktorreliabilität (auch construct reliability oder composite reliability) entspricht im Prinzip der Indikatorreliabilität, allerdings auf Konstruktebene. Sie gibt an, zu welchem Ausmaß alle Indikatoren eines latenten Konstrukts dieses auch tatsächlich repräsentieren.[559] Die Faktorreliabilität ist somit ein Kriterium zur Messung der internen Konsistenz, kann Werte von null bis eins annehmen und berechnet sich wie folgt:

---

553 Vgl. z.B. Bagozzi/Phillips (1982), S. 459; Hildebrandt (1984), S. 44; Gerbing/Anderson (1988), S. 189 f.; Homburg/Giering (1996), die u.a. kritisieren, dass Validitätsprüfungen nicht auf inferenzstatistischen Tests basieren.

554 Vgl. Homburg/Giering (1996), S. 9.

555 Vgl. Homburg (2000), S. 75.

556 Vgl. Bagozzi/Yi (1988), S. 80.

557 Vgl. Balderjahn (1985), S. 257; Balderjahn (1986), S. 117; Bagozzi/Baumgartner (1994), S. 402; Fritz (1995), S. 132; Homburg/Giering (1996), S. 13.

558 Vgl. Bagozzi/Baumgartner (1994), S. 402; Fritz (1995), S. 134; Homburg/Baumgartner (1995a), S. 170.

559 Vgl. Bagozzi/Yi (1988), S. 80; Bagozzi/Baumgartner (1994), S. 402 f.; Hair et al. (2010), S. 709 f.

$$\rho_c = \frac{(\sum \lambda_{ij})^2 \phi_{jj}}{(\sum \lambda_{ij})^2 + \sum \theta_{ii}},$$

wobei λ_{ij} der Faktorladung, ϕ_{jj} der Varianz der latenten Variablen und θ_{ii} der Varianz der Störgröße entspricht.[560] Als Grenzwert für eine gute Reliabilität/Konvergenzvalidität wird im Schrifttum ein $\rho_c \geq 0{,}6$ gefordert.[561]

Als letztes lokales Gütekriterium der zweiten Generation erfasst die durchschnittlich extrahierte Varianz (DEV), wie viel Prozent die Indikatoren durchschnittlich an der Streuung des latenten Konstrukts erklären. Sie berechnet sich aus dem Durchschnitt der Indikatorreliabilitäten der einem Faktor zugeordneten Indikatoren und kann wiederum Werte von null bis eins annehmen:

$$\rho_{DEV} = \frac{(\sum \lambda_{ij}^2) \phi_{jj}}{(\sum \lambda_{ij}^2) + \sum \theta_{ii}},$$

wobei λ_{ij} der Faktorladung, ϕ_{jj} der Varianz der latenten Variablen und θ_{ii} der Varianz der Störgröße entspricht.[562] Werte nahe eins werden auch hier als besonders gut erachtet, wobei sich im Schrifttum ein Schwellenwert von $\rho_{DEV} \geq 0{,}5$ etabliert hat. Sobald mindestens 50% der Varianz der beobachtbaren Variablen durch die Messung erklärt wird, wird das entsprechende Konstrukt als hinreichend reliabel/konvergenzvalide angesehen.[563]

Im Gegensatz zu den Detailkriterien der zweiten Generation messen die Globalkriterien der zweiten Generation, inwieweit die einzelnen Messmodelle in ihrer Gesamtheit mit den empirischen Daten konsistent sind. Folgende globale Anpassungsmaße der zweiten Generation kommen für die vorliegende Untersuchung zur Anwendung: normierter Chi-Quadrat-Wert, Goodness-of-Fit-Index, Adjusted Goodness-of-Fit-Index, Comparative-Fit-Index, Tucker-Lewis-Index/Non-Normed-Fit-Index und Root-Mean-Squared-Error-of-Approximation.[564]

---

560 Vgl. Bagozzi/Yi (1988), S. 80.

561 Vgl. Bagozzi/Yi (1988), S. 80; Bagozzi/Baumgartner (1994), S. 402; Fritz (1995), S. 134; Homburg/Baumgartner (1995a), S. 170; Hair et al. (2010), S. 709 f.

562 Vgl. Fornell/Larcker (1981), S. 45 f.

563 Vgl. Bagozzi/Yi (1988), S. 80; Bagozzi/Baumgartner (1994), S. 402; Fritz (1995), S. 134; Homburg/Baumgartner (1995a), S. 170; Hair et al. (2010), S. 707 ff.

564 Die Auswahl der Gütekriterien wurde auf Basis der im Schrifttum als besonders relevant erachteten Gütekriterien getroffen, vgl. z.B. Bagozzi/Yi (1988), S. 76 ff.; Bagozzi/Baumgartner (1994), S. 398 ff.; Homburg/Baumgartner (1995a), S. 162 ff.; Hoyle/Panter (1995), S. 165 ff.; Hu/Bentler (1995), S. 81 ff.; Hu/Bentler (1999), S. 1 ff.; Tinsley/Brown (2000), S. 452; Kline (2011), S. 133 ff.; Marsh/Hau/Grayson (2005), S. 278 ff.; Byrne (2010), S. 73 ff.; Hair et al. (2010), S. 707 ff.; Weiber/Mühlhaus (2010), S. 103 ff.; Backhaus/Erichson/Weiber (2011), S. 88 ff.

Der Chi-Quadrat- Wert gilt als eines der wichtigsten Gütekriterien zur Beurteilung des globalen Fits von Strukturgleichungsmodellen, und er ergibt sich aus der Differenz der empirisch erhobenen Kovarianzmatrix und der vorgegebenen modelltheoretischen Kovarianzmatrix.[565] Je kleiner diese Differenz ausfällt, desto geringer ist auch der resultierende Chi-Quadrat-Wert, wobei kleine Chi-Quadrat-Werte als eine bessere Anpassung der spezifizierten Modellstruktur an die Daten interpretiert werden. Allerdings ist der Chi-Quadrat-Wert sehr stark von der Stichprobengröße ab und Modelle, die mit einem großen Datensatz gerechnet werden, werden oft aufgrund des resultierenden Chi-Quadrat- Wertes abgelehnt.[566] Aus diesem Grund wird für die vorliegende Untersuchung der normierte Chi-Quadrat- Wert verwendet, indem der Chi-Quadrat- Wert durch die Anzahl der Freiheitsgrade (degrees of freedom, df) geteilt wird.[567] Auch hier gilt, je geringer der normierte Chi-Quadrat- Wert ausfällt, desto besser ist die Modellanpassung. Im Schrifttum konnten sich die Schwellenwerte fünf (zufriedenstellende Anpassung) und drei (gute Anpassung) etablieren.[568]

Der Goodness-of-Fit-Index (GFI) ist ein Bestimmheitsmaß für den Anteil an Varianzen und Kovarianzen, den das betrachtete Modell berücksichtigt.[569] Dabei kann der GFI Werte zwischen null und eins annehmen, wobei GFI =1 bedeuten würde, dass das untersuchte Modell alle Varianzen und Kovarianzen umfasst (perfekte Anpassung). Im Schrifttum konnte sich der Schwellenwerte von 0,9 etablieren. Wird dieser erreicht oder überschritten, spricht man von einer guten Modellanpassung.[570] Allerdings wird für komplexe und/oder neue Modelle auch ein Grenzwert für eine gute Modellanpassung von 0,85 akzeptiert.[571] Obwohl der GFI insgesamt als ein relativ robustes Maß zur Beurteilung des Modellfits gilt, muss berücksichtigt werden, dass der GFI bei einer im Vergleich zur Stichprobengröße verhältnismäßig hohen Anzahl an Freiheitsgraden zu systematischen Verzerrung führt, die niedrige GFI-Werte zur Folge haben.[572] Aus diesem Grund kommt für die vorliegende Untersuchung der von Steiger (1989) empfohlene korrigierte GFI, der diese Verzerrung berücksichtigt immer dann zum Einsatz, wenn Anzahl der Freiheitsgrade entsprechend hoch ist (komplexes Modell). Der korrigierte GFI berechnet sich wie folgt:

565 Vgl. Hair et al. (2010), S. 630; Backhaus/Erichson/Weiber (2011), S. 279 f.
566 Vgl. Bentler/Bonett (1980), S. 591.
567 Vgl. Jöreskog/Sörbom (1982), S. 408; Wheaton (1987), S. 127 f.
568 Vgl. Balderjahn (1986), S. 109; Hair et al. (2010), S. 630.
569 Vgl. Hair et al. (2010), S. 632.
570 Vgl. Homburg/Baumgartner (1995a), S. 172; Kline (2011), S. 145.
571 Vgl. Bollen (1989), S. 274.
572 Vgl. Steiger (1990), S. 178.

$$\overline{GFI} = \frac{p}{p + 2\left(\frac{c - df}{N - 1}\right)},$$

wobei p = die Anzahl der freien Parameter, c = χ^2, df = die Anzahl der Freiheitsgrade und N = der Stichprobenumfang ist.[573]

Der Adjusted Goodness-of-Fit-Index (AGFI) misst ebenso wie der GFI die relative Menge an Varianzen und Kovarianzen, die das zu untersuchende Modell mit einbezieht.[574] Allerdings wird beim AGFI im Gegensatz zum GFI explizit die Komplexität des betrachteten Modells berücksichtigt. Analog zum GFI kann hat der AGFI auch einen Wertebereich von null bis eins, wobei wiederum hohe Werte für einen guten Modellfit sprechen. Der sich im Schrifttum etablierte Grenzwert für eine gute Modellanpassung liegt bei 0,8 und soll für die vorliegende Untersuchung entsprechend zur Anwendung kommen.[575] Da der AGFI ebenso wie der GFI für komplexere Modelle eine Verzerrung nach unten aufweist, kommt bei einer hohen Anzahl der Freiheitsgrade folgende korrigierte Version des AGFI zur Anwendung:

$$\overline{AGFI} = 1 - \frac{k(k+1)}{2\,df}(1 - \overline{GFI}),$$

wobei wieder df = der Anzahl der Freiheitsgrade und k = der Anzahl der manifesten Variablen im Modell entspricht.[576]

Beim Comparative-Fit-Index (CFI) wird der Minimalwert der Diskrepanzfunktion des betrachteten Modells mit einem Basismodell verglichen.[577] Der CFI gilt allgemein als eines der robustesten Gütekriterien zur Einschätzung des Gesamtmodellfits, da dieser neben der Anzahl an Freiheitsgraden auch Verteilungsverzerrungen berücksichtigt und gegenüber Modellkomplexität und Stichprobengröße weitestgehend verzerrungsresistent ist.[578] Sein Wertebereich reicht von null bis eins, wobei für die vorliegende Untersuchung ein Mindestwert des CFI von 0,9 gefordert wird. Der CFI berechnet sich wie folgt:[579]

$$CFI = 1 - \frac{max(C - df; 0)}{max\,(C_b - df_b; 0)},$$

[573] Vgl. Steiger (1989), S. 178.
[574] Vgl. Kline (2011), S. 145.
[575] Vgl. Cole (1987), S. 586; Segars/Grover (1993), S. 522; Sharma (1996), S. 159.
[576] Vgl. Backhaus et al. (2011), S. 374.
[577] Vgl. Bentler (1990), S. 241 ff.
[578] Vgl. Bagozzi/Baumgartner (1994), S. 400; Hair et al. (2010), S. 668 f.
[579] Vgl. Bagozzi/Baumgartner (1994), S. 400; Homburg/Baumgartner (1995a), S. 172; Hair et al. (2010), S. 669.

dabei entspricht C = dem Minimalwert der Diskrepanzfunktion des formulierten Modells (C) beziehungsweise dem des Basismodells (C_b) und df = den Freiheitsgraden des formulierten Modells bzw. des Basismodells (df_b).[580]

Der Tucker-Lewis-Index (TLI) – auch bekannt als Non-Normed-Fit-Index (NNFI) – basiert auf dem Vergleich des formulierten Modells mit einem Basismodell, das über weniger Schätzer verfügt und somit restriktiver ist als das formulierte Modell.[581] Dieses Maß der relativen Modellanpassung ist um den Stichprobenumfang bereinigt und nimmt in der Regel Werte von null bis eins an. Es ist möglich, dass der TLI auch Werte größer eins ausweist. Dies ist ein Kennzeichen dafür, dass im spezifizierten Modell mehr Parameter formuliert wurden, als es von Nöten gewesen wäre (Overfitting).[582] Der TLI wird nach folgender Formel berechnet:

$$TLI = \frac{\frac{\chi_b^2}{df_b} - \frac{\chi^2}{df}}{\frac{\chi_b^2}{df_b} - 1},$$

wobei χ^2 = dem Chi-Quadrat des formulierten Modells ist, χ^2_b = dem Chi-Quadrat des Basismodells und df beziehungsweise df_b = den Freiheitsgraden des formulierten Modells beziehungsweise des Basismodells entspricht.[583] Je näher der TLI an eins liegt, desto besser ist der Modellfit. Für die vorliegende Untersuchung wird ein Mindestwert von 0,9 gefordert.[584] Der Root-Mean-Squared-Error-of-Approximation (RMSEA) prüft als inferenzstatistisches Maß, wie gut ein formuliertes Modell die Realität abbilden kann. Er errechnet sich wie folgt:

$$RMSEA = \sqrt{max\left(\frac{\chi^2 - df}{df(N-g)}; 0\right)},$$

wobei χ^2 = dem Chi-Quadrat-Wert des formulierten Modells entspricht, df = der Anzahl der Freiheitsgrade, N = dem Stichprobenumfang und g = der Anzahl der betrachteten Gruppen (in der Regel gilt g = 1).[585] Auch hier erstreckt sich wieder der Wertebereich von null bis eins, allerdings deuten beim RMSEA kleine Werte auf eine gute Modellanpassung hin. Für die vorliegende Untersuchung wird gemäß dem Schrifttum für den RMSEA ein Wert von maximal 0,1 gefor-

---

580 Vgl. Bentler (1990), S. 238 ff.
581 Vgl. Tucker/Lewis (1973), S. 1 ff.; Bentler/Bonett (1980), S. 599.
582 Vgl. Bollen/Curran (2006), S. 46.
583 Vgl. Bollen (1989), S. 273.
584 Vgl. Bentler/Bonett (1980), S. 600; Hair et al. (2010), S. 668.
585 Vgl. Steiger (1990), S. 173 ff.; Backhaus/Erichson/Weiber (2011), S. 144.

dert.[586] Die Vielzahl der hier vorgestellten und zur Anwendung kommenden Gütekriterien liegt darin begründet, dass für Strukturgleichungsmodelle kein allumfassendes Gütemaß existiert, anhand dessen beurteilt werden könnte, ob das formulierte Modell die Realität hinreichend gut abbildet oder nicht. Vielmehr bezieht sich jedes Gütemaß auf einen spezifischen Sachverhalt und weist unterschiedliche Vor- und Nachteile auf.[587] Daher kommen für diese Untersuchung die im Schrifttum gängigsten Gütekriterien für die Beurteilung des Modellfits zur Anwendung.

Bei der Beurteilung, ob ein Modell in seiner Gesamtheit abgelehnt werden sollte, gilt es zunächst zu berücksichtigen, dass die zuvor definierten Grenzwerte lediglich als grobe Richtwerte interpretiert werden können. Auch im Schrifttum besteht keine abschließende Einigkeit darüber, welcher Grenzwert für welche Kennzahl zum Einsatz kommen soll. Die Gütekriterien sind sehr oft stark von der Modellkomplexität und dem Stichprobenumfang abhängig, und daher führt die Nichteinhaltung eines geforderten Mindestmaßes nicht notwendiger Weise zur Ablehnung des zu prüfenden Modells.[588] Vielmehr sind der Gesamteindruck aller zur Anwendung kommenden Gütekriterien und insbesondere inhaltliche Überlegungen ausschlaggebend dafür, ob ein Modell letztlich abgelehnt wird oder nicht.[589] Tabelle 20 stellt die vorgestellten Gütekriterien inklusive der geforderten Mindestmaße zusammenfassend dar.

	Bezugsebene	Kriterium	Kriterium für	Anforderung
1. Generation	Faktor	Cronbachs Alpha	Reliabilität	$\geq 0{,}7$
	Indikator	Item-to-Total-Korrelation (ITK)	Reliabilität	Geringe ITK als Indiz für Item-Elimination
	Faktor/Indikator	Exploratorische Faktorenanalyse	Konvergenz- und Diskriminanzvalidität	KMO $\geq 0{,}5$ / $\geq 0{,}8$
				Erkennen der vermuteten Faktorstruktur
				Erklärte Varianz $\geq$ 50%
				Faktorladungen $\geq 0{,}4$
2. Generation	Indikator/Faktor	Indikatorreliabilität	Reliabilität	$\geq 0{,}4$ / $\geq 0{,}2$
		Faktorreliabilität (FR)	Reliabilität und Konvergenzvalidität	$\geq 0{,}6$
		Durchschnittlich extrahierte Varianz (DEV)	Reliabilität und Konvergenzvalidität	$\geq 0{,}5$
	Gesamtmodell	Normierter Chi-Quadrat-Wert (χ^2/df)	Reliabilität/Konvergenzvalidität	≤ 5 / ≤ 3

[586] Vgl. Steiger (1989), S. 81; Browne/Cudeck (1993), S. 144; MacCallum/Browne/Sugawara (1996), S. 134; Hair et al. (2010), S. 667; Backhaus/Erichson/Weiber (2011), S. 144.

[587] Vgl. Marsh/Hau/Wen (2004), S. 312; Hair et al. (2010), S. 669 f.

[588] Vgl. Bagozzi (1981), S. 375.

[589] Vgl. Fritz (1995), S. 141 ff.; Homburg/Baumgartner (1995a), S. 172; Homburg (1998), S. 90; Burmann (2002), S. 292.

	Bezugsebene	Kriterium	Kriterium für	Anforderung
		(Korrigierter) Goodness-of-Fit-Index (GFI)	Reliabilität/Konvergenzvalidität	≥ 0,85 / ≥ 0,9
		(Korrigierter) Adjusted Goodness-of-Fit-Index (AGFI)	Reliabilität/Konvergenzvalidität	≥ 0,8
		Comparative-Fit-Index (CFI)	Reliabilität/Konvergenzvalidität	≥ 0,9
		Tucker-Lewis-Index (TLI)/Non-Normed-Fit-Index (NNFI)	Reliabilität/Konvergenzvalidität	≥ 0,9
		Root-Mean-Squared-Error-of-Approximation (RMSEA)	Reliabilität/Konvergenzvalidität	≤ 0,1

Tabelle 20: Zusammenfassung der Gütekriterien für reflektive Messmodelle

4.2.2 Gütekriterien zur Beurteilung des Strukturmodells

Nachdem im vorangegangenen Kapitel die Gütekriterien zur Beurteilung der Messmodelle vorgestellt wurden, wird nun in einem weiteren Schritt dargestellt, wie das Strukturmodell und insbesondere die hypothetisch unterstellten Beziehungen zwischen den Konstrukten analysiert werden können.[590] Zunächst gilt es hierbei, die Validität des Strukturmodells sicherzustellen. Diese Analyse erfolgt analog zu der Beurteilung der Messmodelle, und die lokalen und globalen Gütekriterien der zweiten Generation können angewendet werden.

Neben der Sicherstellung einer ausreichenden Validität werden im Rahmen der Güteprüfung des Strukturmodells auch insbesondere die Strukturbeziehungen analysiert. Hierbei gilt eine postulierte Hypothese als nicht ablehnbar, wenn die Parameterschätzer für die Pfadbeziehung signifikant sind, in die unterstellte Richtung wirken und wenn die Parameterschätzer für die Pfadbeziehung eine gewisse Stärke aufweisen, und somit nicht trivial sind.[591] Ein Modell gilt jedoch nur dann als geeignet, wenn sowohl ein akzeptabler Modell-Fit als auch signifikante Pfadbeziehungen nachgewiesen werden können.

Letztlich wird noch der Anteil der erklärten Varianz des endogenen Konstrukts durch die endogenen Variablen (R^2) betrachtet. Das Bestimmtheitsmaß R^2 berechnet sich aus dem Verhältnis von erklärter Streuung zur Gesamtstreuung und misst die Güte der Anpassung der Regressionsfunktion an die empirisch gewonnenen Daten. R^2 ist eine normierte Größe und kann Werte von

[590] Vgl. Bagozzi (1981), S. 376; Anderson/Gerbing (1982), S. 453; Mulaik/James (1995), S. 135 f.; Hair et al. (2010), S. 675 ff.

[591] Vgl. Götz/Liehr-Gobbers (2004), S. 730; Herrmann/Huber/Kressmann (2006), S. 29.

null bis eins annehmen, wobei hohe Werte aussagen, dass ein hoher Anteil der Gesamtvarianz erklärt wird.[592] Im Schrifttum besteht keine Einigkeit darüber, ab welchem Grenzwert ein R^2 als gut zu bewerten ist, oder welche Untergrenze für eine akzeptable Messung und Erklärung für das R^2 gilt.[593] Für die vorliegende Untersuchung soll daher kein fester Grenzwert zur Beurteilung der erklärten Varianz angewendet werden, sondern abhängig von der jeweiligen spezifischen Problemstellung und Modellsituation wird überprüft, ob der entsprechende theoretische Effekt in den Untersuchungsdaten wiedergespiegelt wird.

4.2.3 Untersuchung und Beurteilung von Konstrukten höherer Ordnung

Bei der theoretischen Modellkonzeptionalisierung werden unter Anwendung der Kovarianzstrukturanalyse häufig Konstrukte zweiter oder auch höherer Ordnung konstruiert, die gesondert hinsichtlich ihrer Konvergenz- und Diskriminanzvalidität geprüft werden müssen. Dabei muss berücksichtigt werden, dass es insbesondere bei einer formativen Konstruktspezifizierung hierbei zu Problemen kommen kann.[594] Da in die vorliegende Untersuchung jedoch keine formativ spezifizierten Konstrukte verwendet werden, können die bereits vorgestellten Gütekriterien auch hier zur Anwendung kommen.

Darüber hinaus wird zur Überprüfung der Konvergenz- und Diskriminanzvalidität das Fornell/Larcker-Kriterium und ein genesteter Modellvergleich betrachtet. Das Fornell/Larcker-Kriterium geht davon aus, dass für den Fall, dass die gemeinsame Varianz zwischen dem Konstrukt und seinen Indikatoren größer ist als die Varianz, die es mit anderen Konstrukten teilt, eine ausreichende Diskriminanzvalidität gegeben ist.[595] Somit gilt das Fornell/Larcker-Kriterium als erfüllt, wenn die durchschnittlich erfasste Varianz eines Faktors größer ist als jede quadrierte Korrelation dieses Faktors mit einem anderen Faktor.[596]

Für den genesteten Modellvergleich wird ein mehrfaktorielles Modell mit einem einfaktoriellen Modell im Rahmen eines Chi-Quadrat-Differenztests verglichen. Diese in der Forschungspraxis weit verbreitete Methode zur Überprüfung der Diskriminanzvalidität von mehrdimensionalen Konstrukten zielt darauf ab, dass als Ergebnis der Modellfit des mehrfaktoriellen Modell signifi-

[592] Vgl. Backhaus et al. (2011), S. 72 ff.
[593] Vgl. z.B. Falk/Miller (1992), S. 80 oder Chin (1998b), S. 323. Im Schrifttum werden Werte ab 0,1 akzeptiert, vgl. Falk/Miller (1992), S. 80.
[594] Vgl. Herrmann/Huber/Kressmann (2006), S. 38.
[595] Vgl. Fornell/Larcker (1981), S. 46; Fritz (1995), S. 137.
[596] Vgl. Homburg/Baumgartner (1995a), S. 162.

kant besser sein sollte als der des einfaktoriellen Modells, damit von einer ausreichenden Diskriminanzvalidität ausgegangen werden kann.[597]

4.3 Vorgehensweise der Modellüberprüfung

Nachdem in den vorangegangenen Teilkapiteln ausführlich auf die für diese Studie relevanten Gütekriterien eingegangen wurde, liegt der Fokus in diesem Teilkapitel auf dem Prozess der Operationalisierung der ausschließlich reflektiv zur Anwendung kommenden Konstrukte sowie des Strukturmodells. Die dargestellte Vorgehensweise richtet sich dabei sehr stark an etablierte Vorgehensweisen in der wissenschaftlichen Forschungspraxis in Bezug auf Strukturgleichungsmodelle.[598] Zunächst werden im Rahmen der Analyse der einzelnen Messmodelle die Faktoren erster Ordnung isoliert betrachtet. Diese Analyse startet mit der Berechnung des Cronbach'schen Alphas für die den jeweiligen Faktoren zugeordneten Items und der Item-To-Total-Korrelation pro Indikator.[599] Wird das geforderte Mindestmaß von 0,7 nicht erreicht, sind sukzessive diejenigen Indikatoren zu eliminieren, die die geringste Item-To-Total-Korrelation aufweisen, solange bis das geforderte Mindestmaß von 0,7 erreicht oder überschritten wird.[600]

Daran anschließend wird eine einfaktorielle exploratorische Faktorenanalyse mit dem Extraktionsverfahren der Hauptachsenanalyse durchgeführt.[601] Als Ergebnis der exploratorischen Faktorenanalyse sollte lediglich ein Faktor extrahiert werden, der mindestens 50% der Varianz der dazugehörigen Indikatoren erklärt und einen KMO-Wert von mindestens 0,5 bzw. besser 0,8 aufweist; darüber hinaus sollten alle Faktorladungen mindestens 0,4 betragen.[602] Sollte eins oder mehrere der geforderten Kriterien nicht erfüllt sein, sind geringe Faktorladungen gleichzeitig ein Indiz zur Elimination von Indikatoren – allerdings müssen in diesem Fall die vorangegangenen Schritte wiederholt werden.[603]

Für alle verbleibenden Indikatoren wird pro Messmodell eine konfirmatorische Faktorenanalyse erster Ordnung durchgeführt, für die eine einfaktorielle Faktorstruktur modelliert wird. Die Modellfitbeurteilung erfolgt nun anhand der in Tabelle 20 dargestellten lokalen (Indikatorreliabilität, Faktorreliabilität und durchschnittlich extrahierte Varianz) und globalen ($\chi 2$/df, GFI, AGFI,

---

597 Vgl. Hair et al. (2010), S. 767.
598 Vgl. Churchill (1979), S. 68 ff.; Gerbing/Anderson (1988), S. 187 ff.; Homburg/Giering (1996), S. 12 f.; Giere/Wirtz/Schilke (2006), S. 686 ff.
599 Vgl. Churchill (1979), S. 68.
600 Vgl. Churchill (1979), S. 68; Homburg/Giering (1996), S. 12.
601 Vgl. Churchill (1979), S. 69.
602 Vgl. Gerbing/Anderson (1988), S. 190; Robinson/Shaver/Wrightsman (1991), S. 13; Homburg/Giering (1996), S. 12.
603 Vgl. Churchill (1979), S. 69; Homburg/Giering (1996), S. 12.

CFI, TLI und RMSEA) Gütekriterien. Für den Fall, dass mehrere Gütekriterien deutlich verletzt sind, muss eine weitere Anpassung erfolgen. Hierbei sollten gemäß Homburg/Giering (1996) die Items mit der geringsten Indikatorreliabilität von den weiteren Analysen ausgeschlossen werden.[604]

Die Anwendung der soeben vorgestellten Prozessschritte der Messmodelloperationalisierung führt zumeist zu einer erheblichen Reduktion der anfänglichen Zahl an Items.[605] Allerdings ist es nicht Ziel dieser Vorgehensweise, möglichst viele Indikatoren zu eliminieren. Es gilt stets zu berücksichtigen, dass ein Messmodell zur Identifizierung mindestens drei Indikatoren aufweisen muss.[606] Auch wenn ein Messmodell grundsätzlich mit drei Indikatoren operationalisiert werden kann, so können jedoch die meisten Gütekriterien nicht angewendet werden und eine Überprüfung der Unidimensionalität ist nicht möglich.[607] Aus diesem Grund sollten - wenn möglich - alle Messmodelle mit mindestens vier Indikatoren operationalisiert werden.[608]

Nachdem die Analyse der einzelnen Faktoren erster Ordnung abgeschlossen ist, wird in einem nächsten Schritt das gesamte Messmodell unter Berücksichtigung der verbleibenden Indikatoren untersucht. Zu diesem Zweck wird zunächst wieder eine exploratorische Faktorenanalyse mittels Hauptkomponentenanalyse durchgeführt. Dabei kann von einer ausreichenden Konvergenz- und Diskriminanzvalidität ausgegangen werden, wenn die vermutete Faktorstruktur erkannt wird, und somit die Anzahl der extrahierten Faktoren mit einem Eigenwert größer eins der Anzahl der theoretisch postulierten Faktoren des mehrdimensionalen Konstrukts entspricht. Außerdem dürfen die einem Faktor zugeordneten Items auf keinen anderen Faktor höher laden. Items, die nicht eindeutig einem Faktor zugeordnet werden können, müssen gegebenenfalls entfernt werden.[609]

In einem nächsten Schritt wird analog zum Vorgehen der Untersuchung der einzelnen Dimensionen eine konfirmatorische Faktorenanalyse für alle Dimensionen durchgeführt. Auch hier werden wieder die vorgestellten lokalen und globalen Gütekriterien zur Beurteilung herangezogen. Darüber hinaus wird zur Überprüfung der Mehrdimensionalität die Diskriminanzvalidität mit Hilfe des Fornell/Larcker-Kriteriums berechnet und ein genesteter Modellvergleich mit einem Chi-

[604] Vgl. Homburg/Giering (1996), S. 12.
[605] Vgl. Homburg (1998), S. 85.
[606] Vgl. Bagozzi (1994), S. 326.
[607] Vgl. Hair et al. (2010), S. 671.
[608] Vgl. Velicer/Fava (1987), S. 206; Hair et al. (2010), S. 671.
[609] Vgl. Backhaus et al. (2011), S. 335 ff.

Quadrat-Differenztest durchgeführt.[610] Für den Fall, dass die Diskriminanzvalidität nicht nachgewiesen werden kann, müssen die Hypothesen bezüglich der theoretisch postulierten Mehrdimensionalität des Konstrukts verworfen werden, beziehungsweise das theoretische Modell muss hinsichtlich der nicht diskriminantvaliden Dimensionen modifiziert werden.[611]

Des Weiteren wird eine konfirmatorische Faktorenanalyse zweiter Ordnung durchgeführt, um zu prüfen, ob die identifizierten Faktoren erster Ordnung auch tatsächlich Bestandteil eines übergeordneten Konstrukts sind. Die entsprechenden Dimensionen müssen hierbei signifikante Pfadbeziehung zwischen den einzelnen Faktoren und dem dazugehörigen Second-Order-Konstrukt aufweisen.[612] Kann ein Konstrukt höherer Ordnung nicht identifiziert werden, muss die Richtigkeit der Modellkonzeptionalisierung in Frage gestellt werden, wobei eine Modellanpassung hinsichtlich nicht signifikant ladender Dimensionen erfolgen kann. Abbildung 44 fasst die einzelnen Schritte der Vorgehensweise bei der Analyse der Messmodelle überblicksartig zusammen.

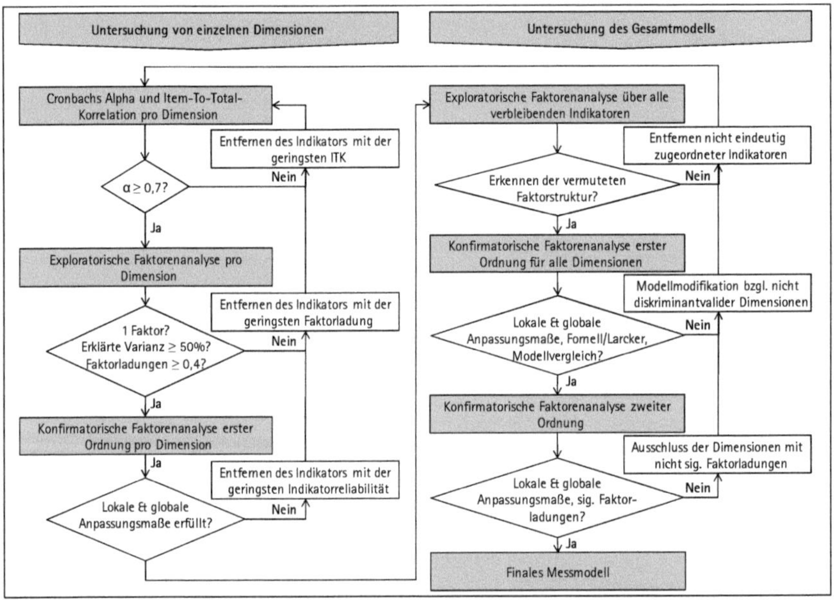

Abbildung 44: Vorgehensweise bei der Analyse der Messmodelle[613]

[610] Vgl. Kline (2011), S. 180 ff.; Hair et al. (2010), S. 676.
[611] Vgl. Fritz (1995), S. 142 ff.
[612] Vgl. Rindskopf/Rose (1988), S. 53 f.
[613] In Anlehnung an Giere/Wirtz/Schilke (2006), S. 686.

Sobald die Operationalisierung aller Faktoren abgeschlossen ist, kann die Analyse des Strukturmodells anhand der in Kapitel 4.2.2 beschriebenen Verfahren und Gütekriterien erfolgen. Bevor spezifisch auf die Datengrundlagen und die Datenerhebung eingegangen wird, sei noch angemerkt, dass für die vorliegende Untersuchung das Softwarepaket SPSS 20.0 und insbesondere für die Berechnung der konfirmatorischen Faktorenanalysen und der Strukturgleichungsmodelle das Programm EQS zum Einsatz kam.[614]

4.4 Datengrundlage und Datenerhebung

In diesem Teilkapitel werden die Datengrundlage und die Datenerhebung für die vorliegende Studie erläutert. Dabei wird zunächst auf die Grundgesamtheit der einzelnen Studien eingegangen (Kapitel 4.4.1). Hierauf aufbauend wird in Kapitel 4.4.2 die Datenerhebungsmethode, die Entwicklung des Erhebungsinstrumentes und das Verfahren der Haupterhebung erläutert, bevor abschließend einzelne Charakteristika der einzelnen Datenbasen im Detail analysiert werden (Kapitel 4.4.3). Da in der vorliegenden Studie zwei Erhebungen stattgefunden haben - eine aus Berater- und eine aus Klientenperspektive - wird in diesem Teilkapitel immer dann auf die perspektivenbezogenen Besonderheiten speziell eingegangen, wenn eine gemeinsame Betrachtung der beiden Perspektiven nicht ausreichend ist.

4.4.1 Grundgesamtheit der Erhebungen

Das ideale Sample zur Untersuchung der Erfolgsfaktoren aus Klientenperspektive wäre die Gesamtheit all derer Unternehmen, die regelmäßig mit Unternehmensberatungen zusammenarbeiten und aus diesem Grund über umfassende Erfahrungen in diesem Bereich verfügen. Da eine derartige Statistik allerdings für den deutschen Raum nicht existiert, muss auf eine alternative Bestimmung der Grundgesamtheit zurückgegriffen werden.

Eine in diesem Zusammenhang weit verbreitete Vorgehensweise ist die Einschränkung auf eine oder mehrere Branchen, die für die vorliegende Studie allerdings nicht zielführend ist, da Unternehmensberatung mittlerweile von nahezu jeder Branche in Anspruch genommen wird.[615] Die Nachfragesituation stellt sich allerdings so dar, dass die Dienstleistung Unternehmensberatung insbesondere bei großen Unternehmen mittlerweile quasi zum Tagesgeschäft gehört, und die Unternehmensberatungsintensität dort sehr hoch ist.[616] Aus diesem Grund kann das Kriterium

[614] Diese Entscheidung fußt im Wesentlichen auf der Tatsache, dass EQS auch dann verwendet werden kann, wenn die zu analysierenden Daten gegen die Normalverteilungsannahme verstoßen, vgl. Kline (1998), S. 362 und ausführlich Kapitel 4.4.3.2.

[615] Vgl. BDU (2011a), S. 9; feaco (2013), S. 14.

[616] Vgl. Schade (1997), S. 3; Faust (1998), S. 147 ff.; Armbrüster/Kieser (2001), S. 689.

Unternehmensgröße als maßgeblicher Aspekt zur Auswahl geeigneter Unternehmen angesetzt werden.

Die Größe eines Unternehmens kann auf unterschiedliche Weise determiniert werden. Insbesondere in der betriebswirtschaftlichen KMU-Forschung werden die relevanten Schwellenwerte hierzu intensiv diskutiert. Tabelle 21 zeigt eine der am weitesten verbreiteten quantitativen Definitionen der Europäischen Kommission, die auch in Deutschland zur Anwendung kommt. Demnach werden alle Unternehmen mit mindestens 250 Mitarbeitern und einem Umsatz von mehr als 50 Millionen EUR oder einer Bilanzsumme von mehr als 43 Millionen EUR als große Unternehmen eingestuft.[617]

Unternehmenskategorie	Mitarbeiter	Umsatz oder	Bilanzsumme
Kleinstunternehmen	< 10	≤ 2 Mio. EUR	≤ 2 Mio. EUR
Kleinunternehmen	< 50	≤ 10 Mio. EUR	≤ 10 Mio. EUR
Mittleres Unternehmen	< 250	≤ 50 Mio. EUR	≤ 43 Mio. EUR
Großes Unternehmen	≥ 250	> 50 Mio. EUR	> 43 Mio. EUR

Tabelle 21: EU-Definition von klein- und mittelständischen Unternehmen[618]

Da in den meisten Unternehmensdatenbanken die Informationen Mitarbeiteranzahl und Umsatz gepflegt sind, wird auch für die vorliegende Studie zur Bestimmung der Unternehmensgröße auf diese beiden Kriterien zurückgegriffen. Darüber hinaus wird der Schwellenwert für das Kriterium Umsatz auf 250 Millionen EUR gesetzt. Dadurch wird – neben der Herstellung einer überschaubaren Grundgesamtheit – die Wahrscheinlichkeit erhöht, dass die befragten Unternehmen Erfahrung mit Unternehmensberatungen haben, da – wie bereits erwähnt – insbesondere bei Großkonzernen Unternehmensberatung mittlerweile zum Tagesgeschäft gehört.[619] Vor diesem Hintergrund werden in dieser Untersuchung alle deutschen Unternehmen ohne Brancheneinschränkung mit einem Jahresumsatz von mindestens 250 Millionen EUR und mindestens 250 Mitarbeiter betrachtet.

Als Datenquelle wurde die Hoppenstedt Firmendatenbank für Hochschulen herangezogen. Diese beinhaltet aktuell über 300.000 deutsche Firmenprofile, wobei Unternehmen ab einer Millionen

617 Vgl. für eine alternative Darstellung Institut für Mittelstandsforschung (2012).
618 In Anlehnung an Europäische Kommission (2012).
619 Vgl. auch Fink/Knoblach (2006), S. 36.

EUR Jahres-Umsatz und/oder mindestens zehn Mitarbeitern abgebildet werden.[620] Wendet man die definierten Abgrenzungskriterien Umsatz und Mitarbeiteranzahl an, erhält man 3.398 Datensätze. Neben den Informationen Umsatz und Branchenzugehörigkeit enthielten die Datensätze zumeist auch eine Kontaktemailadresse. Für diejenigen Einträge, die keine Emailadresse auswiesen, wurde diese nachträglich recherchiert.

Anhand der vom statistischen Bundesamt herausgegebenen Klassifikation der Wirtschaftszweige WZ 2008[621] ließen sich explizit diejenigen Branchen ausschließen, die das Untersuchungsergebnis verzerren würden. Hierzu zählt insbesondere der Bereich 70 (Verwaltung und Führung von Unternehmen und Betrieben; Unternehmensberatung), da dieser neben Unternehmensberatungen auch Holdinggesellschaften enthält und diese nicht nur zu doppelten Datensätzen führen, sondern auch nur sehr schlecht hinsichtlich ihrer Repräsentativität überprüft werden können, da Probanden aus diesem Bereich ihre originäre Tätigkeitsbranche ihres Unternehmens angeben, auch wenn es sich korrekterweise um eine Holdinggesellschaft der Branchenklasse 70 handelt.

Des Weiteren wurde der Bereich 69 (Rechts- und Steuerberatung, Wirtschaftsprüfung) ausgeschlossen, da insbesondere die großen Wirtschaftsprüfungsgesellschaften in der Regel heutzutage auch Unternehmensberatung als Dienstleistung anbieten. Und abschließend wurden diejenigen Unternehmen, die ihr Haupttätigkeitsgebiet in der Erbringung von Beratungsleistungen auf dem Gebiet der Informationstechnologie ausweisen (Branchecode 62020), ebenfalls nicht berücksichtigt. Tabelle 22 gibt einen Überblick über die ausgeschlossenen Branchen und die Anzahl der nicht berücksichtigten Unternehmen. Kolloquial reduziert sich somit die verwertbare Datenbasis von 3.398 Datensätzen auf 2.759 eindeutige Datensätze. Diese Datensätze bildeten die Ausgasbasis für die Datenerhebung.

Branchencode	Bezeichnung	Anzahl Unternehmen
62020	Erbringung von Beratungsleistungen auf dem Gebiet der Informationstechnologie	7
69	Rechts- und Steuerberatung, Wirtschaftsprüfung	8
70	Verwaltung und Führung von Unternehmen und Betrieben; Unternehmensberatung	624
Summe der ausgeschlossenen Unternehmen		**639**

Tabelle 22: Vom Sample ausgeschlossene Branchen

620 Vgl. Hoppenstedt Firmendatenbank (2012).
621 Vgl. Statistisches Bundesamt (2012).

Für die Beraterperspektive gilt analog zur Klientenperspektive, dass das ideale Sample zur Untersuchung der Erfolgsfaktoren von Unternehmensberatung die Gesamtheit aller (deutschen) Unternehmensberater wäre. Eine derartige Statistik existiert allerdings weder für den deutschen oder gar für den globalen Raum. Aus diesem Grund wurde eine Kooperation mit dem Bundesverband Deutscher Unternehmensberater BDU e.V. (BDU) durchgeführt.

Im BDU sind nach eigenen Angaben rund 13.000 Unternehmensberater organisiert, die sich auf 530 Unternehmensberatungsfirmen aller Beratungsarten verteilen.[622] Der BDU gilt somit als der größte Unternehmensberater-Verband in Europa.[623] Darüber hinaus wurde der Umfragelink über andere Medien, z.B. den Online-Blog „Consulting Monitor" verbreitet.

4.4.2 Datenerhebung

Zur Darstellung der Methode der Datenerhebung wird in folgendem Teilkapitel 4.4.2.1 zunächst auf die verwendete Datenerhebungsmethode eingegangen. Hieran aufbauend beschreibt Teilkapitel 4.4.2.2 ausführlich die Entwicklung des Erhebungsinstrumentes, um schließlich in Teilkapitel 4.4.2.3 das Verfahren der Haupterhebung darzustellen. Insofern perspektivenspezifische Besonderheiten berücksichtigt werden müssen, werden diese in jedem Teilkapitel gesondert dargestellt.

4.4.2.1 Datenerhebungsmethode

Prinzipiell kann im Rahmen der Datenerhebung zwischen einer primärstatistischen und einer sekundärstatistische Methode unterschieden werden. Bei letzterer werden die benötigten Informationen aus bereits vorliegenden Quellen entnommen, wohingegen bei einer primärstatistischen Datenerhebung die benötigten Daten neu erhoben werden. Da für die in dieser Studie erforderlichen Informationen sowohl für die Berater- als auch die Klientenperspektive keine Sekundärdaten zur Verfügung stehen, wird eine primärstatistische Untersuchung durchgeführt. Bezüglich den Methoden/Techniken der Primärdatenerhebung können folgende grundlegende Hauptarten unterschieden werden:

- Befragung (mündliches Interview, schriftliche Befragung, Tiefeninterviews),
- Gruppendiskussion,
- Beobachtung,
- Inhaltsanalyse und

[622] Vgl. BDU (2012f).
[623] Vgl. BDU (2012f); BDU (2012b).

- Experiment.[624]

Für das vorliegende Untersuchungsmodell kommt lediglich die Befragung als Technik der Primärdatenerhebung in Frage und hierbei insbesondere die Unterformen mündliches Interview und schriftliche Befragung. Da die schriftliche Befragung gegenüber dem mündlichen Interview eine Reihe von sowohl forschungsökonomischen (z.B. Ansprache von mehreren Erhebungseinheiten) als auch methodischen Vorteilen (z.B. bessere Vergleichbarkeit der Erhebungsdaten) bietet,[625] wurde diese als Form der Datenerhebung gewählt. Den Nachteilen einer schriftlichen Befragung – insbesondere Repräsentanz- und Kommunikationsprobleme[626] – wurde insofern gerecht, dass im Rahmen des Entwicklungsprozesses der Erhebungsinstrumente ein ausführlicher Pretest der jeweiligen Fragebögen durchgeführt wurde, der unter anderem auch auf die Verständlichkeit der Fragen abzielte.[627] Außerdem bestand für alle Probanden jederzeit die Möglichkeit, bei Unklarheiten oder Rückfragen Kontakt via Email aufzunehmen und es wurde die Repräsentativität der Stichproben auf signifikante Abweichungen hin untersucht.[628]

Umgesetzt wurde die schriftliche Befragung mit Hilfe eines Online-Fragebogens, gerichtet an die entsprechend der betrachteten Perspektive geeigneten Personen. Diese Methode der Datenerhebung ist auch bekannt als der sogenannte Key Informant-Ansatz. Hierbei werden die Key Informants anhand spezifischer Qualifikationen und/oder Positionen im Unternehmen bestimmt,[629] und bietet insbesondere die Vorteile, dass mit relativ geringem Aufwand eine große Anzahl von Unternehmensberatungsprojekten untersucht werden kann, und darüber hinaus viele organisationale Sachverhalte und insbesondere Erfolgsfaktoren erfasst werden können.[630]

Vor dem Hintergrund der Themenstellung wurden als Key Informants für die Klientenperspektive Geschäftsführer, Abteilungsleiter sowie (leitende) Mitarbeiter ausgewählt, die über fundierte Erfahrung in der Zusammenarbeit mit Unternehmensberatungen verfügen und für die Beraterperspektive entsprechend Unternehmensberater mit mehreren Jahren Berufserfahrung. Da der Key Informant-Ansatz im Schrifttum insbesondere in der Erfolgsfaktorenforschung kritisch diskutiert

[624] Vgl. Meißner (2004), S. 25 ff.
[625] Vgl. z.B. Kanuk/Berenson (1975), S. 440; Hippler (1988), S. 244; Fritz (1995), S. 94; Möhring/Schlütz (2010), S. 15.
[626] Vgl. z.B. Kanuk/Berenson (1975), S. 440; Hafermalz (1976), S. 23 ff.; Fritz (1995), S. 95 ff.; Möhring/Schlütz (2010), S. 16.
[627] Vgl. Abschnitt 4.4.2.2.
[628] Vgl. Abschnitt 4.4.3.1.
[629] Vgl. Phillips (1981), S. 396; Bagozzi/Yi/Phillips (1991), S. 423 ff.; Kumar/Stern/Anderson (1993), S. 1634.
[630] Vgl. Kumar/Stern/Anderson (1993), S. 1634.

wird,[631] wird im Folgenden auf die wesentliche Kritikpunkte eingegangen und erläutert, wie diesen im Rahmen der vorliegenden Arbeit begegnet werden soll.

Die Kritik an dem Key Informant-Ansatz bezieht sich hauptsächlich auf die Validität der Resultate, die durch die Beschränkung auf einzelne Informanten gefährdet ist. Es wird argumentiert, dass aufgrund divergierender Motive und Zielsetzungen, Zeitmangel, einer verzerrten Wahrnehmung, Informationsasymmetrien und insbesondere subjektiven Bewertungen eine fehlerfreie Messung der gewünschten Sachverhalte nicht möglich ist.[632] Die zwei wesentlichen hieraus resultierenden expliziten Kritikpunkte manifestieren sich im so genannten „Informant Bias" und dem „Common Method Bias".[633]

Der Informant Bias berücksichtigt hierbei, dass die Probanden immer ihre individuelle Perzeptionen und Bewertungen bezüglich des Forschungsobjekts angeben.[634] Daher kann ein systematischer Messfehler sowohl aufgrund von beschränkten Informationsverarbeitungskapazitäten und divergierenden Informationsständen als auch aufgrund von unterschiedlichen Motiven und Wahrnehmungsunterschieden entstehen.[635] Es können Verzerrungen beispielsweise dadurch entstehen, dass der Key Informant aufgrund seiner spezifischen hierarchischen oder fachlichen Unternehmensposition über eine besondere Sichtweise bzgl. der betrachteten Sachverhalte verfügt.[636]

Im Umgang mit der Problematik eines Key Informant Bias besteht zunächst die Möglichkeit, direkt beim Probanden dessen Beantwortungskompetenz abzufragen (direkter Ansatz).[637] Zusätzlich zu der Beantwortungskompetenz sollte in diesem Zusammenhang noch die Erfahrung des Probanden mit dem Untersuchungsfeld abgefragt werden.[638] Dadurch kann seine Eignung für die Beantwortung der Fragen besser eingeschätzt werden. In dieser Untersuchung wurde für die Klientenperspektive neben der Selbsteinschätzung der Beantwortungskompetenz auch die Erfahrung des Probanden in der Zusammenarbeit mit Unternehmensberatung (Anzahl Jahre) abgefragt, welche Position er zum Zeitpunkt der Befragung innehatte und an wie vielen Beratungsprojekten er in den letzten fünf Jahren beteiligt war. Aus Beraterperspektive wurden neben der

---

631 Vgl. Ernst (2003); Nicolai/Kieser (2004); Hurrle/Kieser (2005); Nicolai/Kieser (2012).
632 Vgl. March/Simon (1957), S. 1 f.; Huber/Power (1985), S. 171 ff.; Podsakoff/Organ (1986), S. 534 ff.; Ernst (2003), S. 1269; Klarmann (2008), S. 126.
633 Vgl. Homburg/Schilke/Reimann (2009), S. 174.
634 Vgl. Phillips (1981), S. 396 f.; Bagozzi/Yi/Phillips (1991), S. 421; Kumar/Stern/Anderson (1993), S. 1633.
635 Vgl. Huber/Power (1985), S. 171; Anderson (1987), S. 525; Golden (1992), S. 848; Ernst (2003), S. 1250; Hurrle/Kieser (2005), S. 585.
636 Vgl. Ernst (2001), S. 88.
637 Vgl. Klarmann (2008), S. 130 ff.
638 Vgl. Kumar/Stern/Anderson (1993), S. 1645.

Selbsteinschätzung zur Beantwortungskompetenz die derzeitige Position und die Anzahl der Beratungsprojekte, an denen er als Unternehmensberater in den letzten fünf Jahren beteiligt war, abgefragt.

Eine weitere und weitaus leistungsfähigere Möglichkeit, der Problematik eines Key Informant Bias zu begegnen, ist jedoch die Kombination multipler Datenquellen zur Untersuchung desselben Phänomens, die so genannte Triangulation (indirekter Ansatz).[639] Neben einer primären Datenquelle werden eine oder mehrere zusätzliche Datenquellen hinzugezogen mit dem Ziel, die Reliabilität und Validität der Daten zu erhöhen bzw. die fehlerfreie Messung der Key Informant-Daten zu gewährleisten.[640] Als zusätzliche Datenquelle kommen hierbei prinzipiell eine zweite Datenerhebung beim selben Informanten zu einem späteren Zeitpunkt,[641] eine weitere Datenerhebung bei einem zweiten Informanten innerhalb[642] bzw. außerhalb der betrachteten Unternehmens[643] und sekundäre Datenquellen wie Geschäftsberichte und unternehmensinterne Archive[644] in Frage (vgl. Abbildung 45).

Für die vorliegende Studie wurde die Variante der Datenerhebung bei einem zweiten Informanten innerhalb des Unternehmens gewählt (vgl. graue Felder in Abbildung 45) respektive innerhalb des gleichen Beratungsprojektes. Zu diesem Zweck wurde jedem Probanden sowohl für die Berater- als auch die Klientenperspektive am Ende der Umfrage die Frage gestellt, ob er sich bereit erkläre, einen verkürzten Fragebogen an einen Kollegen weiterzuleiten, der an demselben Beratungsprojekt mitgearbeitet hat, wie das, das er soeben bewertet hat. Diejenigen Probanden, die diese Frage mit „Ja" beantworteten, erhielten einen individualisierten Umfragelink zu einem verkürzten Fragebogen und entsprechende Erläuterungen zum Vorgehen. Durch dieses Procedere wurde gewährleistet, dass die unterschiedlichen Umfragen später eindeutig zueinander zuordenbar sind, damit eine Triangulation durchführbar ist.[645]

Ein weiterer im Schrifttum häufig diskutierter Kritikpunkt bezüglich des Key Informant-Ansatzes wird unter dem Begriff „Common Method Bias" zusammengefasst.[646] Die Gefahr eines Common Method Bias besteht insbesondere dann, wenn zwei oder mehrere Modellkonstrukte beim selben

[639] Vgl. Jick (1979), S. 602; Lyon/Lumpkin/Dess (2000), S. 1066.
[640] Vgl. Homburg et al. (2012), S. 594 f.
[641] Vgl. Podsakoff/Organ (1986).
[642] Vgl. Van Bruggen/Lilien/Kacker (2002).
[643] Vgl. Anderson/Narus (1990).
[644] Vgl. Kumar/Stern/Anderson (1993).
[645] Vgl. Van Bruggen/Lilien/Kacker (2002), S. 469; Klarmann (2008), S. 145; Homburg/Schilke/Reimann (2009), S. 176 f.
[646] Vgl. Podsakoff/Organ (1986), S. 531; Lindell/Whitney (2001), S. 114; Podsakoff et al. (2003), S. 879; Podsakoff et al. (2003), S. 879; Homburg/Klarmann (2006), S. 733; Malhotra/Kim/Patil (2006), S. 1865.

Key Informant und unter Verwendung identischer methodischen Bedingungen – z.B. gleiches Befragungsmedium, gleicher Fragebogen - gemessen werden, und dabei Korrelationen zwischen den Konstrukten analysiert/interpretiert werden. Von einem Common Method Bias spricht man in diesen Fällen genau dann, wenn die Antworten der Key Informants für die betrachteten Konstrukte auf die gleiche Weise systematisch verzerrt sind. Derartige Effekte treten oft beispielsweise aufgrund von Antworttendenzen (Akquieszenz), Konsistenzmotiven oder sozialer Erwünschtheit auf.[647] Es besteht die Gefahr, dass Korrelationen lediglich aufgrund der vorliegenden systematischen Verzerrung nachgewiesen werden und nicht aufgrund echter kausaler Zusammenhänge.[648]

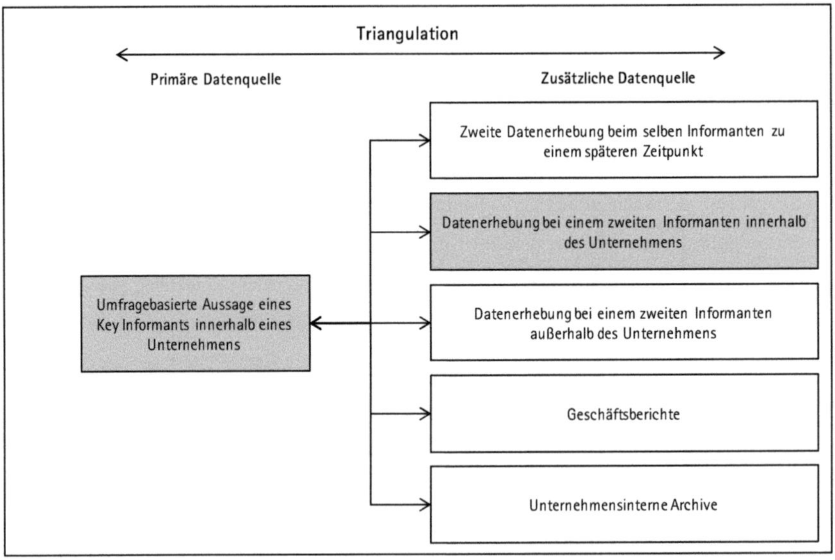

Abbildung 45: Datenquellen des Triangulationsansatzes in der Umfrageforschung[649]

Im Umgang mit der Problematik eines Common Method Bias empfiehlt das Schrifttum die Einhaltung einer Reihe von Maßnahmen, die insbesondere bei der Entwicklung des Erhebungsinstrumentes zu berücksichtigen sind. So wurden bei der Fragebogenentwicklung neben dem gängigen Item-Sorting Pretest von Anderson/Gerbing (1991) zuvor im Rahmen der Expertengesprä-

[647] Vgl. Podsakoff/Organ (1986), S. 534 ff.; Ernst (2003), S. 1250; Podsakoff et al. (2003), S. 882; Klarmann (2008), S. 157 ff.

[648] Vgl. Podsakoff/Organ (1986), S. 531; Podsakoff et al. (2003), S. 879; Backhaus/Blechschmidt/Eisenbeiß (2006), S. 713 f.; Diller (2006), S. 616; Hildebrandt/Temme (2006), S. 629.

[649] In Anlehnung an Homburg/Schilke/Reimann (2009), S. 176.

che intensiv die komplette Operationalisierung der Konstrukte diskutiert.[650] Ziel der durchgeführten Pretests war es unter anderem, Interpretationsspielräume bei der Beantwortung der Fragen weitestgehend auszuschließen, um somit der Gefahr eines Common Method Bias entgegenzuwirken und die Klarheit der Fragen sicherzustellen.

Darüber hinaus wurde einerseits bei der Gestaltung des Fragebogens zur Vermeidung von Konsistenzeffekten darauf geachtet, dass die abhängigen Variablen und die unabhängigen Variablen nicht direkt nacheinander abgefragt werden.[651] Anderseits wurden die Probanden ausdrücklich darauf hingewiesen, dass es sich bei der Umfrage um eine wissenschaftliche Untersuchung handle, man die Fragen möglichst genau und wahrheitsgemäß beantworten möchte, und dass alle Angaben streng vertraulich behandelt und anonym ausgewertet werden. Damit sollten eventuell existierende Barrieren abgebaut und sozial erwünschte Antworttendenzen reduziert werden.

Zur Überprüfung des Vorliegens eines Common Method Bias wird für die vorliegende Untersuchung sowohl der Harmans Ein-Faktor-Test durchgeführt als auch die Guttman Split Half-Kennzahl berechnet. Im Rahmen des Harmans Ein-Faktor-Test werden alle Indikatoren der Untersuchung mit Hilfe einer exploratorischen Faktorenanalyse analysiert.[652] Für den Fall, dass ein Faktor 50% oder mehr der Varianz aller Indikatoren erklärt, wird davon ausgegangen, dass ein Common Method Bias vorliegt.[653] Mit Hilfe der Guttman Split Half-Kennzahl wird die Reliabilität einer Gesamtuntersuchung als synthetische Variable mit zwei Teilen untersucht.[654] Dabei werden die erste und die letzte Hälfte der Untersuchungsergebnisse gegenüberstellt. Im Schrifttum konnte sich ein Grenzwert von 0,6 als Minimum etablieren.[655] Allerdings gilt analog zum Key Informant Bias auch für den Common Method Bias, dass die effektivste Möglichkeit, das Vorliegen eines Common Method Bias zu analysieren, die Triangulation darstellt.[656] Diese findet wie oben beschrieben Anwendung.

Hinsichtlich der Konsistenzüberprüfung bezüglich der erhobenen Daten und der bei einem zweiten Key Informant erhobenen Kontrolldaten bzw. der Überprüfung eines Vorliegens eines Key Informant Bias oder Common Method Bias stehen mehrere Auswertungsmethoden zur Verfügung.

---

[650] Vgl Kapitel 4.4.2.2.
[651] Vgl. Salancik/Pfeffer (1977), S. 447 ff.
[652] Vgl. Harman (1967), S. 12 f.
[653] Vgl. Podsakoff/Organ (1986), S. 536; McFarlin/Sweeney (1992), S. 630.
[654] Vgl. Janssen/Laatz (2007), S. 600 ff.
[655] Vgl. Crocker/Algina (2008); Homburg/Schilke/Reimann (2009), S. 188.
[656] Vgl. Van Bruggen/Lilien/Kacker (2002), S. 469; Podsakoff et al. (2003), S. 898; Homburg/Klarmann (2006), S. 733; Klarmann (2008), S. 161; Homburg/Schilke/Reimann (2009), S. 176 f.; Homburg et al. (2012), S. 595 f.

Eine eindeutig präferierte Variante existiert derzeit in der wirtschaftswissenschaftlichen Literatur nicht,[657] allerdings sind die Intra-Klassen-Korrelation (ICC) und die bivariate Korrelation sehr häufig verwendete Verfahren,[658] auf die nachfolgend näher eingegangen wird.

Die Intra-Klassen-Korrelation gibt Auskunft über das Maß der Übereinstimmung mehrerer Informanten. Abhängig von der Datengrundlage (Einzelwerte oder Mittelwerte) kommen hierbei die beiden Intraklassen-Korrelationskoeffizient ICC (1,1), auch ICC 1 genannt, und ICC (1,k), auch ICC 2 genannt, zur Anwendung.[659] Der ICC 1 basiert auf Einzelwerten und gibt anhand des Varianzanteils, der auf die Zugehörigkeit zur der Untersuchungseinheit zurückgeführt werden kann, Auskunft über die Zuverlässigkeit einzelner Informanten.[660]

Im Gegensatz zum ICC 1 basiert der ICC 2 auf Mittelwerten und informiert darüber, wie aussagekräftig der Mittelwert der Angaben der Probanden die entsprechende Variable misst.[661] Für beide Intraklassen-Korrelationskoeffizienten gilt, dass höhere Werte für eine höhere Reliabilität stehen und somit einer höheren Zuverlässigkeit der befragten Probanden entsprechen. Als nicht zu unterschreitender Grenzwert wird in der Literatur für den ICC 1 ein Wert von 0,1 oder höher angestrebt[662] und für den ICC 2 ein Wert von 0,6 oder höher,[663] wobei manche Autoren hier auch einen strengeren Wert von 0,7 als Grenzwert ansetzen.[664]

Im Rahmen der bivariaten Korrelation werden die Antworten der ersten Key Informant und der zweiten Key Informants miteinander korreliert, um möglichst hohe und signifikante Korrelationskoeffizienten ausweisen zu können.[665] Als Schwellenwerte kann folgende Einteilung herangezogen werden:

- Werte von 0 bis 0,3 deuten auf eine geringe Korrelation hin,
- Werte von 0,3 bis 0,5 auf eine mittelmäßige Korrelation und
- Werte von 0,5 bis 1 repräsentieren eine hohe Korrelation.[666]

---

[657] Vgl. de Jong/de Ruyter/Lemmink (2004), S. 26; Takeuchi/Shay/Li (2008), S. 50; Liao/Chuang (2004), S. 51; Li/Poppo/Zhou (2008), S. 390; Homburg/Schilke/Reimann (2009), S. 174.
[658] Vgl. Homburg/Schilke/Reimann (2009), S. 182.
[659] Vgl. zum ICC 1 Bartko (1976), S. 732 ff.; Shrout/Fleiss (1979), S. 420 ff.; James (1982), S. 219 ff.; McGraw/Wong (1996), S. 30 ff.; Bliese (1998), S. 355 ff.; Bliese (2000), S. 349 ff.; LeBreton/Senter (2008), S. 815.
[660] Vgl. Homburg/Klarmann (2009), S. 161.
[661] Vgl. Homburg/Klarmann (2009), S. 161.
[662] Vgl. Bliese (1998), S. 360.
[663] Vgl. Glick (1985), S. 609.
[664] Vgl. Bliese (1998), S. 355 ff.; Klein/Kozlowski (2000), S. 211 ff.
[665] Vgl. Podsakoff/Organ (1986), S. 531; Podsakoff et al. (2003), S. 879; Backhaus/Blechschmidt/Eisenbeiß (2006), S. 713 f.; Diller (2006), S. 616; Söhnchen (2007), S. 137 ff.
[666] Vgl. Cohen (1988), S. 79 ff.

4.4.2.2 Erhebungsinstrumente

Die Entwicklung der Erhebungsinstrumente erfolgte in einem mehrstufigen Prozess, der eine ausgiebige Literaturanalyse zur Identifikation von bereits existierenden Skalen, die Durchführung von diversen Experteninterviews, einen Pretest sowie einen Item Sorting-Test umfasste. Hierbei wurde bei der Skalenentwicklung insbesondere bei der Anpassung von existenten Skalen auf den vorliegenden Untersuchungskontext die Empfehlungen von Rossiter (2002) und DeVellis (2011) zur Skalenentwicklung berücksichtigt. Abbildung 46 fasst den Entwicklungsprozess der Erhebungsinstrumente inklusive des Zeitraums, der Ziele, der Teilnehmer bzw. des Suchfeldes und der Ergebnisse für die Berater- und Klientenperspektive zusammen.

	Literaturanalyse	Expertengespräche	Pretest	Item-Sorting-Test
Zeitraum	• Fortlaufend seit 01. Mai 2009	• 03. Januar 2012 bis 02. März 2012	• 05. März 2012 bis 27. April 2012	• 30. April 2012 bis 18. Mai 2012
Ziele	• Identifikation und Analyse bestehender und etablierter Skalen und Items für die Untersuchungsstudie	• Verifikation der Modellhypothesen und der Eignung der ausgewählten Skalen zur Operationalisierung	• Itemreduktion auf Basis einer Reliabilitätsanalyse pro Faktor (Cronbach's Alpha) • Erste Überprüfungen hinsichtlich Validität und Reliabilität	• Überprüfung der Verständlichkeit der einzelnen Indikatoren und deren Trennschärfe durch die Zuordnung der Items zu den Faktoren
Suchfeld/ Teilnehmer	• Wissenschaftliche Zeitschriftenartikel und Dissertationen	• n = 12 (KP) • n = 13 (BP)	• n = 25 (KP) • n = 22 (BP)	• n = 22 (KP) • n = 23 (BP)
Ergebnisse	• Longlist von Fragekatalogen für alle Konstrukte • Aufbau einer Item-Basis für Berater- und Klientenperspektive	• Umformulierung von 21 (KP) bzw. 18 (BP) Items • Streichung von jeweils 5 Items (KP und BP) • Formulierung von 9 (KP) bzw. 8 (BP) neuen Items → Erster Fragebogenentwurf	• Umformulierung von 5 (KP) bzw. 4 (BP) Items • Streichung von 31 (KP) und 27 (BP) Items → Validierter und gekürzter Fragebogen	• Umformulierung von 6 (KP) bzw. 4 (BP) Items → Finaler Fragebogen

Abbildung 46: Entwicklungsprozess der Erhebungsinstrumente

Aufbauend auf einer ausführlichen Literaturanalyse hinsichtlich bereits existierender und etablierter Operationalisierungen der relevanten latenten Konstrukte wurde in einem ersten Schritt eine Longlist von untersuchungsrelevanten Fragen für alle Konstrukte erstellt und damit eine entsprechende Item-Basis sowohl aus Berater- als auch aus Klientenperspektive generiert. Hierbei konnten für alle Konstrukte geeignete Skalen identifiziert werden, die jedoch an die spezifische Problemstellung und an die entsprechende Betrachtungsperspektive angepasst werden mussten. Außerdem wurden die sehr häufig in englischer Sprache verfassten Skalen ins Deutsche übersetzt.

In einem zweiten Schritt wurden während des Zeitraums von Januar 2012 bis März 2012 insgesamt 12 Experteninterviews für die Klientenperspektive und 13 Experteninterviews für die Beraterperspektive sowohl mit Wissenschaftlern als auch mit Praktikern durchgeführt.[667] Neben einer ausführlichen Diskussion der relevanten Forschungsfragen lag ein weiteres Hauptaugenmerk der Expertengespräche auf der Verfeinerung der zuvor erstellen Item-Batterien. Zu diesem Zweck wurde mit jedem Experten die komplette Operationalisierung aller Konstrukte diskutiert. Dabei sollten die Experten neben der allgemeinen Verständlichkeit insbesondere darauf achten, inwieweit die einzelnen Indikatoren zur Messung des betrachteten Konstrukts geeignet sind bzw. ob einzelne Items angepasst, eliminiert oder neu formuliert werden müssen. Darüber hinaus wurden die Experten gebeten, auch ein Urteil bezüglich der Beantwortbarkeit der einzelnen Fragebogenitems abzugeben. Als Ergebnis der durchgeführten Experteninterviews wurden für die Klientenperspektive insgesamt 21 Items umformuliert, fünf Items gestrichen und insgesamt neun Items neu hinzugefügt.[668] Auf Basis dieser Erkenntnisse entstand ein erster Fragebogenentwurf mit insgesamt 106 Items. Für die Beraterperspektive wurden insgesamt 18 Items umformuliert, ebenfalls fünf Items gestrichen und insgesamt acht Items neu hinzugefügt. Der hieraus resultierende Fragebogen umfasste insgesamt 102 Items.

Im nächsten Schritt der Entwicklung des Erhebungsinstrumentes wurde der Fragebogenentwurf Anfang März 2012 einem Pretest unterzogen. Zu diesem Zweck wurden über die Business-Plattform Xing jeweils 250 Personen mit entsprechenden Qualifikationen angeschrieben, wobei der Link zu dem Pretest-Onlinefragebogen enthalten war. Die Zielsetzung dieses Pretest bestand neben der Überprüfung der Validität und der Reliabilität der Indikatoren mittels der Verfahren der ersten Generation (Cronbachs Alpha, Item-to-Total-Korrelation und die einfaktorielle exploratorische Faktorenanalyse) insbesondere auch in einer systematischen Itemreduktion, um den bislang noch relativ umfangreichen Fragebogenentwurf zu kürzen.[669]

Insgesamt konnten 25 verwertbare Rücklaufer für die Klientenperspektive und 22 verwertbare Rücklaufer für die Beraterperspektive in den anschließenden Analysen berücksichtigt werden. Auf Basis der Ergebnisse der durchgeführten Analysen (Verfahren der ersten Generation) konnten für die Klientenperspektive insgesamt 31 Items eliminiert und weitere fünf Items umformuliert werden. Für die Beraterperspektive konnten insgesamt 27 Items gestrichen werden und 4 Items umformuliert werden. Mit Hilfe der Ergebnisse aus dem Pretest wurde für beide Perspekti-

[667] Vgl. Anderson/Gerbing (1991), S. 732 ff. und zum genauen Vorgehen der Expertengespräche Kapitel 3.1.2.
[668] Vgl. Hurrle/Kieser (2005), S. 598.
[669] Vgl. zu den Verfahren der Ersten Generation und zum Vorgehen der Itemreduktion Kapitel 4.3.

ven ein validierter und gekürzter Fragebogen erstellt, der Ausgangspunkt für den letzten Schritt im Entwicklungsprozess des Erhebungsinstrumentes war, dem Item-Sorting-Test.

Der Item-Sorting-Test wurde von Anderson/Gerbing (1991) entwickelt mit dem Ziel, die Leistungsfähigkeit von Indikatoren im Rahmen einer konfirmatorischen Faktorenanalyse vorherzusagen.[670] Untersuchungsgegenstand dieses Tests ist insbesondere die substantielle Validität zur Prognose der Inhalts-, Kriteriums- und Konstruktvalidität. Darüber hinaus werden auch die Verständlichkeit und Eindeutigkeit der Items sowie die Definition der Dimensionen überprüft. Die Probanden erhalten bei diesem Test neben einer kurzen Beschreibung der betreffenden Konstrukte eine Liste mit allen Indikatoren, die zu deren Messung vorgesehen sind. Die verschiedenen Items befinden sich hierbei in einer zufälligen Anordnung und es ist kein Rückschluss möglich, welches Item zur Messung welches Konstrukts vorgesehen ist. Nun ist es Aufgabe der Probanden, die einzelnen Indikatoren dem Konstrukt zuzuordnen, zu dem es ihrer Meinung nach am besten passt und darüber hinaus Anmerkungen bezüglich Zuordnung und Formulierung der Items festzuhalten.

Die Ermittlung der substantiellen Validität erfolgt pro Indikator mit den zwei Indizes p_{SA} („proportion of substantive agreement") und c_{SV} („substantive validity coefficient"). Der p_{SA} steht für den Anteil der Respondents, die den Indikator dem richtigen Konstrukt zugeordnet haben und kann einen Wert zwischen null und eins annehmen. Die substantielle Validität ist umso besser je näher der p_{SA} an eins liegt. Der c_{SV} zeigt hingegen an, wie sehr ein Indikator mit einem anderen Konstrukt in Verbindung steht und kann Werte von minus eins bis eins annehmen. Auch hier ist die substantielle Validität umso besser, je näher der c_{SV} an eins liegt, wobei hohe negative Werte nicht für eine geringe substantielle Validität sprechen, sondern dass der entsprechende Indikator eher einem anderen Konstrukt zugerechnet wird.

Die Durchführung und Auswertung der Ergebnisse des Item-Sorting Tests fand im Zeitraum von Ende April bis Mitte Mai 2012 statt. Insgesamt konnten 22 verwertbare Rückläufer (Wissenschaftler und Praktiker) für die Klientenperspektive und 23 Rückläufer für die Beraterperspektive bei der Analyse berücksichtigt werden. Basierend auf den Indizes p_{SA} und c_{SV} mussten lediglich geringfügige Anpassungen vorgenommen werden: Für die Klientenperspektive wurden sechs Items umformuliert und für die Beraterperspektive lediglich vier Items. Schließlich umfasste der finale Fragebogen für die Haupterhebung sowohl für die Klientenperspektive als auch die Beraterperspektive jeweils 75 Items für 11 unterschiedliche Kategorien.

[670] Vgl. hierzu und im Folgenden Anderson/Gerbing (1991), S. 732 ff.

4.4.2.3 Haupterhebung

Wie bereits in Kapitel 4.4.1 erläutert, umfasst die für die Klientenperspektive auf Basis der Hoppenstedter Firmendatenbank identifizierte Grundgesamtheit 2.759 eindeutige Datensätze (Basis für Rücklaufquote I). Im Rahmen der Haupterhebung stellte sich heraus, dass insgesamt 154 Firmen nicht unter der angegebene Emailadresse erreichbar sind, und dass für diese Unternehmen - höchstwahrscheinlich aufgrund von Geschäftsaufgabe - auch keine alternative Emailadresse recherchiert werden konnte. Unter Berücksichtigung dieser Unternehmen ergeben sich für die Klientenperspektive 2605 relevante Datensätze für die Haupterhebung. Darüber hinaus gaben im Rahmen der Hauptuntersuchung insgesamt 312 Unternehmen an, nicht mit Unternehmensberatungen zusammenzuarbeiten und daher auch nicht über die für diese Studie relevanten Erfahrungen zu verfügen. Somit verbleiben 2293 Datensätze für die Hauptuntersuchung, die die Basis zur Bestimmung der Rücklaufquote II bilden.

Alle 2605 Unternehmen wurden via Einzelemails kontaktiert. Neben dem Link zum Online-Fragebogen enthielt die Email eine kurze Beschreibung des Forschungsprojektes und den Hinweis, dass gemessen am Umsatz und an der Mitarbeiteranzahl das Unternehmen in die Zielgruppe der Studie fällt. Hieran anschließend folgte die Bitte, den Umfragelink bzw. diese Email an die entsprechenden Key Informants, die über Erfahrung mit Unternehmensberatung verfügen, weiterzuleiten, also z.B. die Geschäftsführung oder Abteilungsleiter. Außerdem wurde darauf hingewiesen, dass die Befragung vollkommen anonym ist. Als Anreiz zur Teilnahme wurde eine Zusammenfassung der wesentlichen Forschungsergebnisse bei Interesse zugesichert.

In regelmäßigen Abständen von einer Woche wurden insgesamt vier Reminder-Emails verschickt.[671] Neben den bereits erwähnten Anmerkungen wurde noch einmal explizit auf die essentielle Bedeutung der Teilnahme des Unternehmens für den Studienerfolg hingewiesen. Auf diese Weise konnte bis Mitte September 2012 ein Rücklauf von insgesamt 255 verwertbaren Antworten erzielt werden, was einer Rücklaufquote I von 9,24% (255/2759) und einer Rücklaufquote II von 11,12% (255/2293) entspricht. Dieser Rücklauf kann als durchschnittlich im Vergleich zu ähnlichen Studien eingestuft werden.[672]

Bezüglich der Beraterperspektive erfolgte, wie in Kapitel 4.4.1 erläutert, eine Kooperation mit dem BDU und anderen Medien wie z.B. dem Online-Blog Consulting-Monitor. In einem ersten Schritt wurde der Umfragelink im Rahmen des alle zwei Wochen erscheinenden BDU-

[671] Vgl. Kanuk/Berenson (1975), S. 441; Friedrichs (1990), S. 239; Berekoven/Eckert/Ellenrieder (2009), S. 113 f.; Dillman (2011), S. 327.

[672] Vgl. z.B. Defren (2008), S. 216; Kerner (2009), S. 256.

Newsletters, der sich an 1200 Geschäftsführer, Inhaber und Führungskräfte der BDU-Mitgliedsunternehmen richtet, mit der Bitte um Teilnahme und Weiterleitung an deren Mitarbeiter bzw. Beraterkollegen, veröffentlicht. Um einen ausreichende Rücklaufquote zu erreichen, wurden darüber hinaus alle BDU-Mitgliedsunternehmen per persönlicher Email kontaktiert. Diese Email enthielt wiederrum den Umfragelink mit der Bitte, diesen an Kollegen weiterzuleiten. Außerdem wurde auch hier darauf hingewiesen, dass die Befragung vollkommen anonym ist, es wurde als Anreiz zur Teilnahme eine exklusive Zusammenfassung der wesentlichen Forschungsergebnisse bei Interesse zugesichert. Darüber hinaus wurden insgesamt vier Reminderemails in einem ca. einwöchigen Abstand versendet. Zusätzlich wurde der Umfragelink u.a. auch im Newsletter des Online-Blog Consulting-Monitor veröffentlicht und ein entsprechender Eintrag auf der Homepage wurde erstellt. Insgesamt konnte auf diese Art und Weise bis Mitte September 2012 ein Rücklauf von insgesamt 348 verwertbaren Antworten erzielt werden.

Die Berechnung der Rücklaufquote ist für die Beraterperspektive nicht durchführbar, da aufgrund des beschriebenen Vorgehens nicht eindeutig bestimmt werden kann, wie viele Unternehmensberater tatsächlich erreicht wurden. Aus diesen Gründen wird auf die explizite Angabe einer Rücklaufquote im vorliegenden Zusammenhang für die Beraterperspektive verzichtet. Es sei jedoch darauf hingewiesen, dass es sich bei einem Rücklauf von 348 im Vergleich zu anderen Untersuchungen im Kontext von Unternehmensberatung um eine mehr als zufriedenstellende Rücklaufquote handelt.

4.4.3 Charakteristika der Datenbasis

Neben den einzelnen Indikatoren zur Untersuchung der postulierten Forschungsfragen, enthielt der Online-Fragebogen auch einen Teil mit allgemeinen Fragen. Diese wurden erhoben, um die Repräsentativität und die Qualität des Samples beurteilen zu können.[673] Zu diesem Zweck wird nachfolgend zunächst auf unterschiedliche Merkmale der Ansprechpartner und der Unternehmen eingegangen (Kapitel 4.4.3.1), um hieran anschließend sowohl die Validität der Daten als auch deren Verteilung zu untersuchen (Kapitel 4.4.3.2).

4.4.3.1 Merkmale der Ansprechpartner und der Unternehmen

Ein erstes wichtiges Merkmal, insbesondere im Zusammenhand mit dem verwendeten Key Informant Ansatz, ist die Position der Probanden zum Zeitpunkt der Erhebung. Für die Klientenperspektive wurden als gewünschte Key Informants Geschäftsführer, Abteilungsleiter und (lei-

[673] Vgl. Hafermalz (1976), S. 31 f.; Schnell/Hill/Esser (2011), S. 298 ff.

tende) Mitarbeiter definiert, die insbesondere über Erfahrung mit Unternehmensberatung verfügen.[674] Hinsichtlich der Position im Unternehmen zeigt Abbildung 47, dass insgesamt über 73% der Befragten zum Zeitpunkt der Umfrage eine leitende Position innehatten, wobei sich der Hauptteil mit 68,57% auf die leitenden Angestellten verteilt und 4,49% der Befragten gaben die Position Geschäftsführung an. 19,59% der Befragten gaben an, in einem Mitarbeiterverhältnis beschäftigt zu sein, wobei hierbei davon ausgegangen wird, dass diese über umfangreiche Erfahrung in der Zusammenarbeit mit Unternehmensberatung verfügen, was auch durch die weiteren Analysen hinsichtlich ihrer Unternehmensberatungserfahrung bestätigt werden konnte. 7,35% gaben sonstige Positionen, wie z.B. Experten oder Stabspositionen, als ihre derzeitige Position an.

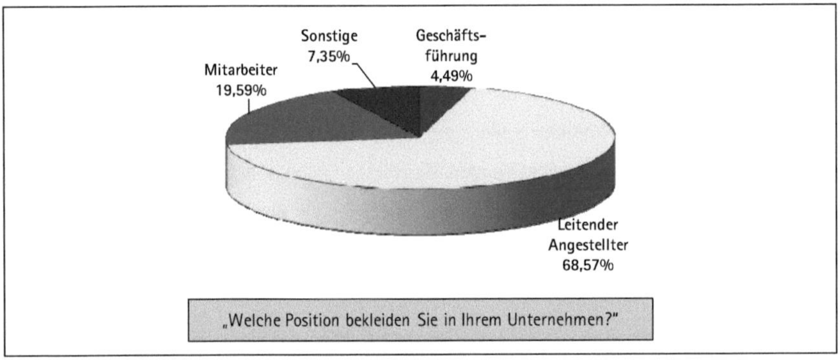

Abbildung 47: Position der Befragten im Unternehmen - Klientenperspektive

Für die Beraterperspektive wurden als gewünschte Key Informants entsprechend Unternehmensberater mit mehreren Jahren Berufserfahrung definiert.[675] Die Frage, welche der Positionsbezeichnungen Junior Consultant, Consultant, Manager, Senior Manager, Partner oder Sonstiges am ehesten ihrer momentanen Position in ihrem Beratungsunternehmen entspricht, beantworteten 1,72% mit Junior Consultant, 21,55% mit Consultant, 23,28% mit Manager, 19,54% mit Senior Manager, 32,75% mit Partner und 1,15% mit Sonstiges. Somit kann davon ausgegangen wer-den, dass überwiegend Unternehmensberater an der Umfrage teilgenommen haben, die über mehrere Jahre Berufserfahrung verfügen und sogar über 75% der befragten Unternehmensberater eine Stellung mit Managementfunktion innehaben (vgl. Abbildung 48).

[674] Vgl. Kapitel 4.4.2.1.
[675] Vgl. Kapitel 4.4.2.1.

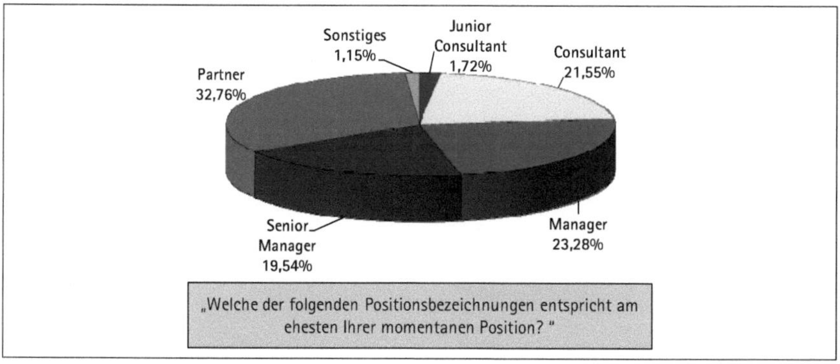

Abbildung 48: Position der Befragten im Unternehmen - Beraterperspektive

Da allein aufgrund der Angabe der derzeitigen Position im Unternehmen – insbesondere für die Klientenperspektive – ein Identitätsproblem nicht ausgeschlossen werden kann, ist es erforderlich, anhand von Erfahrungswerten abzufragen, inwieweit die Befragten zur Beantwortung des Fragebogens auch tatsächlich geeignet sind.[676] Dies soll für die Klientenperspektive anhand der Hard Facts „Jahre der Zusammenarbeit mit Unternehmensberatung" und „Anzahl der Beratungsprojekte in den letzten 5 Jahren" erfolgen (vgl. Abbildung 49). Lediglich 5,71% der Befragten gaben an, weniger als drei Jahre mit Unternehmensberatungen zusammenzuarbeiten, und nur 11,84% bezifferten die Jahre der Zusammenarbeit auf drei bis fünf Jahre. Die große Mehrheit (82,45%) gab an, mindesten schon fünf Jahre mit Unternehmensberatungen zusammenzuarbeiten, wovon sogar 36,73% von einer Erfahrung von 11 Jahren und mehr berichteten.

Ebenso kann man von einer ausreichenden Erfahrung der Probanden der Klientenperspektive ausgehen, wenn man die Anzahl der Beratungsprojekte, an denen die Befragten in den letzten 5 Jahren beteiligt waren, analysiert. Hier gaben 13,88% an, an zwei oder weniger Unternehmensberatungsprojekten in den letzten fünf Jahren beteiligt gewesen zu sein. Mehr als 86% der Befragten gaben an, an mindesten drei Beratungsprojekten in den letzten fünf Jahren beteiligt gewesen zu sein, wobei davon mehr als 22% an 10 oder mehr Beratungsprojekten in den letzten fünf Jahren involviert waren. Berücksichtigt man die Tatsache, dass Unternehmensberatungsprojekte oft über einen längeren Zeitraum von bis zu mehreren Jahren gehen und die Tatsache, dass der Betrachtungszeitraum auf die letzten fünf Jahre beschränkt ist, kann insgesamt somit für die Klientenperspektive davon ausgegangen werden, dass mit der Befragung Key Informants erreicht

[676] Von einem Identitätsproblem spricht man dann, wenn nicht der adressierte Key Informant den Fragebogen bearbeitet, sondern eine andere Person, die nicht über das entsprechend erforderliche Wissen verfügt, vgl. Hafermalz (1976), S. 31 f.

wurden, die über eine ausreichend hohe Erfahrung in Bezug auf Unternehmensberatung verfügen.

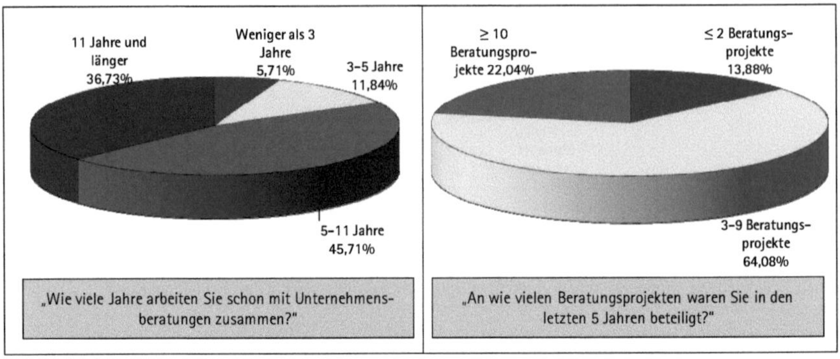

Abbildung 49: Jahre der Zusammenarbeit mit Unternehmensberatungen und Anzahl der Beratungsprojekte in den letzten 5 Jahren - Klientenperspektive

Auch wenn für die Beraterperspektive anhand der abgefragten derzeitigen Position eine gute Einschätzung hinsichtlich des Ausschlusses eines Identitätsproblems getroffen werden kann, wurde analog zur Klientenperspektive zusätzlich zur aktuellen Position im Unternehmen auch die Anzahl der Beratungsprojekte in den letzten 5 Jahren abgefragt (vgl. Abbildung 50). Das Ergebnis unterstreicht die Erfahrenheit der Probanden. Fast 10% der Befragten gaben an, an mindestens 50 Beratungsprojekten in den letzten fünf Jahren beteiligt gewesen zu sein. 22,7% bezifferten ihr Projektvolumen mit 20-49 und die Mehrheit von über 55% gab an, an 5-19 Beratungsprojekten in den letzten fünf Jahren beteiligt gewesen zu sein. 12,64% der Probanden bezifferten ihre Anzahl an beteiligten Beratungsprojekten in den letzten fünf Jahren mit weniger als fünf. Dies kann jedoch nicht als ein Indiz für unzureichende Erfahrung dieser Befragungsteilnehmer gewertet werden, da es durchaus nicht branchenunüblich ist, über einen längeren Zeitraum ein und dasselbe Projekt zu betreuen. Das bisher gute Bild hinsichtlich der Merkmale der Ansprechpartner aus Klientenperspektive wird darüber hinaus auch bestätigt, wenn man die Selbsteinschätzungen der Probanden bezüglich deren Erfahrung mit Unternehmensberatung bzw. bezüglich ihrer Selbsteinschätzungskompetenz analysiert, die als letztes personenspezifisches Merkmal für die Klientenperspektive abgefragt wurde. Hierbei gab kein Proband an, über gar keine Erfahrung mit Unternehmensberatung zu verfügen, und lediglich 5,72% der Befragten gaben an, wenig (0,82%) oder eher wenig (4,90%) Erfahrung mit Unternehmensberatung zu haben. Die sehr große Mehrheit von 94,29% deklarierte ihre Erfahrung mit Unternehmensberatung auf mittel (15,92%), eher viel (27,76%), viel (31,84%) oder sehr viel (18,78%).

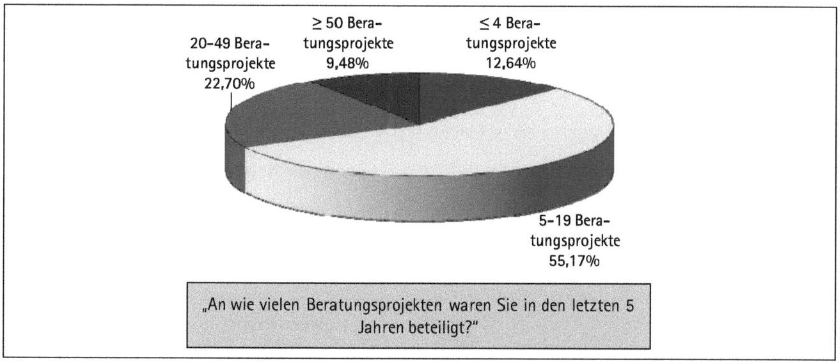

Abbildung 50: Anzahl der Beratungsprojekte in den letzten 5 Jahren - Beraterperspektive

Ähnliche Werte ergaben sich bei der Klientenperspektive für die Selbsteinschätzung der Beantwortungskompetenz durch die Probanden.[677] Auf die Frage, wie gut die Probanden insgesamt auf die gestellten Fragen antworten konnten, gab die große Mehrheit von 93,88% an, die gestellten Fragen mittel (13,47%), eher gut (33,47%), gut (30,20%) oder sehr gut (16,73%) beantwortet haben zu können. Die restlichen 6,12% konnten die Fragen eher schlecht (4,90%) bzw. schlecht (1,22%) beantworten. Kein Proband gab an, die Fragen sehr schlecht beantwortet haben zu können. Somit ist für die Klientenperspektive von einer guten bis sehr guten Beantwortungskompetenz der Probanden auszugehen. Abbildung 51 stellt die Ergebnisse zu den Fragen der Erfahrung der Klienten mit Unternehmensberatung bzw. bezüglich ihrer Selbsteinschätzungskompetenz zusammenfassend dar.

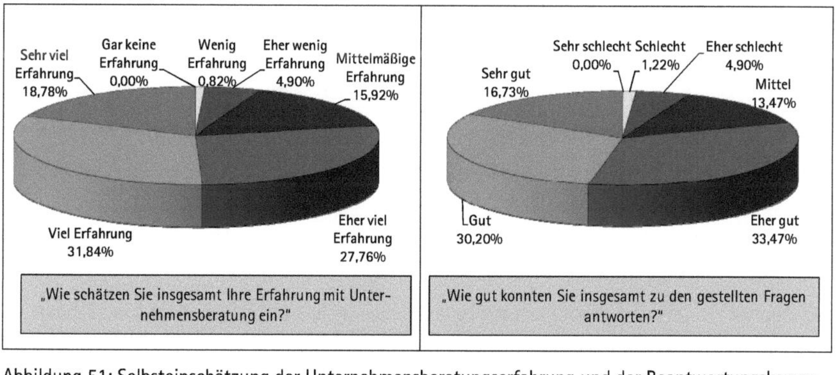

Abbildung 51: Selbsteinschätzung der Unternehmensberatungserfahrung und der Beantwortungskompetenz - Klientenperspektive

677 Die beiden Fragen wurden nicht hintereinander abgefragt, sondern auf unterschiedlichen Seiten des Online-Fragebogens, um Abstrahlungseffekte zu vermeiden.

Auch für die Beraterperspektive wurde die Selbsteinschätzungskompetenz der Probanden abgefragt. Hier gab die große Mehrheit von 90,23% an, die gestellten Fragen mittel (10,63%), eher gut (30,46%), gut (33,05%) oder sehr gut (16,09%) beantworten zu können. Lediglich 9,77% der Befragten gaben an, die Fragen eher schlecht (7,18%) bzw. schlecht (2,59%) beantworten zu können. Auch für die Beraterperspektive gab kein Proband an, die Fragen sehr schlecht beantwortet haben zu können (vgl. Abbildung 52). Insgesamt ist damit ebenso für die Beraterperspektive von einer guten bis sehr guten Beantwortungskompetenz der Probanden auszugehen.

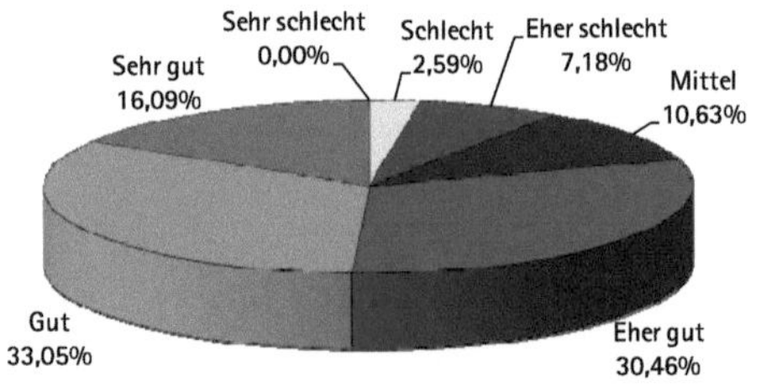

Abbildung 52: Selbsteinschätzung der Beantwortungskompetenz - Beraterperspektive

Neben den Merkmalen zu den Ansprechpartnern wurden auch wesentliche Strukturmerkmale der betrachteten Unternehmen erhoben. Mit Hilfe dieser Merkmale soll eine Prüfung der Daten dahingehend durchgeführt werden, ob die erhobenen Daten mit denen der Grundgesamtheit übereinstimmen und somit davon ausgegangen werden kann, dass das vorliegende Sample die Grundgesamtheit in einem ausreichenden Maße repräsentiert und frei von Verzerrungen ist.[678] Zu diesem Zweck wurden alle Probanden der Klientenperspektive gebeten, zusätzlich zu den modellspezifischen Fragestellungen anzugeben, in welcher Branche ihr Unternehmen tätig ist und wie viele Mitarbeiter ihr Unternehmen beschäftigt. Die Überprüfung der Übereinstimmung der Repräsentativitätsüberprüfungskriterien in der Stichprobe und der Grundgesamtheit erfolgten mit Hilfe eines Chi-Quadrat-Homogenitätstests.[679]

Bezüglich der Branchenzugehörigkeit der Unternehmen im Sample gaben 40,39% der Probanden an, im verarbeitenden Gewerbe tätig zu sein, 34,51% gehörten der Finanzdienstleistungsbrache an, 1,18% dem Public Sektor, 9,02% der TIMES-Branche, 10,59% der Wasser- und Energiebran-

678 Vgl. Schnell/Hill/Esser (2011), S. 298 f.
679 Vgl. Hays (1973), S. 719 ff.; Bosch (2007), S. 212 ff.

che und weitere 4,31% gaben eine sonstige Branchenzugehörigkeit an, wie z.B. Handel oder Tourismus. Bei der Repräsentativitätsüberprüfung ergab sich ein Chi-Quadrat von 8,773. Verglichen mit dem Wert des 95%-Quantils einer Chi-Quadrat-Verteilung mit df=5 Freiheitsgraden (11,07)[680] kann somit festgestellt werden, dass kein statistisch signifikanter Unterschied hinsichtlich der Branchenzugehörigkeit bei der Grundgesamtheit und der Stichprobe besteht. Abbildung 53 stellt hierzu die Branchenverteilung in der Stichprobe grafisch dar.

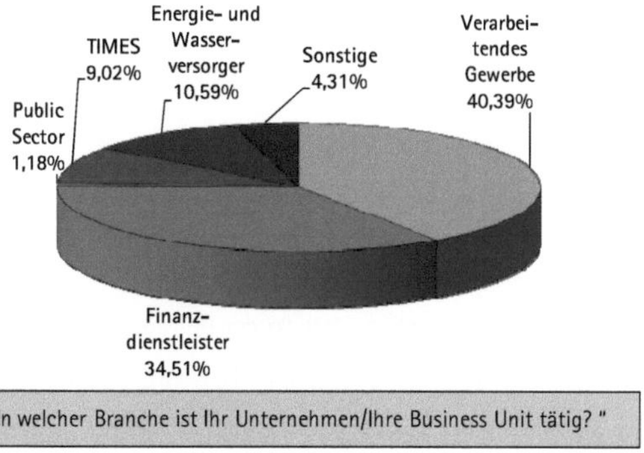

Abbildung 53: Branchenzugehörigkeit – Klientenperspektive

Bei der Unternehmensgröße gaben für die Klientenperspektive 20,39% der Probanden an, dass ihr Unternehmen zwischen 249 und 500 Mitarbeiter beschäftigt, 18,04% zwischen 499 und 1000 Mitarbeiter, 30,98% zwischen 999 und 5001 und 30,59% der Probanden gaben an, dass ihr Unternehmen mehr als 5000 Mitarbeiter beschäftigt (vgl. Abbildung 54).

Bei der Repräsentativitätsüberprüfung ergab sich ein Chi-Quadrat von 6,360. Verglichen mit dem Wert des 95%-Quantils einer Chi-Quadrat-Verteilung mit df=3 Freiheitsgraden (7,81)[681] kann somit auch hierfestgestellt werden, dass hier kein statistisch signifikanter Unterschied hinsichtlich der Unternehmensgröße bei der Grundgesamtheit und der Stichprobe besteht und somit die Repräsentativität der Stichprobe hinreichend gegeben ist.

680 Vgl. Pflaumer/Hartung/Heine (2001), S. 283.
681 Vgl. Pflaumer/Hartung/Heine (2001), S. 283.

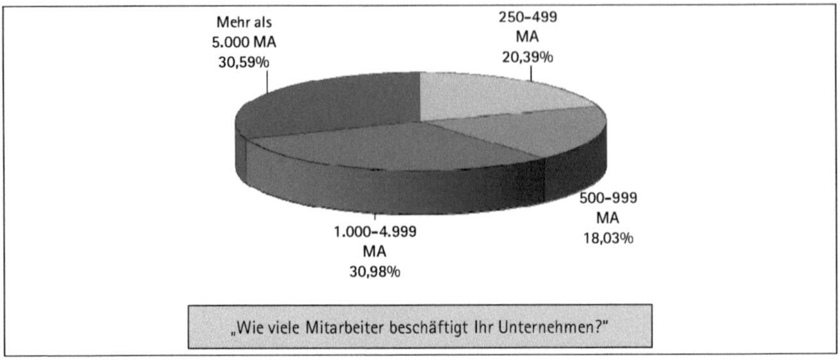

Abbildung 54: Unternehmensgröße – Klientenperspektive

Für die Beraterperspektive wurden die Probanden neben den modellspezifischen Fragestellungen insbesondere noch gebeten, Angaben hinsichtlich des Hauptberatungsfeldes ihres Unternehmens zu machen. Als Hauptberatungsfeld gaben 29,89% der Befragten die Strategieberatung, 39,66% die Organisations-/Prozessberatung und 30,46% die IT-Beratung an (vgl. Abbildung 55). Ein direkter Vergleich der Daten mit der korrespondierenden Grundgesamtheit ist aufgrund des gewählten Erhebungsverfahrens nicht möglich.[682] Allerdings weichen die Werte nicht stark von der aktuellen Branchenverteilung des deutschen Beratermarktes ab,[683] so dass sich bei der Repräsentativitätsüberprüfung ein Chi-Quadrat von 1,34 ergab. Verglichen mit dem Wert des 95%-Quantils einer Chi-Quadrat-Verteilung mit df=2 Freiheitsgraden (5,99)[684] kann somit festgestellt werden, dass auch hier kein statistisch signifikanter Unterschied hinsichtlich der Beratungsbranche besteht und somit die Repräsentativität der Stichprobe hinreichend gegeben ist.

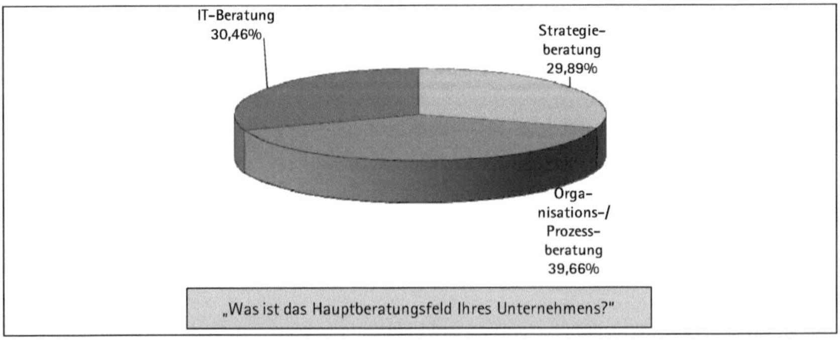

Abbildung 55: Hauptberatungsfeld – Beraterperspektive

682 Vgl. Kapitel 4.4.2.3.
683 Vgl. BDU (2011b), S. 8.
684 Vgl. Pflaumer/Hartung/Heine (2001), S. 283.

4.4.3.2 Datenvalidität und -verteilung

Abschließend wird in dem Teilkapitel Darstellung der Charakteristika der Datenbasis noch auf die Validität der Daten und deren Verteilung eingegangen. Hinsichtlich der Datenvalidität ist es wichtig, zu überprüfen, ob in der Datenbasis systematische Verzerrungen bzw. Biasse vorhanden sind.[685] Folgende vier Biasse kommen für die vorliegende Untersuchung in Frage und werden daher im Folgenden näher betrachtet: der Nonresponse-Bias, der Bias aufgrund der Position des Probanden, der Common Method-Bias und der Key Informant-Bias.

Von einem Nonresponse-Bias spricht man im Allgemeinen, wenn die Antworten der Rückläufer sich von den potenziellen Antworten der Nicht-Antwortenden stark unterscheiden, und somit die Untersuchungsergebnisse fälschlicherweise verallgemeinert werden, da relevante Informationen der Grundgesamtheit fehlen.[686] Hierbei unterscheidet man zwischen dem Total Nonresponse-Bias (vollständige Nicht-Beantwortung des Fragebogens) und Partial Nonresponse-Bias (teilweise Nicht-Beantwortung des Fragebogens). Der Partial Nonresponse-Bias ist für die vorliegende Studie nicht von Relevanz, da der für diese Untersuchung verwendete Online-Fragebogen so aufgesetzt wurde, dass alle Fragen als Musseingabefelder programmiert wurden. Somit gingen nur vollständig ausgefüllte Rückläufer in sämtliche Untersuchungen ein.

Eine Untersuchung des Total Nonresponse-Bias stellt sich aufgrund der fehlenden Vergleichswerte der Nicht-Antwortenden als kein leichtes Unterfangen dar. Daher empfiehlt das Schrifttum einen Vergleich der Antworten von Teilnehmern, die sehr früh antworteten mit denen von Teilnehmern, die erst sehr spät antworteten.[687] Für diese Vorgehensweise existieren grundsätzlich zwei unterschiedliche Verfahrensgruppen: parametrische und nicht-parametrische Testverfahren, wobei die parametrischen Tests grundsätzlich als die robusteren Testverfahren gelten.[688]

Strenggenommen setzen parametrische Testverfahren wie z.B. der t-Test[689] eine Normalverteilung der Daten voraus.[690] Allerdings bestätigen viele Autoren, dass die parametrischen Testverfahren und hierbei insbesondere der t-Test trotz Verletzung der Annahme einer Normalverteilung der Daten bei Stichproben mit einem n>20-40 valide Ergebnisse liefern.[691] Für die vorlie-

[685] Vgl. Groves (2004), S. 9 ff.
[686] Vgl. Armstrong/Overton (1977), S. 396; Hafermalz (1976), S. 29; Friedrichs (1990), S. 244 f.; Viswesvarab/Barrick/Ones (1993), S. 551.
[687] Vgl. Kanuk/Berenson (1975), S. 449; Armstrong/Overton (1977), S. 397; Friedrichs (1990), S. 242; Becker (1999), S. 66.
[688] Vg. Ruxton (2006), S. 690; Fahrmeir et al. (2009), S. 436 ff.
[689] Vgl. Bortz (2005), S. 140 ff.; Janssen/Laatz (2007), S. 333 ff.
[690] Vgl. Fahrmeir et al. (2009), S. 438.
[691] Vgl. Bortz (2005), S. 287; Ruxton (2006), S. 688; Dalgaard (2008), S. 85; Fahrmeir et al. (2009), S. 438.

gende Untersuchung soll zur Untersuchung des Nonresponse-Bias aufgrund der fehlenden Normalverteilung der Daten sowohl ein parametrischer Test, der t-Test,[692] als auch ein nichtparametrischer Test, der Mann-Whitney-U-Test,[693] angewendet werden. Die Ergebnisse des t-Tests und die Ergebnisse des Mann-Whitney-U-Tests zeigen, dass weder bei den Daten für die Klientenperspektive noch bei den Daten für die Beraterperspektive signifikante Unterschiede auf einem 5%-Niveau festgestellt werden können. Insgesamt kann somit davon ausgegangen werden, dass sowohl für den „Klientendatensatz" als auch den „Beraterdatensatz" kein statistisch relevanter Total Nonresponse-Bias vorliegt.

Ein Bias aufgrund der Position der Probanden liegt dann vor, wenn Verzerrungen in den Antworten vorliegen basierend auf der Position, die die Teilnehmer zum Zeitpunkt der Befragung innehatten.[694] Für die vorliegende Untersuchung konnten die Probanden der Klientenperspektive einer der folgenden möglichen Unternehmensposition zugeordnet werden: Geschäftsführer, leitender Angestellter, Mitarbeiter oder Sonstiges.[695] Für die Beraterperspektive konnten die Probanden hinsichtlich ihrer derzeitigen Position im Unternehmen zwischen folgenden Alternativen wählen: Junior Consultant, Consultant, Manager, Senior Manager, Partner und Sonstige.[696] Zur Untersuchung, ob sich das Antwortverhalten abhängig von der angegebenen Position signifikant unterscheidet, wurde für jedes Item ein Kruskal-Wallis-H-Test durchgeführt, der basierend auf dem Mann-Whitney-U-Test in der Lage ist, mehr als zwei Gruppen miteinander zu vergleichen.[697] Weder für die Klienten- noch für die Beraterperspektive konnten auf einem 5%-Niveau signifikante Unterschiede bzgl. deren Gruppenzugehörigkeit festgestellt werden, was dafür spricht, dass bei den untersuchten Daten ein Bias aufgrund der Position der Probanden ausgeschlossen werden kann.

Ein weiterer zu untersuchender Bias ist der Common Method-Bias. Hierbei spricht man von einer Verzerrung der Daten aufgrund der gleichzeitigen Abfrage von Erfolgskonstrukt und Erfolgsfaktoren. Zur Überprüfung des Vorliegens eines Common Method-Bias wurde zunächst ein Ein-Faktor-Test von Harman mittels einer exploratorischen Faktorenanalyse mit Varimax-Rotation durchgeführt.[698] Die für den Datensatz „Klientenperspektive" durchgeführte Faktorenanalyse extrahierte insgesamt 72 Faktoren, wovon 12 einen Eigenwert über eins haben. Außerdem erklärt

692 Die Annahme, dass es sich bei der vorliegenden Untersuchung um eine hinreichend große Stichprobe hält, ist gegeben, da beide n's ≫ 20 sind.
693 Vgl. Rasch et al. (2006), S. 144 ff.; Janssen/Laatz (2007), S. 538 ff.
694 Vgl. Groves (2004), S. 16.
695 Vgl. Kapitel 4.4.3.1.
696 Vgl. Kapitel 4.4.3.1.
697 Vgl. de Sá (2003), S. 180.
698 Vgl. Kapitel 4.4.2.1.

der erste Faktor lediglich eine Varianz von 16% (vgl. Tabelle 23), was insgesamt nicht auf das Vorliegen eines Common Method-Bias hindeutet.

Extrahierte Komponenten	Erklärte Varianz	Erklärte Varianz (kumuliert)
1	16,082%	16,082%
2	7,402%	23,484%
3	7,397%	30,881%
4	6,695%	37,575%
5	6,098%	43,673%
6	5,993%	49,666%
7	5,904%	55,570%
8	5,474%	61,044%
9	4,866%	65,910%
10	3,391%	69,301%
11	2,798%	72,099%
12	1,578%	73,678%

Tabelle 23: Harmans Ein-Faktor-Test – Klientenperspektive

Neben dem Harmans Ein-Faktor-Test wurde in einem zweiten Schritt die Guttman-Split-Half-Reliabilität zur Überprüfung des Vorliegens eines Common Method-Bias im Datensatz „Klientenperspektive" bestimmt. Mit einem Wert von 0,897 liegt die Guttman-Split-Half-Reliabilität weit über dem geforderten Mindestmaß von 0,6, was ebenfalls gegen das Vorliegen eines Common Method-Bias spricht.[699]

Ein ähnliches Bild zeichnet sich für den Datensatz „Beraterperspektive" ab. Im Rahmen des Harmans Ein-Faktor-Tests konnten insgesamt 82 Faktoren extrahiert werden, wovon 14 einen Eigenwert über eins haben. Außerdem erklärt der erste Faktor lediglich eine Varianz von 7% (vgl. Tabelle 24). Auch der Guttman Split Half-Koeffizient liegt mit einem Wert von 0,785 weit über dem geforderten Mindestmaß von 0,6. Insgesamt deutet somit auch für den Datensatz „Beraterperspektive" nichts auf das Vorliegen eines Common Method-Bias hin.

Extrahierte Komponenten	Erklärte Varianz	Erklärte Varianz (kumuliert)
1	7,162%	7,162%
2	6,950%	14,113%
3	6,745%	20,857%
4	6,267%	27,124%
5	6,173%	33,297%

[699] Vgl. Homburg/Schilke/Reimann (2009), S. 188.

Extrahierte Komponenten	Erklärte Varianz	Erklärte Varianz (kumuliert)
6	5,850%	39,148%
7	5,497%	44,644%
8	5,399%	50,043%
9	5,257%	55,301%
10	4,827%	60,128%
11	4,257%	64,385%
12	3,633%	68,018%
13	1,536%	69,553%
14	1,459%	71,012%

Tabelle 24: Harmans Ein-Faktor-Test – Beraterperspektive

Eine weitere Maßnahme zur Überprüfung des Vorliegens eines Common Method-Bias und insbesondere des Vorliegens eines Key Informant-Bias ist die Triangulation.[700] Mit dem bereits in Kapitel 4.4.2.1 beschriebenen Verfahren konnten nach mehrmaligen Erinnerungsemails insgesamt 29 zweite Key Informants für die Klientenperspektive und 33 für die Beraterperspektive generiert werden. Zur Überprüfung der Qualität der Informantenangaben werden die in Kapitel 4.4.2.1 bereits vorgestellten Verfahren der bivariaten Korrelation und der Intraklassenkorrelationskoeffizient ICC 1 bzw. ICC 2 eingesetzt.

Die Ergebnisse zeigen für die Klientenperspektive, dass die bivariate Korrelation durchweg zumeist deutlich und hoch signifikant (1%- oder 5%-Niveau) über einem Wert von 0,5 liegt. Lediglich drei von 29 Fällen weisen keine signifikante bivariate Korrelation auf. Ein ähnliches Bild zeigt sich für den ICC 2. Die Werte liegen soweit über dem Grenzwert von 0,6, dass zumeist sogar der strengere Grenzwert von 0,7 eingehalten werden konnte. Lediglich für die drei selben Fälle wie bei der bivariaten Korrelation konnte der Grenzwert von 0,6 für den ICC 2 nicht erreicht werden. Ein noch besseres Bild zeigt sich für den ICC 1. Hier würde lediglich für einen Fall der vorgeschriebene Grenzwert von 0,1 nicht erreicht. Tabelle 25 zeigt die Ergebnisse der Analyseverfahren für die Klientenperspektive im Überblick.

Analyseobjekt	Bivariate Korrelation	ICC 1	ICC 2
Beratungsprojekt 1	0,602[5]	0,597	0,747
Beratungsprojekt 2	0,583[5]	0,559	0,749
Beratungsprojekt 3	0,677[5]	0,455	0,625
Beratungsprojekt 4	0,736*	0,680	0,810
Beratungsprojekt 5	0,621[5]	0,639	0,779

[700] Vgl. Kapitel 4.4.2.1.

Analyseobjekt	Bivariate Korrelation	ICC 1	ICC 2
Beratungsprojekt 6	0,592[5]	0,520	0,684
Beratungsprojekt 7	0,600[5]	0,478	0,647
Beratungsprojekt 8	0,571[5]	0,435	0,607
Beratungsprojekt 9	0,663[5]	0,552	0,711
Beratungsprojekt 10	0,365	0,172	0,294
Beratungsprojekt 11	0,601[5]	0,571	0,727
Beratungsprojekt 12	0,670[5]	0,681	0,811
Beratungsprojekt 13	0,771*	0,474	0,643
Beratungsprojekt 14	0,780*	0,698	0,822
Beratungsprojekt 15	0,790*	0,471	0,640
Beratungsprojekt 16	0,625[5]	0,600	0,750
Beratungsprojekt 17	0,411	0,008	0,016
Beratungsprojekt 18	0,571[5]	0,465	0,635
Beratungsprojekt 19	0,855*	0,628	0,772
Beratungsprojekt 20	0,716*	0,478	0,647
Beratungsprojekt 21	0,583[5]	0,469	0,639
Beratungsprojekt 22	0,816*	0,439	0,610
Beratungsprojekt 23	0,652[5]	0,667	0,800
Beratungsprojekt 24	0,662[5]	0,578	0,733
Beratungsprojekt 25	0,656[5]	0,469	0,639
Beratungsprojekt 26	0,674[5]	0,530	0,693
Beratungsprojekt 27	0,532	0,138	0,243
Beratungsprojekt 28	0,615[5]	0,494	0,662
Beratungsprojekt 29	0,867*	0,509	0,674
Signifikanzen: * = signifikant auf 1%-Niveau; 5/1 = signifikant auf 5%/10%-Niveau			

Tabelle 25: Triangulationsergebnisse – Klientenperspektive

Für die Daten aus der Beraterperspektive zeigt sich, dass die bivariate Korrelation durchweg zumeist deutlich und hoch signifikant (1%- oder 5%-Niveau) über einem Wert von 0,5 liegt. Lediglich bei einem Fall wurde ein siginifikanter Wert unter 0,5 festgestellt und drei weitere Werte weisen eine bivariate Korrelation aus, die nicht signifikant sind. Auch die Werte des ICC 2 liegen zumeist soweit über dem Grenzwert von 0,6, dass zum Teil der strengere Grenzwert von 0,7 eingehalten werden konnte. Nur für zwei von 33 Fällen konnte der Grenzwert von 0,6 für den ICC 2nicht erreicht werden und drei weitere Fälle verfehlen den Grenzwert nur sehr knapp. Bei dem ICC 1 wurde für keinen Fall der Grenzwert von 0,1 nicht erreicht. Tabelle 26 zeigt die Ergebnisse der Analyseverfahren für die Beraterperspektive im Überblick.

Analyseobjekt	Bivariate Korrelation	ICC 1	ICC 2
Beratungsprojekt 1	0,738*	0,439	0,610
Beratungsprojekt 2	0,705*	0,501	0,668
Beratungsprojekt 3	0,554[5]	0,355	0,524
Beratungsprojekt 4	0,566[5]	0,558	0,717
Beratungsprojekt 5	0,510	0,489	0,657
Beratungsprojekt 6	0,592[5]	0,592	0,743
Beratungsprojekt 7	0,655[5]	0,579	0,734
Beratungsprojekt 8	0,548[5]	0,468	0,638
Beratungsprojekt 9	0,548[5]	0,489	0,657
Beratungsprojekt 10	0,716*	0,489	0,657
Beratungsprojekt 11	0,580[5]	0,494	0,661
Beratungsprojekt 12	0,573[5]	0,458	0,629
Beratungsprojekt 13	0,565[5]	0,493	0,660
Beratungsprojekt 14	0,538[5]	0,552	0,712
Beratungsprojekt 15	0,534[5]	0,479	0,647
Beratungsprojekt 16	0,617[5]	0,485	0,653
Beratungsprojekt 17	0,684*	0,664	0,798
Beratungsprojekt 18	0,741*	0,542	0,703
Beratungsprojekt 19	0,555[5]	0,528	0,691
Beratungsprojekt 20	0,600[5]	0,498	0,665
Beratungsprojekt 21	0,655[5]	0,395	0,567
Beratungsprojekt 22	0,611[5]	0,545	0,705
Beratungsprojekt 23	0,576[5]	0,497	0,664
Beratungsprojekt 24	0,669*	0,465	0,635
Beratungsprojekt 25	0,039	0,103	0,229
Beratungsprojekt 26	0,611[5]	0,516	0,680
Beratungsprojekt 27	0,456[5]	0,390	0,561
Beratungsprojekt 28	0,632[5]	0,522	0,686
Beratungsprojekt 29	0,298	0,316	0,480
Beratungsprojekt 30	0,653[5]	0,607	0,756
Beratungsprojekt 31	0,539[5]	0,475	0,644
Beratungsprojekt 32	0,647[5]	0,537	0,698
Beratungsprojekt 33	0,826*	0,611	0,759

Signifikanzen: * = signifikant auf 1%-Niveau; 5/1 = signifikant auf 5%/10%-Niveau

Tabelle 26: Triangulationsergebnisse – Beraterperspektive

Insgesamt kann somit auf Basis der durchgeführten Tests ein Common Method- und Key Informant-Bias sowohl für die Klientenperspektive als auch für die Beraterperspektive weitestgehend ausgeschlossen werden. Den beiden vorliegenden Datensätzen kann somit eine sehr gute Konvergenzvalidität und Reliabilität zugesprochen werden.

Da die Datenverteilung für die in dieser Arbeit verwendeten statistischen Verfahren und Auswertungen eine wichtige Rolle spielt, wird nachfolgend noch auf diesen Punkt speziell eingegangen, bevor im nächsten und übernächsten Kapitel die Ergebnisse der empirischen Untersuchung aus Klienten- bzw. Beraterperspektive dargestellt werden. Viele Test- und Schätzverfahren (z. B. ML-Schätzer der Kovarianzstrukturanalyse) setzen grundsätzlich eine Multi-Normalverteilung der Rohaten voraus.[701] Allerdings erweist sich die Überprüfung einer Multi-Normalverteilung als relativ schwierig.[702] Aus diesem Grund und weil die univariate Normalverteilung eine notwendige Voraussetzung für die multivariate Normalverteilung darstellt, wurde jede einzelne Indikatorvariable hinsichtlich ihrer Normalverteilung überprüft, um Hinweise auf eine multivariate Verteilung zu erhalten.[703]

Zu diesem Zweck wurde für jeden einzelnen Indikator sowohl für den „Klientendatensatz" als auch den „Beraterdatensatz" eine Reihe von Tests bzw. Analysen durchgeführt. Mit Hilfe des Kolmogorov-Smirnov-Tests, Histogrammen, Normal-Probability-Plots (Q-Q-Plots) sowie der absoluten Werte für Kurtosis und Schiefe wurde überprüft, inwieweit eine univariate Normalverteilung der Daten vorliegt. Hierbei zeigte sich für beide Datenbasen, dass obwohl einige Indikatoren einer Normalverteilung folgen, die Mehrheit der empirischen Daten die Normalverteilungsannahme verletzten.

Allerdings muss hierbei berücksichtigt werden, dass Verstöße gegen die Normalverteilungsannahme als umso bedeutungsloser angesehen werden, je größer die zu untersuchende Stichprobe ist. Bei einer Stichprobe von größer als 200 wird der Einfluss einer Verletzung der Normalverteilungsannahme als gering eingestuft.[704] Vor diesem Hintergrund und der Tatsache, dass für die vor-liegende Untersuchung die für diesen Fall bereitgestellten robusten Schätzer der Auswertungssoftware EQS zur Anwendung kommen, wird der leichte Verstoß gegen die Normalverteilungsannahme in dieser Untersuchung als unproblematisch angesehen.[705]

---

[701] Vgl. Nevitt/Hancock (2001), S. 354.
[702] Vgl. Pedhazur/Schmelkin (1991), S. 650.
[703] Vgl. DeCarlo (1997), S. 296 f.; Burmann (2002), S. 293; Kline (2011), S. 49.
[704] Vgl. Hair et al. (2010), S. 79 ff.
[705] Vgl. Bentler/Chou (1987), S. 89; Yuan/Bentler (1998), S. 63; Chou/Bentler/Satorra (1991), S. 355; Bagozzi/Baumgartner (1994), S. 396; Chou/Bentler (1995), S. 38; Homburg/Baumgartner (1995b), S. 1102; West/Finch/Curran (1995), S. 74; Curran/West/Finch (1996), S. 16; Kline (1998), S. 362.

5 Ergebnisse der empirischen Untersuchung – Klientenperspektive

Im nachfolgenden Kapitel werden die Ergebnisse der empirischen Untersuchung aus Klientenperspektive dargestellt. Hieran anschließend widmet sich Kapitel 6 analog den Ergebnissen der empirischen Untersuchung aus Beraterperspektive. Als wesentliche Voraussetzung für die Untersuchung der einzelnen Wirkungsbeziehungen wird zunächst auf die Operationalisierung der Erfolgsfaktoren und der Dimensionen des Unternehmensberatungserfolgs aus Klientenperspektive eingegangenen (Kapitel 5.1). Hieran anschließend wird in Kapitel 5.2 die Wirkung der Erfolgsfaktoren auf den Unternehmensberatungserfolg analysiert. Abbildung 56 ordnet das Kapitel 5 in die Untersuchung ein.

	1. Einführung	2. Grundlagen der Untersuchung	3. Konzeptionalisierung und Modellentwicklung	4. Grundlagen und Methodik der empirischen Untersuchung	5. und 6. Ergebnisse der empirischen Untersuchung	7. Synopse und Implikationen
Inhalte	• Ausgangssituation • Abgrenzung des Untersuchungsobjektes und der Problemstellung • Gang der Untersuchung	• Wissenschaftstheoretische Grundlagen • Terminologische Grundlagen • Aktueller Forschungsstand • Multitheoretischer Bezugsrahmen	• Konzeptionalisierung der Erfolgsfaktoren aus Klienten- und Beraterpersp. • Konzeptionalisierung des Beratungserfolges getrennt nach Klienten-/Beraterpersp. • Zusammenfassung	• Grundlagen von Strukturgleichungs- und Messmodellen • Beurteilung von Strukturgleichungsmodellen • Datenerhebungen und Datengrundlagen	• Kapitel 5: Klientenperspektive • Kapitel 6: Beraterperspektive – Operationalisierung der Konstrukte – Wirkung der Erfolgsfaktoren	• Zusammenfassung, Synopse und Würdigung der Untersuchungsergebnisse • Implikationen für die betriebswirtschaftliche Forschung und die Unternehmenspraxis
Zwischenfazit	• Untersuchungsforschungsfragestellungen	• Untersuchungsgrundlagen und Identifikation der Forschungslücke • Bezugsrahmen	• Empirisch zu überprüfende Forschungsmodelle und Hypothesen	• Grundlagen des Empirieteils	• Empirische Befunde aus Klienten- und Beraterperspektive	• Synopse und Implikationen der Untersuchung

Abbildung 56: Einordnung von Kapitel 5 in die Untersuchung

5.1 Operationalisierung der Konstrukte

Im Zuge der Operationalisierung der einzelnen Konstrukte werden nachfolgend zunächst die einzelnen Messmodelle der sieben identifizierten Erfolgsfaktoren vorgestellt und auf ihre Reliabilität und Validität mit Hilfe der vorgestellten Gütekriterien der ersten und zweiten Generation geprüft (Kapitel 5.1.1). Hieran anschließend wird in Kapitel 5.1.2 selbiges für jedes Konstrukt des Unternehmensberatungserfolgs aus Klientenperspektive durchgeführt.

5.1.1 Operationalisierung der Erfolgsfaktoren

Wie in Kapitel 3.1 dargestellt, wurde auf Basis eines multitheoretischen Bezugsrahmens (Prinzipal-Agent-Theorie und Resource Based View) folgende sieben Erfolgsfaktoren von Unternehmensberatung hergeleitet: Gemeinsame Zielvorstellung, Intensität der Kollaboration, Vertrauen, Projektmanagement, Beraterkompetenz, bereitgestellte Ressourcen und Top Management Support. Nachfolgend wird für jedes einzelne dieser Konstrukte deren Reliabilität und Validität geprüft (Kapitel 5.1.1.1 bis 5.1.1.7), um in Anschluss das hieraus resultierende Gesamtmodell auf Konvergenz- sowie Diskriminanzvalidität zu testen (Kapitel 5.1.1.8).

5.1.1.1 Gemeinsame Zielvorstellung

Die gemeinsame Zielvorstellung sagt aus, inwieweit von einem gemeinsamen Verständnis hinsichtlich der zu erreichenden Projektziele zwischen Klient und Berater ausgegangen werden kann.[706] Eine den empirischen Ansprüchen dieser Arbeit genügende Item-Batterie zur Erfassung des Konstrukts „Gemeinsame Zielvorstellung" konnte im Schrifttum nicht identifiziert werden. Aus diesem Grund wurde bei der Operationalisierung dieses Konstrukts auf das in Kapitel 4.4.2.2 beschriebene Vorgehen zurückgegriffen.[707] Letztlich wurden zur Erfassung des Konstrukts „Gemeinsame Zielvorstellung" sieben reflektive Indikatoren herangezogen, die neben eigenen Operationalisierungsüberlegungen, den Expertengesprächen und den Ergebnissen des Pretests sowie des Item-Sorting-Tests im Wesentlichen auf den Messinstrumenten von O'Driscoll/Eubanks (1993), Appelbaum/Steed (2005) und Liberatore/Luo (2010) beruhen.[708] Nach Durchführung der Messmodellprüfungen wurden drei Indikatoren zur Verbesserung der Gütekriterien eliminiert, so dass vier Indikatoren zur Messung des Konstrukts übrig bleiben.

Die vier Indikatoren weisen ein Cronbachs Alpha von 0,871 auf und im Rahmen der explorativen Faktorenanalyse wird ein Faktor mit einer Varianzerklärung von rund 64% extrahiert. Das strengere KMO-Kriterium wird mit 0,814 erfüllt und die Faktorladungen weisen Werte zwischen 0,695 und 0,894 auf. Auch die Gütekriterien der zweiten Generation werden voll erfüllt. So konnte eine Faktorreliabilität von 0,873 und ein Wert für die durchschnittlich erfasste Varianz von 0,633 ermittelt werden. Alle Indikatorreliabilitäten liegen über dem geforderten Mindestwert von 0,4. Auch die globalen Anpassungsmaße erfüllen durchweg die geforderten Mindestwerte bzw. unterschreiten diese. Folglich wird das Messmodell für das Konstrukt „Gemeinsame Zielvorstellung" mit vier Indikatoren nicht abgelehnt. Tabelle 27 fasst die Ergebnisse für das Messmodell zusammen.

---

[706] Vgl. Kapitel 3.1.1.2.
[707] Vgl. Kapitel 4.4.2.2.
[708] Vgl. O'Driscoll/Eubanks (1993), S. 316 ff.; Appelbaum/Steed (2005), S. 87; Liberatore/Luo (2010), S. 266 f.

Gemeinsame Zielvorstellung		
Kriterien der ersten Generation		
Items	Faktorladung (exploratorisch, ≥ 0,4)	Item-to-Total-Korrelation
1.2 Die Projektziele sind sehr gut messbar.	,696	,648
1.3 Unsere Projektziele wurden klar gegenüber den Beratern kommuniziert.	,765	,699
1.6 Insgesamt sind die Projektziele sehr deutlich spezifiziert.	,893	,802
1.7 Die Projektziele beinhalten insgesamt alle relevanten Aspekte.	,823	,753

Deskriptive Beurteilungskennzahl	Ergebnisse der exploratorischen Faktorenanalyse			
Cronbachs Alpha (≥ 0,7)	Extraktionsmethode	Kaiser-Meyer-Olkin-Kriterium (≥0,5, ≥0,8)	Anzahl extrahierter Faktoren	Erklärte Varianz (≥ 50%)
,871	Hauptachsen-Faktorenanalyse	,814	1	63,618%

Kriterien der zweiten Generation			
Items	Indikator-reliabilität (≥ 0,4)	Faktorladung (konfirmatorisch)	Faktorreliabilität (FR) (≥ 0,6) und durchschnittlich erfasste Varianz (DEV) (≥ 0,5)
1.2 Die Projektziele sind sehr gut messbar.	,483	,695*	FR: ,873 DEV: ,633
1.3 Unsere Projektziele wurden klar gegenüber den Beratern kommuniziert.	,606	,779*	Gemeinsame Zielvorstellung
1.6 Insgesamt sind die Projektziele sehr deutlich spezifiziert.	,800	,894*	
1.7 Die Projektziele beinhalten insgesamt alle relevanten Aspekte.	,656	,810*	*: Signifikant auf 0,1%-Niveau 1/5: Signifikant auf 1%/5%-Niveau

Globale Anpassungsmaße								
Identifizierbarkeit	χ^2	df	χ^2/df	CFI	GFI	AGFI	TLI	RMSEA
gegeben	2,860	2	1,430	,997	,945	,874	,990	,041

Tabelle 27: Reliabilitäts- und Validitätskriterien der ersten und zweiten Generation für das Konstrukt „Gemeinsame Zielvorstellung"

5.1.1.2 Intensität der Kollaboration

Das Konstrukt „Intensität der Kollaboration" wird als Ausmaß der Zusammenarbeit zwischen Klient und Berater verstanden.[709] Ebenso wie für das Konstrukt „Gemeinsame Zielvorstellung" konnte im Schrifttum auch für das Konstrukt „Intensität der Kollaboration" keine vollständig übertragbare Item-Batterie identifiziert werden. Die Operationalisierung des Konstrukts wurde gemäß dem in Kapitel 4.4.2.2 beschriebenen Vorgehen auf Basis der Messinstrumente von Jang/Suh/Lee (1997), Appelbaum/Steed (2005), Nitithamyong/Tan (2007) und Kerner (2009),[710] eigenen Operationalisierungsüberlegungen, den Expertengesprächen und den Ergebnissen des Pretests sowie des Item-Sorting-Tests mit sieben reflektiven Indikatoren entwickelt.[711] Von diesen wurden im Rahmen der Reliabilitäts- und Validitätsprüfung zwei Indikatoren eliminiert, so dass die verbleibenden fünf Indikatoren eine hohe Reliabilität und Validität aufweisen.

709 Vgl. Kapitel 3.1.1.2.
710 Vgl. Jang/Suh/Lee (1997), S. 172 ff.; Appelbaum/Steed (2005), S. 87; Nitithamyong/Tan (2007), S. 469 f.
711 Vgl. Kapitel 4.4.2.2.

Intensität der Kollaboration

Kriterien der ersten Generation

Items	Faktorladung (exploratorisch, ≥ 0,4)	Item-to-Total-Korrelation
4.2 Um die Intensität der Kollaboration zu fördern, werden von Projektentscheidungen betroffene Personen/Parteien umgehend darüber informiert.	,670	,626
4.4 Zwischen Berater und Klient findet eine äußerst rege Kollaboration zum Wissensaustausch statt.	,744	,689
4.5 Bereits während der initialen Projektplanung wird sehr eng mit den Beratern zusammengearbeitet.	,677	,632
4.6 Berater und Klient arbeiten durchweg in gemischten Projektteams sehr eng zusammen.	,783	,716
4.7 Insgesamt besteht eine hohe Intensität der Kollaboration zwischen Berater und Klient.	,956	,861

Deskriptive Beurteilungskennzahl	Ergebnisse der exploratorischen Faktorenanalyse			
Cronbachs Alpha (≥ 0,7)	Extraktionsmethode	Kaiser-Meyer-Olkin-Kriterium (≥0,5, ≥0,8)	Anzahl extrahierter Faktoren	Erklärte Varianz (≥ 50%)
,873	Hauptachsen-Faktorenanalyse	,836	1	59,770%

Kriterien der zweiten Generation

Items	Indikator-reliabilität (≥ 0,4)	Faktorladung (konfirmatorisch)	Faktorreliabilität (FR) (≥ 0,6) und durchschnittlich erfasste Varianz (DEV) (≥ 0,5)
4.2 Um die Intensität der Kollaboration zu fördern, werden von Projektentscheidungen betroffene Personen/Parteien umgehend darüber informiert.	,426	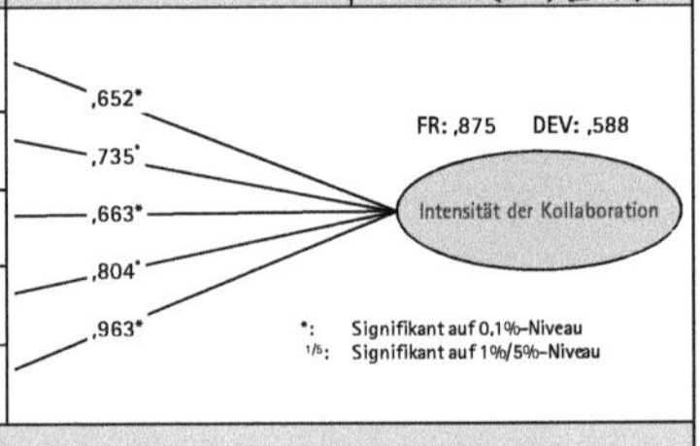	
4.4 Zwischen Berater und Klient findet eine äußerst rege Kollaboration zum Wissensaustausch statt.	,540		
4.5 Bereits während der initialen Projektplanung wird sehr eng mit den Beratern zusammengearbeitet.	,439		
4.6 Berater und Klient arbeiten durchweg in gemischten Projektteams sehr eng zusammen.	,647		
4.7 Insgesamt besteht eine hohe Intensität der Kollaboration zwischen Berater und Klient.	,928		

Globale Anpassungsmaße

Identifizierbarkeit gegeben	χ^2	df	χ^2/df	CFI	GFI	AGFI	TLI	RMSEA
	5,536	5	1,107	,999	,987	,960	,998	,021

Tabelle 28: Reliabilitäts- und Validitätskriterien der ersten und zweiten Generation für das Konstrukt „Intensität der Kollaboration"

Das Cronbachs Alpha hat einen sehr guten Wert von 0,873. Eine ausreichend hohe Konvergenzvalidität zeigt sich durch die exploratorische Faktorenanalyse, im Rahmen derer ein Faktor extrahiert wurde, der etwa 60% der Varianz erklärt. Zudem liegt das KMO-Kriterium mit einem Wert von 0,836 weit über dem geforderten Mindestwert und sogar über dem strengeren Grenzwert von 0,8. Außerdem nehmen alle Faktorladungen Werte zwischen 0,670 und 0,956 an. Auch die Kriterien der zweiten Generation geben ein sehr positives Bild ab. Die Faktorreliabilität und die durchschnittlich erfasste Varianz erfüllen mit Werten von 0,875 bzw. 0,588 die Mindestanforderungen. Auch alle Indikatorreliabilitäten übersteigen den Grenzwert von 0,4 zum Teil sogar deutlich. Ebenso deuten alle globalen Anpassungsmaße auf eine sehr gute Modellanpassung hin. Folglich wird das Messmodell für das Konstrukt „Intensität der Kollaboration" mit fünf Indikatoren nicht zurückgewiesen. In Tabelle 28 sind die Analyseergebnisse zu diesem Konstrukt zusammengefasst.

5.1.1.3 Vertrauen

Das Konstrukt „Vertrauen" gibt an, inwieweit ein vertrauensvolles Verhältnis zwischen Klient und Berater besteht.[712] Analog zu dem in Kapitel 4.4.2.2 beschriebenen Vorgehen basiert die Operationalisierung dieses Konstrukts neben eigenen Operationalisierungsüberlegungen, den Expertengesprächen und den Ergebnissen des Pretests sowie des Item-Sorting-Tests insbesondere auf den Messinstrumenten von Larzelere/Huston (1980), Gefen (2002), Liberatore/Luo (2010) und Solomonson (2011).[713] Das in den Fragebogen eingegangene Messmodell umfasst schließlich sieben Indikatoren, die das Konstrukt reflektiv messen. Nach der Reliabilitäts- und Validitätsprüfung können von diesen sieben Indikatoren drei beibehalten werden. Das Cronbachs Alpha beträgt für die drei Indikatoren 0,872. Die exploratorische Faktorenanalyse führt zur Extraktion eines Faktors, der gute 70% der Varianz erklärt. Darüber hinaus liegt das KMO-Kriterium mit einem Wert von 0,713 deutlich über dem geforderten Mindestmaß von 0,5 und nur leicht unter dem strengeren Prüfmaß von 0,8. Die Faktorladungen weisen Werte von über 0,7 auf.

Da das Messmodell lediglich über drei Indikatoren verfügt, kommen den lokalen Gütekriterien im Rahmen der konfirmatorischen Faktorenanalyse zur Prüfung der Reliabilität und Validität eine größerer Bedeutung zu.[714] Dies liegt darin begründet, dass ein Messmodell mit lediglich drei Indikatoren genau identifiziert ist, über keine Freiheitsgrade verfügt und somit das Gleichungssystem eindeutig lösbar ist.[715] Die Faktorreliabilität weist einen hohen Wert von 0,874 auf und auch die durchschnittlich erfasst Varianz ist mit 0,698 weit oberhalb des Grenzwertes von 0,5.

Letztlich liegen auch die Indikatorreliabilitäten mit Werten ab 0,529 über dem geforderten Mindestmaß und alle lokalen Güterkriterien werden von dem spezifizierten Messmodell erfüllt. Obwohl im Rahmen der Reliabilitäts- und Validitätsprüfung vier von sieben Indikatoren eliminiert wurden, kann insgesamt noch von einer zufriedenstellenden Reliabilität und Validität der Messung ausgegangen werden. Das Messmodell für das Konstrukt Vertrauen wird folgerichtig nicht

---

[712] Vgl. Kapitel 3.1.1.2.
[713] Vgl. Larzelere/Huston (1980), S. 599; Gefen (2002), S. 293; Liberatore/Luo (2010), S. 266 f.; Solomonson (2011), S. 124 f.
[714] Vgl. Homburg (1998), S. 103.
[715] Vgl. Backhaus et al. (2011), S. 359.

abgelehnt. Tabelle 29 fasst die Ergebnisse der Kriterien der ersten Generation sowie der lokalen Anpassungsmaße zusammen.

Vertrauen		
Kriterien der ersten Generation		
Items	Faktorladung (exploratorisch, ≥ 0,4)	Item-to-Total-Korrelation
2.2 Wir vertrauen darauf, dass auch implausibel erscheinende Erklärungen unserer Berater stets der Wahrheit entsprechen.	,728	,687
2.3 Wir vertrauen darauf, dass unsere Berater sich stets an ihre Versprechen halten.	,920	,809
2.4 Wir vertrauen darauf, dass unsere Berater uns stets fair und gerecht behandeln.	,871	,780

Deskriptive Beurteilungskennzahl	Ergebnisse der exploratorischen Faktorenanalyse			
Cronbachs Alpha (≥ 0,7)	Extraktionsmethode	Kaiser-Meyer-Olkin-Kriterium (≥0,5, ≥0,8)	Anzahl extrahierter Faktoren	Erklärte Varianz (≥ 50%)
,872	Hauptachsen-Faktorenanalyse	,713	1	71,146%

Kriterien der zweiten Generation			
Items	Indikator-reliabilität (≥ 0,4)	Faktorladung (konfirmatorisch)	Faktorreliabilität (FR) (≥ 0,6) und durchschnittlich erfasste Varianz (DEV) (≥ 0,5)
2.2 Wir vertrauen darauf, dass auch implausibel erscheinende Erklärungen unserer Berater stets der Wahrheit entsprechen.	,529	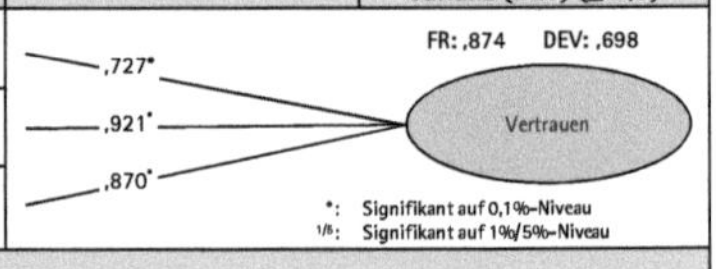	
2.3 Wir vertrauen darauf, dass unsere Berater sich stets an ihre Versprechen halten.	,849		
2.4 Wir vertrauen darauf, dass unsere Berater uns stets fair und gerecht behandeln.	,757		

Globale Anpassungsmaße								
Identifizierbarkeit gegeben	χ^2	df	χ^2/df	CFI	GFI	AGFI	TLI	RMSEA
	-	-	-	-	-	-	-	-

Tabelle 29: Reliabilitäts- und Validitätskriterien der ersten und zweiten Generation für das Konstrukt „Vertrauen"

5.1.1.4 Projektmanagement

Unter dem Erfolgsfaktor „Projektmanagement" wird im Rahmen dieser Arbeit die allgemeine Etablierung eines umfassenden Projektmanagements für Unternehmensberatungsprojekte verstanden. Im Sinne eines Monitoring-Tools soll dem Risiko des moral hazard entgegengewirkt werden und vorherrschende Informationsasymmetrien können dadurch abgebaut werden.[716] Bei der Operationalisierung des Konstrukts „Projektmanagement" konnte auf keine vollständig eins-zu-eins übertragbare, im Schrifttum bereits existente Item-Batterie zurückgegriffen werden. Vielmehr basiert die Operationalisierung auf den Indikatoren von Nidumolu (1995), Nidumolu (1996), Nitithamyong/Tan (2007) und Liberatore/Luo (2010).[717] Darüber hinaus flossen auch hier eigene Operationalisierungsüberlegungen, die Ergebnisse der Expertengespräche, des Pretests

[716] Vgl. Kapitel 3.1.1.2.

[717] Vgl. Nidumolu (1995), S. 214 f.; Nidumolu (1996), S. 110 ff.; Nitithamyong/Tan (2007), S. 470; Liberatore/Luo (2010), S. 266 f.

sowie des Item-Sorting-Tests mit ein.[718] Das Ergebnis umfasste ein reflektives Messmodell mit acht Indikatoren, von denen nach der Durchführung der erläuterten Prüfprozedurschritte vier Items eliminiert wurden.

Alle Prüfkriterien der ersten Generation weisen gute Werte aus, die Mindestanforderungen werden durchweg erfüllt. So weist das Cronbachs Alpha einen Wert von 0,843 auf und im Rahmen der exploratorischen Faktorenanalyse wird ein Faktor mit einer Varianzerklärung von rund 61% extrahiert. Das KMO-Kriterium beträgt 0,767, und alle Faktorladungen liegen über 0,65. Hinsichtlich der Prüfkriterien der zweiten Generation konnten alle Mindestanforderungen hinsichtlich Faktorreliabilität, durchschnittlich erfasster Varianz und Indikatorreliabilitäten deutlich erfüllt werden. Die Faktorreliabilität nimmt einen Wert von 0,853 an, die durchschnittlich erfasste Varianz beträgt 0,594 und alle Indikatorreliabilitäten liegen über dem Mindestwert von 0,4.

Projektmanagement

Kriterien der ersten Generation

Items	Faktorladung (exploratorisch, ≥ 0,4)	Item-to-Total-Korrelation
3.3 Es existieren sehr gut etablierte Standardprozesse des Projektmanagements (z.B. Eskalation, Change-Request).	,659	,596
3.5 Die Personen, die verantwortlich sind für das Projektmanagement, sind entsprechend qualifiziert und fähig.	,802	,785
3.6 Die Personen, die verantwortlich sind für das Projektmanagement, verfügen über ausreichende Entscheidungskompetenz.	,667	,834
3.8 Insgesamt betreiben wir ein sehr gutes Projektmanagement.	,947	,740

Deskriptive Beurteilungskennzahl	Ergebnisse der exploratorischen Faktorenanalyse			
Cronbachs Alpha (≥ 0,7)	Extraktionsmethode	Kaiser-Meyer-Olkin-Kriterium (≥0,5, ≥0,8)	Anzahl extrahierter Faktoren	Erklärte Varianz (≥ 50%)
,843	Hauptachsen-Faktorenanalyse	,767	1	60,486%

Kriterien der zweiten Generation

Items	Indikatorreliabilität (≥ 0,4)	Faktorladung (konfirmatorisch)	Faktorreliabilität (FR) (≥ 0,6) und durchschnittlich erfasste Varianz (DEV) (≥ 0,5)
3.3 Es existieren sehr gut etablierte Standardprozesse des Projektmanagements (z.B. Eskalation, Change-Request).	,482	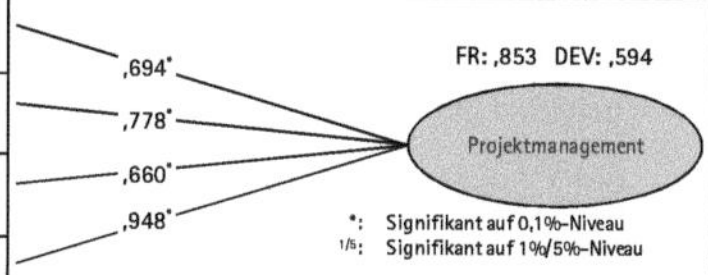	
3.5 Die Personen, die verantwortlich sind für das Projektmanagement, sind entsprechend qualifiziert und fähig.	,606		
3.6 Die Personen, die verantwortlich sind für das Projektmanagement, verfügen über ausreichende Entscheidungskompetenz.	,435		
3.8 Insgesamt betreiben wir ein sehr gutes Projektmanagement.	,959		

Globale Anpassungsmaße

Identifizierbarkeit gegeben	χ^2	df	χ^2/df	CFI	GFI	AGFI	TLI	RMSEA
	7,650	2	3,825	,979	,975	,874	,936	,105

Tabelle 30: Reliabilitäts- und Validitätskriterien der ersten und zweiten Generation für das Konstrukt „Projektmanagement"

[718] Vgl. Kapitel 4.4.2.2.

Ein ähnliches Bild zeigt sich für die globalen Anpassungsmaße. Lediglich χ^2/df liegt mit 3,825 über dem strengeren Richtwert von drei. Allerdings werden im Schrifttum auch häufig Werte kleiner gleich fünf akzeptiert.[719] Außererdem überschreitet der RMSEA den geforderten Grenzwert geringfügig um 0,005, was als vernachlässigbar angesehen wird. Vor diesem Hintergrund wird das Messmodell für das Projektmanagement mit vier Indikatoren nicht zurückgewiesen. Zusammenfassend sind die Ergebnisse der Gütemaße für diesen Erfolgsfaktor in Tabelle 30 dargestellt.

5.1.1.5 Beraterkompetenz

Zur Operationalisierung des Konstrukts „Beraterkompetenz" existieren im Schrifttum eine Reihe von Eigenschaftskatalogen, die vermeintlich ausschlaggebend sind zur Beurteilung der Kompetenz eines Unternehmensberaters.[720] Allerdings konnte sich bis dato keine allgemein anerkannte Item-Batterie zur Messung der Beraterkompetenz im Schrifttum durchsetzen. Aus diesem Grund kam bei der Operationalisierung des Konstrukts „Beraterkompetenz" auch hier das in Kapitel 4.4.2.2 beschriebene Vorgehen zur Anwendung.

Zur Erfassung des Konstrukts „Beraterkompetenz" wurden sieben reflektive Indikatoren herangezogen, die auf den Messinstrumenten von Jang/Suh/Lee (1997), Appelbaum/Steed (2005), Nitithamyong/Tan (2007),[721] auf eigenen Operationalisierungsüberlegungen, den Expertengesprächen und den Ergebnissen des Pretests sowie des Item-Sorting-Tests beruhen.[722] Nach Durchführung der Messmodellprüfungen wurden drei Indikatoren zur Verbesserung der Gütekriterien eliminiert, so dass vier Indikatoren zur Messung des Konstrukts übrig bleiben.

Die vier Indikatoren weisen ein Cronbachs Alpha von 0,855 auf und im Rahmen der exploratorischen Faktorenanalyse wird ein Faktor mit einer Varianzerklärung von 60% extrahiert. Das strengere KMO-Kriterium wird mit 0,802 erfüllt und die Faktorladungen weisen Werte zwischen 0,713 und 0,910 auf. Auch die Gütekriterien der zweiten Generation werden voll erfüllt. So konnte eine Faktorreliabilität von 0,861 und ein Wert für die durchschnittlich erfasste Varianz von 0,612 ermittelt werden. Alle Indikatorreliabilitäten liegen über dem geforderten Mindestwert von 0,4. Auch die globalen Anpassungsmaße erfüllen durchweg die geforderten Mindestwerte bzw. unterschreiten diese. Folglich wird das Messmodell für das Konstrukt „Beraterkompe-

---

719 Vgl. z. B. Balderjahn (1986), S. 109; Fritz (1995), S. 140; Bauer (2000), S. 87; Burmann (2002), S. 291; Olderog (2003), S. 247; Escrig-Tena/Bou-Llusar (2005), S. 239.

720 Vgl. z.B. Gallessich (1982), S. 429 ff.

721 Vgl. Jang/Suh/Lee (1997), S. 173; Appelbaum/Steed (2005), S. 80; Nitithamyong/Tan (2007), S. 470.

722 Vgl. Kapitel 4.4.2.2.

tenz" mit vier Indikatoren nicht abgelehnt. Tabelle 31 fasst die Ergebnisse für diese Messmodell zusammen.

Beraterkompetenz		
Kriterien der ersten Generation		
Items	Faktorladung (exploratorisch, ≥ 0,4)	Item-to-Total-Korrelation
6.1 Die Berater besitzen sehr gute spezifische Fachkenntnisse und verfügen über umfangreiche Branchen- und Projekterfahrung.	,741	,675
6.3 Die Berater steuern überzeugungsstarke Lösungsansätze bei.	,910	,800
6.4 Die Berater haben eine sehr schnelle Auffassungsgabe.	,713	,655
6.5 Die Berater geben den Anstoß für neue Ideen/Blickwinkel und betrachten Sachverhalte aus unterschiedlichen Perspektiven.	,728	,666

Deskriptive Beurteilungskennzahl	Ergebnisse der exploratorischen Faktorenanalyse			
Cronbachs Alpha (≥ 0,7)	Extraktionsmethode	Kaiser-Meyer-Olkin-Kriterium (≥0,5, ≥0,8)	Anzahl extrahierter Faktoren	Erklärte Varianz (≥ 50%)
,855	Hauptachsen-Faktorenanalyse	,802	1	60,377%

Kriterien der zweiten Generation			
Items	Indikator-reliabilität (≥ 0,4)	Faktorladung (konfirmatorisch)	Faktorreliabilität (FR) (≥ 0,6) und durchschnittlich erfasste Varianz (DEV) (≥ 0,5)
6.1 Die Berater besitzen sehr gute spezifische Fachkenntnisse und verfügen über umfangreiche Branchen- und Projekterfahrung.	,560	,748*	FR: ,861 DEV: ,612
6.3 Die Berater steuern überzeugungsstarke Lösungsansätze bei.	,832	,912*	Beraterkompetenz
6.4 Die Berater haben eine sehr schnelle Auffassungsgabe.	,497	,705*	
6.5 Die Berater geben den Anstoß für neue Ideen/Blickwinkel und betrachten Sachverhalte aus unterschiedlichen Perspektiven.	,526	,725*	*: Signifikant auf 0,1%-Niveau ¹/⁵: Signifikant auf 1%/5%-Niveau

Globale Anpassungsmaße								
Identifizierbarkeit gegeben	χ^2	df	χ^2/df	CFI	GFI	AGFI	TLI	RMSEA
	0,681	2	0,340	1,000	,997	,986	1,013	,000

Tabelle 31: Reliabilitäts- und Validitätskriterien der ersten und zweiten Generation für das Konstrukt „Beraterkompetenz"

5.1.1.6 Bereitgestellte Ressourcen

Unter dem Konstrukt „Bereitgestellte Ressourcen" wird die Bereitstellung angemessener und ausreichender finanzieller und personeller Ressourcen für das Beratungsprojekt verstanden.[723] Auch für dieses Konstrukt konnte im Schrifttum keine vollständig übertragbare Item-Batterie identifiziert werden, sodass das in Kapitel 4.4.2.2 beschrieben Vorgehen zur Anwendung kam.[724] Neben eigenen Operationalisierungsüberlegungen, den Expertengesprächen und den Ergebnissen des Pretests sowie des Item-Sorting-Tests basiert die Operationalisierung dieses Konstrukts insbesondere auf den Messinstrumenten von Seibert (1998) und Burmann (2002).[725] Das in den

[723] Vgl. Kapitel 3.1.1.2.
[724] Vgl. Kapitel 4.4.2.2.
[725] Vgl. Seibert (1998), S. 243; Burmann (2002), S. 382 f.

Fragebogen eingegangene Messmodell umfasst schließlich sieben Indikatoren, die das Konstrukt reflektiv messen. Nach der Reliabilitäts- und Validitätsprüfung können von diesen sieben Indikatoren drei beibehalten werden. Das Cronbachs Alpha beträgt für die drei Indikatoren 0,825. Die exploratorische Faktorenanalyse führt zur Extraktion eines Faktors, der gute 60% der Varianz erklärt. Darüber hinaus liegt das KMO-Kriterium mit einem Wert von 0,707 deutlich über dem geforderten Mindestmaß von 0,5. Alle Faktorladungen weisen Werte von über 0,7 auf.

Bereitgestellte Ressourcen

Kriterien der ersten Generation

Items	Faktorladung (exploratorisch, ≥ 0,4)	Item-to-Total-Korrelation
5.2 Die bereitgestellte Anzahl an Projektmitgliedern ist mehr als ausreichend.	,752	,665
5.4 Die bereitgestellten Personalressourcen haben mehr als ausreichend Zeit für die Durchführung bzw. Unterstützung des Beratungsprojektes.	,868	,731
5.5 Die für das Beratungsprojekt bereitgestellten Ressourcen sind verfügbar.	,727	,648

Deskriptive Beurteilungskennzahl	Ergebnisse der exploratorischen Faktorenanalyse			
Cronbachs Alpha (≥ 0,7)	Extraktionsmethode	Kaiser-Meyer-Olkin-Kriterium (≥0,5, ≥0,8)	Anzahl extrahierter Faktoren	Erklärte Varianz (≥ 50%)
,825	Hauptachsen-Faktorenanalyse	,707	1	61,577%

Kriterien der zweiten Generation

Items	Indikator-reliabilität (≥ 0,4)	Faktorladung (konfirmatorisch)	Faktorreliabilität (FR) (≥ 0,6) und durchschnittlich erfasste Varianz (DEV) (≥ 0,5)
5.2 Die bereitgestellte Anzahl an Projektmitgliedern ist mehr als ausreichend.	,564	,751*	FR: ,829 DEV: ,620
5.4 Die bereitgestellten Personalressourcen haben mehr als ausreichend Zeit für die Durchführung bzw. Unterstützung des	,756	,869*	Bereitgestellte Ressourcen
5.5 Die für das Beratungsprojekt bereitgestellten Ressourcen sind verfügbar.	,528	,727*	*: Signifikant auf 0,1%-Niveau 1/5: Signifikant auf 1%/5%-Niveau

Globale Anpassungsmaße

Identifizierbarkeit gegeben	χ^2	df	χ^2/df	CFI	GFI	AGFI	TLI	RMSEA
	-	-	-	-	-	-	-	-

Tabelle 32: Reliabilitäts- und Validitätskriterien der ersten und zweiten Generation für das Konstrukt „Bereitgestellte Ressourcen"

Da das Messmodell lediglich über drei Indikatoren verfügt, kommen den lokalen Gütekriterien im Rahmen der konfirmatorischen Faktorenanalyse zur Prüfung der Reliabilität und Validität eine größerer Bedeutung zu.[726] Die Faktorreliabilität weist einen hohen Wert von 0,829 auf und auch die durchschnittlich erfasst Varianz ist mit 0,620 weit oberhalb des Grenzwertes von 0,5. Letztlich liegen auch die Indikatorreliabilitäten mit Werten ab 0,528 über dem geforderten Mindestmaß und alle lokalen Güterkriterien werden von dem spezifizierten Messmodell erfüllt. Obwohl im Rahmen der Reliabilitäts- und Validitätsprüfung vier von sieben Indikatoren eliminiert wur-

[726] Vgl. Homburg (1998), S. 103.

den, kann insgesamt noch von einer zufriedenstellenden Reliabilität und Validität der Messung ausgegangen werden. Das Messmodell für das Konstrukt „Bereitgestellte Ressourcen" wird folglich nicht abgelehnt. Tabelle 32 fasst die Ergebnisse der Kriterien der ersten Generation sowie der lokalen Anpassungsmaße zusammen.

5.1.1.7 Top Management Support

Unter Top-Management Support wird die Fähigkeit des Top-Managements verstanden, das Unternehmensberatungsprojekt auf allen Ebenen zu unterstützen und internen Widerständen entgegenzuwirken.[727]

Top Management Support

Kriterien der ersten Generation

Items	Faktorladung (exploratorisch, ≥ 0,4)	Item-to-Total-Korrelation
7.3 Das Top-Management signalisiert und kommuniziert seine 100-prozentige Projektunterstützung gegenüber allen Managern und vom Projekt betroffenen Organisationsmitgliedern.	,730	,698
7.5 Das Top-Management vertraut seinen Projektmitgliedern.	,779	,740
7.6 Das Top-Management fördert und motiviert die Projektmitglieder.	,907	,843
7.7 Insgesamt kann man von einem sehr ausgeprägten Top-Management Support sprechen.	,956	,885

Deskriptive Beurteilungskennzahl	Ergebnisse der exploratorischen Faktorenanalyse			
Cronbachs Alpha (≥ 0,7)	Extraktionsmethode	Kaiser-Meyer-Olkin-Kriterium (≥0,5, ≥0,8)	Anzahl extrahierter Faktoren	Erklärte Varianz (≥ 50%)
,906	Hauptachsen-Faktorenanalyse	,816	1	71,852%

Kriterien der zweiten Generation

Items	Indikator-reliabilität (≥ 0,4)	Faktorladung (konfirmatorisch)	Faktorreliabilität (FR) (≥ 0,6) und durchschnittlich erfasste Varianz (DEV) (≥ 0,5)
7.3 Das Top-Management signalisiert und kommuniziert seine 100-prozentige Projektunterstützung gegenüber allen Managern und vom Projekt betroffenen Organisationsmitgliedern.	,543	,737*	FR: ,913 DEV: ,728
7.5 Das Top-Management vertraut seinen Projektmitgliedern.	,601	,775*	
7.6 Das Top-Management fördert und motiviert die Projektmitglieder.	,821	,906*	
7.7 Insgesamt kann man von einem sehr ausgeprägten Top-Management Support sprechen.	,911	,955*	

Top Management Support

*: Signifikant auf 0,1%-Niveau
1/5: Signifikant auf 1%/5%-Niveau

Globale Anpassungsmaße

Identifizierbarkeit	χ^2	df	χ^2/df	CFI	GFI	AGFI	TLI	RMSEA
gegeben	2,825	2	1,412	,998	,992	,960	,995	,040

Tabelle 33: Reliabilitäts- und Validitätskriterien der ersten und zweiten Generation für das Konstrukt „Top Management Support"

[727] Vgl. Kapitel 3.1.1.2.

Die Operationalisierung des Konstrukts wurde auf Basis der Messinstrumente von Vanlommel/de Brabander (1975), Slevin/Pinto (1986) und Appelbaum/Steed (2005),[728] eigener Operationalisierungsüberlegungen, den Expertengesprächen und den Ergebnissen des Pretests sowie des Item-Sorting-Tests mit sieben reflektiven Indikatoren entwickelt.[729] Von diesen wurden im Rahmen der Reliabilitäts- und Validitätsprüfung drei Indikatoren eliminiert, so dass die verbleibenden vier Indikatoren eine hohe Reliabilität und Validität aufweisen. Das Cronbachs Alpha hat einen sehr guten Wert von 0,906. Eine ausreichend hohe Konvergenzvalidität zeigt sich durch die exploratorische Faktorenanalyse, im Rahmen derer ein Faktor extrahiert wurde, der über 70% der Varianz erklärt. Zudem liegt das KMO-Kriterium mit einem Wert von 0,816 weit über dem geforderten Mindestwert und sogar über dem strengeren Grenzwert von 0,8. Außerdem nehmen alle Faktorladungen Werte zwischen 0,730 und 0,956 an.

Auch die Kriterien der zweiten Generation geben ein sehr positives Bild ab. Die Faktorreliabilität und die durchschnittlich erfasste Varianz liegen mit Werten von 0,913 bzw. 0,728 weit über den Mindestanforderungen. Auch alle Indikatorreliabilitäten übersteigen den Grenzwert von 0,4 meist sogar deutlich und alle globalen Anpassungsmaße deuten auf eine sehr gute Modellanpassung hin. Folglich wird das Messmodell für das Konstrukt „Top Management Support" mit vier Indikatoren nicht zurückgewiesen. In Tabelle 33 sind die Analyseergebnisse zu diesem Konstrukt zusammengefasst.

5.1.1.8 Überprüfung des Gesamtmodells

Zur Überprüfung des Gesamtmodells wurde nach der isolierten Betrachtung der einzelnen Messmodelle der Erfolgsfaktoren im nächsten Schritt eine exploratorische Faktorenanalyse über alle 27 Indikatoren der sieben Erfolgsfaktoren durchgeführt. Durch dieses Vorgehen sollen erste Hinweise bezüglich der vermuteten Faktorenstruktur gewonnen werden und insbesondere eine Beurteilung der Konvergenz- und Diskriminanzvalidität der Faktoren ermöglichen.

Indikator		Faktor 1	Faktor 2	Faktor 3	Faktor 4	Faktor 5	Faktor 6	Faktor 7
Gemeinsame Zielvorstellung	1.2	,248	,172	,222	**-,704**	,257	-,286	,298
	1.3	,338	,167	,338	**-,762**	,321	-,335	,451
	1.6	,378	,166	,366	**-,882**	,328	-,289	,408
	1.7	,300	,209	,321	**-,834**	,357	-,273	,367
Intensität der Kollabo-	2.2	**,637**	,303	,336	-,412	,492	-,441	,476
	2.4	**,726**	,173	,426	-,405	,524	-,451	,357

[728] Vgl. Vanlommel/de Brabander (1975), S. 410; Slevin/Pinto (1986), S. 67; Appelbaum/Steed (2005), S. 82.
[729] Vgl. Kapitel 4.4.2.2.

Indikator		Faktor 1	Faktor 2	Faktor 3	Faktor 4	Faktor 5	Faktor 6	Faktor 7
ration	2.5	**,639**	,225	,325	-,342	,484	-,397	,563
	2.6	**,801**	,208	,374	-,302	,470	-,389	,463
	2.7	**,958**	,236	,411	-,409	,591	-,493	,544
Vertrauen	3.2	,301	,205	**,732**	-,329	,318	-,150	,280
	3.3	,381	,201	**,908**	-,305	,335	-,153	,214
	3.4	,405	,237	**,885**	-,344	,357	-,294	,286
Projektmanagement	4.3	,416	,218	,252	-,372	,292	-,390	**,567**
	4.5	,455	,218	,294	-,394	,477	-,397	**,823**
	4.6	,404	,233	,219	-,348	,451	-,425	**,722**
	4.7	,522	,283	,365	-,512	,465	-,466	**,794**
Beraterkompetenz	5.1	,425	,180	,360	-,333	**,730**	-,318	,362
	5.3	,512	,225	,378	-,347	**,905**	-,361	,475
	5.4	,490	,144	,260	-,294	**,718**	-,244	,382
	5.5	,441	,154	,281	-,318	**,736**	-,348	,429
Bereitgestellte Ressourcen	6.2	,187	**,758**	,227	-,195	,199	-,440	,252
	6.4	,250	**,868**	,237	-,208	,220	-,456	,262
	6.6	,121	**,876**	,171	-,167	,113	-,371	,157
Top Management Support	7.3	,375	,456	,165	-,331	,279	**-,730**	,383
	7.5	,521	,389	,311	-,375	,426	**-,786**	,434
	7.6	,416	,442	,231	-,340	,361	**-,900**	,481
	7.7	,419	,481	,172	-,314	,356	**-,954**	,463
Erklärte Varianz		36,112%	8,484%	6,102%	5,725%	3,645%	2,869%	2,644%

Extraktionsmethode: Hauptachsen-Faktorenanalyse
Rotationsmethode: Oblimin mit Kaiser-Normalisierung
Kaiser-Meyer-Olkin-Kriterium (≥ 0,5 bzw. ≥ 0,8): 0,905

Tabelle 34: Exploratorische Faktorenanalyse über alle Erfolgsfaktoren

Der KMO-Wert von 0,905 deutet auf eine sehr hohe Eignung der Korrelationsmatrix hin. Wie Tabelle 34 darlegt, wird die postulierte Faktorenstruktur erkannt. Darüber hinaus laden alle Indikatoren zum Teil weitaus höher als das geforderte Mindestmaß von 0,4 auf den ihnen zugehörigen Faktor. Die Faktorenlösung ist somit akzeptabel.

Neben der exploratorischen Faktorenanalyse wird zur Überprüfung der vermuteten Faktorenstruktur hinsichtlich der Erfolgsfaktoren auch das Verfahren der konfirmatorischen Faktorenanalyse herangezogen. Abbildung 57 stellt die Ergebnisse der konfirmatorischen Faktorenanalyse erster Ordnung über alle sieben Erfolgsfaktoren dar.

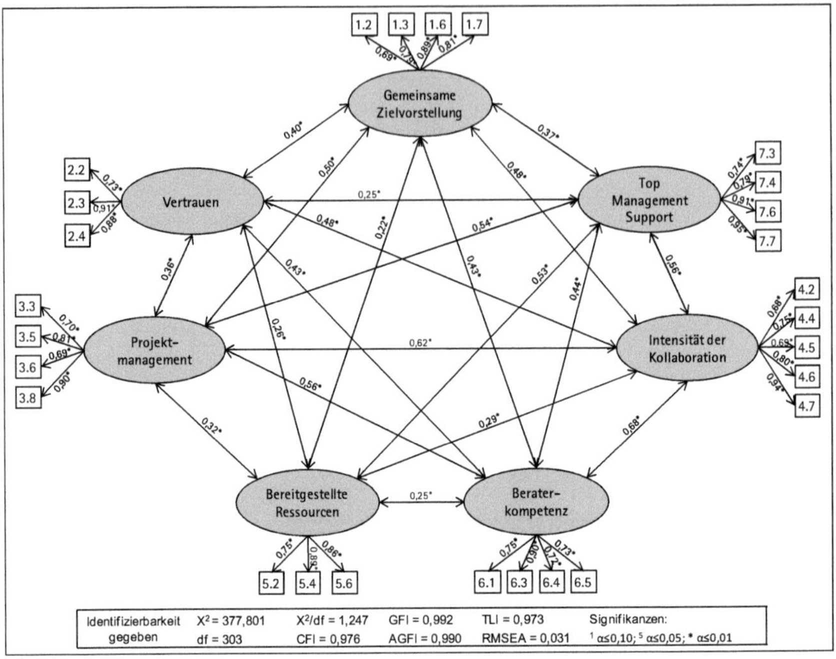

Abbildung 57: Konfirmatorische Faktorenanalyse erster Ordnung über alle Erfolgsfaktoren

Als Ergebnis kann festgehalten werden, dass alle lokalen und globalen Anpassungsmaße bei allen Gütekriterien die gestellten Anforderungen deutlich erfüllen. Darüber hinaus sind alle Faktorkorrelationen hoch signifikant, und auch auf Indikatorebene werden alle Mindestmaße eingehalten. Insgesamt sprechen die Ergebnisse für eine sehr gute Anpassung der Modellstruktur. Zur weiteren Überprüfung der Diskriminanzvalidität der Erfolgsfaktoren wird das Fornell/Larcker-Kriterium herangezogen.[730] Dabei werden die quadrierten Korrelationen der einzelnen Faktoren mit ihren jeweiligen durchschnittlich erfassten Varianzen verglichen (vgl. Tabelle 35). Da keine der quadrierten Korrelationen zwischen zwei Faktoren die durchschnittlich erfasste Varianz des jeweiligen Faktors übersteigt, gilt das Fornell/Larcker-Kriterium als erfüllt.

Erfolgsfaktor	1	2	3	4	5	6	7
Gemeinsame Zielvorstellung	**0,633**						
Intensität der Kollaboration	0,233	**0,588**					
Vertrauen	0,162	0,234	**0,698**				
Projektmanagement	0,248	0,383	0,129	**0,594**			
Beraterkompetenz	0,181	0,457	0,185	0,317	**0,612**		

[730] Vgl. Kapitel 4.2.3.

Erfolgsfaktor	1	2	3	4	5	6	7
Bereitgestellte Ressourcen	0,051	0,086	0,068	0,102	0,062	**0,620**	
Top Management Support	0,136	0,311	0,061	0,288	0,195	0,277	**0,728**
Die fettgedruckten Zahlen auf der Diagonale entsprechen durchschnittlichen Varianzen, die Zahlen unterhalb der Diagonale quadrierten Korrelationen.							

Tabelle 35: Überprüfung der Diskriminanzvalidität der Erfolgsfaktoren nach dem Fornell/Larcker-Kriterium

Basierend auf den Ergebnissen der vorangegangenen Prüfschritte kann davon ausgegangen werden, dass es sieben theoretisch hergeleitete Erfolgsfaktoren von Unternehmensberatung gibt, die mit Hilfe von 27 Indikatoren valide und reliabel gemessen werden können. Damit ist eine wichtige und zugleich notwendige Voraussetzung erfüllt, um den Einfluss der Erfolgsfaktoren auf den Unternehmensberatungserfolg analysieren zu können. Darüber hinaus kann die erste deskriptive Untersuchungshypothese H_{K1} dieser Studie nicht abgelehnt werden:

> H_{K1}: Aus Klientensicht existieren bei einem Unternehmensberatungsprojekt sieben voneinander abgrenzbare Erfolgsfaktoren: die gemeinsame Zielvorstellung, die Intensität der Kollaboration, das Vertrauen, das Projektmanagement, die Beraterkompetenz, die bereitgestellten Ressourcen und der Top Management Support.

5.1.2 Operationalisierung des Unternehmensberatungserfolgs

Nachdem die einzelnen Erfolgsfaktoren hinsichtlich ihrer Validität und Reliabilität geprüft wurden, werden nachfolgend die einzelnen zuvor konzeptionalisierten Erfolgsdimensionen näher analysiert. Aus Klientenperspektive wurde der Unternehmensberatungserfolg als ein dreidimensionales reflektives Konstrukt zweiter Ordnung mit den Dimensionen „Einhaltung von Budget und Zeitplan", „Zielerreichungsgrad" und „Grad der Akzeptanz" spezifiziert.[731] Darüber hinaus wurde eine positive Wirkung der Erfolgsdimensionen auf die Unternehmensberatungszufriedenheit der Klienten unterstellt. Zunächst werden in Kapitel 5.1.2.1 bis 5.1.2.4 die Reliabilität und Validität der einzelnen Messmodelle unter Zuhilfenahme der Prüfkriterien erster und zweiter Ordnung überprüft. Hieran anschließend erfolgt in Kapitel 5.1.2.5 eine Analyse des postulierten Konstrukts zweiter Ordnung inklusive der Berücksichtigung der Wirkung der Erfolgsdimensionen auf die Zufriedenheit der Klienten.

[731] Vgl. Kapitel 3.2.

5.1.2.1 Einhaltung von Budget und Zeitplan

Mit dem Konstrukt „Einhaltung von Budget und Zeitplan" wird erfasst, inwieweit das für das Beratungsprojekt veranschlagte Budget und der Zeitplan entsprechend eingehalten werden konnten.[732] Neben eigenen Operationalisierungsüberlegungen, den Ergebnissen des Pretests und des Item-Sorting-Tests basiert die Operationalisierung dieses Konstrukts auf den Messinstrumenten von Pinto/Prescott (1990), Gable (1996), Jang/Suh/Lee (1997), Richter/Schmidt (2006) und Liberatore/Luo (2010) und insbesondere den Expertengesprächen.[733] Das in den Fragebogen eingegangene Messmodell umfasst sieben Indikatoren, die das Konstrukt reflektiv messen. Nach der Reliabilitäts- und Validitätsprüfung können von diesen sieben Indikatoren drei beibehalten werden. Das Cronbachs Alpha beträgt für die drei Indikatoren 0,943. Die exploratorische Faktorenanalyse führt zur Extraktion eines Faktors, der 85% der Varianz erklärt. Darüber hinaus liegt das KMO-Kriterium mit einem Wert von 0,733 deutlich über dem geforderten Mindestmaß von 0,5. Alle Faktorladungen weisen Werte von über 0,8 auf.

Einhaltung von Budget und Zeitplan

Kriterien der ersten Generation

Items	Faktorladung (exploratorisch, ≥ 0,4)	Item-to-Total-Korrelation
8.4 Die Projektdauer des Gesamtprojektes entspricht der ursprünglichen Schätzung der Berater.	,847	,829
8.5 Das Beratungsprojekt konnte zu den vorgegebenen Fristen durchgeführt werden, alle Deadlines konnten eingehalten werden.	,934	,894
8.6 Insgesamt verlief das Beratungsprojekt im Zeitplan.	,980	,923

Deskriptive Beurteilungskennzahl	Ergebnisse der exploratorischen Faktorenanalyse			
Cronbachs Alpha (≥ 0,7)	Extraktionsmethode	Kaiser-Meyer-Olkin-Kriterium (≥0,5, ≥0,8)	Anzahl extrahierter Faktoren	Erklärte Varianz (≥ 50%)
,943	Hauptachsen-Faktorenanalyse	,733	1	85,048%

Kriterien der zweiten Generation

Items	Indikatorreliabilität (≥ 0,4)	Faktorladung (konfirmatorisch)	Faktorreliabilität (FR) (≥ 0,6) und durchschnittlich erfasste Varianz (DEV) (≥ 0,5)
8.4 Die Projektdauer des Gesamtprojektes entspricht der ursprünglichen Schätzung der Berater.	,718	,847*	FR: ,946 DEV: ,855
8.5 Das Beratungsprojekt konnte zu den vorgegebenen Fristen durchgeführt werden, alle Deadlines konnten eingehalten werden.	,871	,934*	Einhaltung von Budget und Zeitplan
8.6 Insgesamt verlief das Beratungsprojekt im Zeitplan.	,963	,981*	*: Signifikant auf 0,1%-Niveau; 1/5: Signifikant auf 1%/5%-Niveau

Globale Anpassungsmaße

Identifizierbarkeit gegeben	χ^2	df	χ^2/df	CFI	GFI	AGFI	TLI	RMSEA
	-	-	-	-	-	-	-	-

Tabelle 36: Reliabilitäts- und Validitätskriterien der ersten und zweiten Generation für das Konstrukt „Einhaltung von Budget und Zeitplan"

[732] Vgl. Kapitel 3.2.2.1.

[733] Vgl. Pinto/Prescott (1990), S. 323; Gable (1996), S. 1196; Jang/Suh/Lee (1997), S. 172; Richter/Schmidt (2006), S. 371; Liberatore/Luo (2010), S. 266 f.

Da das Messmodell lediglich über drei Indikatoren verfügt, kommen den lokalen Gütekriterien im Rahmen der konfirmatorischen Faktorenanalyse zur Prüfung der Reliabilität und Validität eine größerer Bedeutung zu.[734] Die Faktorreliabilität weist einen hohen Wert von 0,946 auf und auch die durchschnittlich erfasst Varianz ist mit 0,855 weit oberhalb des Grenzwertes von 0,5. Letztlich liegen auch die Indikatorreliabilitäten mit Werten ab 0,718 weit über dem geforderten Mindestmaß. Alle lokalen Güterkriterien werden von dem spezifizierten Messmodell erfüllt. Obwohl im Rahmen der Reliabilitäts- und Validitätsprüfung vier von sieben Indikatoren eliminiert wurden, kann somit insgesamt noch von einer zufriedenstellenden Reliabilität und Validität der Messung ausgegangen werden. Das Messmodell für das Konstrukt „Einhaltung von Budget und Zeitplan" wird folglich nicht abgelehnt. Tabelle 36 fasst die Ergebnisse der Kriterien der ersten Generation sowie der lokalen Anpassungsmaße zusammen.

5.1.2.2 Zielerreichungsgrad

Das Konstrukt Zielerreichungsgrad nimmt Bezug auf das Ausmaß, zu dem die für das Unternehmensberatungsprojekt gesetzten Ziele auch tatsächlich erreicht wurden.[735] Die Operationalisierung des Konstrukts wurde auf Basis der Messinstrumente von Meffert (1990), Pinto/Prescott (1990), Gable (1996), Jang/Suh/Lee (1997) und Liberatore/Luo (2010),[736] eigener Operationalisierungsüberlegungen, den Ergebnissen des Pretests sowie des Item-Sorting-Tests und insbesondere den Expertengesprächen mit fünf reflektiven Indikatoren entwickelt. Von diesen musste im Rahmen der Reliabilitäts- und Validitätsprüfung lediglich ein Indikator eliminiert werden.Die Ergebnisse der Kriterien der ersten und zweiten Generation sind sehr zufriedenstellend. So weist das Cronbachs Alpha einen hohen Wert von 0,934 auf. Bei der exploratorischen Faktorenanalyse wird ein Faktor mit einer Varianzerklärung von 78,284% extrahiert. Alle Faktorladungen liegen bei 0,803 oder darüber, und auch das KMO-Kriterium fällt mit einem Wert von 0,847 sehr gut aus.

Auch die globalen Anpassungsmaße im Rahmen der konfirmatorischen Faktorenanalyse weisen sehr gute Werte auf und alle Mindestanforderungen werden erfüllt. In Bezug auf die lokalen Gütemaße liegen die Faktorreliabilität, die durchschnittlich erfasste Varianz sowie die Indikatorreliabilitäten deutlich über den geforderten Werten. Vor diesem Hintergrund wird das Messmodell mit vier Indikatoren für die Erfolgsdimension „Zielerreichungsgrad" nicht abgelehnt. Tabelle 37 fasst die Ergebnisse der ersten und zweiten Generation für dieses Konstrukt zusammen.

---

[734] Vgl. Homburg (1998), S. 103.
[735] Vgl. Kapitel 3.2.2.1.
[736] Vgl. Meffert (1990), S. 189 ff.; Pinto/Prescott (1990), S. 323 f.; Jang/Suh/Lee (1997), S. 172; Liberatore/Luo (2010), S. 266 f.

Zielerreichungsgrad		
Kriterien der ersten Generation		
Items	Faktorladung (exploratorisch, ≥ 0,4)	Item-to-Total-Korrelation
9.1 Alle an das Projekt gesetzten Erwartungen/Ziele wurden erfüllt.	,803	,778
9.3 Den Zielerreichungsgrad des Projektes betreffend wird die Umsetzung der Projektergebnisse zu einer wesentlichen Verbesserung der Unternehmensperformance führen.	,860	,826
9.4 Den Zielerreichungsgrad des Projektes betreffend war das Beratungsprojekt ein sehr großer Erfolg.	,950	,901
9.5 Insgesamt wurden die definierten Projektziele vollständig und umfassend erreicht oder sogar übertroffen.	,919	,876

Deskriptive Beurteilungskennzahl	Ergebnisse der exploratorischen Faktorenanalyse			
Cronbachs Alpha (≥ 0,7)	Extraktionsmethode	Kaiser-Meyer-Olkin-Kriterium (≥0,5, ≥0,8)	Anzahl extrahierter Faktoren	Erklärte Varianz (≥ 50%)
,934	Hauptachsen-Faktorenanalyse	,847	1	78,284%

Kriterien der zweiten Generation			
Items	Indikator-reliabilität (≥ 0,4)	Faktorladung (konfirmatorisch)	Faktorreliabilität (FR) (≥ 0,6) und durchschnittlich erfasste Varianz (DEV) (≥ 0,5)
9.1 Alle an das Projekt gesetzten Erwartungen/Ziele wurden erfüllt.	,643	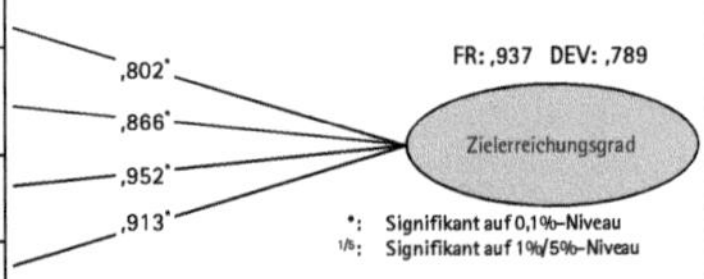	
9.3 Den Zielerreichungsgrad des Projektes betreffend wird die Umsetzung der Projektergebnisse zu einer wesentlichen Verbesserung der Unternehmensperformance führen.	,750		
9.4 Den Zielerreichungsgrad des Projektes betreffend war das Beratungsprojekt ein sehr großer Erfolg.	,906		
9.5 Insgesamt wurden die definierten Projektziele vollständig und umfassend erreicht oder sogar übertroffen.	,834		

Globale Anpassungsmaße								
Identifizierbarkeit gegeben	χ^2	df	χ^2/df	CFI	GFI	AGFI	TLI	RMSEA
	3,211	2	1,606	,998	,991	,954	,993	,049

Tabelle 37: Reliabilitäts- und Validitätskriterien der ersten und zweiten Generation für das Konstrukt „Zielerreichungsgrad"

5.1.2.3 Grad der Akzeptanz

Das Konstrukt „Grad der Akzeptanz" bezieht sich auf das Ausmaß, inwieweit die im Rahmen des Unternehmensberatungsprojektes erarbeiteten Ergebnisse vom Klienten akzeptiert werden.[737] Neben eigenen Operationalisierungsüberlegungen, den Ergebnissen des Pretests und des Item-Sorting-Tests basiert die Operationalisierung dieses Konstrukts auf den Messinstrumenten von Meffert (1990), Pinto/Prescott (1990), Gable (1996), Jang/Suh/Lee (1997) und insbesondere den Expertengesprächen.[738] Auf dieser Basis ließ sich ein reflektives Messmodell mit sechs Indikatoren spezifizieren, von denen zwei Indikatoren nach Durchführung der Prüfschritte zur Sicherstellung der Reliabilität und Validität eliminiert wurden.

[737] Vgl. Kapitel 3.2.2.2.
[738] Vgl. Meffert (1990), S. 190 f.; Pinto/Prescott (1990), S. 324 f.; Jang/Suh/Lee (1997), S. 172.

Das Cronbachs Alpha dieses vier Indikatoren umfassenden Messinstruments beträgt 0,898. Zudem wird im Rahmen der exploratorischen Faktorenanalyse ein Faktor extrahiert, der knapp 70% der Varianz erklärt. Sowohl das KMO-Kriterium (0,828) als auch die Faktorladungen (alle bei 0,785 oder höher) übersteigen die geforderten Mindestmaße deutlich.

Die Ergebnisse der konfirmatorischen Faktorenanalyse unterstreichen ebenfalls die Güte des Messmodells. Während die Faktorreliabilität einen Wert von 0,900 annimmt, beträgt die durchschnittlich erfasste Varianz 0,694. Die Indikatorreliabilitäten der einzelnen Indikatoren liegen weit über dem geforderten Mindestwert von 0,4. Ebenso werden auch alle globalen Anpassungsmaße erfüllt, so dass auf Grundlage der guten Ergebnisse das Messmodell für diese Erfolgsdimension nicht zurückgewiesen wird. Die Ausprägungen der einzelnen Gütekriterien sind in Tabelle 38 dargestellt.

Grad der Akzeptanz

Kriterien der ersten Generation

Items	Faktorladung (exploratorisch, ≥ 0,4)	Item-to-Total-Korrelation
10.3 Von den Projektergebnissen potenziell betroffene Unternehmensmitglieder wurden über den Nutzen des Projektes aufgeklärt, um deren Akzeptanz zu fördern.	,812	,762
10.4 Bei Fragen und Problemen hinsichtlich der Akzeptanz der Projektergebnisse stehen entsprechende Kontaktpersonen auch nach dem offiziellen Projektende zur Verfügung.	,785	,741
10.5 Insgesamt wurden ausreichend Maßnahmen durchgeführt, um die Akzeptanz bei den Organisationsmitgliedern zu gewährleisten.	,936	,857
10.6 Insgesamt werden die Projektergebnisse von allen betroffenen Organisationsmitgliedern umfassend akzeptiert.	,799	,747

Deskriptive Beurteilungskennzahl	Ergebnisse der exploratorischen Faktorenanalyse			
Cronbachs Alpha (≥ 0,7)	Extraktionsmethode	Kaiser-Meyer-Olkin-Kriterium (≥0,5, ≥0,8)	Anzahl extrahierter Faktoren	Erklärte Varianz (≥ 50%)
,898	Hauptachsen-Faktorenanalyse	,828	1	69,730%

Kriterien der zweiten Generation

Items	Indikatorreliabilität (≥ 0,4)	Faktorladung (konfirmatorisch)	Faktorreliabilität (FR) (≥ 0,6) und durchschnittlich erfasste Varianz (DEV) (≥ 0,5)
10.3 Von den Projektergebnissen potenziell betroffene Unternehmensmitglieder wurden über den Nutzen des Projektes aufgeklärt, um deren Akzeptanz zu fördern.	,647		
10.4 Bei Fragen und Problemen hinsichtlich der Akzeptanz der Projektergebnisse stehen entsprechende Kontaktpersonen auch nach dem offiziellen Projektende zur Verfügung.	,608		
10.5 Insgesamt wurden ausreichend Maßnahmen durchgeführt, um die Akzeptanz bei den Organisationsmitgliedern zu gewährleisten.	,878		
10.6 Insgesamt werden die Projektergebnisse von allen betroffenen Organisationsmitgliedern umfassend akzeptiert.	,655		

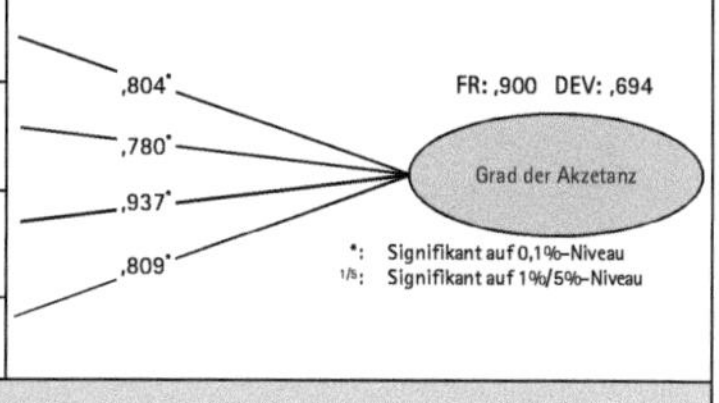

Globale Anpassungsmaße

Identifizierbarkeit	χ^2	df	χ^2/df	CFI	GFI	AGFI	TLI	RMSEA
gegeben	2,121	2	1,061	1,000	,994	,968	,999	,015

Tabelle 38: Reliabilitäts- und Validitätskriterien der ersten und zweiten Generation für das Konstrukt „Grad der Akzeptanz"

5.1.2.4 Zufriedenheit

Auch wenn das Konstrukt „Zufriedenheit" streng genommen nicht zum Erfolgskonstrukt gezählt wird, wird aufgrund der inhaltlichen Nähe dessen Operationalisierung hier beschrieben. Das Konstrukt „Zufriedenheit" beschreibt das Ausmaß, in dem der Verlauf und die Ergebnisse des Unternehmensberatungsprojektes den Wünschen und Vorstellungen des Klienten entsprechen.[739] Die Operationalisierung des Konstrukts basiert auf den Indikatoren von Meffert (1990), Gable (1996), Patterson/Spreng (1997), Effenberger (1998), Tang/Lu/Chan (2003), Liberatore/Luo (2010).[740] Darüber hinaus flossen auch hier eigene Operationalisierungsüberlegungen, die Ergebnisse des Pretests sowie des Item-Sorting-Tests und insbesondere die Ergebnisse der Expertengespräche mit ein. Das Ergebnis umfasste ein reflektives Messmodell mit sieben Indikatoren, von denen nach der Durchführung der erläuterten Prüfprozedur drei Items eliminiert wurden.

Zufriedenheit

Kriterien der ersten Generation

Items	Faktorladung (exploratorisch, ≥ 0,4)	Item-to-Total-Korrelation
11.2 Mit den fachlichen und sozialen Fähigkeiten der Berater bin ich äußerst zufrieden.	,798	,776
11.5 Insgesamt bin ich mit dem Preis-Leistungsverhältnis des Beratungsprojektes äußerst zufrieden.	,859	,833
11.6 Insgesamt bin ich mit der Entscheidung, dass diese Beratungsfirma engagiert wurde, äußerst zufrieden.	,943	,901
11.7 Insgesamt bin ich mit der Beratungsdienstleistung äußerst zufrieden.	,975	,929

Deskriptive Beurteilungskennzahl	Ergebnisse der exploratorischen Faktorenanalyse			
Cronbachs Alpha (≥ 0,7)	Extraktionsmethode	Kaiser-Meyer-Olkin-Kriterium (≥0,5, ≥0,8)	Anzahl extrahierter Faktoren	Erklärte Varianz (≥ 50%)
,940	Hauptachsen-Faktorenanalyse	,837	1	80,378%

Kriterien der zweiten Generation

Items	Indikator-reliabilität (≥ 0,4)	Faktorladung (konfirmatorisch)	Faktorreliabilität (FR) (≥ 0,6) und durchschnittlich erfasste Varianz (DEV) (≥ 0,5)
11.2 Mit den fachlichen und sozialen Fähigkeiten der Berater bin ich äußerst zufrieden.	,645		
11.5 Insgesamt bin ich mit dem Preis-Leistungsverhältnis des Beratungsprojektes äußerst zufrieden.	,735		
11.6 Insgesamt bin ich mit der Entscheidung, dass diese Beratungsfirma engagiert wurde, äußerst zufrieden.	,890		
11.7 Insgesamt bin ich mit der Beratungsdienstleistung äußerst zufrieden.	,948		

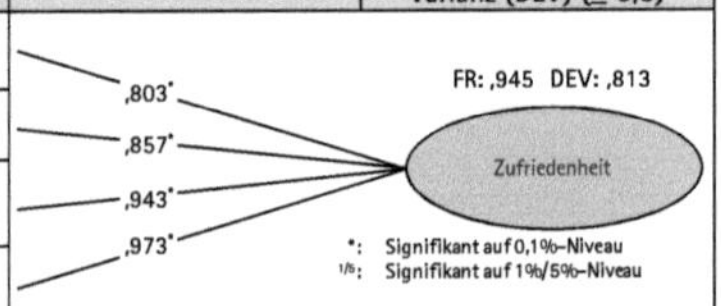

Globale Anpassungsmaße

Identifizierbarkeit gegeben	χ^2	df	χ^2/df	CFI	GFI	AGFI	TLI	RMSEA
	3,211	2	1,747	,998	,991	,955	,994	,054

Tabelle 39: Reliabilitäts- und Validitätskriterien der ersten und zweiten Generation für das Konstrukt „Zufriedenheit"

[739] Vgl Kapitel 3.2.2.2.

[740] Vgl. Meffert (1990), S. 190 f.; Gable (1996), S. 1194 f.; Patterson/Spreng (1997), S. 425; Effenberger (1998), S. 194 f.; Tang/Lu/Chan (2003), S. 171 f.; Liberatore/Luo (2010), S. 266 f.

Alle Prüfkriterien der ersten Generation weisen sehr gute Werte aus, und die Mindestanforderungen werden durchweg erfüllt bzw. weit übertroffen. So weist das Cronbachs Alpha einen Wert von 0,940 auf und im Rahmen der exploratorischen Faktorenanalyse wird ein Faktor mit einer Varianzerklärung von über 80% extrahiert. Das KMO-Kriterium beträgt 0,837 und alle Faktorladungen liegen bei 0,798 bzw. darüber. Hinsichtlich der Prüfkriterien der zweiten Generation konnten alle Mindestanforderungen hinsichtlich Faktorreliabilität, durchschnittlich erfasster Varianz und Indikatorreliabilitäten sehr deutlich erfüllt werden. Die Faktorreliabilität nimmt einen Wert von 0,945 an, die durchschnittlich erfasste Varianz beträgt 0,813 und alle Indikatorreliabilitäten liegen weit über dem Mindestwert von 0,4. Ein ähnliches Bild zeigt sich für die globalen Anpassungsmaße. Auch hier werden alle Mindestanforderungen weit unter- bzw. überschritten. Vor dem Hintergrund der guten Ergebnisse wird das Messmodell für das Konstrukt „Zufriedenheit" mit vier Indikatoren nicht zurückgewiesen. Zusammenfassend sind die Ergebnisse der Gütemaße für dieses Konstrukt in Tabelle 39 dargestellt.

5.1.2.5 Überprüfung des mehrdimensionalen Erfolgskonstrukts

Zur Überprüfung des mehrdimensionalen Erfolgskonstrukts wird nachfolgend zunächst für die Faktoren „Einhaltung von Budget und Zeitplan", „Zielerreichungsgrad" und „Grad der Akzeptanz" sowohl eine exploratorische als auch konfirmatorische Faktorenanalyse durchgeführt, um deren Konvergenz- und Diskriminanzvalidität zu prüfen. Hieran anschließend wird das Konstrukt zweiter Ordnung berechnet und der Faktor „Zufriedenheit" mit ins Modell einbezogen.

Indikator		Faktor 1	Faktor 2	Faktor 3
Einhaltung von Budget und Zeitplan	8.4	,508	**,857**	,356
	8.5	,515	,933	,378
	8.6	,541	**,970**	,384
Zielerreichungsgrad	9.1	**,811**	,576	,500
	9.3	**,867**	,408	,633
	9.4	**,948**	,505	,609
	9.5	**,911**	,558	,631
Grad der Akzeptanz	10.3	,585	,303	**,811**
	10.4	,486	,339	**,794**
	10.5	,610	,353	**,932**
	10.6	,725	,453	**,794**
Erklärte Varianz		57,320%	14,012%	6,983%

Extraktionsmethode: Hauptachsen-Faktorenanalyse
Rotationsmethode: Oblimin mit Kaiser-Normalisierung
Kaiser-Meyer-Olkin-Kriterium (≥ 0,5 bzw. ≥ 0,8): 0,895

Tabelle 40: Exploratorische Faktorenanalyse über die Erfolgsdimensionen

Die exploratorische Faktorenanalyse wird über die verbliebenen elf Indikatoren der drei Dimensionen des Unternehmensberatungserfolgs durchgeführt. Hierbei deutet der KMO-Wert von 0,895 auf eine sehr gute Eignung der Korrelationsmatrix hin. Darüber hinaus wird, wie in Tabelle 40 dargestellt, die postulierte Faktorenstruktur mit drei Dimensionen erkannt. Des Weiteren laden alle Indikatoren zum Teil weitaus höher als das geforderte Mindestmaß von 0,4 auf den ihnen zugehörigen Faktor. Die Faktorenlösung ist somit absolut akzeptabel. Dieses gute Bild hinsichtlich der Überprüfung der vermuteten Faktorstruktur wird auch im Rahmen der durchgeführten konfirmatorische Faktorenanalyse bestätigt. Für alle Anpassungsmaße, lokal und global, werden die gestellten Anforderungen klar erfüllt, somit kann postuliert werden, dass das in dem spezifizierten Modell abgebildete Messmodell des Unternehmensberatungserfolgs aus Klientenperspektive das Kriterium der Konvergenzvalidität erfüllt. Abbildung 58 zeigt die Ergebnisse der konfirmatorischen Faktorenanalyse erster Ordnung für das drei Dimensionen umfassende Messmodell.

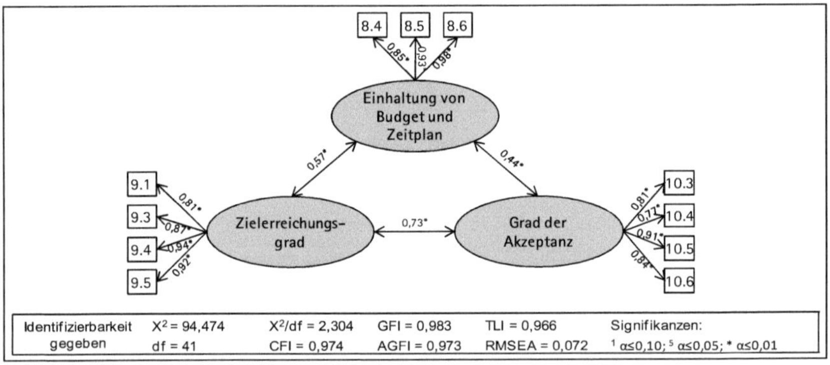

Abbildung 58: Konfirmatorische Faktorenanalyse erster Ordnung über die Erfolgsdimensionen

Zur weiteren Überprüfung der Diskriminanzvalidität der Erfolgsdimensionen wird wiederum das Fornell/Larcker-Kriterium für alle Paare von Dimensionen herangezogen. Wie in Tabelle 41 dargestellt übersteigt keine quadrierte Korrelation zwischen zwei Dimensionen die durchschnittlich erfasste Varianz der jeweiligen Dimensionen. Das Fornell/Larcker-Kriterium gilt somit für alle Paare als erfüllt.

Erfolgsdimension	1	2	3
Einhaltung von Budget und Zeitplan	**0,855**		
Zielerreichungsgrad	0,328	**0,789**	
Grad der Akzeptanz	0,193	0,530	**0,694**

Tabelle 41: Überprüfung der Diskriminanzvalidität der Erfolgsdimensionen nach dem Fornell/Larcker-Kriterium

Nachdem die bisherigen Prüfschritte durchgängig zu einem positiven Ergebnis hinsichtlich aller Gütemaße der ersten und zweiten Generation auf Indikatoren-, Faktoren- und Gesamtmodellebene geführt haben, ist von einer hohen Reliabilität und Validität des Messmodells des Unternehmensberatungserfolgs aus Klientenperspektive auszugehen. Abschließend soll anhand einer konfirmatorischen Faktorenanalyse zweiter Ordnung und eines genesteten Modellvergleichs überprüft werden, ob die identifizierten Dimensionen ein übergeordnetes Konstrukt bilden (vgl. Abbildung 59).

Eine Betrachtung der lokalen und globalen Anpassungsmaße zeigt, dass das vorgestellte Modell nicht abgelehnt werden kann, da alle Gütekriterien erfüllt sind. Darüber hinaus sind alle Faktorladungen zwischen den Dimensionen und dem Konstrukt zweiter Ordnung signifikant und positiv. Ebenso zeigte der genestete Modellvergleich mit Hilfe des Chi-Quadrat-Differenztests als Ergebnis, dass der Modellfit des mehrfaktoriellen Modells signifikant besser ist als der des einfaktoriellen Modells.[741] Somit kann davon ausgegangen werden, dass die deskriptive Untersuchungshypothese H_{K2} nicht abgelehnt werden kann:

> H_{K2}: Aus Klientensicht existieren bei einem Unternehmensberatungsprojekt drei voneinander abgrenzbare Erfolgsdimensionen, nämlich die Einhaltung von Budget und Zeitplan, der Zielerreichungsgrad und der Grad der Akzeptanz. Diese bilden ein übergeordnetes reflektives Konstrukt zweiter Ordnung, das sich inhaltlich als Unternehmensberatungserfolg aus Klientenperspektive interpretieren lässt.

Zusätzlich wurde neben der Existenz eines übergeordneten reflektiven Konstrukts zweiter Ordnung, das sich inhaltlich als Unternehmensberatungserfolg aus Klientenperspektive interpretieren lässt, unterstellt, dass alle Dimensionen des Erfolgskontrukt einen positiven signifikanten Einfluss auf die Zufriedenheit des Klienten mit Unternehmensberatung haben. Wie in Abbildung 60 dargestellt haben alle Erfolgsdimensionen höchstsignifikante positive Pfadkoeffizienten auf die Zufriedenheit, wobei der Zielerreichungsgrad mit einem Wert von 0,63 die höchste Wirkung aufweist, jedoch auch der Grad der Akzeptanz und die Einhaltung von Budget und Zeitplan signifikant positiv auf die Zufriedenheit wirken. Insgesamt werden über 70% der Varianz der Zufriedenheit durch die drei Erfolgsdimensionen erklärt, was für einen sehr hohen Erklärungsgehalt spricht.

---

[741] Vgl. Hair et al. (2010), S. 676.

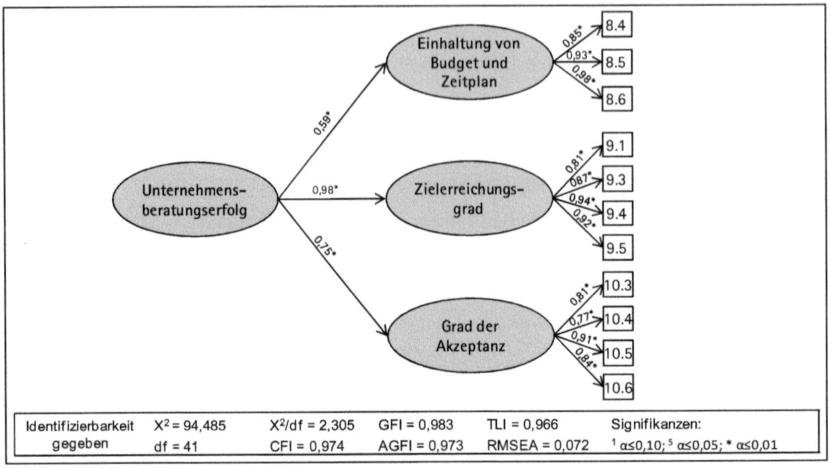

Abbildung 59: Konfirmatorische Faktorenanalyse zweiter Ordnung des Drei-Dimensionen-Modells des Unternehmensberatungserfolgs

Auch inhaltlich können diese empirischen Ergebnisse bestätigt werden. Durch das Setzen von Zielen wird in einem Beratungsprojekt die Erwartungshaltung des Klienten manifestiert. Umso höher der Zielerreichungsgrad am Ende eines Beratungsprojektes ausfällt, umso zufriedener ist auch der Klient mit dem Beratungsprojekt, weil seine Erwartungen entsprechend erfüllt oder sogar übertroffen wurden. Darüber hinaus werden im Rahmen von Beratungsprojekten oft grundlegende Organisationsstrukturen und/oder Abläufe angepasst oder verändert. Dementsprechend ist es für die Zufriedenheit aus Klientenperspektive wichtig, dass die erarbeiteten Lösungen auch von ihm akzeptiert werden. Letztlich handelt es sich bei Unternehmensberatungsprojekten um eine in der Regel sehr teure Dienstleistung, deren Kosten in einem engen Zusammenhang mit der Dauer des Projektes stehen. Daher ist es nicht erstaunlich, dass auch die Einhaltung von Budget und Zeitplan einen signifikanten positiven Einfluss auf die Zufriedenheit hat. Zusammenfassend können die folgenden Hypothesen H_{K3} bis H_{K5} nicht abgelehnt werden.

H_{K3}: Je besser die Einhaltung von Budget und Zeitplan ist, desto höher ist die Zufriedenheit der Klienten mit der Unternehmensberatung.

H_{K4}: Je besser der Zielerreichungsgrad, desto höher ist die Zufriedenheit der Klienten mit der Unternehmensberatung.

H_{K5}: Je höher der Grad der Akzeptanz ist, desto höher ist die Zufriedenheit der Klienten mit der Unternehmensberatung.

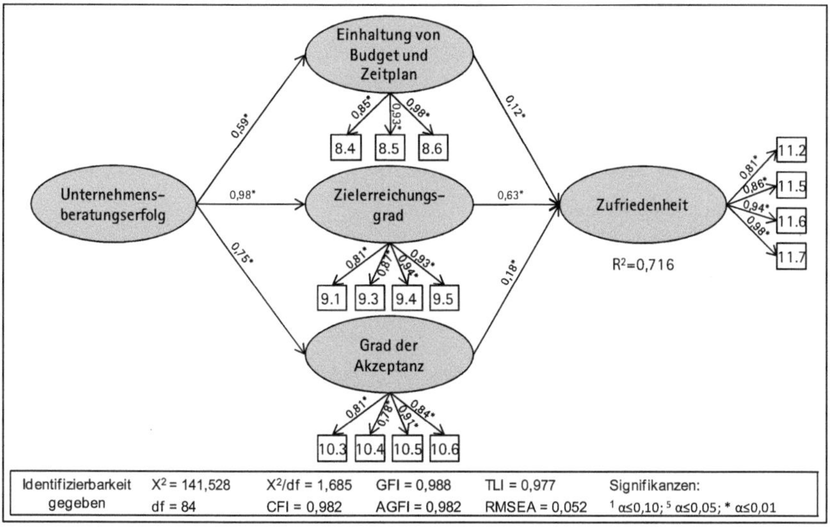

Abbildung 60: Wirkung der Erfolgsdimensionen auf die Zufriedenheit

5.2 Erfolgswirkungen der Erfolgsfaktoren

Nachdem im vorangegangen Kapitel alle für diese Untersuchung notwendigen Konstrukte operationalisiert wurden, werden nun die Erfolgswirkungen der einzelnen Erfolgsfaktoren auf den Unternehmensberatungserfolg näher analysiert. Ziel ist es, die Messmodelle der Erfolgsfaktoren und die des Unternehmensberatungserfolgs zusammenzuführen und in einem Strukturmodell deren Erfolgswirkungen zu testen. Zu diesem Zweck werden zunächst in Kapitel 5.2.1 die Erfolgswirkungen der einzelnen Erfolgsfaktoren separat betrachtet und hieran anschließend erfolgt in Kapitel 5.2.2 eine simultane Betrachtung der Erfolgsfaktoren in einem Gesamtmodell.

5.2.1 Separate Betrachtung der Erfolgswirkungen einzelner Erfolgsfaktoren

In den Hypothesen H_{K6} bis H_{K12} wurde postuliert, dass alle abgeleiteten Erfolgsfaktoren einen positiven und signifikanten Einfluss auf den Unternehmensberatungserfolg haben. Dieser Zusammenhang soll im Folgenden anhand von Partialmodellen überprüft werden. Die hierfür notwendigen Wirkungsmodelle setzen sich aus dem zu untersuchenden Erfolgsfaktor als exogene latente Variable, dem Unternehmensberatungserfolg als endogene latente Variable und letztlich deren Wirkung auf die Gesamtzufriedenheit des Klienten mit Unternehmensberatung zusammen.

Wie in Abbildung 61 dargestellt, liefert das Wirkungsmodell der gemeinsamen Zielvorstellung und des Unternehmensberatungserfolg bezüglich der lokalen und globalen Anpassungsmaße sehr gute Ergebnisse. Darüber hinaus liegt ein hoher und signifikant positiver Einfluss der gemeinsamen Zielvorstellung auf den Unternehmensberatungserfolg vor. Der Pfadkoeffizient zwischen den beiden Konstrukten nimmt einen Wert von 0,81 an. Das Bestimmtheitsmaß R^2 nimmt einen Wert von 0,372 an, was als Indikator für die substanzielle Aussagekraft des Modells gewertet werden kann. Basierend auf diesen Ergebnissen kann die explikative Untersuchungshypothese H_{K6} nicht zurückgewiesen werden:

> H_{K6}: Je besser die gemeinsame Zielvorstellung zwischen Klient und Berater ist, desto höher ist der Unternehmensberatungserfolg.

Darüber hinaus haben alle Erfolgsdimensionen höchstsignifikante positive Pfadkoeffizienten auf die Zufriedenheit und insgesamt werden über 70% der Varianz der Zufriedenheit durch die drei Erfolgsdimensionen erklärt. Dieses Ergebnis bestätigt die bereits getroffene Annahme, die Hypothesen H_{K3} bis H_{K5} nicht abzulehnen.[742]

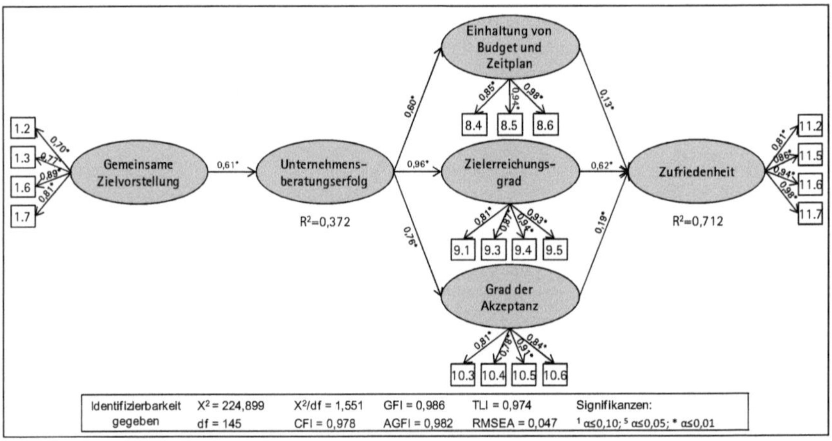

Abbildung 61: Erfolgswirkung der gemeinsamen Zielvorstellung auf den Unternehmensberatungserfolg

Auch das Wirkungsmodell der Intensität der Kollaboration und des Unternehmensberatungserfolgs liefert hinsichtlich der lokalen und globalen Anpassungsmaße sehr gute Ergebnisse und es liegt ein hoher und signifikant positiver Einfluss der Intensität der Kollaboration auf den Unternehmensberatungserfolg vor (vgl. Abbildung 62). Der Pfadkoeffizient zwischen den beiden Konstrukten liefert einen Wert von 0,77, wobei knappe 60% der Varianz des Unternehmensbera-

[742] Da für alle anderen Erfolgsfaktoren das gleiche Ergebnis erzielt wird, wird hierauf im Folgenden nicht mehr explizit eingegangen.

tungserfolgs durch die Intensität der Kollaboration erklärt werden. Auf Basis dieser Untersuchungsergebnisse ist Hypothese H_{K7} nicht zu verwerfen:

H_{K7}: Je höher die Intensität der Kollaboration, desto höher ist der Unternehmensberatungserfolg.

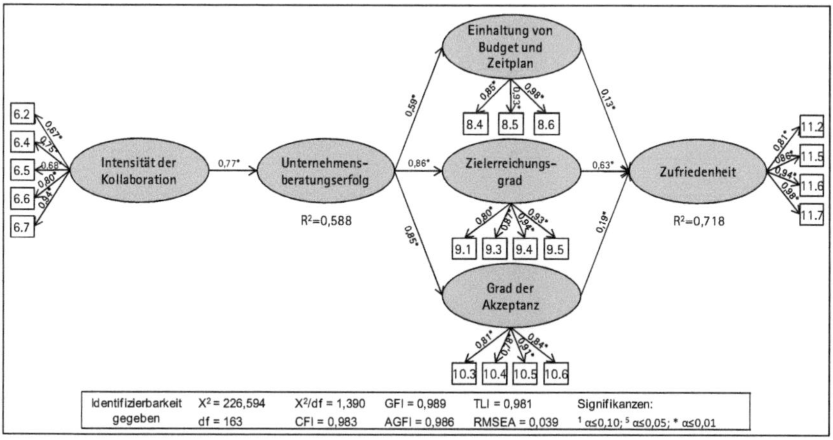

Abbildung 62: Erfolgswirkung der Intensität der Kollaboration auf den Unternehmensberatungserfolg

Bei der Überprüfung des Einflusses des Vertrauens auf den Unternehmensberatungserfolg werden alle lokalen und globalen Anpassungsmaße eindeutig erfüllt. Darüber hinaus ist die Wirkungsbeziehung zwischen den beiden Konstrukten mit einem Pfadkoeffizient von 0,48 signifikant positiv (vgl. Abbildung 63). Das Bestimmtheitsmaß R^2 nimmt einen Wert von 0,210 an, was als ein Indikator für eine immer noch substanzielle Aussagekraft des Modells interpretiert werden kann. Aufgrund des nicht trivialen Erklärungsgehalts des Vertrauens für den Unternehmensberatungserfolg ist Hypothese H_{K8} zunächst nicht abzulehnen:

H_{K8}: Je größer das Vertrauen zwischen Klient und Berater ist, desto höher ist der Unternehmensberatungserfolg.

Abbildung 64 stellt die Berechnungsergebnisse für das Wirkungsmodell des Projektmanagements und des Unternehmensberatungserfolgs dar. Hierbei weisen sowohl die lokalen als auch die globalen Anpassungsmaße sehr gute Werte auf.

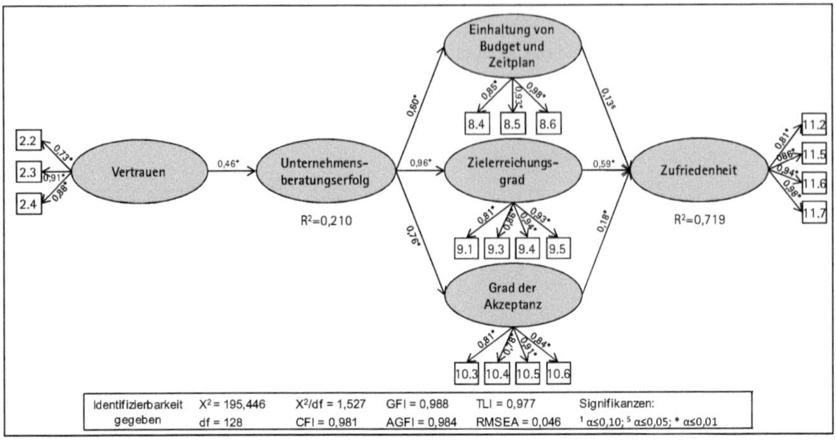

Abbildung 63: Erfolgswirkung von Vertrauen auf den Unternehmensberatungserfolg

Es zeigt sich ein hoher und signifikant positiver Effekt des Projektmanagements auf den Unternehmensberatungserfolg. Der Pfadkoeffizient zwischen den beiden Konstrukten beträgt 0,84. Das Bestimmtheitsmaß R^2 nimmt einen Wert von 0,409 an, was als Indikator für die substanzielle Aussagekraft des Modells interpretiert werden kann. Basierend auf diesen Ergebnissen kann die Untersuchungshypothese H_{K9} nicht zurückgewiesen werden:

H_{K9}: Je besser das Projektmanagement ist, desto höher ist der Unternehmensberatungserfolg.

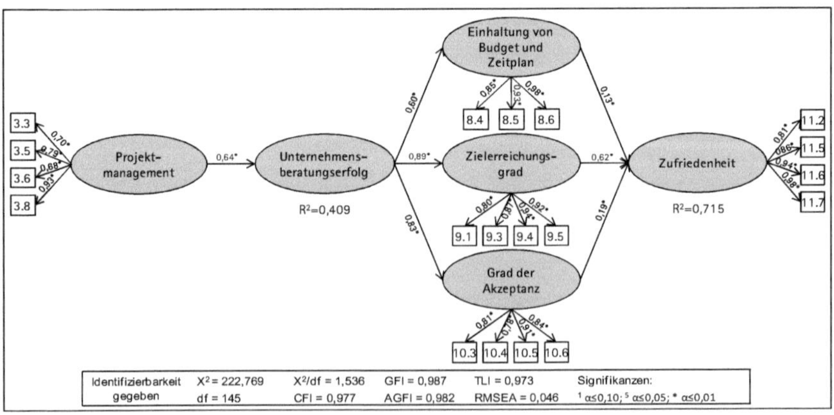

Abbildung 64: Erfolgswirkung des Projektmanagements auf den Unternehmensberatungserfolg

Das Wirkungsmodell der Beraterkompetenz und des Unternehmensberatungserfolgs liefert hinsichtlich der lokalen und globalen Anpassungsmaße sehr gute Ergebnisse. Darüber hinaus liegt ein hoher und signifikant positiver Einfluss der Beraterkompetenz auf den Unternehmensberatungserfolg vor. Der Pfadkoeffizient zwischen den beiden Konstrukten liefert einen Wert von 0,79. Dabei werden über 60% der Varianz des Unternehmensberatungserfolgs durch die Beraterkompetenz erklärt. Auf Basis dieser Untersuchungsergebnisse ist Hypothese H_{K10} nicht zu verwerfen:

> H_{K10}: Je besser die Beraterkompetenz, desto höher ist der Unternehmensberatungserfolg.

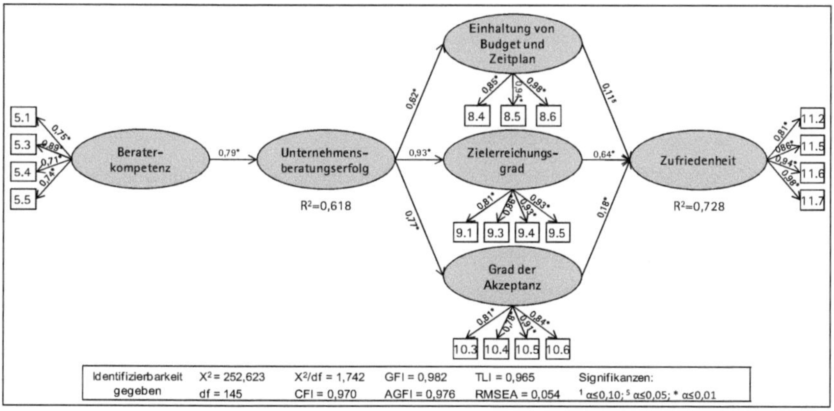

Abbildung 65: Erfolgswirkung der Beraterkompetenz auf den Unternehmensberatungserfolg

Bei der Überprüfung des Einflusses der bereitgestellten Ressourcen auf den Unternehmensberatungserfolg werden alle Mindestmaße der lokalen und globalen Anpassungsmaße eindeutig erreicht (vgl. Abbildung 66). Darüber hinaus ist die Wirkungsbeziehung zwischen den beiden Konstrukten signifikant positiv. Der Pfadkoeffizient zwischen den bereitgestellten Ressourcen und dem Unternehmensberatungserfolg hat einen Wert von 0,36. Auch wenn das Bestimmtheitsmaß R^2 mit 0,131 einen mittelmäßigen Wert annimmt, ist immer noch von einer substanziellen Aussagekraft des Modells auszugehen. Aufgrund des hohen Erklärungsgehalts der bereitgestellten Ressourcen für den Unternehmensberatungserfolg ist Hypothese H_{K11} nicht abzulehnen:

> H_{K11}: Je besser die bereitgestellten Ressourcen sind, desto höher ist der Unternehmensberatungserfolg.

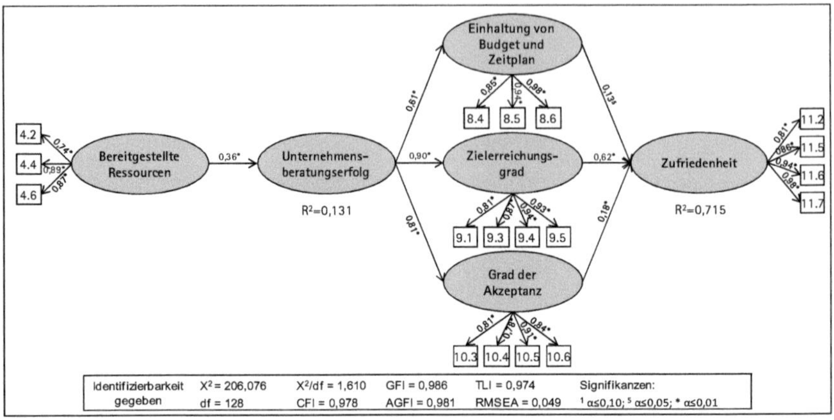

Abbildung 66: Erfolgswirkung de bereitgestellten Ressourcen auf den Unternehmensberatungserfolg

Schließlich bestätigt sich das positive Bild bezüglich der lokalen und globalen Anpassungsmaße auch beim Wirkungsmodell des Top Management Supports und des Unternehmensberatungserfolgs. Die Mindestanforderungen werden für alle Gütekriterien deutlich erfüllt und der Pfadkoeffizient zwischen den beiden Konstrukten ist signifikant positiv und beträgt einen Wert von 0,82. Darüber hinaus deutet das Bestimmtheitsmaß R^2 mit einem Wert von 0,385 auf die substanzielle Aussagekraft des Modells hin (vgl. Abbildung 67). Auf Basis der Analyse und deren Ergebnissen wird Hypothese H_{K12} nicht abgelehnt:

> H_{K12}: Je höher der Top Management Support, desto höher ist der Unternehmensberatungserfolg.

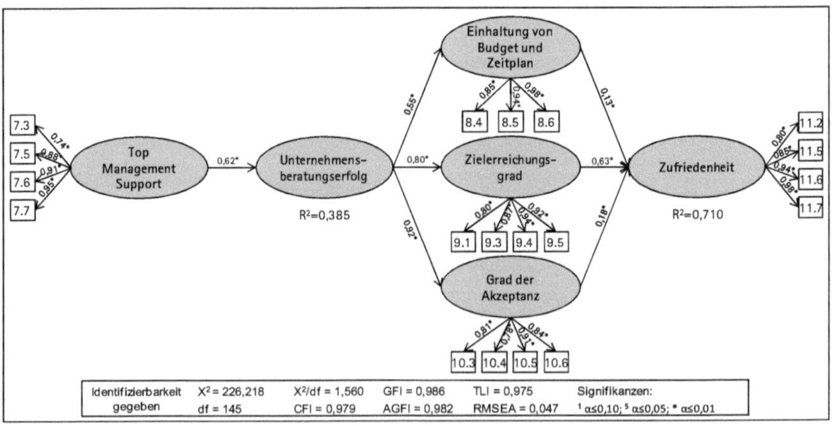

Abbildung 67: Erfolgswirkung des Top Management Supports auf den Unternehmensberatungserfolg

5.2.2 Simultane Betrachtung der Erfolgsfaktoren in einem Gesamtmodell

Nachdem im vorangegangenen Teilkapitel eine separate Betrachtung der Erfolgswirkungen einzelner Erfolgsfaktoren erfolgte, steht in diesem Kapitel eine erweiterte simultane Betrachtung der Erfolgsfaktoren in einem Gesamtmodell im Fokus der Betrachtung. Dadurch können neben Interaktionseffekten insbesondere auch Erkenntnisse hinsichtlich des komplexen Wirkungsgefüges und der unterschiedlichen Erfolgswirkung der einzelnen Erfolgsfaktoren gewonnen werden, um beurteilen zu können, inwieweit die einzelnen Erfolgsfaktoren den Unternehmensberatungserfolg aus Klientenperspektive in unterschiedlichem Maße beeinflussen. Diese zusammenfassende Betrachtung ist vor allem deshalb sinnvoll, weil in der Regel nicht ein spezifischer Faktor sondern vielmehr die Kombination mehrerer Erfolgsfaktoren ausschlaggebend für den Erfolg eines Beratungsprojektes ist.

In nachfolgender Abbildung 68 ist das Strukturgleichungsmodell zur Erfolgswirkungen der sieben definierten Erfolgsfaktoren inklusive der Wirkung der einzelnen Erfolgsdimensionen auf die Beratungszufriedenheit dargestellt. Insgesamt fallen die Ergebnisse hinsichtlich der Gütekriterien sehr zufriedenstellend aus, lediglich der TLI liegt mit einem Wert von 0,896 sehr knapp unter dem geforderten Mindestwert. Darüber hinaus kann man aus dem hohen R^2-Wert von 0,613 bezüglich der Unternehmensberatungserfolgs und 0,608 bezüglich der Zufriedenheit schließen, dass der Erklärungsgehalt des Modelles sehr hoch ist.

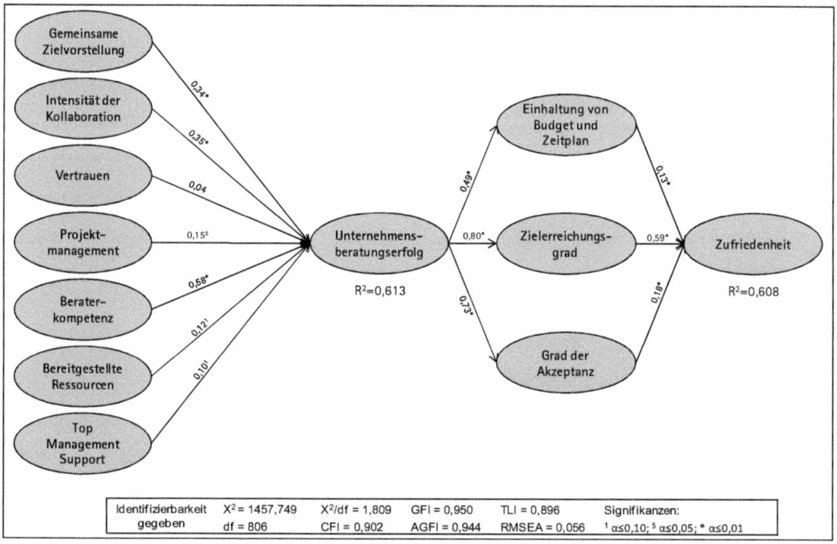

Abbildung 68: Strukturgleichungsmodell zur Erfolgswirkungen der Erfolgsfaktoren

Die Ergebnisse zeigen, dass größtenteils alle Erfolgsfaktoren einen hochsignifikanten und positiven Einfluss auf den Unternehmensberatungserfolg haben. Insbesondere die Beraterkompetenz wird aus Klientensicht mit einem Wert von 0,58 als wesentlicher Erfolgsfaktor von Unternehmensberatung angesehen. Außerdem haben die Intensität der Kollaboration (0,35) und die gemeinsame Zielvorstellung (0,34) den zweit- bzw. drittgrößten Einfluss auf den Erfolg von Unternehmensberatungsprojekten. Auch für die Erfolgsfaktoren Projektmanagement, bereitgestellte Ressourcen und Top Management Support konnte ein signifikant positiver Einfluss auf den Unternehmensberatungserfolg festgestellt werden, der allerdings nicht ganz so stark ausfällt wie die bei den zuvor genannten Erfolgsfaktoren. Die Faktorladung für den Erfolgsfaktor „Projektmanagement" beträgt 0,15, die für bereitgestellte Ressourcen 0,12 und die Faktorladung für den Erfolgsfaktor „Top Management Support" liegt bei 0,10.

Interpretiert werden kann dieser Unterschied dahingehend, dass aus Klientenperspektive die Erfolgsfaktoren „Beraterkompetenz", „Intensität der Kollaboration" und „Gemeinsame Zielvorstellung" als essentiell wichtige Erfolgsfaktoren Unternehmensberatung angesehen werden. Wohingegen die Erfolgsfaktoren „Projektmanagement", Bereitgestellte Ressourcen" und „Top Management Support" zwar auch einen signifikanten Einfluss auf den Erfolg von Unternehmensberatung haben, allerdings in ihrer Wahrnehmung eher von unterstützender Natur sind.

Lediglich konnte dem Erfolgsfaktor „Vertrauen" keine signifikante Erfolgswirkung zugesprochen werden. Abgesehen von der inhärenten Komplexität des Konstrukts „Vertrauen" kann der nichtsignifikante Einfluss von Vertrauen auf den Erfolg von Unternehmensberatung dahingehen erklärt werden, dass die Dienstleistung Unternehmensberatung mittlerweile zum Tagesgeschäft vieler mittlerer und großer Unternehmen gehört. Sowohl die Ausschreibung, der Einkauf, die Durchführung als auch der Abschluss eines Beratungsprojektes unterliegen starren vorab definierten Regeln und Prozessen. Auch die Weitergabe von vertraulichen Informationen ist vorab vertraglich geregelt. So gesehen kann Vertrauen aufgrund der zunehmenden Institutionalisierung von Unternehmensberatung prinzipiell als nicht (mehr) erfolgskritisch angesehen werden.

Betrachtet man das Erfolgskonstrukt selbst, stellt man fest, dass dieses höchstsignifikante positive Pfadkoeffizienten auf seine drei Erfolgsdimensionen und diese wiederum auf die Gesamtzufriedenheit der Klienten mit Unternehmensberatung aufweisen. Hierbei wird die stärkste Wirkung beim Zielerreichungsgrad (0,80 bzw. 0,59) erreicht. Die zweitstärkste Wirkung kann diesbezüglich bei der Erfolgsdimension Einhaltung von Budget und Zeitplan (0,73 bzw. 0,18) festgestellt werden und schließlich hat der Grad der Akzeptanz mit Werten von 0,49 bzw. 0,13 die geringste Wirkung.

Zusammenfassend kann festgehalten werden, dass das in Abbildung 68 spezifizierte Modell nicht zurückgewiesen wird. Die spezifizierten Erfolgsfaktoren haben einen großen Einfluss auf den Unternehmensberatungserfolg und die einzelnen Erfolgsdimensionen wiederum haben einen großen Einfluss auf die Zufriedenheit der Klienten mit Beratung. Hinsichtlich der einzelnen Hypothesen decken sich die Ergebnisse der simultanen Betrachtung der Erfolgswirkung mit der separaten Betrachtung der Erfolgswirkung weitestgehend, so dass die Hypothesen H_{K6} und H_{K8} bis H_{K12} nicht abzulehnen sind. Lediglich H_{K7} muss auf Basis der Ergebnisse der separaten und insbesondere der simultanen Betrachtung der Erfolgswirkung letztlich verworfen werden. Außerdem konnten sowohl im Rahmen der separaten als auch im Rahmen der simultanen Betrachtung der Erfolgswirkung die Hypothesen H_{K3} bis H_{K5} nicht verworfen werden.

6 Ergebnisse der empirischen Untersuchung – Beraterperspektive

Analog zum Vorgehen in Kapitel 5 werden nachfolgend die Ergebnisse der empirischen Untersuchung der Beraterperspektive präsentiert. Dazu werden wieder zunächst die Erfolgsfaktoren und die Dimensionen des Unternehmensberatungserfolgs aus Beraterperspektive operationalisiert (Kapitel 6.1), um hieran anschließend die Wirkung der Erfolgsfaktoren auf den Unternehmensberatungserfolg aus Beraterperspektive zu analysieren (Kapitel 6.2). Abbildung 69 ordnet das Kapitel 6 in die Untersuchung ein.

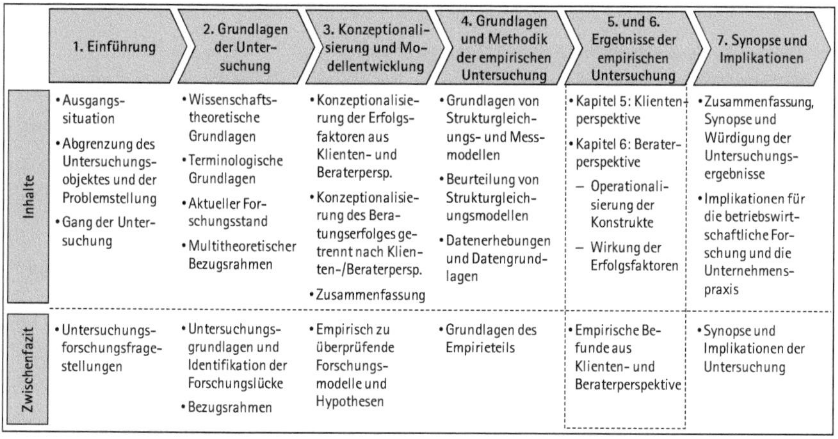

Abbildung 69: Einordnung von Kapitel 6 in die Untersuchung

6.1 Operationalisierung der Konstrukte

Im Zuge der Operationalisierung der einzelnen Konstrukte wird nachfolgend wieder zunächst auf die einzelnen Messmodelle der sieben identifizierten Erfolgsfaktoren eingegangen und hierbei insbesondere ihre Reliabilität und Validität mit Hilfe der vorgestellten Gütekriterien der ersten und zweiten Generation geprüft (Kapitel 6.1.1). Hieran anschließend wird in Kapitel 6.1.2 selbiges für jedes Konstrukt des Unternehmensberatungserfolgs aus Beraterperspektive durchgeführt.

6.1.1 Operationalisierung der Erfolgsfaktoren

Analog zur Klientenperspektive kommen auch für die Beraterperspektive folgende Erfolgsfaktoren von Unternehmensberatung zur Anwendung: Gemeinsame Zielvorstellung, Intensität der Kollaboration, Vertrauen, Projektmanagement, Beraterkompetenz, Bereitgestellten Ressourcen und Top Management Support. Bei der Operationalisierung dieser Konstrukte kam das gleiche

Verfahren wie bei der Klientenperspektive zur Anwendung, weshalb im Folgenden hierauf nicht mehr explizit eingegangen wird.[743] Jedoch wird aufgrund der unterschiedlichen Datenbasis nachfolgend für jedes einzelne Konstrukt deren Reliabilität und Validität separat für die Beraterperspektive geprüft (Kapitel 6.1.1.1bis 6.1.1.7), um in Anschluss das hieraus resultierende Gesamtmodell auf Konvergenz- sowie Diskriminanzvalidität zu testen (Kapitel 6.1.1.8).

6.1.1.1 Gemeinsame Zielvorstellung

Die gemeinsame Zielvorstellung sagt ebenso wie für die Klientenperspektive aus, inwieweit Berater und Klient in einem Beratungsprojekt über ein gemeinsames Verständnis der Projektziele verfügen.[744] Zur Erfassung dieses Konstrukts wurden sieben reflektive Indikatoren herangezogen, die auf den Messinstrumenten von O'Driscoll/Eubanks (1993), Appelbaum/Steed (2005) und Liberatore/Luo (2010),[745] auf eigenen Operationalisierungsüberlegungen, den Expertengesprächen und den Ergebnissen des Pretests sowie des Item-Sorting-Tests beruhen. Nach Durchführung der Messmodellprüfungen wurden drei Indikatoren zur Verbesserung der Gütekriterien eliminiert, so dass vier Indikatoren zur Messung des Konstrukts verblieben.

Die vier Indikatoren weisen ein Cronbachs Alpha von 0,810 auf und im Rahmen der exploratorischen Faktorenanalyse wird ein Faktor mit einer Varianzerklärung von über 52% extrahiert. Das strengere KMO-Kriterium wird mit 0,798 nur sehr knapp verfehlt und die Faktorladungen weisen Werte zwischen 0,677 und 0,788 auf. Auch die Gütekriterien der zweiten Generation werden voll erfüllt. So konnte eine Faktorreliabilität von 0,814 und ein Wert für die durchschnittlich erfasste Varianz von 0,516 ermittelt werden. Alle Indikatorreliabilitäten liegen über dem geforderten Mindestwert von 0,4.

Ebenfalls die globalen Anpassungsmaße erfüllen durchweg die geforderten Mindestwerte bzw. unterschreiten diese. Folglich wird das Messmodell für das Konstrukt „Gemeinsame Zielvorstellung" mit vier Indikatoren nicht abgelehnt. Tabelle 42 fasst die Ergebnisse für das Messmodell für die gemeinsame Zielvorstellung zusammen.

[743] Vgl. Kapitel 5.1.1.
[744] Vgl. Kapitel 3.1.1.2.
[745] Vgl. O'Driscoll/Eubanks (1993), S. 314; Appelbaum/Steed (2005), S. 87; Liberatore/Luo (2010), S. 266 f.

Gemeinsame Zielvorstellung

Kriterien der ersten Generation

Items	Faktorladung (exploratorisch, ≥ 0,4)	Item-to-Total-Korrelation
1.2 Die Projektziele unserer Klienten wurden klar gegenüber unserem Projektteam kommuniziert.	,719	,630
1.3 Unsere Projektziele wurden klar gegenüber unseren Klienten kommuniziert.	,679	,601
1.4 Um eine möglichst gute gemeinsame Zielvorstellung zu gewährleisten, sind die Projektziele unserer Klienten äußerst konsistent mit unseren Projektzielen.	,788	,677
1.5 Unsere Klienten stimmen mit uns hinsichtlich der Prioritäten der zu erreichenden Projektziele überein.	,695	,611

Deskriptive Beurteilungskennzahl	Ergebnisse der exploratorischen Faktorenanalyse			
Cronbachs Alpha (≥ 0,7)	Extraktionsmethode	Kaiser-Meyer-Olkin-Kriterium (≥0,5, ≥0,8)	Anzahl extrahierter Faktoren	Erklärte Varianz (≥ 50%)
,810	Hauptachsen-Faktorenanalyse	,798	1	52,009%

Kriterien der zweiten Generation

Items	Indikator-reliabilität (≥ 0,4)	Faktorladung (konfirmatorisch)	Faktorreliabilität (FR) (≥ 0,6) und durchschnittlich erfasste Varianz (DEV) (≥ 0,5)
1.2 Die Projektziele unserer Klienten wurden klar gegenüber unserem Projektteam kommuniziert.	,512	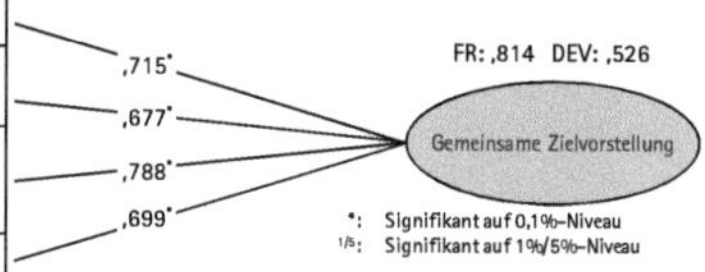	
1.3 Unsere Projektziele wurden klar gegenüber unseren Klienten kommuniziert.	,459		
1.4 Um eine möglichst gute gemeinsame Zielvorstellung zu gewährleisten, sind die Projektziele unserer Klienten äußerst konsistent mit unseren Projektzielen.	,621		
1.5 Unsere Klienten stimmen mit uns hinsichtlich der Prioritäten der zu erreichenden Projektziele überein.	,489		

Globale Anpassungsmaße

Identifizierbarkeit	χ^2	df	χ^2/df	CFI	GFI	AGFI	TLI	RMSEA
gegeben	,875	2	,438	,998	,997	,984	,995	,035

Tabelle 42: Reliabilitäts- und Validitätskriterien der ersten und zweiten Generation für das Konstrukt „Gemeinsame Zielvorstellung"

6.1.1.2 Intensität der Kollaboration

Die Operationalisierung des Konstrukts Intensität der Kollaboration wurde auf Basis der Messinstrumente von Jang/Suh/Lee (1997), Appelbaum/Steed (2005), Nitithamyong/Tan (2007) und Kerner (2009),[746] eigener Operationalisierungsüberlegungen, den Expertengesprächen und den Ergebnissen des Pretests sowie des Item-Sorting-Tests mit sieben reflektiven Indikatoren analog zum Vorgehen der Klientenperspektive entwickelt. Von diesen wurden im Rahmen der Reliabilitäts- und Validitätsprüfung drei Indikatoren eliminiert, so dass die verbleibenden vier Indikatoren eine hohe Reliabilität und Validität aufweisen.

Das Cronbachs Alpha hat einen sehr guten Wert von 0,858. Eine ausreichend hohe Konvergenzvalidität zeigt sich außerdem durch die exploratorische Faktorenanalyse, im Rahmen derer ein

[746] Vgl. Jang/Suh/Lee (1997), S. 172 ff.; Appelbaum/Steed (2005), S. 87; Nitithamyong/Tan (2007), S. 469 f.

Faktor extrahiert wurde, der über 60% der Varianz erklärt. Darüber hinaus liegt das KMO-Kriterium mit einem Wert von 0,814 über dem geforderten Mindestwert und damit über dem strengeren Grenzwert von 0,8. Außerdem nehmen alle Faktorladungen Werte zwischen 0,661 und 0,857 an.

Intensität der Kollaboration		
Kriterien der ersten Generation		
Items	**Faktorladung (exploratorisch, ≥ 0,4)**	**Item-to-Total-Korrelation**
4.2 Der Klient arbeitet mit dem Berater zusammen und unterstützt ihn bei der Lösung von Problemen.	,766	,698
4.3 Um die Intensität der Kollaboration zu fördern, werden von Projektentscheidungen betroffene Personen/Parteien umgehend darüber informiert.	,661	,612
4.4 Zwischen Berater und Klient findet eine äußerst rege Kollaboration zum Wissensaustausch statt.	,857	,767
4.7 Insgesamt besteht eine hohe Intensität der Kollaboration zwischen Berater und Klient.	,820	,738

Deskriptive Beurteilungskennzahl	Ergebnisse der exploratorischen Faktorenanalyse			
Cronbachs Alpha (≥ 0,7)	**Extraktionsmethode**	**Kaiser-Meyer-Olkin-Kriterium (≥0,5, ≥0,8)**	**Anzahl extrahierter Faktoren**	**Erklärte Varianz (≥ 50%)**
,858	Hauptachsen-Faktorenanalyse	,814	1	60,784%

Kriterien der zweiten Generation		
Items	**Indikatorreliabilität (≥ 0,4)**	**Faktorladung (konfirmatorisch) / Faktorreliabilität (FR) (≥ 0,6) und durchschnittlich erfasste Varianz (DEV) (≥ 0,5)**
4.2 Der Klient arbeitet mit dem Berater zusammen und unterstützt ihn bei der Lösung von Problemen.	,586	
4.3 Um die Intensität der Kollaboration zu fördern, werden von Projektentscheidungen betroffene Personen/Parteien umgehend darüber informiert.	,440	
4.4 Zwischen Berater und Klient findet eine äußerst rege Kollaboration zum Wissensaustausch statt.	,729	
4.7 Insgesamt besteht eine hohe Intensität der Kollaboration zwischen Berater und Klient.	,678	

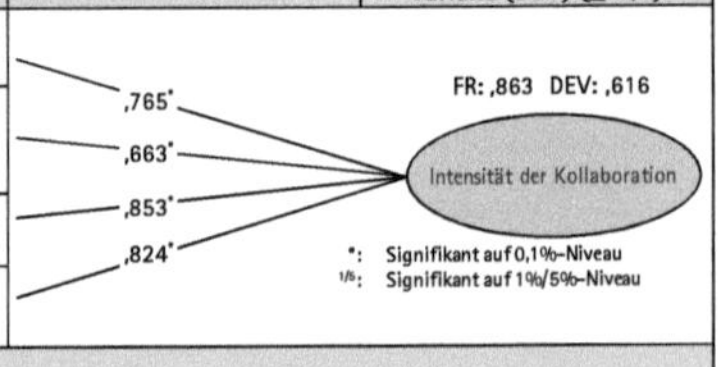

Globale Anpassungsmaße								
Identifizierbarkeit gegeben	χ^2	df	χ^2/df	CFI	GFI	AGFI	TLI	RMSEA
	2,329	2	1,165	,999	,996	,978	,997	,022

Tabelle 43: Reliabilitäts- und Validitätskriterien der ersten und zweiten Generation für das Konstrukt „Intensität der Kollaboration"

Ein ähnlich positives Bild zeigt sich für die Kriterien der zweiten Generation. Die Mindestanforderungen für die Faktorreliabilität und die durchschnittlich erfasste Varianz werden mit Werten von 0,863 bzw. 0,616 erfüllt und auch alle Indikatorreliabilitäten übersteigen den Grenzwert von 0,4. Ebenso deuten die globalen Anpassungsmaße auf eine sehr gute Modellanpassung hin. Folglich wird das Messmodell für die Intensität der Kollaboration mit vier Indikatoren nicht zurückgewiesen. In Tabelle 43 sind die Analyseergebnisse zu diesem Konstrukt tabellarisch zusammengefasst.

6.1.1.3 Vertrauen

Mit dem Konstrukt Vertrauen wird ebenso wie für die Klientenperspektive ausgedrückt, inwieweit ein vertrauensvolles Verhältnis zwischen Klient und Berater besteht. Die Operationalisierung erfolgte analog zur Klientenperspektive.[747] Das in den Fragebogen eingegangene Messmodell umfasst schließlich sieben Indikatoren, die das Konstrukt reflektiv messen. Nach der Reliabilitäts- und Validitätsprüfung können vier Indikatoren beibehalten werden.

Vertrauen

Kriterien der ersten Generation

Items	Faktorladung (exploratorisch, ≥ 0,4)	Item-to-Total-Korrelation
2.1 Wir vertrauen darauf, dass unsere Klienten sehr offen im Umgang mit uns sind.	,706	,662
2.3 Wir vertrauen darauf, dass unsere Klienten sich stets an ihre Versprechen halten.	,819	,759
2.4 Wir vertrauen darauf, dass unsere Klienten uns stets fair und gerecht behandeln.	,892	,813
2.6 Insgesamt vertrauen wir darauf, dass unsere Klienten aufrichtig sind.	,824	,762

Deskriptive Beurteilungskennzahl	Ergebnisse der exploratorischen Faktorenanalyse			
Cronbachs Alpha (≥ 0,7)	Extraktionsmethode	Kaiser-Meyer-Olkin-Kriterium (≥0,5, ≥0,8)	Anzahl extrahierter Faktoren	Erklärte Varianz (≥ 50%)
,882	Hauptachsen-Faktorenanalyse	,828	1	66,092%

Kriterien der zweiten Generation

Items	Indikatorreliabilität (≥ 0,4)	Faktorladung (konfirmatorisch)	Faktorreliabilität (FR) (≥ 0,6) und durchschnittlich erfasste Varianz (DEV) (≥ 0,5)
2.1 Wir vertrauen darauf, dass unsere Klienten sehr offen im Umgang mit uns sind.	,492	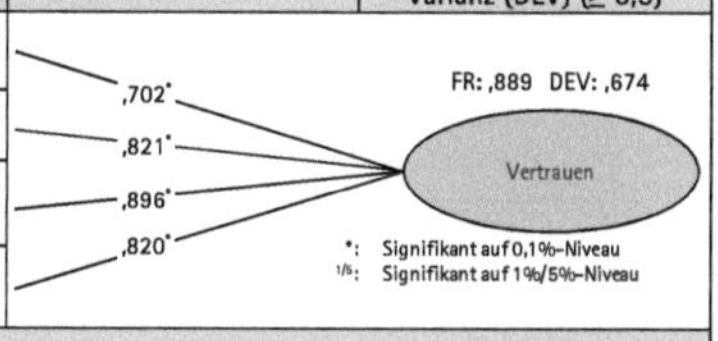	
2.3 Wir vertrauen darauf, dass unsere Klienten sich stets an ihre Versprechen halten.	,675		
2.4 Wir vertrauen darauf, dass unsere Klienten uns stets fair und gerecht behandeln.	,803		
2.6 Insgesamt vertrauen wir darauf, dass unsere Klienten aufrichtig sind.	,673		

Globale Anpassungsmaße

Identifizierbarkeit	χ^2	df	χ^2/df	CFI	GFI	AGFI	TLI	RMSEA
gegeben	1,035	2	,517	1,000	,997	,986	1,007	,000

Tabelle 44: Reliabilitäts- und Validitätskriterien der ersten und zweiten Generation für das Konstrukt „Vertrauen"

Diese vier Indikatoren weisen ein Cronbachs Alpha von 0,882 auf und im Rahmen der exploratorischen Faktorenanalyse wird ein Faktor mit einer Varianzerklärung von über 66% extrahiert. Das strengere KMO-Kriterium wird mit 0,828 erfüllt und die Faktorladungen weisen Werte zwischen 0,702 und 0,896 auf. Auch die Gütekriterien der zweiten Generation werden voll erfüllt. So konnte eine Faktorreliabilität von 0,889 und ein Wert für die durchschnittlich erfasste Va-

[747] Vgl. Kapitel 5.1.1.3.

rianz von 0,674 erreicht werden. Alle Indikatorreliabilitäten liegen über dem geforderten Mindestwert von 0,4 und ebenfalls die globalen Anpassungsmaße erfüllen durchweg die geforderten Mindestwerte bzw. unterschreiten diese. Folglich wird das Messmodell für das Konstrukt „Vertrauen" nicht abgelehnt. Tabelle 44 fasst die Ergebnisse für das Messmodell zusammen.

6.1.1.4 Projektmanagement

Die Operationalisierung des Konstrukts Projektmanagement basiert analog zur Klientenperspektive auf den Indikatoren von Nidumolu (1995), Nidumolu (1996), Nitithamyong/Tan (2007) und Liberatore/Luo (2010).[748] Darüber hinaus flossen eigene Operationalisierungsüberlegungen, die Ergebnisse der Expertengespräche, des Pretests sowie des Item-Sorting-Tests mit ein.

Projektmanagement		
Kriterien der ersten Generation		
Items	Faktorladung (exploratorisch, ≥ 0,4)	Item-to-Total-Korrelation
3.2 Es existieren sehr gut etablierte Standardprozesse des Projektmanagements (z.B. Eskalation, Change-Request).	,655	,614
3.4 Das Projektmanagementteam ist entsprechend qualifiziert und fähig.	,792	,729
3.6 Die Verantwortlichkeiten und Befugnisse der einzelnen Projektmanagementmitglieder sind sehr klar definiert.	,858	,793
3.7 Es ist sichergestellt, dass dem Projektmanagementteam wichtige Informationen rechtzeitig zur Verfügung stehen.	,717	,667
3.8 Insgesamt betreiben wir ein sehr gutes Projektmanagement.	,886	,814

Deskriptive Beurteilungskennzahl	Ergebnisse der exploratorischen Faktorenanalyse			
Cronbachs Alpha (≥ 0,7)	Extraktionsmethode	Kaiser-Meyer-Olkin-Kriterium (≥0,5, ≥0,8)	Anzahl extrahierter Faktoren	Erklärte Varianz (≥ 50%)
,882	Hauptachsen-Faktorenanalyse	,866	1	61,796%

Kriterien der zweiten Generation			
Items	Indikator-reliabilität (≥ 0,4)	Faktorladung (konfirmatorisch)	Faktorreliabilität (FR) (≥ 0,6) und durchschnittlich erfasste Varianz (DEV) (≥ 0,5)
3.2 Es existieren sehr gut etablierte Standardprozesse des Projektmanagements (z.B. Eskalation, Change-Request).	,441		
3.4 Das Projektmanagementteam ist entsprechend qualifiziert und fähig.	,645		
3.6 Die Verantwortlichkeiten und Befugnisse der einzelnen Projektmanagementmitglieder sind sehr klar definiert.	,712		
3.7 Es ist sichergestellt, dass dem Projektmanagementteam wichtige Informationen rechtzeitig zur Verfügung stehen.	,517		
3.8 Insgesamt betreiben wir ein sehr gutes Projektmanagement.	,778		

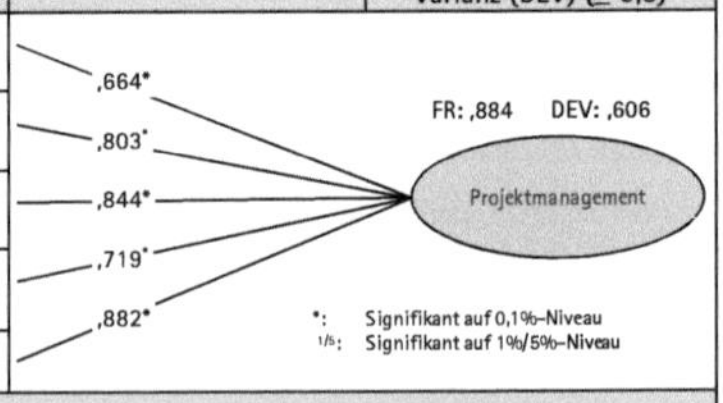

Globale Anpassungsmaße								
Identifizierbarkeit gegeben	χ^2	df	χ^2/df	CFI	GFI	AGFI	TLI	RMSEA
	12,155	5	2,431	,981	,982	,947	,961	,064

Tabelle 45: Reliabilitäts- und Validitätskriterien der ersten und zweiten Generation für das Konstrukt „Projektmanagement"

[748] Vgl. Nidumolu (1995), S. 214 f.; Nidumolu (1996), S. 110 ff.; Nitithamyong/Tan (2007), S. 470; Liberatore/Luo (2010), S. 266 f.

Das Ergebnis umfasste ein reflektives Messmodell mit acht Indikatoren, von denen nach der Durchführung der vier erläuterten Prüfprozeduren lediglich drei Items eliminiert wurden. Alle Prüfkriterien der ersten Generation weisen sehr gute Werte auf, und die Mindestanforderungen werden durchweg erfüllt. So weist das Cronbachs Alpha einen Wert von 0,882 auf und im Rahmen der exploratorischen Faktorenanalyse wird ein Faktor mit einer Varianzerklärung von knapp 62% extrahiert. Das KMO-Kriterium beträgt 0,866, liegt somit über dem strengeren Grenzwert von 0,8 und auch alle Faktorladungen liegen weit über dem geforderten Mindestmaß von 0,4. Auch hinsichtlich der Prüfkriterien der zweiten Generation konnten alle Mindestanforderungen deutlich erfüllt werden.

Die Faktorreliabilität nimmt einen Wert von 0,884 an, die durchschnittlich erfasste Varianz beträgt 0,606 und alle Indikatorreliabilitäten liegen über dem Mindestwert von 0,4. Ein ähnliches Bild zeigt sich für die globalen Anpassungsmaße. Auch hier werden alle geforderten Mindestwerte erreicht bzw. unterschritten. Vor diesem Hintergrund wird das Messmodell für das Konstrukt „Projektmanagement" mit fünf Indikatoren nicht zurückgewiesen. Zusammenfassend sind die Ergebnisse der Gütemaße für diesen Erfolgsfaktor in Tabelle 45 dargestellt.

6.1.1.5 Beraterkompetenz

Zur Erfassung des Konstrukts Beraterkompetenz wurden acht reflektive Indikatoren herangezogen, die auf den Messinstrumenten von Jang/Suh/Lee (1997), Appelbaum/Steed (2005), Nitithamyong/Tan (2007),[749] auf eigenen Operationalisierungsüberlegungen, den Expertengesprächen und den Ergebnissen des Pretests sowie des Item-Sorting-Tests beruhen. Nach Durchführung der Messmodellprüfungen wurden vier Indikatoren zur Verbesserung der Gütekriterien eliminiert, so dass vier Indikatoren zur Messung des Konstrukts übrig bleiben. Diese vier Indikatoren weisen ein Cronbachs Alpha von 0,859 auf, und im Rahmen der exploratorischen Faktorenanalyse wird ein Faktor mit einer Varianzerklärung von über 60% extrahiert. Das strengere KMO-Kriterium wird mit 0,814 erfüllt und die Faktorladungen weisen Werte zwischen 0,719 und 0,835 auf.

Auch die Gütekriterien der zweiten Generation werden voll erfüllt. So konnte eine Faktorreliabilität von 0,860 und ein Wert für die durchschnittlich erfasste Varianz von 0,607 ermittelt werden. Alle Indikatorreliabilitäten liegen über dem geforderten Mindestwert von 0,4, und auch die globalen Anpassungsmaße erfüllen durchweg die geforderten Mindestwerte bzw. unterschreiten

[749] Vgl. Jang/Suh/Lee (1997), S. 173; Appelbaum/Steed (2005), S. 80; Nitithamyong/Tan (2007), S. 470.

diese. Folglich wird das Messmodell für das Konstrukt „Beraterkompetenz" mit vier Indikatoren nicht abgelehnt. Tabelle 46 fasst die Ergebnisse für das Messmodell zusammen.

Beraterkompetenz		
Kriterien der ersten Generation		
Items	Faktorladung (exploratorisch, ≥ 0,4)	Item-to-Total-Korrelation
6.1 Die Berater besitzen sehr gute spezifische Fachkenntnisse und verfügen über umfangreiche Branchen- und Projekterfahrung.	,719	,660
6.3 Die Berater steuern überzeugungsstarke Lösungsansätze bei.	,835	,748
6.4 Die Berater haben eine sehr schnelle Auffassungsgabe.	,805	,724
6.5 Die Berater geben den Anstoß für neue Ideen/Blickwinkel und betrachten Sachverhalte aus unterschiedlichen Perspektiven.	,752	,686

Deskriptive Beurteilungskennzahl	Ergebnisse der exploratorischen Faktorenanalyse			
Cronbachs Alpha (≥ 0,7)	Extraktionsmethode	Kaiser-Meyer-Olkin-Kriterium (≥0,5, ≥0,8)	Anzahl extrahierter Faktoren	Erklärte Varianz (≥ 50%)
,859	Hauptachsen-Faktorenanalyse	,814	1	60,682%

Kriterien der zweiten Generation			
Items	Indikator-reliabilität (≥ 0,4)	Faktorladung (konfirmatorisch)	Faktorreliabilität (FR) (≥ 0,6) und durchschnittlich erfasste Varianz (DEV) (≥ 0,5)
6.1 Die Berater besitzen sehr gute spezifische Fachkenntnisse und verfügen über umfangreiche Branchen- und Projekterfahrung.	,517	,719*	FR: ,860 DEV: ,607
6.3 Die Berater steuern überzeugungsstarke Lösungsansätze bei.	,699	,836*	
6.4 Die Berater haben eine sehr schnelle Auffassungsgabe.	,654	,809*	
6.5 Die Berater geben den Anstoß für neue Ideen/Blickwinkel und betrachten Sachverhalte aus unterschiedlichen Perspektiven.	,559	,748*	*: Signifikant auf 0,1%-Niveau 1/5: Signifikant auf 1%/5%-Niveau

Globale Anpassungsmaße								
Identifizierbarkeit gegeben	χ^2	df	χ^2/df	CFI	GFI	AGFI	TLI	RMSEA
	4,502	2	2,251	,981	,991	,956	,942	,060

Tabelle 46: Reliabilitäts- und Validitätskriterien der ersten und zweiten Generation für das Konstrukt „Beraterkompetenz"

6.1.1.6 Bereitgestellte Ressourcen

Mit dem Konstrukt „Bereitgestellte Ressourcen" wird ebenso wie für die Klientenperspektive das Ausmaß verstanden, in dem in angemessenem und ausreichendem Maße finanzielle Mittel und personelle Ressourcen für das entsprechende Beratungsprojekt zur Verfügung gestellt werden.[750] Die Operationalisierung erfolgte analog zur Klientenpersektive.[751] Das in den Fragebogen eingegangene Messmodell umfasst schließlich acht Indikatoren, die das Konstrukt reflektiv messen. Nach der Reliabilitäts- und Validitätsprüfung konnten von diesen acht Indikatoren fünf beibehalten werden. Das Cronbachs Alpha beträgt für diese fünf Indikatoren 0,901. Die exploratorische Faktorenanalyse führt zur Extraktion eines Faktors, der gute 65% der Varianz erklärt. Das

[750] Vgl. Kapitel 3.1.1.2.
[751] Vgl. Kapitel 5.1.1.6.

strengere KMO-Kriterium wird mit 0,874 erfüllt und die Faktorladungen weisen Werte zwischen 0,727 und 0,902 auf.

Auch die Gütekriterien der zweiten Generation werden voll erfüllt. So konnte eine Faktorreliabilität von 0,901 und ein Wert für die durchschnittlich erfasste Varianz von 0,645 erreicht werden. Alle Indikatorreliabilitäten liegen über dem geforderten Mindestwert von 0,4, und ebenfalls die globalen Anpassungsmaße erfüllen durchweg die geforderten Mindestwerte bzw. unterschreiten diese. Folglich wird das Messmodell für die bereitgestellten Ressourcen nicht abgelehnt. Zusammenfassend sind die Ergebnisse der Gütemaße für diesen Erfolgsfaktor in Tabelle 47 dargestellt.

Bereitgestellte Ressourcen

Kriterien der ersten Generation

Items	Faktorladung (exploratorisch, ≥ 0,4)	Item-to-Total-Korrelation
5.2 Die vom Klienten bereitgestellte Anzahl an Projektmitgliedern ist mehr als ausreichend.	,762	,719
5.4 Uns werden mehr als ausreichende Wissensressourcen mit entsprechend projektnotwendigem Wissen (z.B. Prozess-Know-How) bereitgestellt.	,727	,689
5.5 Die vom Klienten bereitgestellten Projektmitglieder haben mehr als ausreichend Zeit für die Durchführung bzw. Unterstützung des Beratungsprojekts.	,770	,725
5.7 Insgesamt sind die für das Beratungsprojekt bereitgestellten Ressourcen mehr als ausreichend.	,902	,836
5.8 Insgesamt werden für das Beratungsprojekt angemessene Ressourcen bereitgestellt.	,865	,805

Deskriptive Beurteilungskennzahl	Ergebnisse der exploratorischen Faktorenanalyse			
Cronbachs Alpha (≥ 0,7)	Extraktionsmethode	Kaiser-Meyer-Olkin-Kriterium (≥0,5, ≥0,8)	Anzahl extrahierter Faktoren	Erklärte Varianz (≥ 50%)
,901	Hauptachsen-Faktorenanalyse	,874	1	65,272%

Kriterien der zweiten Generation

Items	Indikator-reliabilität (≥ 0,4)	Faktorladung (konfirmatorisch)	Faktorreliabilität (FR) (≥ 0,6) und durchschnittlich erfasste Varianz (DEV) (≥ 0,5)
5.2 Die vom Klienten bereitgestellte Anzahl an Projektmitgliedern ist mehr als ausreichend.	,573	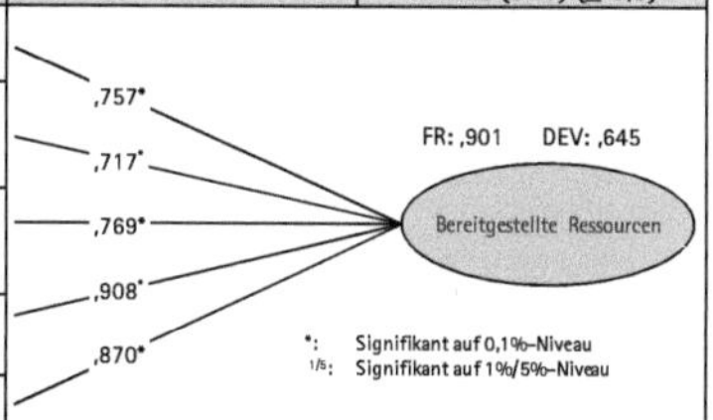	
5.4 Uns werden mehr als ausreichende Wissensressourcen mit entsprechend projektnotwendigem Wissen (z.B. Prozess-Know-How) bereitgestellt.	,514		
5.5 Die vom Klienten bereitgestellten Projektmitglieder haben mehr als ausreichend Zeit für die Durchführung bzw. Unterstützung des Beratungsprojekts.	,591		
5.7 Insgesamt sind die für das Beratungsprojekt bereitgestellten Ressourcen mehr als ausreichend.	,825		
5.8 Insgesamt werden für das Beratungsprojekt angemessene Ressourcen bereitgestellt.	,756		

Globale Anpassungsmaße

Identifizierbarkeit gegeben	χ^2	df	χ^2/df	CFI	GFI	AGFI	TLI	RMSEA
	8,172	5	1,634	,996	,987	,961	,993	,043

Tabelle 47: Reliabilitäts- und Validitätskriterien der ersten und zweiten Generation für das Konstrukt „Bereitgestellte Ressourcen"

6.1.1.7 Top Management Support

Unter dem Top-Management Support wird die Fähigkeit des Top-Managements verstanden, das Unternehmensberatungsprojekt auf allen Ebenen zu unterstützen und internen Widerständen entgegenzuwirken.[752] Die Operationalisierung des Konstrukts erfolgte analog zum Vorgehen für die Klientenperspektive.[753] Von den sieben reflektiven Indikatoren wurden im Rahmen der Reliabilitäts- und Validitätsprüfung drei Indikatoren eliminiert, so dass die verbleibenden vier Indikatoren eine hohe Reliabilität und Validität aufweisen. Das Cronbachs Alpha hat einen sehr guten Wert von 0,909. Eine ausreichend hohe Konvergenzvalidität zeigt sich durch die exploratorische Faktorenanalyse, im Rahmen derer ein Faktor extrahiert wurde, der über 72% der Varianz erklärt. Zudem liegt das KMO-Kriterium mit einem Wert von 0,813 über dem geforderten Mindestwert und sogar über dem strengeren Grenzwert von 0,8. Außerdem nehmen alle Faktorladungen Werte zwischen 0,790 und 0,958 an.

Auch die Kriterien der zweiten Generation geben ein sehr positives Bild ab. Die Faktorreliabilität und die durchschnittlich erfasste Varianz liegen mit Werten von 0,909 bzw. 0,715 weit über den Mindestanforderungen. Auch alle Indikatorreliabilitäten übersteigen den Grenzwert von 0,4 meist sogar deutlich. Ebenso deuten die globalen Anpassungsmaße auf eine sehr gute Modellanpassung hin. Folglich wird das Messmodell für das Konstrukt „Top Management Support" mit vier Indikatoren nicht zurückgewiesen. In Tabelle 48 sind die Analyseergebnisse zu diesem Konstrukt zusammengefasst.

<table>
<tr><th colspan="5">Top Management Support</th></tr>
<tr><th colspan="5">Kriterien der ersten Generation</th></tr>
<tr><th colspan="3">Items</th><th>Faktorladung (exploratorisch, ≥ 0,4)</th><th>Item-to-Total-Korrelation</th></tr>
<tr><td colspan="3">7.3 Das Top-Management fördert und motiviert die Projektmitglieder.</td><td>,791</td><td>,751</td></tr>
<tr><td colspan="3">7.4 Das Top-Management engagiert sich aktiv in der Planung des Beratungsprojektes.</td><td>,790</td><td>,752</td></tr>
<tr><td colspan="3">7.6 Das Top-Management unterstützt das Beratungsprojekt aktiv.</td><td>,853</td><td>,799</td></tr>
<tr><td colspan="3">7.7 Insgesamt kann man von einem sehr ausgeprägten Top-Management Support sprechen.</td><td>,958</td><td>,884</td></tr>
<tr><th>Deskriptive Beurteilungskennzahl</th><th colspan="4">Ergebnisse der exploratorischen Faktorenanalyse</th></tr>
<tr><td>Cronbachs Alpha (≥ 0,7)</td><td>Extraktionsmethode</td><td>Kaiser-Meyer-Olkin-Kriterium (≥0,5, ≥0,8)</td><td>Anzahl extrahierter Faktoren</td><td>Erklärte Varianz (≥ 50%)</td></tr>
<tr><td>,909</td><td>Hauptachsen-Faktorenanalyse</td><td>,813</td><td>1</td><td>72,387%</td></tr>
<tr><th colspan="5">Kriterien der zweiten Generation</th></tr>
</table>

[752] Vgl. Kapitel 3.1.1.2.
[753] Vgl. Kapitel 5.1.1.7.

Top Management Support			
Items	Indikatorreliabilität (≥ 0,4)	Faktorladung (konfirmatorisch)	Faktorreliabilität (FR) (≥ 0,6) und durchschnittlich erfasste Varianz (DEV) (≥ 0,5)
7.3 Das Top-Management fördert und motiviert die Projektmitglieder.	,626	,791*	FR: ,909 DEV: ,715
7.4 Das Top-Management engagiert sich aktiv in der Planung des Beratungsprojektes.	,594	,771*	Top Management Support
7.6 Das Top-Management unterstützt das Beratungsprojekt aktiv.	,743	,862*	
7.7 Insgesamt kann man von einem sehr ausgeprägten Top-Management Support sprechen.	,928	,963*	*: Signifikant auf 0,1%-Niveau; 1/5: Signifikant auf 1%/5%-Niveau

Globale Anpassungsmaße								
Identifizierbarkeit	χ^2	df	χ^2/df	CFI	GFI	AGFI	TLI	RMSEA
gegeben	4,149	2	2,075	,997	,986	,928	,992	,056

Tabelle 48: Reliabilitäts- und Validitätskriterien der ersten und zweiten Generation für das Konstrukt „Top Management Support"

6.1.1.8 Überprüfung des Gesamtmodells

Zur Überprüfung des Gesamtmodells wurde analog zum Vorgehen für die Klientenperspektive auch für die Daten aus Beraterperspektive im nächsten Schritt eine exploratorische Faktorenanalyse über alle 30 Indikatoren der sieben Erfolgsfaktoren durchgeführt.

Indikator		Faktor 1	Faktor 2	Faktor 3	Faktor 4	Faktor 5	Faktor 6	Faktor 7
Gemeinsame Zielvorstellung	1.2	,403	,289	,272	-,226	,286	-,385	**-,716**
	1.3	,392	,154	,199	-,181	,427	-,290	**-,705**
	1.4	,414	,282	,271	-,284	,345	-,415	**-,768**
	1.5	,387	,294	,307	-,233	,283	-,374	**-,690**
Intensität der Kollaboration	2.2	,382	,298	,357	-,288	,251	**-,790**	-,415
	2.3	,433	,260	,152	-,284	,461	**-,647**	-,383
	2.4	,442	,361	,306	-,347	,386	**-,830**	-,452
	2.7	,485	,295	,246	-,354	,369	**-,824**	-,381
Vertrauen	3.1	,182	,175	**,704**	-,168	,128	-,299	-,335
	3.3	,095	,237	**,827**	-,119	,077	-,202	-,187
	3.4	,200	,250	**,889**	-,194	,129	-,283	-,307
	3.6	,254	,186	**,828**	-,127	,216	-,354	-,391
Projektmanagement	4.2	**,664**	,148	,142	-,255	,159	-,384	-,369
	4.4	**,785**	,159	,127	-,337	,401	-,413	-,416
	4.6	**,864**	,272	,184	-,314	,335	-,382	-,481
	4.7	**,715**	,273	,277	-,401	,302	-,425	-,401
	4.8	**,878**	,242	,172	-,367	,411	-,529	-,484
Beraterkompetenz	5.1	,269	,173	,214	-,220	**,723**	-,309	-,375
	5.3	,431	,153	,149	-,244	**,825**	-,380	-,414
	5.4	,354	,128	,104	-,253	**,788**	-,366	-,365
	5.5	,287	,106	,109	-,225	**,761**	-,351	-,354

Indikator		Faktor 1	Faktor 2	Faktor 3	Faktor 4	Faktor 5	Faktor 6	Faktor 7
Bereitgestellte Ressourcen	6.2	,210	**,759**	,236	-,355	,134	-,299	-,254
	6.4	,239	**,727**	,261	-,333	,153	-,295	-,370
	6.5	,203	**,773**	,138	-,332	,073	-,257	-,184
	6.7	,164	**,910**	,180	-,414	,141	-,265	-,250
	6.8	,242	**,861**	,263	-,404	,127	-,373	-,338
Top Management Support	7.3	,346	,452	,215	**-,793**	,263	-,367	-,302
	7.4	,260	,291	,090	**-,802**	,199	-,205	-,159
	7.6	,358	,386	,155	**-,851**	,218	-,358	-,255
	7.7	,406	,426	,159	**-,950**	,231	-,362	-,291
Erklärte Varianz		31,023%	9,427%	7,891%	5,176%	4,697%	3,373%	2,781%

Extraktionsmethode: Hauptachsen-Faktorenanalyse
Rotationsmethode: Oblimin mit Kaiser-Normalisierung
Kaiser-Meyer-Olkin-Kriterium (≥ 0,5 bzw. ≥ 0,8): 0,904

Tabelle 49: Exploratorische Faktorenanalyse über alle Erfolgsfaktoren

Der KMO-Wert von 0,904 deutet auf eine sehr hohe Eignung der Korrelationsmatrix hin. Wie Tabelle 49 darlegt, wird die postulierte Faktorenstruktur erkannt und alle Indikatoren laden weitaus höher als das geforderte Mindestmaß von 0,4 auf den ihnen zugehörigen Faktor. Die Faktorenlösung ist somit absolut akzeptabel. Neben der exploratorischen Faktorenanalyse wird zur Überprüfung der vermuteten Faktorenstruktur hinsichtlich der Erfolgsfaktoren auch wieder das Verfahren der konfirmatorischen Faktorenanalyse herangezogen.

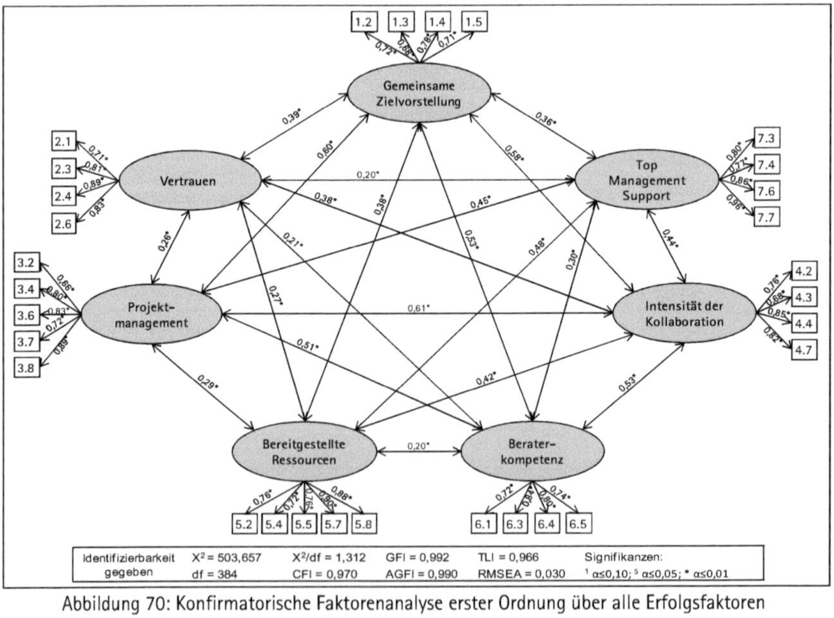

Abbildung 70: Konfirmatorische Faktorenanalyse erster Ordnung über alle Erfolgsfaktoren

Abbildung 70 stellt die Ergebnisse der konfirmatorischen Faktorenanalyse erster Ordnung über alle sieben Erfolgsfaktoren aus Beraterperspektive dar. Als Ergebnis kann festgehalten werden, dass alle lokalen und globalen Anpassungsmaße bei allen Gütekriterien die gestellten Anforderungen deutlich erfüllen. Darüber hinaus sind alle Faktorkorrelationen hoch signifikant, und auch auf Indikatorebene werden alle Mindestmaße eingehalten. Insgesamt sprechen die Ergebnisse für eine sehr gute Anpassung der Modellstruktur. Zur weiteren Überprüfung der Diskriminanzvalidität der Erfolgsfaktoren wird das Fornell/Larcker-Kriterium herangezogen (vgl. Tabelle 50). Da keine der quadrierten Korrelationen zwischen zwei Faktoren die durchschnittlich erfasste Varianz des jeweiligen Faktors übersteigen, gilt das Fornell/Larcker-Kriterium als erfüllt.

Erfolgsfaktor	GZ	KOL	VER	PM	BK	RES	TMS
Gemeinsame Zielvorstellung	**0,526**						
Intensität der Kollaboration	0,332	**0,616**					
Vertrauen	0,154	0,144	**0,678**				
Projektmanagement	0,359	0,367	0,066	**0,606**			
Beraterkompetenz	0,278	0,277	0,046	0,261	**0,607**		
Bereitgestellte Ressourcen	0,147	0,174	0,075	0,086	0,040	**0,645**	
Top Management Support	0,128	0,192	0,038	0,206	0,092	0,228	**0,715**
Die fettgedruckten Zahlen auf der Diagonale entsprechen durchschnittlichen Varianzen, die Zahlen unterhalb der Diagonale quadrierten Korrelationen.							

Tabelle 50: Überprüfung der Diskriminanzvalidität der Erfolgsfaktoren nach dem Fornell/Larcker-Kriterium

Basierend auf den Ergebnissen der vorangegangenen Prüfschritten kann davon ausgegangen werden, dass es aus Beraterperspektive sieben theoretisch hergeleitete Erfolgsfaktoren von Unternehmensberatung gibt, die mit Hilfe von 30 Indikatoren valide und reliabel gemessen werden können. Somit kann die erste deskriptive Untersuchungshypothese aus Beraterperspektive H_{B1} nicht abgelehnt werden:

H_{B1}: Aus Beratersicht existieren bei einem Unternehmensberatungsprojekt sieben voneinander abgrenzbare Erfolgsfaktoren: die gemeinsame Zielvorstellung, die Intensität der Kollaboration, das Vertrauen, das Projektmanagement, die Beraterkompetenz, die bereitgestellten Ressourcen und der Top Management Support.

6.1.2 Operationalisierung des Unternehmensberatungserfolgs

Nachdem die einzelnen Erfolgsfaktoren hinsichtlich ihrer Validität und Reliabilität geprüft wurden, werden nachfolgend die einzelnen zuvor konzeptionalisierten Erfolgsdimensionen aus Beraterperspektive näher analysiert. Im Gegensatz zur Klientenperspektive wurde aus Beraterperspektive der Unternehmensberatungserfolg als ein vierdimensionales reflektives Konstrukt zweiter Ordnung mit den Dimensionen „Einhaltung von Budget und Zeitplan", „Zielerreichungsgrad", „Profitabilität" und „Expansion und Extension" spezifiziert. Nachfolgend werden zunächst in Kapitel 6.1.2.1 bis 6.1.2.4 die Reliabilität und Validität der einzelnen Messmodelle unter Zuhilfenahme der Prüfkriterien erster und zweiter Ordnung überprüft. Hieran anschließend erfolgt in Kapitel 6.1.2.5 eine Analyse des postulierten Konstrukts zweiter Ordnung.

6.1.2.1 Einhaltung von Budget und Zeitplan

Mit dem Konstrukt „Einhaltung von Budget und Zeitplan" wird erfasst, inwieweit das für das Beratungsprojekt veranschlagte Budget und der Zeitplan eingehalten werden konnten.[754] Neben eigenen Operationalisierungsüberlegungen, den Ergebnissen des Pretests und des Item-Sorting-Tests basiert die Operationalisierung dieses Konstrukts auf den Messinstrumenten von Pinto/Prescott (1990), Gable (1996), Jang/Suh/Lee (1997), Richter/Schmidt (2006) und Liberatore/Luo (2010) und insbesondere den Expertengesprächen.[755]

Das in den Fragebogen eingegangene Messmodell umfasst sieben Indikatoren, die das Konstrukt reflektiv messen. Nach der Reliabilitäts- und Validitätsprüfung können von diesen sieben Indikatoren vier beibehalten werden. Das Cronbachs Alpha beträgt für die drei Indikatoren 0,920. Die exploratorische Faktorenanalyse führt zur Extraktion eines Faktors, der knapp 75% der Varianz erklärt. Darüber hinaus liegt das KMO-Kriterium mit einem Wert von 0,835 deutlich über dem geforderten Mindestmaß von 0,5 und auch über dem strengeren Grenzwert von 0,8. Zudem weisen alle Faktorladungen Werte von über 0,7 auf.

Auch die globalen Anpassungsmaße im Rahmen der konfirmatorischen Faktorenanalyse weisen sehr gute Werte auf und alle Mindestanforderungen werden erfüllt. In Bezug auf die lokalen Gütemaße liegen die Faktorreliabilität, die durchschnittlich erfasste Varianz sowie die Indikatorreliabilitäten deutlich über den geforderten Werten. Vor diesem Hintergrund wird das Messmodell mit vier Indikatoren für die Erfolgsdimension „Einhaltung von Budget und Zeitplan" nicht abgelehnt. Tabelle 51 fasst die Ergebnisse der ersten und zweiten Generation für dieses Konstrukt zusammen.

---

[754] Vgl. Kapitel 3.2.2.1.

[755] Vgl. Pinto/Prescott (1990), S. 323; Gable (1996), S. 1196; Jang/Suh/Lee (1997), S. 172; Richter/Schmidt (2006), S. 371; Liberatore/Luo (2010), S. 266 f.

Einhaltung von Budget und Zeitplan		
Kriterien der ersten Generation		
Items	Faktorladung (exploratorisch, ≥ 0,4)	Item-to-Total-Korrelation
8.4 Die Projektdauer des Gesamtprojektes entspricht der ursprünglichen Schätzung der Berater.	,858	,813
8.5 Das Beratungsprojekt konnte zu den vorgegebenen Fristen durchgeführt werden, alle Deadlines konnten eingehalten werden.	,848	,804
8.6 Insgesamt verlief das Beratungsprojekt im Zeitplan.	,957	,893
8.7 Insgesamt verlief das Beratungsprojekt im Budgetplan.	,785	,752

Deskriptive Beurteilungskennzahl	Ergebnisse der exploratorischen Faktorenanalyse			
Cronbachs Alpha (≥ 0,7)	Extraktionsmethode	Kaiser-Meyer-Olkin-Kriterium (≥0,5, ≥0,8)	Anzahl extrahierter Faktoren	Erklärte Varianz (≥ 50%)
,920	Hauptachsen-Faktorenanalyse	,835	1	74,649%

Kriterien der zweiten Generation			
Items	Indikator-reliabilität (≥ 0,4)	Faktorladung (konfirmatorisch)	Faktorreliabilität (FR) (≥ 0,6) und durchschnittlich erfasste Varianz (DEV) (≥ 0,5)
8.4 Die Projektdauer des Gesamtprojektes entspricht der ursprünglichen Schätzung der Berater.	,734	,857*	FR: ,921 DEV: ,745
8.5 Das Beratungsprojekt konnte zu den vorgegebenen Fristen durchgeführt werden, alle Deadlines konnten eingehalten werden.	,724	,851*	
8.6 Insgesamt verlief das Beratungsprojekt im Zeitplan.	,920	,959*	
8.7 Insgesamt verlief das Beratungsprojekt im Budgetplan.	,606	,778*	

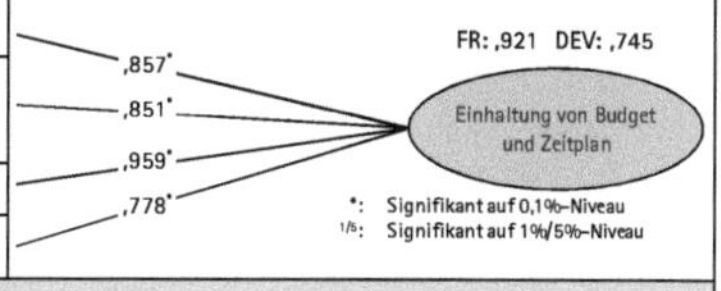

Globale Anpassungsmaße								
Identifizierbarkeit gegeben	χ^2	df	χ^2/df	CFI	GFI	AGFI	TLI	RMSEA
	1,597	2	,798	,995	,997	,985	,992	,041

Tabelle 51: Reliabilitäts- und Validitätskriterien der ersten und zweiten Generation für das Konstrukt „Einhaltung von Budget und Zeitplan"

6.1.2.2 Zielerreichungsgrad

Das Konstrukt „Zielerreichungsgrad" nimmt Bezug auf das Ausmaß, zu dem die für das Unternehmensberatungsprojekt gesetzten Ziele auch tatsächlich erreicht wurden.[756] Die Operationalisierung des Konstrukts wurde auf Basis der Messinstrumente von Meffert (1990), Pinto/Prescott (1990), Jang/Suh/Lee (1997) und Liberatore/Luo (2010),[757] eigener Operationalisierungsüberlegungen, den Ergebnissen des Pretests sowie des Item-Sorting-Tests und insbesondere den Expertengesprächen mit fünf reflektiven Indikatoren entwickelt. Von diesen musste im Rahmen der Reliabilitäts- und Validitätsprüfung lediglich ein Indikator eliminiert werden.

Die Ergebnisse der Kriterien der ersten und zweiten Generation sind sehr zufriedenstellend. So weist das Cronbachs Alpha einen hohen Wert von 0,892 auf. Bei der exploratorischen Faktoren-

---

[756] Vgl Kapitel 3.2.2.1.

[757] Vgl. Meffert (1990), S. 190 f.; Pinto/Prescott (1990), S. 323 f.; Jang/Suh/Lee (1997), S. 172; Liberatore/Luo (2010), S. 266 f.

analyse wird ein Faktor mit einer Varianzerklärung von knapp 70% extrahiert. Alle Faktorladungen liegen bei 0,748 oder darüber, und auch das KMO-Kriterium fällt mit einem Wert von 0,823 sehr gut aus.Auch die globalen Anpassungsmaße im Rahmen der konfirmatorischen Faktorenanalyse weisen sehr gute Werte auf. Alle Mindestanforderungen werden durchweg erfüllt. In Bezug auf die lokalen Gütemaße liegen die Faktorreliabilität, die durchschnittlich erfasste Varianz sowie die Indikatorreliabilitäten deutlich über den geforderten Werten. Vor diesem Hintergrund wird das Messmodell mit vier Indikatoren für die Erfolgsdimension „Zielerreichungsgrad" nicht abgelehnt. Tabelle 52 fasst die Ergebnisse der ersten und zweiten Generation für dieses Konstrukt zusammen.

Zielerreichungsgrad

Kriterien der ersten Generation

Items	Faktorladung (exploratorisch, ≥ 0,4)	Item-to-Total-Korrelation
9.1 Alle an das Projekt gesetzten Erwartungen/Ziele wurden erfüllt.	,856	,793
9.2 Den Zielerreichungsgrad des Projektes betreffend wurden für alle definierten Projektziele adäquate Lösungsvorschläge präsentiert.	,748	,705
9.4 Den Zielerreichungsgrad des Projektes betreffend war das Beratungsprojekt ein sehr großer Erfolg.	,759	,715
9.5 Insgesamt wurden die definierten Projektziele vollständig und umfassend erreicht oder sogar übertroffen.	,923	,843

Deskriptive Beurteilungskennzahl	Ergebnisse der exploratorischen Faktorenanalyse			
Cronbachs Alpha (≥ 0,7)	Extraktionsmethode	Kaiser-Meyer-Olkin-Kriterium (≥0,5, ≥0,8)	Anzahl extrahierter Faktoren	Erklärte Varianz (≥ 50%)
,892	Hauptachsen-Faktorenanalyse	,823	1	68,014%

Kriterien der zweiten Generation

Items	Indikatorreliabilität (≥ 0,4)	Faktorladung (konfirmatorisch)	Faktorreliabilität (FR) (≥ 0,6) und durchschnittlich erfasste Varianz (DEV) (≥ 0,5)
9.1 Alle an das Projekt gesetzten Erwartungen/Ziele wurden erfüllt.	,730		
9.2 Den Zielerreichungsgrad des Projektes betreffend wurden für alle definierten Projektziele adäquate Lösungsvorschläge präsentiert.	,552		
9.4 Den Zielerreichungsgrad des Projektes betreffend war das Beratungsprojekt ein sehr großer Erfolg.	,584		
9.5 Insgesamt wurden die definierten Projektziele vollständig und umfassend erreicht oder sogar übertroffen.	,854		

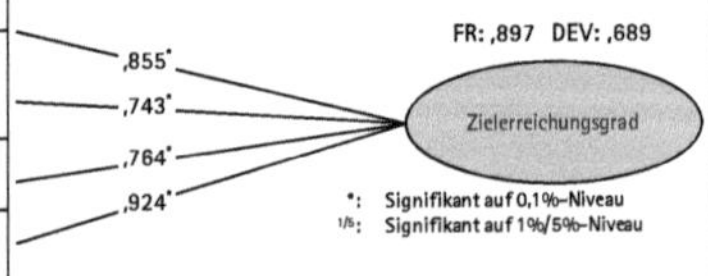

Globale Anpassungsmaße

Identifizierbarkeit	χ^2	df	χ^2/df	CFI	GFI	AGFI	TLI	RMSEA
gegeben	2,313	2	1,156	,996	,995	,973	,997	,021

Tabelle 52: Reliabilitäts- und Validitätskriterien der ersten und zweiten Generation für das Konstrukt „Zielerreichungsgrad"

6.1.2.3 Profitabilität

Mit dem Konstrukt „Profitabilität" wird erfasst, inwieweit das durchgeführte Beratungsprojekt aus Beratersicht als profitabel einzustufen ist.[758] Neben eigenen Operationalisierungsüberlegungen, den Ergebnissen des Pretests und des Item-Sorting-Tests basiert die Operationalisierung dieses Konstrukts auf den Messinstrumenten von Meffert (1990), Kumar/Simon/Kimberley (2000) und insbesondere den Expertengesprächen.[759] Das in den Fragebogen eingegangene Messmodell umfasst fünf Indikatoren, die das Konstrukt reflektiv messen. Nach der Reliabilitäts- und Validitätsprüfung können von diesen fünf Indikatoren drei beibehalten werden.

Profitabilität

Kriterien der ersten Generation

Items	Faktorladung (exploratorisch, ≥ 0,4)	Item-to-Total-Korrelation
10.1 Der Deckungsbeitrag des Projektes war sehr hoch, das Projekt war somit äußerst profitabel für unser Unternehmen.	,935	,907
10.2 Betrachtet man den Gewinn des Projektes im Verhältnis zum eingesetzten Kapital (Return on Investment), war das Projekt äußerst profitabel für unser Unternehmen.	,991	,933
10.3 Betrachtet man den Gewinn des Projektes im Verhältnis zum Umsatz (Umsatzrendite), war das Projekt äußerst profitabel für unser Unternehmen.	,918	,895

Deskriptive Beurteilungskennzahl	Ergebnisse der exploratorischen Faktorenanalyse			
Cronbachs Alpha (≥ 0,7)	Extraktionsmethode	Kaiser-Meyer-Olkin-Kriterium (≥0,5, ≥0,8)	Anzahl extrahierter Faktoren	Erklärte Varianz (≥ 50%)
,959	Hauptachsen-Faktorenanalyse	,766	1	88,568%

Kriterien der zweiten Generation

Items	Indikator-reliabilität (≥ 0,4)	Faktorladung (konfirmatorisch)	Faktorreliabilität (FR) (≥ 0,6) und durchschnittlich erfasste Varianz (DEV) (≥ 0,5)
10.1 Der Deckungsbeitrag des Projektes war sehr hoch, das Projekt war somit äußerst profitabel für unser Unternehmen.	,873	,934*	FR: ,959 DEV: ,886
10.2 Betrachtet man den Gewinn des Projektes im Verhältnis zum eingesetzten Kapital (Return on Investment), war das Projekt äußerst profitabel für unser Unternehmen.	,944	,972*	Profitabilität
10.3 Betrachtet man den Gewinn des Projektes im Verhältnis zum Umsatz (Umsatzrendite), war das Projekt äußerst profitabel für unser Unternehmen.	,841	,917*	*: Signifikant auf 0,1%-Niveau; 1/5: Signifikant auf 1%/5%-Niveau

Globale Anpassungsmaße

Identifizierbarkeit gegeben	χ^2	df	χ^2/df	CFI	GFI	AGFI	TLI	RMSEA
	-	-	-	-	-	-	-	-

Tabelle 53: Reliabilitäts- und Validitätskriterien der ersten und zweiten Generation für das Konstrukt „Profitabilität"

Das Cronbachs Alpha beträgt für die drei Indikatoren 0,959. Die exploratorische Faktorenanalyse führt zur Extraktion eines Faktors, der 89% der Varianz erklärt. Darüber hinaus liegt das KMO-

[758] Vgl. Kapitel 3.2.2.2.
[759] Vgl. Meffert (1990), S. 190; Kumar/Simon/Kimberley (2000), S. 28 ff.

Kriterium mit einem Wert von 0,766 deutlich über dem geforderten Mindestmaß von 0,5. Alle Faktorladungen weisen Werte von über 0,9 auf.

Da das Messmodell lediglich über drei Indikatoren verfügt, kommen den lokalen Gütekriterien im Rahmen der konfirmatorischen Faktorenanalyse zur Prüfung der Reliabilität und Validität eine größerer Bedeutung zu.[760] Die Faktorreliabilität weist einen sehr hohen Wert von 0,959 auf und auch die durchschnittlich erfasst Varianz ist mit 0,886 weit oberhalb des Grenzwertes von 0,5. Letztlich liegen auch die Indikatorreliabilitäten mit Werten ab 0,841 weit über dem geforderten Mindestmaß. Alle lokalen Güterkriterien werden von dem spezifizierten Messmodell erfüllt und deuten somit auf eine hohe Reliabilität und Validität der Messung hin. Das Messmodell für das Konstrukt Profitabilität wird folglich nicht abgelehnt. Tabelle 53 fasst die Ergebnisse der Kriterien der ersten Generation sowie der lokalen Anpassungsmaße zusammen.

6.1.2.4 Expansion und Extension

Das Konstrukt „Expansion und Extension" nimmt Bezug auf das Ausmaß, inwieweit es möglich war, das entsprechende Projekt auszuweiten bzw. Folgeaufträge zu generieren.[761] Die Operationalisierung des Konstrukts wurde auf Basis der Messinstrumente von Meffert (1990), Kumar/Simon/Kimberley (2000) und Luo/Liberatore (2009),[762] eigener Operationalisierungsüberlegungen, den Ergebnissen des Pretests sowie des Item-Sorting-Tests und insbesondere den Expertengesprächen mit sechs reflektiven Indikatoren entwickelt. Von diesen musste im Rahmen der Reliabilitäts- und Validitätsprüfung zwei Indikatoren eliminiert werden.

Die Ergebnisse der Kriterien der ersten und zweiten Generation sind zufriedenstellend. So weist das Cronbachs Alpha einen Wert von 0,781 auf. Bei der exploratorischen Faktorenanalyse wird ein Faktor mit einer Varianzerklärung von 48% extrahiert, womit die Grenze von 50% gerade so nicht erreicht wird. Alle Faktorladungen liegen bei 0,637 oder darüber, und darüber hinaus liegt das KMO-Kriterium mit einem Wert von 0,777 deutlich über dem geforderten Mindestmaß von 0,5.

Auch die globalen Anpassungsmaße im Rahmen der konfirmatorischen Faktorenanalyse weisen sehr gute Werte auf und alle Mindestanforderungen werden erfüllt. In Bezug auf die lokalen Gütemaße liegt die Faktorreliabilität mit einem Wert von 0,782 deutlich über dem geforderten

[760] Vgl. Homburg (1998), S. 103.
[761] Vgl. Kapitel 3.2.2.2.
[762] Vgl. Meffert (1990), S. 190; Kumar/Simon/Kimberley (2000), S. 28 ff.; Luo/Liberatore (2009), S. 265.

Mindestwert von 0,6 und auch alle Indikatorreliabilitäten erreichen den Mindestwert von 0,4 zum Teil deutlich.

Lediglich die durchschnittlich erfasste Varianz verfehlt den geforderten Mindestwert von 0,5 mit 0,474 nur sehr knapp. Insgesamt wird vor dem Hintergrund des sehr positiven Gesamtbildes – lediglich die Grenzwerte der erklärten Varianz und der DEV werden sehr knapp nicht erreicht – das Messmodell mit vier Indikatoren für die Erfolgsdimension „Expansion und Extension" nicht abgelehnt. Tabelle 54 fasst die Ergebnisse der ersten und zweiten Generation für dieses Konstrukt zusammen.

Expansion und Extension

Kriterien der ersten Generation

Items	Faktorladung (exploratorisch, ≥ 0,4)	Item-to-Total-Korrelation
11.1 Das Projekt war äußerst hilfreich bei der Akquisition von zukünftigen Beratungsengagements (Expansion).	,695	,596
11.3 Das Projekt war ausschlaggebend für eine sehr große Erweiterung unseres Firmennetzwerkes (Expansion).	,656	,566
11.4 Aufgrund einer positiv wahrgenommen Projektentwicklung auf Kundenseite konnten Projektextensionen generiert werden.	,637	,546
11.6 Insgesamt wurden die Möglichkeiten für eine Expansion und/oder Extension umfassend genutzt.	,777	,561

Deskriptive Beurteilungskennzahl	Ergebnisse der exploratorischen Faktorenanalyse			
Cronbachs Alpha (≥ 0,7)	Extraktionsmethode	Kaiser-Meyer-Olkin-Kriterium (≥0,5, ≥0,8)	Anzahl extrahierter Faktoren	Erklärte Varianz (≥ 50%)
,781	Hauptachsen-Faktorenanalyse	,777	1	48,082%

Kriterien der zweiten Generation

Items	Indikatorreliabilität (≥ 0,4)	Faktorladung (konfirmatorisch)	Faktorreliabilität (FR) (≥ 0,6) und durchschnittlich erfasste Varianz (DEV) (≥ 0,5)
11.1 Das Projekt war äußerst hilfreich bei der Akquisition von zukünftigen Beratungsengagements (Expansion).	,478	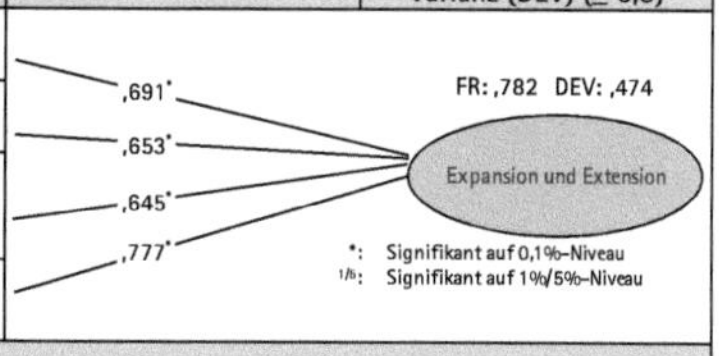	
11.3 Das Projekt war ausschlaggebend für eine sehr große Erweiterung unseres Firmennetzwerkes (Expansion).	,426		
11.4 Aufgrund einer positiv wahrgenommen Projektentwicklung auf Kundenseite konnten Projektextensionen generiert werden.	,416		
11.6 Insgesamt wurden die Möglichkeiten für eine Expansion und/oder Extension umfassend genutzt.	,604		

Globale Anpassungsmaße

Identifizierbarkeit	χ^2	df	χ^2/df	CFI	GFI	AGFI	TLI	RMSEA
gegeben	2,371	2	1,186	,998	,992	,961	,995	,023

Tabelle 54: Reliabilitäts- und Validitätskriterien der ersten und zweiten Generation für das Konstrukt „Expansion und Extension"

6.1.2.5 Überprüfung des mehrdimensionalen Erfolgskonstrukts

Zur Überprüfung des mehrdimensionalen Erfolgskonstrukts aus Beraterperspektive wird nachfolgend zunächst für die Faktoren „Einhaltung von Budget und Zeitplan", „Zielerreichungsgrad",

„Profitabilität" und „Expansion und Extension" sowohl eine exploratorische als auch konfirmatorische Faktorenanalyse durchgeführt, um deren Konvergenz- und Diskriminanzvalidität zu prüfen. Darauf folgend wird das Konstrukt zweiter Ordnung berechnet.

Die exploratorische Faktorenanalyse wird über die verbliebenen 15 Indikatoren der vier Dimensionen des Unternehmensberatungserfolgs aus Beraterperspektive durchgeführt. Hierbei deutet der KMO-Wert von 0,861 auf eine sehr gute Eignung der Korrelationsmatrix hin. Darüber hinaus wird, wie in Tabelle 55 dargestellt, die postulierte Faktorenstruktur mit drei Dimensionen erkannt. Des Weiteren laden alle Indikatoren zum Teil weitaus höher als das geforderte Mindestmaß von 0,4 auf den ihnen zugehörigen Faktor. Die Faktorenlösung ist somit absolut akzeptabel.

Indikator		Faktor 1	Faktor 2	Faktor 3	Faktor 4
Einhaltung von Budget und Zeitplan	8.4	**,858**	,186	,120	-,546
	8.5	**,853**	,141	,079	-,492
	8.6	**,950**	,243	,144	-,612
	8.7	**,787**	,277	,160	-,603
Zielerreichungsgrad	9.1	,574	,251	,248	**-,853**
	9.2	,509	,172	,104	**-,753**
	9.4	,448	,253	,219	**-,758**
	9.5	,615	,273	,281	**-,922**
Profitabilität	10.1	,223	**,935**	,215	-,275
	10.2	,183	**,970**	,177	-,237
	10.3	,211	**,919**	,181	-,254
Expansion und Extension	11.1	,184	,189	**,690**	-,228
	11.3	-,005	,124	**,677**	-,031
	11.4	,089	,161	**,641**	-,293
	11.6	,144	,138	**,770**	-,237
Erklärte Varianz		36,687%	15,527%	11,372%	5,963

Extraktionsmethode: Hauptachsen-Faktorenanalyse
Rotationsmethode: Oblimin mit Kaiser-Normalisierung
Kaiser-Meyer-Olkin-Kriterium (≥ 0,5 bzw. ≥ 0,8): 0,861

Tabelle 55: Exploratorische Faktorenanalyse über alle Erfolgsdimensionen

Dieses gute Bild hinsichtlich der Überprüfung der vermuteten Faktorstruktur wird auch im Rahmen der durchgeführten konfirmatorische Faktorenanalyse bestätigt. Für alle Anpassungsmaße, lokal und global, werden die gestellten Anforderungen klar erfüllt, womit postuliert werden kann, dass das in dem spezifizierten Modell abgebildete Messmodell des Unternehmensberatungserfolgs aus Beraterperspektive das Kriterium der Konvergenzvalidität erfüllt. Abbildung 71 zeigt die Ergebnisse der konfirmatorischen Faktorenanalyse erster Ordnung für das vier Dimensionen umfassende Messmodell.

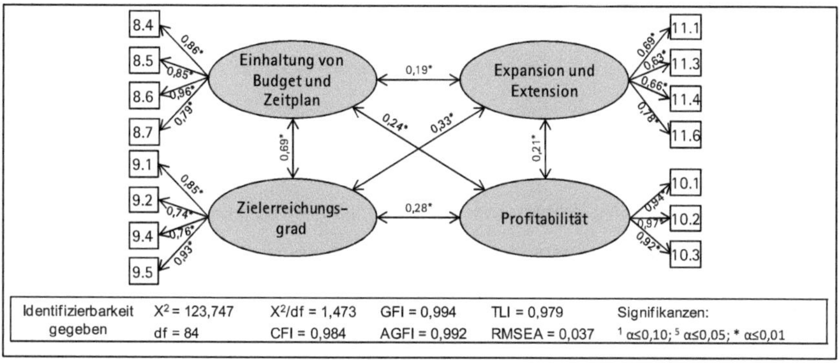

Abbildung 71: Konfirmatorische Faktorenanalyse erster Ordnung über die Erfolgsdimensionen

Zur weiteren Überprüfung der Diskriminanzvalidität der Erfolgsdimensionen wird auch hier das Fornell/Larcker-Kriterium für alle Paare von Dimensionen herangezogen. Wie in Tabelle 56 dargestellt, übersteigt keine quadrierte Korrelation zwischen zwei Dimensionen die durchschnittlich erfasste Varianz der jeweiligen Dimensionen. Das Fornell/Larcker-Kriterium gilt somit für alle Paare als erfüllt.

Erfolgsdimension	1	2	3	4
Einhaltung von Budget und Zeitplan	**0,745**			
Zielerreichungsgrad	0,469	**0,689**		
Profitabilität	0,056	0,080	**0,886**	
Expansion und Extension	0,035	0,106	0,043	**0,474**
Die fettgedruckten Zahlen auf der Diagonale entsprechen durchschnittlichen Varianzen, die Zahlen unterhalb der Diagonale quadrierten Korrelationen.				

Tabelle 56: Überprüfung der Diskriminanzvalidität der Erfolgsdimensionen nach dem Fornell/Larcker-Kriterium

Nachdem die bisherigen Prüfschritte durchgängig zu einem positiven Ergebnis hinsichtlich aller Gütemaße der ersten und zweiten Generation auf Indikatoren-, Faktoren- und Gesamtmodellebene geführt haben, ist von einer hohen Reliabilität und Validität des Messmodells des Unternehmensberatungserfolgs aus Beraterperspektive auszugehen. Abschließend wird anhand einer konfirmatorischen Faktorenanalyse zweiter Ordnung und eines genesteten Modellvergleichs überprüft, ob die identifizierten Dimensionen ein übergeordnetes Konstrukt bilden (vgl. Abbildung 72). Die Betrachtung der lokalen und globalen Anpassungsmaße zeigt, dass das vorgestellte Modell nicht abgelehnt werden kann (Mindestwerte aller Gütekriterien deutlich erreicht bzw. unterschritten). Darüber hinaus sind alle Faktorladungen zwischen den Dimensionen und dem Konstrukt zweiter Ordnung signifikant und positiv und der durchgeführte Chi-Quadrat-Differenztests des genesteten Modellvergleichs verdeutlicht, dass der Modellfit des mehrfaktoriellen Modells signifikant besser ist als der des einfaktoriellen Modells.[763]. Somit kann davon ausgegangen werden, dass die deskriptive Untersuchungshypothese H_{B2} nicht abgelehnt werden kann:

> H_{B2}: Aus Beratersicht existieren bei einem Unternehmensberatungsprojekt vier voneinander abgrenzbare Erfolgsdimensionen, nämlich die Einhaltung von Budget und Zeitplan, der Zielerreichungsgrad, die Profitabilität und die Expansion und Extension. Diese bilden ein übergeordnetes reflektives Konstrukt zweiter Ordnung, das sich inhaltlich als Unternehmensberatungserfolg aus Beraterperspektive interpretieren lässt.

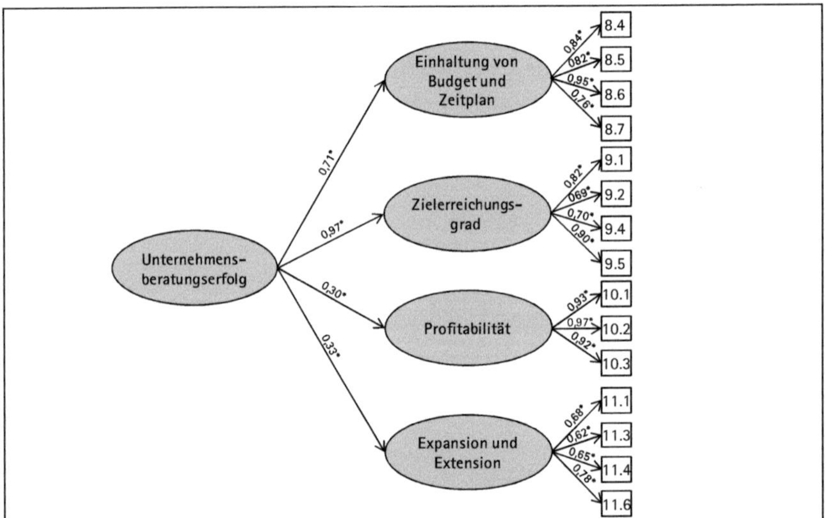

Identifizierbarkeit gegeben	X² = 128,601 df = 86	X²/df = 1,495 CFI = 0,982	GFI = 0,993 AGFI = 0,991	TLI = 0,978 RMSEA = 0,038	Signifikanzen: ¹ α≤0,10; ⁵ α≤0,05; * α≤0,01

Abbildung 72: Konfirmatorische Faktorenanalyse zweiter Ordnung des Vier-Dimensionen-Modells des Unternehmensberatungserfolgs aus Beraterperspektive

[763] Vgl. Hair et al. (2010), S. 676.

6.2 Erfolgswirkungen der Erfolgsfaktoren

Nachdem im vorangegangen Kapitel alle für diese Untersuchung notwendigen Konstrukte aus Beraterperspektive operationalisiert wurden, werden nun die Erfolgswirkungen der einzelnen Erfolgsfaktoren auf den Unternehmensberatungserfolg näher analysiert. Ziel ist es, analog zur Klientenperspektive, auch hier die Messmodelle der Erfolgsfaktoren und die des Unternehmensberatungserfolgs zusammenzuführen und in einem Strukturmodell deren Erfolgswirkungen zu testen. Zu diesem Zweck werden zunächst in Kapitel 6.2.1 die Erfolgswirkungen der einzelnen Erfolgsfaktoren separat betrachtet und hieran anschließend erfolgt in Kapitel 6.2.2 eine simultane Betrachtung der Erfolgsfaktoren in einem Gesamtmodell.

6.2.1 Separate Betrachtung der Erfolgswirkungen einzelner Erfolgsfaktoren

In den Hypothesen H_{B3} bis H_{B9} wurde für die Beraterperspektive postuliert, dass alle abgeleiteten Erfolgsfaktoren einen positiven und signifikanten Einfluss auf den Unternehmensberatungserfolg haben. Dieser Zusammenhang soll im Folgenden anhand von Partialmodellen überprüft werden. Die hierfür notwendigen Wirkungsmodelle setzen sich zum einen aus dem zu untersuchenden Erfolgsfaktor als exogene latente Variable und anderseits aus dem Unternehmensberatungserfolg aus Beraterperspektive als endogene latente Variable zusammen. Wie in Abbildung 73 dargestellt, liefert das Wirkungsmodell der gemeinsamen Zielvorstellung und des Unternehmensberatungserfolgs aus Beraterperspektive bezüglich der lokalen und globalen Anpassungsmaße sehr gute Ergebnisse. Darüber hinaus liegt ein hoher und signifikant positiver Einfluss der gemeinsamen Zielvorstellung auf den Unternehmensberatungserfolg aus Beraterperspektive vor. Der Pfadkoeffizient zwischen den beiden Konstrukten nimmt einen Wert von 0,56 an und das Bestimmtheitsmaß R^2 liegt bei 0,312. Dies kann als Indikator für die substanzielle Aussagekraft des Modells gewertet werden. Basierend auf diesen Ergebnissen kann die explikative Untersuchungshypothese H_{B3} nicht zurückgewiesen werden:

> H_{B3}: Je besser die gemeinsame Zielvorstellung zwischen Klient und Berater ist, desto höher ist der Unternehmensberatungserfolg.

Auch das Wirkungsmodell der Intensität der Kollaboration und des Unternehmensberatungserfolgs aus Beraterperspektive liefert hinsichtlich der lokalen und globalen Anpassungsmaße sehr gute Ergebnisse und es liegt ein hoher und signifikant positiver Einfluss der Intensität der Kollaboration auf den Unternehmensberatungserfolg vor (vgl. Abbildung 74).

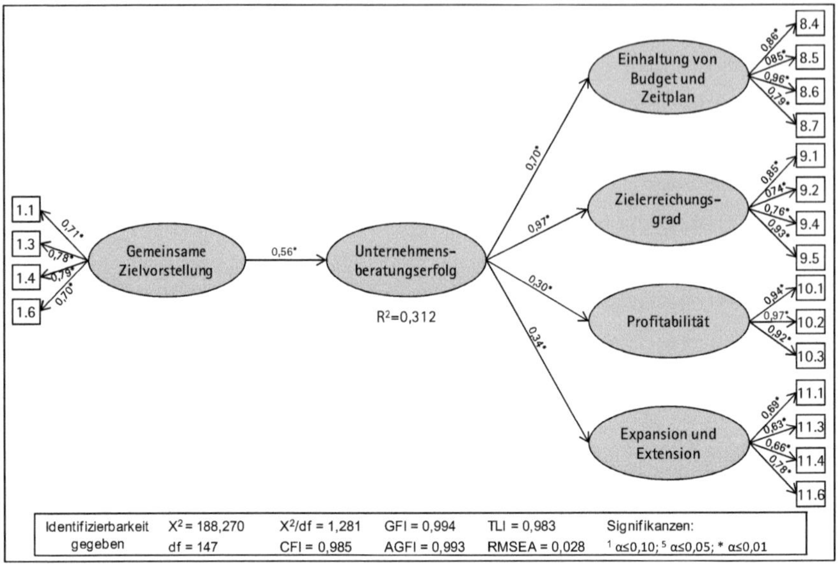

Abbildung 73: Erfolgswirkung der gemeinsamen Zielvorstellung auf den Unternehmensberatungserfolg

Der Pfadkoeffizient zwischen den beiden Konstrukten liefert einen Wert von 0,59, und es werden knappe 35% der Varianz des Unternehmensberatungserfolgs aus Beraterperspektive durch die Intensität der Kollaboration erklärt. Auf Basis dieser Untersuchungsergebnisse ist Hypothese H_{B4} nicht zu verwerfen:

> H_{B4}: Je höher die Intensität der Kollaboration, desto höher ist der Unternehmensberatungserfolg.

Bei der Überprüfung des Einflusses des Vertrauens auf den Unternehmensberatungserfolg aus Beraterperspektive werden ebenso alle lokalen und globalen Anpassungsmaße eindeutig erfüllt. Darüber hinaus ist die Wirkungsbeziehung zwischen den beiden Konstrukten mit einem Pfadkoeffizient von 0,31 signifikant positiv (vgl. Abbildung 75).

Allerdings nimmt das Bestimmtheitsmaß R^2 einen Wert von 0,094 an, was für keine substanzielle Aussagekraft des Modells spricht. Aus der geringen Aussagekraft des Modells hinsichtlich der Erfolgswirkung von Vertrauen auf den Unternehmensberatungserfolg aus Beraterperspektive ist die Hypothese H_{B5} abzulehnen:

> H_{B5}: Je größer das Vertrauen zwischen Klient und Berater ist, desto höher ist der Unternehmensberatungserfolg.

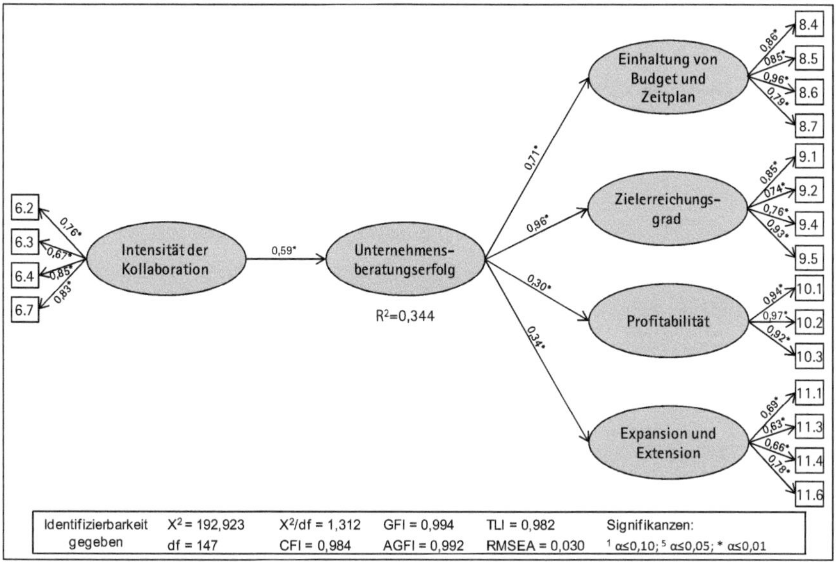

Abbildung 74: Erfolgswirkung der Intensität der Kollaboration auf den Unternehmensberatungserfolg

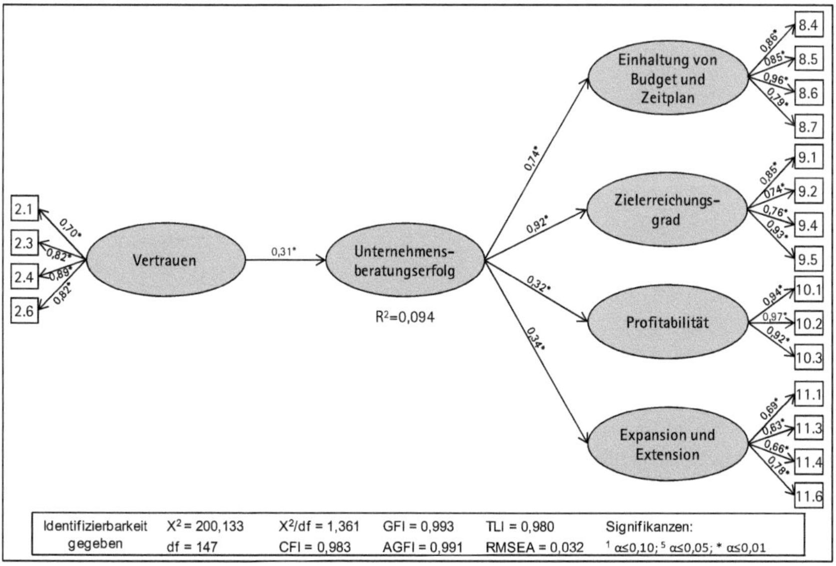

Abbildung 75: Erfolgswirkung des Vertrauens auf den Unternehmensberatungserfolg

Folgende Abbildung 76 stellt die Berechnungsergebnisse für das Wirkungsmodell des Projektmanagements und des Unternehmensberatungserfolgs aus Beraterperspektive dar. Hierbei weisen sowohl die lokalen als auch die globalen Anpassungsmaße sehr gute Werte auf. Es zeigt sich ein hoher und signifikant positiver Effekt des Projektmanagements auf den Unternehmensberatungserfolg.

Der Pfadkoeffizient zwischen den beiden Konstrukten beträgt 0,48. Das Bestimmtheitsmaß R^2 nimmt einen Wert von 0,231 an, was als Indikator für die substanzielle Aussagekraft des Modells interpretiert werden kann. Basierend auf diesen Ergebnissen kann die Untersuchungshypothese H_{B6} aus Beraterperspektive nicht zurückgewiesen werden:

H_{B6}: Je besser das Projektmanagement ist, desto höher ist der Unternehmensberatungserfolg.

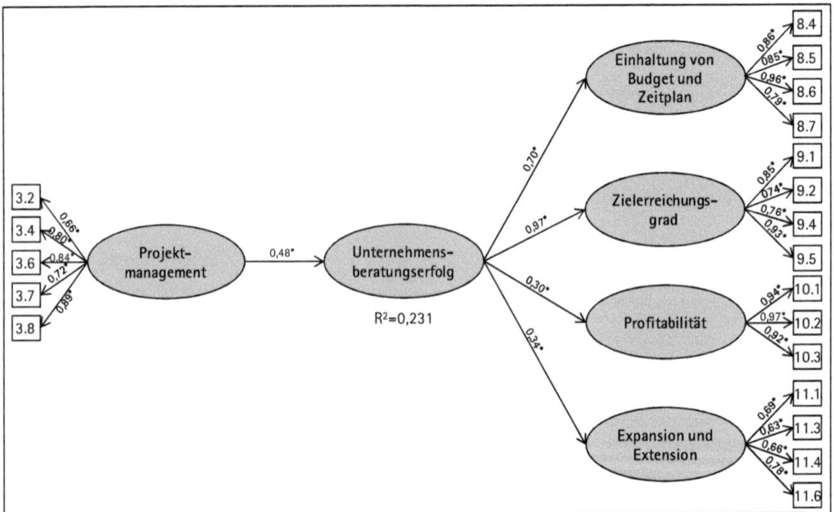

Identifizierbarkeit gegeben	X^2 = 217,264 df = 165	X^2/df = 1,317 CFI = 0,983	GFI = 0,993 AGFI = 0,992	TLI = 0,980 RMSEA = 0,030	Signifikanzen: ¹ α≤0,10; ⁵ α≤0,05; * α≤0,01

Abbildung 76: Erfolgswirkung des Projektmanagements auf den Unternehmensberatungserfolg

Das Wirkungsmodell der Beraterkompetenz und des Unternehmensberatungserfolgs aus Beraterperspektive liefert hinsichtlich der lokalen und globalen Anpassungsmaße sehr gute Ergebnisse. Darüber hinaus liegt auch hier ein hoher und signifikant positiver Einfluss der Beraterkompetenz auf den Unternehmensberatungserfolg vor.

Der Pfadkoeffizient zwischen den beiden Konstrukten liefert einen Wert von 0,50. Dabei werden über 25% der Varianz des Unternehmensberatungserfolgs aus Beraterperspektive durch die Beraterkompetenz erklärt. Auf Basis dieser Untersuchungsergebnisse ist Hypothese H_{B7} nicht zu verwerfen:

H_{B7}: Je besser die Beraterkompetenz, desto höher ist der Unternehmensberatungserfolg.

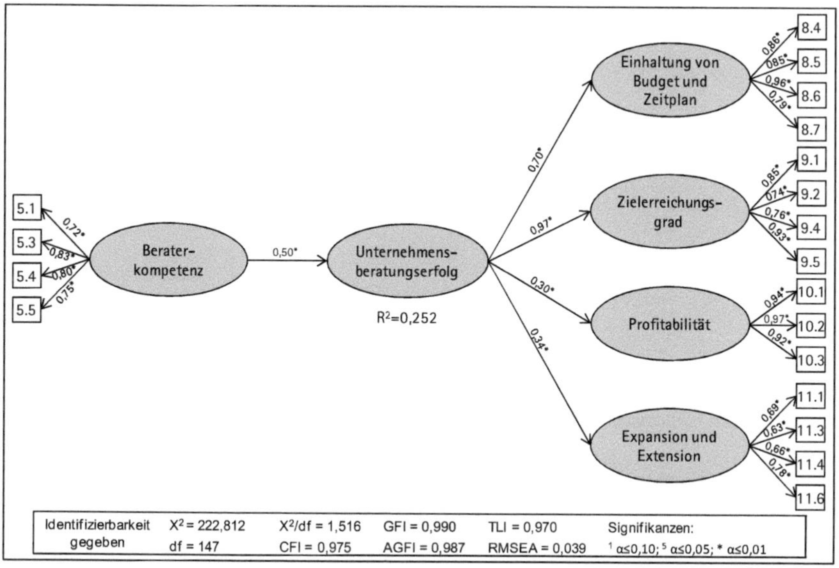

Abbildung 77: Erfolgswirkung der Beraterkompetenz auf den Unternehmensberatungserfolg

Bei der Überprüfung des Einflusses der Qualität der bereitgestellten Ressourcen auf den Unternehmensberatungserfolg aus Beraterperspektive werden alle Mindestmaße der lokalen und globalen Anpassungsmaße eindeutig erreicht (vgl. Abbildung 78). Darüber hinaus ist die Wirkungsbeziehung zwischen den beiden Konstrukten signifikant positiv.

Der Pfadkoeffizient zwischen den bereitgestellten Ressourcen und dem Unternehmensberatungserfolg hat einen Wert von 0,42 und auch wenn das Bestimmtheitsmaß R^2 mit 0,176 einen mittelmäßigen Wert annimmt, ist immer noch von einer substanziellen Aussagekraft des Modells auszugehen. Aufgrund des hohen Erklärungsgehalts der bereitgestellten Ressourcen für den Unternehmensberatungserfolg ist Hypothese H_{B8} nicht abzulehnen:

H_{B8}: Je besser die bereitgestellten Ressourcen sind, desto höher ist der Unternehmensberatungserfolg.

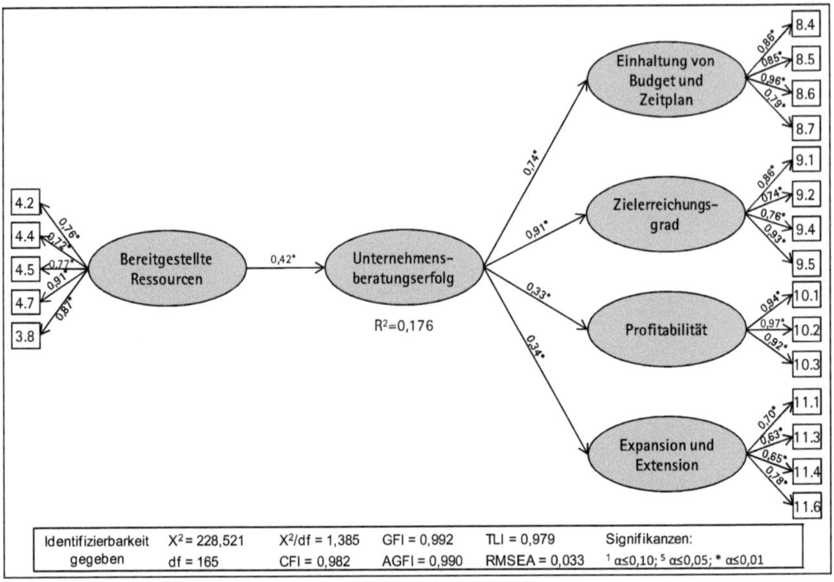

Abbildung 78: Erfolgswirkung der bereitgestellten Ressourcen auf den Unternehmensberatungserfolg

Schließlich bestätigt sich das positive Bild bezüglich der lokalen und globalen Anpassungsmaße auch beim Wirkungsmodell des Top Management Supports und des Unternehmensberatungserfolgs aus Beraterperspektive. Die Mindestanforderungen werden für alle Gütekriterien deutlich erfüllt und der Pfadkoeffizient zwischen den beiden Konstrukten ist signifikant positiv und beträgt einen Wert von 0,47. Darüber hinaus deutet das Bestimmtheitsmaß R^2 mit einem Wert von 0,220 auf die substanzielle Aussagekraft des Modells hin.

Auf Basis der Analyse und deren Ergebnisse wird Hypothese H_{B9} nicht abgelehnt:

H_{B9}: Je höher der Top Management Support, desto höher ist der Unternehmensberatungserfolg.

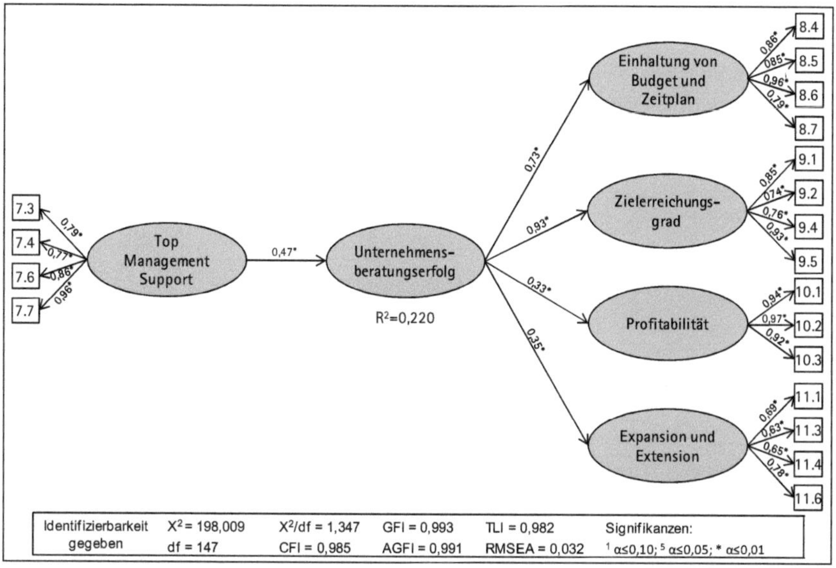

Abbildung 79: Erfolgswirkung des Top Managements auf den Unternehmensberatungserfolg

6.2.2 Simultane Betrachtung der Erfolgsfaktoren in einem Gesamtmodell

Um analysieren zu können, inwieweit die einzelnen Erfolgsfaktoren den Unternehmensberatungserfolg aus Beraterperspektive in unterschiedlichem Maße beeinflussen, erfolgt nachfolgend eine simultane Betrachtung der Erfolgsfaktoren in einem Gesamtmodell. Zu diesem Zweck ist in nachfolgender Abbildung 80 das Strukturgleichungsmodell zur Erfolgswirkungen der sieben definierten Erfolgsfaktoren dargestellt.

Insgesamt fallen die Ergebnisse hinsichtlich der Gütekriterien sehr zufriedenstellend aus, lediglich der TLI liegt mit einem Wert von 0,895 sehr knapp unter dem geforderten Mindestwert. Darüber hinaus kann man aus dem R^2-Wert von 0,262 bezüglich der Unternehmensberatungserfolgs aus Beraterperspektive schließen, dass der Erklärungsgehalt des Modelles als zufriedenstellend einzustufen ist.

Die Ergebnisse zeigen, dass größtenteils alle Erfolgsfaktoren einen hochsignifikanten und positiven Einfluss auf den Unternehmensberatungserfolg haben. Insbesondere die Intensität der Kollaboration (0,28), die gemeinsame Zielvorstellung (0,25), die Beraterkompetenz (0,24) und der Top Management Support (0,20) werden aus Beratersicht als wesentliche Erfolgsfaktoren von Unternehmensberatung angesehen. Außerdem haben die bereitgestellten Ressourcen mit einem Wert von 0,13 noch einen nicht zu vernachlässigen Einfluss auf den Erfolg von Unternehmensberatungsprojekten. Lediglich den Erfolgsfaktoren „Projektmanagement" und „Vertrauen" konnte keine signifikante Erfolgswirkung zugesprochen werden.

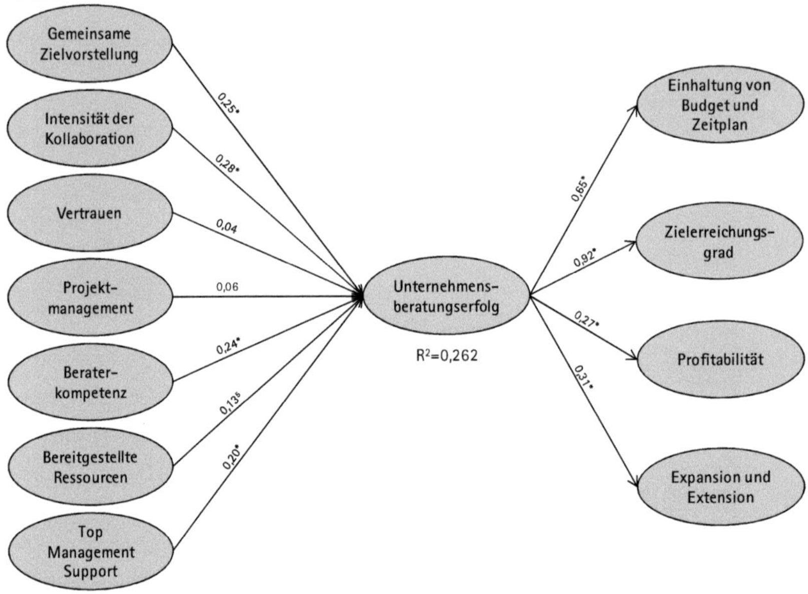

Identifizierbarkeit gegeben	X^2 = 1624,559	X^2/df = 1,739	GFI = 0,962	TLI = 0,895	Signifikanzen:
	df = 934	CFI = 0,901	AGFI = 0,958	RMSEA = 0,046	¹ α≤0,10; ⁵ α≤0,05; * α≤0,01

Abbildung 80: Gesamtmodell zu den Erfolgswirkungen der Erfolgsfaktoren

Der nicht-signifikante Einfluss des Erfolgsfaktors „Vertrauen" kann mit den gleichen Argumenten, die im Rahmen der Klientenperspektive angebracht wurden, erklärt werden.[764] Der nicht-signifikante Einfluss des Erfolgsfaktors „Projektmanagement" kann dahingehend interpretiert werden, dass Unternehmensberater es nicht als ihre Hauptaufgabe ansehen, das Projekt, auf dem sie gestafft sind, organisatorisch zu managen. Aus Klientenperspektive betrachtet, trägt dieser Aspekt wesentlich zum Erfolg eines Beratungsprojektes bei.[765] Allerdings aus Beraterperspektive ist dieser Faktor nicht erfolgskritisch, da das Projektmanagement nicht zum eigentlichen Kernaufgabengebiet eines Unternehmensberaters gehört.[766]

---

764 Vgl. Kapitel 5.2.2.

765 Vgl. Kapitel 5.2.2.

766 Hiervon ausgenommen sind Unternehmensberatungsfirmen, die sich auf das Projektmanagement als ihr Kerngeschäft spezialisiert haben.

Auch das Erfolgskonstrukt selbst weist höchstsignifikante positive Pfadkoeffizienten auf seine vier Erfolgsdimensionen auf. Hierbei wird die stärkste Wirkung beim Zielerreichungsgrad (0,92) erreicht. Die zweitstärkste Wirkung kann diesbezüglich bei der Erfolgsdimension „Einhaltung von Budget und Zeitplan" (0,65) festgestellt werden und schließlich haben die Erfolgsdimensionen „Expansion und Extension" bzw. „Profitabilität" diesbezüglich die geringsten Werte (0,31 bzw. 0,27). Bei der Interpretation dieser Ergebnisse kommt man zu dem Schluss, dass aus Beraterperspektive die originären Projektziele eines Unternehmensberatungsprojektes im Fokus stehen (Zielerreichungsgrad und Einhaltung von Budget und Zeitplan). Die beratungsspezifischen Aspekte des Erfolges von Unternehmensberatung (Profitabilität und Expansion und Extension) beeinflussen zwar auch signifikant die Einschätzung eines Beraters, ob ein Projekt als erfolgreich oder weniger erfolgreich eingestuft wird, allerdings mit einer wesentlich geringen Stärke. Dementsprechend kann geschlussfolgert werden, dass für den Berater das „Wohl" des Klienten an erster Stelle steht und eventuelle eigennützige Interessen zwar von Bedeutung, jedoch diesen nachgelagert sind.

Zusammenfassend kann festgehalten werden, dass das in Abbildung 80 spezifizierte Modell nicht zurückgewiesen wird. Die spezifizierten Erfolgsfaktoren haben einen großen Einfluss auf den Unternehmensberatungserfolg. Hinsichtlich der einzelnen Hypothesen decken sich die Ergebnisse der simultanen Betrachtung der Erfolgswirkung mit der der separaten Betrachtung der Erfolgswirkung weitestgehend, so dass die Hypothesen H_{B33} und H_{B6} bis H_{B9} nicht abzulehnen sind. Lediglich die Hypothesen H_{B4} und H_{B4} müssen auf Basis der Ergebnisse der separaten und simultanen Betrachtung der Erfolgswirkung letztlich verworfen werden.

7 Synopse und Implikationen

Im Rahmen dieses letzten Kapitels erfolgt eine zusammenfassende Darstellung und Synopse der wichtigsten Ergebnisse dieser Untersuchung, um hierauf aufbauend wesentliche forschungs- und praxisorientierte Schlussfolgerungen herauszuarbeiten. Zu diesem Zweck werden zunächst in Kapitel 7.1 die Vorgehensweise und die zentralen Ergebnisse der Untersuchung für die Klienten- und Beraterperspektive zusammengefasst dargestellt. Hierauf aufbauend widmet sich Kapitel 7.2 den Implikationen für die betriebswirtschaftliche Forschung. Anschließend werden in Kapitel 7.3 die Implikationen der Untersuchung für die Unternehmenspraxis unter Berücksichtigung der wesentlichen Unterschiede hinsichtlich der relativen Bedeutung der einzelnen Erfolgsfaktoren aus Klienten- bzw. Beraterperspektive behandelt. Schließlich wird in Kapitel 7.4 noch auf die Implikationen für die öffentliche Verwaltung eingegangen und eine zusammenfassende Übersicht der Erfolgsfaktoren präsentiert. Folgende Abbildung 81 ordnet das Kapitel 7 in den Gesamtzusammenhang dieser Untersuchung ein.

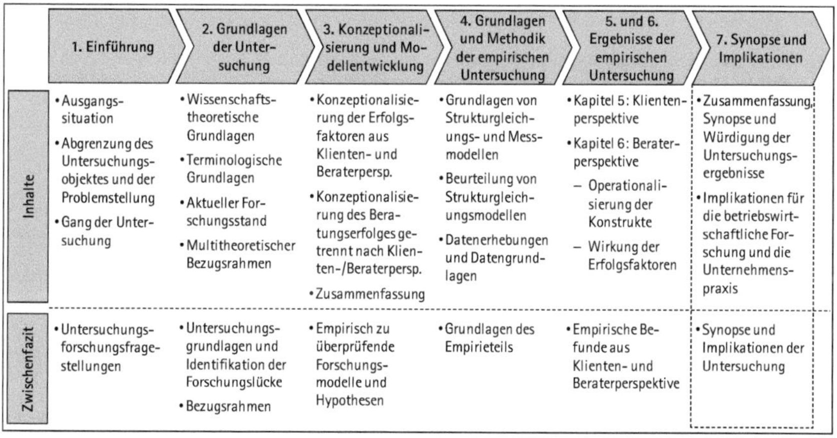

Abbildung 81: Einordnung von Kapitel 7 in die Untersuchung

7.1 Zentrale Ergebnisse der Untersuchung

Den Ausgangspunkt der vorliegenden Untersuchung bildete die Feststellung, dass Unternehmensberatung ein Themengebiet von sehr hoher praktischer Relevanz ist sowohl für den privatwirtschaftlichen als auch den öffentlichen Sektor. Seit der Gründung der ersten Unternehmensberatung im Jahre 1886 hat die Beratungsbranche eine rasante Entwicklungshistorie durchlaufen. Insbesondere seit den 1970er Jahren hat die Branche erheblich an Bedeutung gewonnen und ist mittlerweile aus dem Alltag der meisten mittleren und großen Unternehmen nicht mehr wegzudenken. Unternehmensberatung hat somit einen hohen Einfluss in nahezu allen Wirtschaftsbereichen, und auch für die Zukunft werden für die Unternehmensberatungsbranche positive Wachstumsraten prognostiziert.[767]

Folglich steigt auch das Interesse seitens der wirtschaftswissenschaftlichen Forschung für das Themengebiet Unternehmensberatung seit Ende der 1980er Jahre stetig. Allerdings bestehen derzeit noch große Defizite in Bezug auf grundlegende Arbeiten zur Beratung von Organisationen. Dementsprechend „schenkt die betriebswirtschaftliche Forschung diesem Dienstleistungsbereich bis heute noch keine solche Aufmerksamkeit, die seiner zunehmenden wirtschaftlichen Bedeutung auch nur annähernd entspräche."[768] Insbesondere mangelt es an empirisch fundierten Studien, die verallgemeinerungsfähige und damit praxisrelevante Aussagen ermöglichen.[769]

Eine dieser grundlegenden Fragestellungen, die hohe Relevanz für alle Typen von Beratungsprojekten besitzt, ist, warum bei Unternehmensberatung Probleme auftreten bzw. Erwartungen und Ziele nicht erreicht werden. Daher ist es notwendig, sich mit der Problemstellung auseinanderzusetzten, welche Faktoren den Erfolg von Unternehmensberatung beeinflussen. Die im Rahmen des Forschungsüberblicks dieser Studie systematisch durchgeführte Bestandsaufnahme von Forschungsarbeiten zeigte, dass derzeit nur wenige qualitativ hochwertige Studien dieses Thema behandeln.

Das vorhandene Schrifttum ist vorwiegend narrativer Natur, und die wenigen wissenschaftlichen empirischen Arbeiten behandeln die Fragestellung sehr partiell oder mit einem fokussierten Betrachtungswinkel. Eine umfassende konfirmatorische Studie zu den Erfolgsfaktoren von Unternehmensberatung konnte weder aus Klienten- noch aus Beraterperspektive identifiziert werden, so dass die bisherige wirtschaftswissenschaftliche Forschung hier eine Forschungslücke aufweist.[770]

Basierend auf diesem Forschungsdefizit ergibt sich die übergeordnete Zielstellung dieser Untersuchung: Identifikation und Messung von Erfolgsfaktoren von Unternehmensberatung aus Klienten- und Beraterperspektive. Trotz der hohen Komplexität wurde hierbei bewusst eine Zweiperspektivenbetrachtung gewählt, indem die Problemstellung sowohl aus Klienten- aus auch aus Beraterperspektive analysiert wird. Dieses Vorgehen hat den Vorteil, dass perspektivenabhängige

---

767 Vgl. Kapitel 1.1.
768 Fritz/Effenberger (2008), S. 278.
769 Vgl. Kapitel 1.1.
770 Vgl. Kapitel 2.3.

Unterschiede hinsichtlich der relativen Bedeutung der einzelnen Erfolgsfaktoren analysiert werden können.[771] Konkret lässt sich die Problemstellung somit in vier Forschungsfragen unterteilen.

Bei den ersten beiden Forschungsfragen geht es – abhängig von der Betrachtungsperspektive – um die theoriegeleitete Herleitung, inhaltliche Konkretisierung und Operationalisierung der Erfolgsfaktoren von Unternehmensberatung aus Klienten- (Forschungsfrage 1) bzw. Beraterperspektive (Forschungsfrage 2). Basierend auf den ersten beiden Forschungsfragen erfolgt im Rahmen der Forschungsfragen 3 und 4 die Untersuchung der Erfolgswirksamkeit wiederum aus Klientenperspektive (Forschungsfrage 3) und aus Beraterperspektive (Forschungsfrage 4). In diesem Zusammenhang ist es notwendig, das Erfolgskonstrukt sowohl für die Klientenperspektive als auch für die Beraterperspektive zu konzeptionalisieren und zu operationalisieren.[772]

Zur Bearbeitung der vier Forschungsfragen wurde ein theoretischer Bezugsrahmen entwickelt. Der Leitidee des theoretischen Pluralismus folgend wurde hierbei auf die Prinzipal-Agent-Theorie und den Resource Based View zurückgegriffen. Auf Basis dieser Theorien – ergänzt durch das relevante Schrifttum und exploratorische Expertengespräche – wurden die Hypothesen hinsichtlich der Erfolgsfaktoren, dem Unternehmensberatungserfolg und deren Wirkungszusammenhänge sowohl für die Klienten- als auch die Beraterperspektive deduziert.[773]

Unter Rückgriff auf die Prinzipal-Agent-Theorie konnten folgende vier relevante Erfolgsfaktoren von Unternehmensberatung hergeleitet werden: Gemeinsame Zielvorstellung, Intensität der Kollaboration, Vertrauen und Projektmanagement. Drei weitere Erfolgsfaktoren wurden basierend auf dem Resource Based View theoretisch deduziert. Hierbei handelt es sich um die Beraterkompetenz, die Bereitgestellten Ressourcen und den Top Management Support. Insgesamt flossen somit sieben Erfolgsfaktoren von Unternehmensberatung sowohl für die Klienten- als auch die Beraterperspektive in die Untersuchung ein.[774]

Im Gegensatz zu den Erfolgsfaktoren konnte der Unternehmensberatungserfolg nicht perspektivenunabhängig konzeptionalisiert werden. Dies liegt darin begründet, dass aus Klienten- bzw. Beraterperspektive zum Teil andere Aspekte für den Erfolg von Unternehmensberatung von Relevanz sind. So wurde der Unternehmensberatungserfolg aus Klientenperspektive als ein Konstrukt zweiter Ordnung mit den Dimensionen Einhaltung von Budget und Zeitplan, Zielerreichungsgrad

[771] Vgl. Kapitel 7.3.
[772] Vgl. Kapitel 1.2.
[773] Vgl. Kapitel 2.4 und Kapitel 3.
[774] Vgl. Kapitel 3.1.

und Grad der Akzeptanz konzeptionalisiert. Zusätzlich wurde unterstellt, dass einerseits die einzelnen Erfolgsdimensionen einen positiven Einfluss auf die Gesamtzufriedenheit mit Unternehmensberatung aus Klientenperspektive aufweisen, und dass andererseits die einzelnen Erfolgsfaktoren positiv auf den Unternehmensberatungserfolg wirken.[775]

Der Unternehmensberatungserfolg aus Beraterperspektive wurde ebenfalls als ein Konstrukt zweiter Ordnung konzeptionalisiert und beinhaltet folgende vier Dimensionen: Einhaltung von Budget und Zeitplan, Zielerreichungsgrad, Profitabilität und Expansion und Extension. Auch hier wurde ein positiver Effekt der Erfolgsfaktoren auf den Unternehmensberatungserfolg aus Beraterperspektive unterstellt.[776] Insgesamt ergaben sich somit für die Klientenperspektive zwölf Untersuchungshypothesen und für die Beraterperspektive neun Untersuchungshypothesen, die das jeweilige Forschungsmodell konkretisieren.[777]

Die theoretisch-konzeptionell entwickelten Untersuchungsmodelle wurden anschließend im Rahmen einer branchenübergreifenden Erhebung mit Hilfe von Strukturgleichungsmodellen empirisch überprüft. Nach einer Darstellung des allgemeinen Ansatzes von Strukturgleichungsmodellen inklusive der für diese Arbeit zur Anwendung kommenden Gütekriterien zur Beurteilung der Messmodelle, wurden für sämtliche Konstrukte entsprechend ihrer definitorischen Abgrenzung etablierte Indikatorbatterien identifiziert bzw. entwickelt. Im Rahmen von Expertengesprächen und diversen Pretests konnten diese verfeinert bzw. an die Spezifika dieser Arbeit angepasst werden. Durch die mehrstufige Vorgehensweise der Konstruktoperationalisierung wurde die Grundlage für eine hohe Reliabilität und Validität der Messungen gelegt.[778]

Sowohl für die Klienten- als auch die Beraterperspektive kam eine fragenbogenbasierte Online-Erhebung zur Anwendung. Für die Klientenperspektive konnte ein Rücklauf von insgesamt 255 verwertbaren Fragenbögen erzielt werden, und für die Beraterperspektive gingen 348 Fälle in die Untersuchung ein. Die Repräsentativität der Stichproben und das Nicht-Vorliegen verschiedener Biase konnten anhand der Daten nachgewiesen werden. Insbesondere kam hierbei das Verfahren der Triangulation zum Einsatz. Insgesamt kann davon ausgegangen werden, dass die Datensätze weitestgehend frei von systematischen Verzerrungen sind.[779]

[775] Vgl. Kapitel 3.2.
[776] Vgl. Kapitel 3.2.
[777] Vgl. Kapitel 3.3.
[778] Vgl. Kapitel 4.3.
[779] Vgl. Kapitel 4.4.

Auf Basis eines im Schrifttum anerkannten Prüfschemas und unter Zuhilfenahme eines kovarianzbasierten Schätzverfahrens erfolgten die Überprüfung der Reliabilität und Validität der einzelnen Messmodelle sowie die Analyse der Wirkungsbeziehungen zwischen den verschiedenen Konstrukten. Insgesamt konnten sehr zufriedenstellende Ergebnisse hinsichtlich der Qualität der Messungen erzielt werden. Bezüglich der ersten beiden Forschungsfragestellungen zeigte sich, dass die sieben identifizierten Erfolgsfaktoren von Unternehmensberatung mit insgesamt 27 (Klientenperspektive) bzw. 30 (Beraterperspektive) Indikatoren reliabel und valide gemessen werden können. Für beide Perspektiven konnte außerdem eine ausreichend hohe Konvergenz- und Diskriminanzvalidität nachgewiesen werden.[780]

Bezüglich der dritten Forschungsfrage kann zunächst festgehalten werden, dass der Unternehmensberatungserfolg aus Klientenperspektive als reflektives Konstrukt zweiter Ordnung identifiziert wurde und mit Hilfe der drei konzeptionalisierten Erfolgsdimensionen valide und reliabel abgebildet wird. Neben signifikanten Ladungen der Dimensionen auf den Faktor zweiter Ordnung konnte auch eine ausreichend hohe Konvergenz- und Diskriminanzvalidität der Erfolgsdimensionen festgestellt werden. Hinsichtlich der relativen Bedeutung der Erfolgsdimensionen erwies sich der Zielerreichungsgrad als das Konstrukt mit der höchsten Erfolgsrelevanz gefolgt vom Grad der Akzeptanz und der Einhaltung von Budget und Zeitplan. Darüber hinaus konnte ein signifikant positiver Einfluss der einzelnen Erfolgsdimensionen auf die Gesamtzufriedenheit mit Unternehmensberatung aus Klientensicht nachgewiesen werden.[781]

Des Weiteren konnte, den Einfluss der einzelnen Erfolgsfaktoren auf den Unternehmensberatungserfolg aus Klientenperspektive betrachtend, für sechs von sieben Erfolgsfaktoren eine signifikante Wirkungsbeziehung der Pfadkoeffizienten sowohl in den einzelnen Partialmodellen als auch im Totalmodell festgestellt werden. Lediglich für das Konstrukt Vertrauen konnte kein signifikanter Erfolgseinfluss nachgewiesen werden. Dieses Ergebnis relativiert die im Schrifttum häufig dargelegte wichtige Bedeutung eines vertrauensvollen Verhältnisses zwischen Klient und Berater für den Erfolg von Unternehmensberatung.[782] Für eine intensivere Untersuchung dieser Beziehung wären weitere Studien in diesem Zusammenhang wünschenswert.[783]

Hinsichtlich der relativen Bedeutung der einzelnen Erfolgsfaktoren auf den Unternehmensberatungserfolg erwiesen sich die Beraterkompetenz gefolgt von der Intensität der Kollaboration und

---

[780] Vgl. Kapitel 5.1.1 und Kapitel 6.1.1.
[781] Vgl. Kapitel 5.1.2.
[782] Vgl. Göbel (2002), S. 118 ff.; Glückler/Armbrüster (2003), S. 289 f.
[783] Vgl. Kapitel 7.2.

der gemeinsamen Zielvorstellung gemessen an der Höhe der Pfadkoeffizienten als die Faktoren mit dem größten Einfluss.[784]

In Bezug auf die vierte Forschungsfrage wurde der Unternehmensberatungserfolg aus Beraterperspektive als ein reflexives Konstrukt zweiter Ordnung mit den vier konzeptionalisierten Dimensionen valide und reliabel abgebildet. Dabei konnten neben einer ausreichend hohen Konvergenz- und Diskriminanzvalidität der Erfolgsdimensionen auch signifikante Ladungen der Dimensionen auf den Faktor zweiter Ordnung festgestellt werden.[785]

Hinsichtlich der relativen Bedeutung der Erfolgsdimensionen erwies sich analog zur Klientenperspektive der Zielerreichungsgrad als das Konstrukt mit der höchsten Erfolgsrelevanz gefolgt von der Einhaltung von Budget und Zeitplan, Expansion und Extension und Profitabilität. Bezüglich des Einfluss der einzelnen Erfolgsfaktoren auf den Unternehmensberatungserfolg konnte für die Beraterperspektive für fünf von sieben Erfolgsfaktoren eine signifikante Wirkungsbeziehung der Pfadkoeffizienten sowohl in den einzelnen Partialmodellen als auch im Totalmodell festgestellt werden. Lediglich für die Konstrukte Vertrauen und das Konstrukt Projektmanagement konnte kein signifikanter Erfolgseinfluss nachgewiesen werden. Auch in diesem Fall wären weitere Studien zur genaueren Analyse wünschenswert.[786]

Die relative Bedeutung der einzelnen Erfolgsfaktoren auf den Unternehmensberatungserfolg betrachtend erwiesen sich auch für die Beraterperspektive die Beraterkompetenz, die Intensität der Kollaboration und die gemeinsamen Zielvorstellung als die Faktoren mit dem größten Einfluss, allerdings in der Reihenfolge Intensität der Kollaboration, gemeinsame Zielvorstellung und Beraterkompetenz. Die empirischen Ergebnisse zu allen Untersuchungshypothesen sind in Tabelle 57 sowohl für die Klienten- als auch die Beraterperspektive zusammengefasst aufgelistet.

Perspektive	Nr.	Postulat der Hypothese	Fazit
Klienten-perspektive	H_{K1}	Aus Klientensicht existieren bei einem Unternehmensberatungsprojekt sieben voneinander abgrenzbare Erfolgsfaktoren: die gemeinsame Zielvorstellung, die Intensität der Kollaboration, das Vertrauen, das Projektmanagement, die Beraterkompetenz, die bereitgestellten Ressourcen und der Top Management Support.	nicht abgelehnt

[784] Vgl. Kapitel 5.2.
[785] Vgl. Kapitel 6.1.2.
[786] Vgl. Kapitel 7.2.

Perspektive	Nr.	Postulat der Hypothese	Fazit
	H_{K2}	Aus Klientensicht existieren bei einem Unternehmensberatungsprojekt drei voneinander abgrenzbare Erfolgsdimensionen, nämlich die Einhaltung von Budget und Zeitplan, der Zielerreichungsgrad und der Grad der Akzeptanz. Diese bilden ein übergeordnetes reflektives Konstrukt zweiter Ordnung, das sich inhaltlich als Unternehmensberatungserfolg aus Klientenperspektive interpretieren lässt.	nicht abgelehnt
	H_{K3}	Je besser die Einhaltung von Budget und Zeitplan ist, desto höher ist die Zufriedenheit der Klienten mit der Unternehmensberatung.	nicht abgelehnt
	H_{K4}	Je besser der Zielerreichungsgrad, desto höher ist die Zufriedenheit der Klienten mit der Unternehmensberatung.	nicht abgelehnt
	H_{K5}	Je höher der Grad der Akzeptanz ist, desto höher ist die Zufriedenheit der Klienten mit der Unternehmensberatung.	nicht abgelehnt
	H_{K6}	Je besser die gemeinsame Zielvorstellung zwischen Klient und Berater ist, desto höher ist der Unternehmensberatungserfolg.	nicht abgelehnt
	H_{K7}	Je höher die Intensität der Kollaboration, desto höher ist der Unternehmensberatungserfolg.	nicht abgelehnt
	H_{K8}	Je größer das Vertrauen zwischen Klient und Berater ist, desto höher ist der Unternehmensberatungserfolg.	abgelehnt
	H_{K9}	Je besser das Projektmanagement ist, desto höher ist der Unternehmensberatungserfolg.	nicht abgelehnt
	H_{K10}	Je besser die Beraterkompetenz, desto höher ist der Unternehmensberatungserfolg.	nicht abgelehnt
	H_{K11}	Je besser die bereitgestellten Ressourcen sind, desto höher ist der Unternehmensberatungserfolg.	nicht abgelehnt
	H_{K12}	Je höher der Top Management Support, desto höher ist der Unternehmensberatungserfolg.	nicht abgelehnt
Beraterperspektive	H_{B1}	Aus Beratersicht existieren bei einem Unternehmensberatungsprojekt sieben voneinander abgrenzbare Erfolgsfaktoren: die gemeinsame Zielvorstellung, die Intensität der Kollaboration, das Vertrauen, das Projektmanagement, die Beraterkompetenz, die bereitgestellten Ressourcen und der Top Management Support.	nicht abgelehnt
	H_{B2}	Aus Beratersicht existieren vier voneinander abgrenzbare Erfolgsdimensionen in Form der Einhaltung von Budget und Zeitplan, dem Zielerreichungsgrad, der Profitabilität sowie der Expansion und Extension, welche ein übergeordnetes reflektives Konstrukt zweiter Ordnung bilden, das sich inhaltlich als Unternehmensberatungserfolg aus Beraterperspektive interpretieren lässt.	nicht abgelehnt
	H_{B3}	Je besser die gemeinsame Zielvorstellung zwischen Klient und Berater ist, desto höher ist der Unternehmensberatungserfolg.	nicht abgelehnt
	H_{B4}	Je höher die Intensität der Kollaboration, desto höher ist der Unternehmensberatungserfolg.	nicht abgelehnt
	H_{B5}	Je größer das Vertrauen zwischen Klient und Berater ist, desto höher ist der Unternehmensberatungserfolg.	abgelehnt
	H_{B6}	Je besser das Projektmanagement ist, desto höher ist der Unternehmensberatungserfolg.	abgelehnt

Perspektive	Nr.	Postulat der Hypothese	Fazit
	H_{B7}	Je besser die Beraterkompetenz, desto höher ist der Unternehmensberatungserfolg.	nicht abgelehnt
	H_{B8}	Je besser die bereitgestellten Ressourcen sind, desto höher ist der Unternehmensberatungserfolg.	nicht abgelehnt
	H_{B9}	Je höher der Top Management Support, desto höher ist der Unternehmensberatungserfolg.	nicht abgelehnt

Tabelle 57: Empirische Ergebnisse der Hypothesenüberprüfung

7.2 Implikationen für die betriebswirtschaftliche Forschung

Die vorliegende Untersuchung behandelt einen in der betriebswirtschaftlichen Forschung zwar sehr häufig diskutierten, jedoch bislang nicht in umfassender Weise konzeptionalisierten und operationalisierten Untersuchungsgegenstand. Sie leistet somit einen bedeutenden Beitrag zum besseren inhaltlichen Verständnis der Erfolgsfaktoren von Unternehmensberatung, deren Erfolgswirkung und nicht zuletzt des Unternehmensberatungserfolgs aus Klienten- und Beraterperspektive.

Ein besonderer Wert wurde hierbei auf die theoretische Fundierung des Hypothesensystems sowie die Reliabilität und Validität der Messungen gelegt, um einerseits hohen wissenschaftlichen Qualitätsstandards zu entsprechen und um anderseits den Ergebnissen eine hohe Realitätsnähe bzw. Praxisrelevanz zusprechen zu können. Aus der wissenschaftlichen Perspektive betrachtet, sollte die vorliegende Untersuchung daher sowohl in konzeptioneller als auch in empirischer Hinsicht als Ausgangspunkt für weitere Forschungsarbeiten angesehen werden.

Im Rahmen des Literaturüberblicks konnte festgestellt werden, dass derzeit keine Untersuchung – weder aus Klienten-, noch aus Berater- oder Klienten- und Beraterperspektive – existiert, die die Erfolgsfaktoren bzw. den Erfolg von Unternehmensberatung umfassend, auf Basis eines fundierten theoretischen Ansatzes und qualitativ empirisch anspruchsvoll untersucht. Bisherige Forschungsbemühungen behandeln das Thema sehr partiell oder mit einem fokussierten Betrachtungswinkel und zumeist ohne eine theoretische Fundierung.[787] Die Fülle an so genannter „Enthüllungsliteratur"[788] ist eher „from anecdotal evidence"[789] und somit von geringen wissenschaftlichen Gehalt. Somit kann diese Arbeit als eine der ersten wissenschaftlichen Untersuchungen

[787] Vgl. Kapitel 2.3.
[788] Armbrüster/Kieser (2001), S. 691.
[789] Appelbaum/Steed (2005), S. 69.

angesehen werden, die dem „often-stated objective to explain the success of consulting"[790] in adäquater Art und Weise gerecht wird.

Von einem theoretisch-wissenschaftlichen Standpunkt aus betrachtet, ist die vorliegende Arbeit eine der wenigen Untersuchungen, die auf eine bezugsrahmenorientierte Herleitung nicht verzichtet und somit als eine theoretisch fundierte Arbeit eingestuft werden kann. Die Ergebnisse deuten darauf hin, dass der multi-theoretische Bezugsrahmen bestehend aus der Prinzipal-Agent-Theorie und dem Resource Based View für die Herleitung der Untersuchungsmodelle grundsätzlich sehr gut geeignet ist. Aufgrund der hohen Erklärungsrelevanz sollten diese Theorien auch bei zukünftigen Forschungsarbeiten zum Themengebiet Unternehmensberatung intensiver genutzt werden.

Trotz der theoretisch getriebenen und methodisch anspruchsvollen Konzeptionalisierung und Operationalisierung der Erfolgsfaktoren von Unternehmensberatung sowohl aus Klienten- als auch aus Beraterperspektive inklusive der Betrachtung des Erfolgs von Unternehmensberatung bzw. den Erfolgswirkungen, unterliegen die gewonnenen Ergebnisse einigen Restriktionen, aus denen sich Ansatzpunkte für zukünftige Forschungsaktivitäten ableiten lassen.

Zunächst gilt es zu berücksichtigen, dass hinsichtlich der abgelehnten Hypothesen ein weiterer Forschungsbedarf besteht, um für die entsprechenden Wirkungsbeziehungen bessere Vorhersagen treffen zu können. Für die Klienten- und Beraterperspektive konnte kein signifikanter Zusammenhang zwischen dem Vertrauen zwischen Klient und Berater und dem Erfolg von Unternehmensberatung festgestellt werden. Des Weiteren konnte für die Beraterperspektive kein signifikanter Wirkungszusammenhang zwischen dem Projektmanagement und dem Unternehmensberatungserfolg nachgewiesen werden. Aus diesem Grund ist es von besonderem Interesse, die genannten Wirkungsbeziehungen in etwaigen Folgestudien genauer zu analysieren.

In diesem Zusammenhang gilt es auch zu berücksichtigen, dass die vorliegende Untersuchung aufgrund des relativ breit angelegten Forschungsfokus eher grundlegende Erfolgsfaktoren von Unternehmensberatung theoretisch deduziert, um diese bezüglich einer Erfolgswirkung zu untersuchen. Dieses Vorgehen impliziert auch eine relativ grobe Hypothesenformulierung, die im Rahmen zukünftiger Arbeiten dahingehen verfeinert werden könnte, sich auf einzelne Erfolgsfaktoren zu konzentrieren bzw. diese differenzierter zu betrachten. Darüber hinaus wurde aufgrund der Zweiperspektivenbetrachtung und der damit einhergehenden hohen Komplexität für

[790] Schweizer/zu Knyphausen-Aufsess/Rajes (2009), S. 394.

die vorliegende Arbeit darauf verzichtet, Determinanten (Einflussgrößen der Erfolgsfaktoren) und situative Variablen (Einflussgrößen auf die Wirkungsbeziehungen) in die Betrachtung mit einzubeziehen. Zukünftige Arbeiten können hieran ansetzen und beispielsweise untersuchen, ob die Komplexität eines Beratungsprojektes und/oder die Klientenberatungserfahrung einen Einfluss auf die Wirkungsbeziehungen der Erfolgsfaktoren auf den Unternehmensberatungserfolg haben.

Ein weiterer Aspekt, der aufgrund der hohen Komplexität der vorliegenden Studie ausgeklammert wurde und insbesondere nicht Gegenstand einer ersten umfassenden Studie der Erfolgsfaktoren von Unternehmensberatung sein sollte, ist die Frage, ob der Unternehmensberatungserfolg einen weiterführenden Effekt auf den Unternehmenserfolg sowohl aus Klienten- als auch aus Beraterperspektive hat. Da Unternehmensberatung mittlerweile insbesondere bei Mittel- und Großunternehmen weit verbreitet ist, kann davon ausgegangen werden, dass ein derartiger positiver Effekt für die Klientenperspektive existiert. Ebenso für die Beraterperspektive sollte dieser Wirkungszusammenhang schon aus rein wirtschaftlich-ökonomischen Gründen nachweisbar sein. Nachfolgende Forschungsprojekte sollten daher den Unternehmenserfolg explizit in die Betrachtung mit einbeziehen.

Da es im Rahmen der Operationalisierung zu einer nicht unerheblichen Elimination von Indikatoren gekommen ist, wäre es darüber hinaus wünschenswert, Replikationsstudien durchzuführen. Auch wenn die für die vorliegende Studie durchgeführte Datentriangulation bereits für eine hohe Validität und Reliabilität der Ergebnisse spricht, könnten mit Hilfe von Replikationsstudien mit Bezug auf die deduzierten Erfolgsfaktoren, das Erfolgskonstrukt und die Erfolgswirkungen Zufallsergebnisse endgültig ausgeschlossen werden. Denkbar wäre in diesem Zusammenhang eine empirische Überprüfung in einem internationalen Kontext, womit gleichzeitig die Beschränkung der vorliegenden Studie auf den deutschsprachigen Raum aufgehoben werden könnte.

Da die vorliegenden Untersuchungsmodelle branchenübergreifend analysiert wurden, wäre es letztlich außerdem interessant, zu analysieren, ob die erzielten Erkenntnisse auch in einzelnen Branchen Geltung haben. Durch Replikationsstudien in anderen Ländern und/oder einzelnen Branchen ließe sich die Reliabilität und Validität der vorliegenden Untersuchung weiter verifizieren und die Generalisierbarkeit der Studienergebnisse bestätigen.

7.3 Implikationen für die Unternehmenspraxis

Wenngleich die vorliegende Untersuchung durch einen konfirmatorisch-deskriptiven und konfirmatorisch-explikativen Untersuchungscharakter geprägt ist, und die Entwicklung instrumenteller Handlungsempfehlungen somit nicht Hauptgegenstand dieser Arbeit ist, lassen sich aus den Studienergebnissen insbesondere aufgrund der durchgeführten Zweiperspektivenbetrachtung wichtige Implikationen für die Unternehmenspraxis ableiten.

Im Rahmen der empirischen Überprüfung konnte gezeigt werden, dass die deduzierten Erfolgsfaktoren sowohl aus Klienten- als auch aus Beraterperspektive essentiell sind. Durch die systematische Analyse der einzelnen Erfolgsfaktoren können Hinweise bezüglich relevanten Handlungsoptionen bzw. Gestaltungsparameter abgeleitet werden, die vom Management genutzt werden können, um den Erfolg von Unternehmensberatung positiv zu beeinflussen. Konkret kann anhand der Höhe der einzelnen Pfadkoeffizienten die relative Bedeutung der einzelnen Erfolgsfaktoren für den Erfolg von Unternehmensberatung abgeleitet werden. In folgender Abbildung 82 werden diese für alle sieben Erfolgsfaktoren sowohl für die Klienten- als auch die Beraterperspektive dargestellt und kann somit als Hilfestellung herangezogen werden, auf welche Einflussgrößen das Management von Klientenunternehmen bzw. Unternehmensberatungsfirmen ihre Aufmerksamkeit richten sollten.

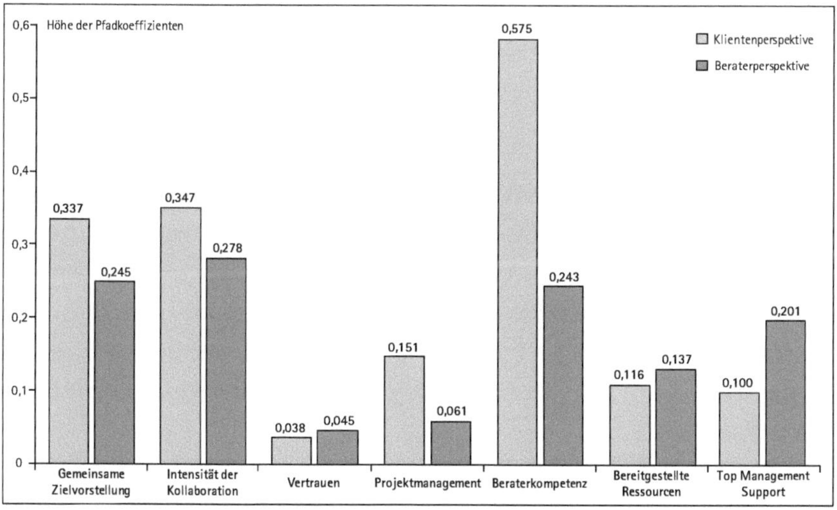

Abbildung 82: Vergleich des Einflusses der sieben Erfolgsfaktoren auf den Unternehmensberatungserfolg aus Klienten- und Beraterperspektive

Aus Klientenperspektive hat demnach die Beraterkompetenz die höchste Bedeutung für den Erfolg von Unternehmensberatung (0,575) und sollte daher als Aspekt höchster Priorität behandelt werden. Ein häufiger Grund, warum Organisationen sich Unternehmensberater ins Haus holen, ist die fehlende eigene Kompetenz im Unternehmen. Daher ist bei einem Unternehmensberatungsprojekt stets darauf zu achten, dass ein Fit bezüglich dem spezifischen Kompetenzbedarf und der von der Unternehmensberatung bereitgestellten Kompetenz besteht.

Nicht ganz so bedeutsam wie die Beraterkompetenz allerdings immer noch von herausragender Höhe sind die Pfadkoeffizienten der Erfolgsfaktoren Intensität der Kollaboration (0,347) und Gemeinsame Zielvorstellung (0,337) für die Betrachtungsperspektive Klient. Auch diese sollten vom verantwortlichen Management bzw. den Behörden mit hoher Priorität behandelt werden. Es kann davon ausgegangen werden, dass ein Unternehmensberatungsprojekt umso erfolgreicher ist, je intensiver Klient und Berater zusammenarbeiten und die hierfür notwendigen Voraussetzungen geschaffen werden (z.B. Abhalten von Workshops und/oder regelmäßigen Abstimmmeetings). Außerdem sollte in einem Beratungsprojekt Klarheit darüber bestehen, was genau die zu erreichenden Ziele sind. Neben einer klaren Definition selbiger impliziert dies auch eine stringente Kommunikationsstrategie an alle relevanten Stakeholder des Beratungsprojektes.

Die Pfadkoeffizienten der übrigen Erfolgsfaktoren weisen für die Klientenperspektive alle einen Wert unter 0,2 aus: Projektmanagement (0,151), Bereitgestellte Ressourcen (0,116), Top Management Support (0,100) und Vertrauen (0,038). Nichtsdestoweniger sollten auch diese Erfolgsfaktoren im Rahmen von Unternehmensberatungsprojekten vom verantwortlichen Management berücksichtigt werden.

Für die Beraterperspektive ergibt sich zunächst ein ähnliches Bild hinsichtlich der relativen Bedeutung der einzelnen Erfolgsfaktoren für den Erfolg von Unternehmensberatung. So können die Erfolgsfaktoren Intensität der Kollaboration (0,278), Gemeinsame Zielvorstellung (0,246) und Beraterkompetenz (0,243) ebenfalls als die top-drei Dimensionen mit der höchsten relativen Bedeutung für den Erfolg von Unternehmensberatung aus Beraterperspektive ausgemacht werden. Die Pfadkoeffizienten der übrigen Erfolgsfaktoren weisen wiederum niedrigere Werte aus: Top Management Support (0,201), Bereitgestelle Ressourcen (0,137), Projektmanagement (0,061) und Vertrauen (0,045).

Betrachtet man allerdings die bestehenden Differenzen der einzelnen Pfadkoeffizienten der Erfolgsfaktoren zwischen Klienten- und Beraterperspektive, so fällt zunächst auf, dass der Pfadkoeffizient des Erfolgsfaktors „Beraterkompetenz" aus Klientenperspektive wesentlich höher (0,575) ausfällt als aus Beraterperspektive (0,243).[791] Diese Differenz kann dahingehend interpretiert werden, dass für Klienten – wie bereits beschrieben – die Entscheidung ein Beratungs-

[791] Aufgrund des durchgeführten Forschungsdesigns sind hier lediglich qualitative und keine quantitativen Aussagen hinsichtlich der Differenzen aus Klienten- und Beraterperspektive möglich.

unternehmen zu engagieren oft aufgrund mangelnder eigener Kompetenzen erfolgt und somit inhärent ausauschlaggebend für den Erfolg von Unternehmensberatung ist.

Für Berater ist deren eigene Kompetenz zwar auch einer der wichtigsten Erfolgsfaktoren von Unternehmensberatung, allerdings kommt sie mit einem Pfadkoeffizienten von 0,243 lediglich auf Platz drei in der Rangliste. Dies mag darin begründet liegen, dass Unternehmensberater trotz herausragender Kompetenzen immer auf das Wissen der Klienten angewiesen sind. Im Rahmen von Meetings und Workshops bereiten sie beispielsweise die aktuelle Ist-Situation eines zu bearbeiteten Problems von Unternehmen auf und entwerfen schließlich erst basierend auf diesen Analysen ihre Anpassungsempfehlungen.

Diese Interpretation wird auch dahingehend untermauert, als dass aus Beraterperspektive der Erfolgsfaktor „Intensität der Kollaboration" als der Erfolgsfaktor mit dem höchsten Pfadkoeffizienten (0,278) ausfällt. Letztlich gilt es in der Unternehmenspraxis darauf zu achten, dass neben einem bestmöglichen Fit der Beraterkompetenzen eine intensive Zusammenarbeit zwischen Klient und Berater für den Erfolg eines Unternehmensberatungsprojektes unabdingbar ist.

Eine weitere interessante Differenz der Erfolgsfaktorenwirkungen zwischen Klienten- und Beraterperspektive betrifft den Erfolgsfaktor „Projektmanagement". Aus Klientenperspektive wurde mit einem Pfadkoeffizienten von 0,151 ein signifikanter Einfluss auf den Erfolg von Unternehmensberatung identifiziert. Aus Beraterperspektive konnte allerdings mit einem Pfadkoeffizienten von 0,061 kein signifikanter Einfluss auf den Unternehmensberatungserfolg nachgewiesen werden. Interpretiert werden kann dies dahingehend, dass aus Beraterperspektive das Projektmanagement vom Berater nicht als wesentlicher Bestandteil des Beratungsprojektes angesehen wird und somit auch nicht erfolgskritisch ist.

Allerdings dient das Projektmanagement aus Klientenperspektive unter anderem zu Controlling und Monitoringzwecken, um die Dienstleistung Unternehmensberatung transparenter und effektiver zu gestalten. Somit hat das Projektmanagement aus Klientenperspektive einen wesentlichen Einfluss auf den Erfolg von Unternehmensberatung, wohingegen aus Beraterperspektive das Projektmanagement als „lästige" Zusatzaufgabe angesehen werden kann. Um in der Praxis ein bestmögliches Beratungsergebnis zu liefern, empfiehlt es sich, die Aufgabe des Projektmanagements auszulagern, so dass die am Beratungsprojekt beteiligten Klienten und Berater sich auf ihre wesentlichen Aufgaben konzentrieren können.

Eine letzte hervorzuhebende Differenz in den unterschiedlich betrachteten Perspektiven betrifft die Höhe des Pfadkoeffizienten des Erfolgsfaktors „Top Management Support". Obwohl für beide Perspektiven ein signifikanter Einfluss des Top Management Supports auf den Erfolg von Unternehmensberatung nachgewiesen werden konnte, so besteht doch ein wesentlicher Unterschied in der Höhe der Pfadkoeffizienten: 0,100 für die Klientenperspektive und 0,201 für die Beraterperspektive. Somit stufen die Berater den Einfluss des Top Management Supports auf den Erfolg von Unternehmensberatung mehr als doppelt so stark ein wie die Klienten.

Warum die Berater den Top Management Support als weitaus wichtiger einstufen als die Klienten, kann wie folgt interpretiert werden. Aus Beraterperspektive wirkt sich ein ausgeprägter Top Management Support in zweierlei Hinsicht positiv auf den Unternehmensberatungserfolg aus. Zunächst einmal vereinfacht ein vorhandener starker Top Management Support die Arbeit des Beraters dahingehend, dass auf umfassende Überzeugungsarbeit bei Klientenmitarbeitern verzichtet werden kann. Darüber hinaus strahlt der Top Management Support auch positiv auf die Arbeit des Beraters ab. Unterstützt das Top Management umfassend ein spezifisches Beratungsprojekt, wird es in der Regel auch dafür sorgen, dass dieses im Unternehmen als Erfolg wahrgenommen wird und damit einhergehend auch die Arbeit des Unternehmensberaters. Mit anderen Worten könnte man auch sagen, ein umfassender Top Management Support bei einem Beratungsprojekt erleichtert die Arbeit des Unternehmensberaters und kann als Garant für Folgeprojekte angesehen werden.

Aus der Klientenperspektive betrachtet, ist ein entsprechender Top Management Support ebenfalls notwendig für den Erfolg eines Unternehmensberatungsprojektes. Ohne die notwendige Management Attention verliert ein Projekt schnell an Gewicht und droht gegeben falls sogar zu scheitern. Allerdings bestehen hier nicht derartige existentielle Abhängigkeitsverhältnisse wie bei der Beraterperspektive.

7.4 Implikationen für die öffentliche Verwaltung

Unternehmensberatung in der öffentlichen Verwaltung hat in den letzten Jahren immer mehr an Bedeutung gewonnen. Mittlerweile gehört der Bereich der öffentlichen Verwaltung zu einem festen Bestandteil des Portfolios vieler Unternehmensberatungsfirmen.[792] Dementsprechend haben die in Kapitel 7.3 gemachten Ausführungen zu den Implikationen dieser Untersuchung für die Unternehmenspraxis nicht nur Geltung für Unternehmensberatungsprojekte, die in der freien

[792] Vgl. Armbrüster/Banzhaf/Dingemann (2010), S. 10 ff. und Kapitel 1.1.

Wirtschaft durchgeführt werden, sondern auch für Unternehmensberatungsprojekte in der öffentlichen Verwaltung.[793]

Besonders hervorzuheben ist hierbei aus Klientenperspektive der Erfolgsfaktor „Beraterkompetenz". Für Beratungsprojekte im Bereich der öffentlichen Verwaltung sind spezifische für diesen Sektor zugeschnittene Kompetenzen bzw. Erfahrungen der Unternehmensberater für den Erfolg dieser Unternehmensberatungsprojekte notwendig. Beispielsweise werden bei Beratungsprojekten der öffentlichen Verwaltung im Rahmen von E-Government ein unter Einsatz von modernen Informations- und Kommunikationstechnologien zunehmend flexiblerer Austausch zwischen Bürger und Staat angestrebt. Bei der Definition einer derartigen E-Government-Strategie werden von den Unternehmensberatern die hierfür notwendigen Kenntnisse bzw. Erfahrungen vorausgesetzt. Aus diesem Grund gibt es mittlerweile bei vielen Unternehmensberatungsfirmen extra hierfür eingerichtete Kompetenzzentren, um adäquat auf die besonderen Bedürfnisse des Klienten „Staat" eingehen zu können.[794]

Aus Unternehmensberaterperspektive kommt nicht nur für Beratungsprojekte der privaten Wirtschaft, sondern auch für Unternehmensberatungsprojekte der öffentlichen Verwaltung dem Erfolgsfaktor „Intensität der Kollaboration" eine besondere Relevanz zu. Oft werden im Rahmen von Beratungsprojekten des öffentlichen Sektors hochsensible Themen mit langfristigen Auswirkungen auf die Gesellschaft und das öffentliche Leben behandelt, beispielsweise wenn es darum geht, das Gesundheitssystem eines Staates zu reformieren. Derartig komplexe Themen können zur in intensiver Zusammenarbeit mit den entsprechenden Staatsexperten behandelt bzw. umgesetzt werden.

Nachfolgende Abbildung 83 stellt abschließend die in dieser Arbeit behandelten Erfolgsfaktoren von Unternehmensberatungsprojekten absteigend sortiert nach deren Einfluss auf den Unternehmensberatungserfolg sowohl für die behandelte Klienten- als auch die Beraterperspektive grafisch dar. Diese Übersicht kann somit als Orientierungsrahmen für Angehörige und insbesondere das Management der Klientenperspektive bzw. Unternehmensberater dienen, wenn es darum geht, den Erfolg von Unternehmensberatungsprojekten sowohl für privatwirtschaftliche Unternehmen als auch im Bereich des öffentlichen Sektors positiv zu beeinflussen bzw. zu optimieren.

[793] Vgl. zu den Besonderheiten von Unternehmensberatung im öffentlichen Sektor Armbrüster/Banzhaf/Dingemann (2010).

[794] Vgl. z.B. McKinsey & Company (2013).

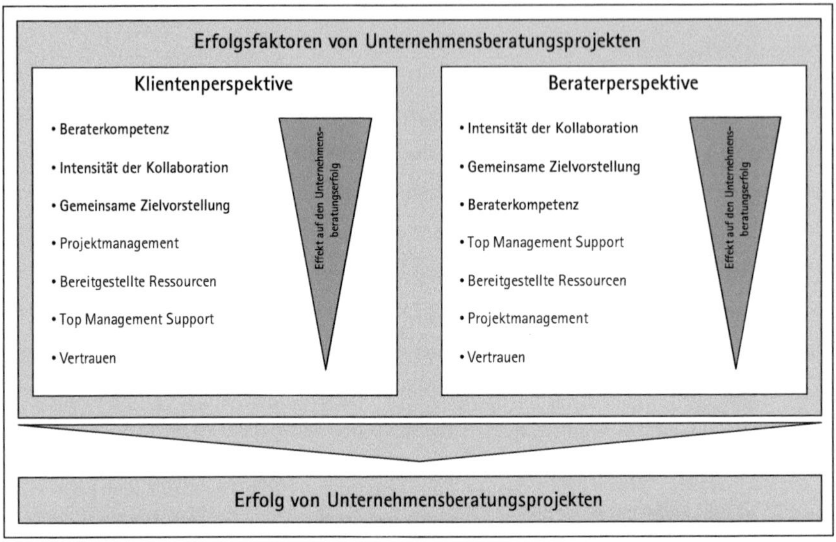

Abbildung 83: Rangliste Erfolgsfaktoren von Unternehmensberatungsprojekten

Literaturverzeichnis

ACCENTURE (2012a), Accenture: The Growth of a Global Leader, http://www.accenture.com/us-en/company/overview/history/Pages/growth-global-leader.aspx, Abruf: 30.11.2012.

ACCENTURE (2012b), Über Accenture, http://www.accenture.com/de-de/company/Pages/index.aspx, Abruf: 30.11.2012.

ADLER, J. (1996), Informationsökonomische Fundierung von Austauschprozessen: Eine nachfrageorientierte Analyse, Wiesbaden 1996.

AHARONI, Y. (1993), In Search for the Unique: Can Firm-Specific Advantages be Evaluated?, in: Journal of Management Studies, 30. Jg., Nr. 1, 1993, S. 31-44.

AKERLOFF, G.A. (1970), The Markets for "Lemons": Quality Uncertainty and the Market Mechanism, in: Quarterly Journal of Economics, 84. Jg., Nr. 3, 1970, S. 488-500.

AL-LAHAM, A. (2003), Organisationales Wissensmanagement: Eine strategische Perspektive, München 2003.

ALBERT, H. (1974), Zur Theorie der Konsumnachfrage, in: EBERLEIN, G.K.-R., W./LEINFELLNER, W. (Hrsg.), Forschungslogik der Sozialwissenschaften, Düsseldorf 1974, S. 227-283.

ALBERT, H. (1980), Traktat über kritische Vernunft, 4. Auflage, Tübingen 1980.

ALBERT, H. (1987), Kritik der reinen Erkenntnislehre - Das Erkenntnisproblem in realistischer Perspektive, Tübingen 1987.

ALBRECHT, F. (1993), Strategisches Management der Untemehmensressource Wissen, Frankfurt a. M. et al. 1993.

ALEWELL, D. (1994), Informationsasymmetrien in Arbeitsverhältnissen, in: Zeitschrift für Betriebswirtschaft, 64. Jg., Nr. 1, 1994, S. 57-79.

ALTHAUS, S. (1994), Unternehmensberatung: Gestaltungsvorschläge zur Steigerung der Effizienz des Beratungsprozesses, St. Gallen 1994.

ALVESSON, M./JOHANSSON, A. (2002), Professionalism and Politics in Management Consultancy Work, in: CLARK, T./FINCHAM, R. (Hrsg.), Critical consulting, Oxford 2002, S. 228-246.

AMIT, R./SCHOEMAKER, P.J.H. (1993), Strategic Assets and Organizational Rent, in: Strategic Management Journal, 14. Jg., Nr. 1, 1993, S. 33-46.

ANAND, N./GARDNER, H.K./MORRIS, T. (2007), Knowledge-based Innovation: Emergence and Embedding of New Practice Areas in Management Consulting Firms, in: Academy of Management Journal, 50. Jg., Nr. 2, 2007, S. 406-428.

ANDERSON, J.C. (1987), An Approach for Confirmatory Measurement and Structural Equation Modeling of Organizational Properties, in: Management Science, 33. Jg., Nr. 4, 1987, S. 525.

ANDERSON, J.C./GERBING, D.W. (1982), Some Methods for Respecifying Measurement Models to Obtain Unidimensional Construct Measurement, in: Journal of Marketing, 19. Jg., Nr. 4, 1982, S. 453-460.

ANDERSON, J.C./GERBING, D.W. (1988), Structural Equation Modeling in Practice: A Review and Recommended Two-Step Approach, in: Psychological Bulletin, 103. Jg., Nr. 3, 1988, S. 411-423.

ANDERSON, J.C./GERBING, D.W. (1991), Predicting the Performance of Measures in a Confirmatory Factor Analysis with a Pretest Assessment of their Substantive Validities, in: Journal of Applied Psychology, 76. Jg., Nr. 5, 1991, S. 732-740.

ANDERSON, J.C./NARUS, J.A. (1990), A Model of Distributor Firm and Manufacturer Firm Working Partnerships, in: Journal of Marketing, 54. Jg., Nr. 1, 1990, S. 42-58.

ANDERSON, P.F. (1983), Marketing, scientific progress, and scientific method, in: Journal of Marketing, 47. Jg., Nr. 4, 1983, S. 18-31.

APPELBAUM, S.H. (2004), Critical Success Factors in the Client-Consulting Relationship, in: Journal of American Academy of Business, 4. Jg., Nr. 1/2, 2004, S. 183-191.

APPELBAUM, S.H./STEED, A.J. (2004), The Client-Consulting Relationship: A Case Study Of Critical Success Factors At MQ Telecommuniques, in: Journal Of Business & Economics Research, 2. Jg., Nr. 2, 2004, S. 1-10.

APPELBAUM, S.H./STEED, A.J. (2005), The critical success factors in the client-consulting relationship, in: Journal of Management Development, 24. Jg., Nr. 1, 2005, S. 68-93.

ARBUCKLE, J.L. (2008), AMOS™ 17.0 User's Guide, Chicago 2008.

ARMBRÜSTER, T./BANZHAF, J./DINGEMANN, L. (2010), Unternehmensberatung im öffentlichen Sektor: Institutionenkonflikt, praktische Herausforderungen, Lösungen, 1. Auflage, Wiesbaden 2010.

ARMBRÜSTER, T./KIESER, A. (2001), Unternehmensberatung – Analysen einer Wachstumsbranche, in: Die Betriebswirtschaft, 6. Jg., Nr., 2001, S. 688-709.

ARMENAKIS, A.A./BURDG, H.B. (1988), Consultation Research: Contributions to Practice and Directions for Improvement, in: Journal of Management, 14. Jg., Nr. 2, 1988, S. 339-365.

ARMSTRONG, J.S./OVERTON, T.S. (1977), Estimating Nonresponse Bias in Mail Surveys, in: Journal of Marketing Research, 14. Jg., Nr. 3, 1977, S. 396-402.

ARTHUR D. LITTLE (2012), Über uns/Geschichte, http://www.adlittle.de/geschichte_de.html, Abruf: 29.11.2012.

BACKHAUS, K./BLECHSCHMIDT, B./EISENBEIß, M. (2006), Der Stichprobeneinfluss bei Kausalanalysen, in: Die Betriebswirtschaft, 66. Jg., Nr. 6, 2006, S. 711-726.

BACKHAUS, K./ERICHSON, B./PLINKE, W./WEIBER, R. (2011), Multivariate Analysemethoden: eine anwendungsorientierte Einführung, 13. Auflage, Berlin, Heidelberg 2011.

BACKHAUS, K./ERICHSON, B./WEIBER, R. (2011), Fortgeschrittene Multivariate Analysemethoden: Eine anwendungsorientierte Einführung, 13. Auflage, Berlin, Heidelberg 2011.

BAGOZZI, R.P. (1980), Causal Models in Marketing, New York 1980.

BAGOZZI, R.P. (1981), Evaluating Structural Equation Models With Unobservable Variables and Measurement Error: A Comment, in: Journal of Marketing Research, 18. Jg., Nr. 3, 1981, S. 375-381.

BAGOZZI, R.P. (1982a), A Field Investigation of Causal Relations Among Cognitions, Affect, Intentions, and Behavior, in: Journal of Marketing Research, 19. Jg., Nr. 4, 1982a, S. 562-584.

BAGOZZI, R.P. (1982b), The Role of Measurement in Theory Construction and Hypothesis Testing: Toward a Holistic Model, in: FORNELL, C. (Hrsg.), A Second Generation of Multivariate Analysis, Volume 2: Measurement and Evaluation, New York 1982b, S. 5-23.

BAGOZZI, R.P. (1994), Structural Equation Models in Marketing Research: Basic Principles, in: BAGOZZI, R.P. (Hrsg.), Principles of Marketing Research, Cambridge 1994, S. 317-385.

BAGOZZI, R.P./BAUMGARTNER, H. (1994), The Evaluation of Structural Equation Models and Hypothesis Testing, in: BAGOZZI, R.P. (Hrsg.), Principles in Marketing Research, Cambridge 1994, S. 386-422.

BAGOZZI, R.P./PHILLIPS, L.W. (1982), Representing and Testing Organizational Theories: A Holistic Construal in: Administrative Science Quarterly, 27. Jg., Nr. 3, 1982, S. 459-489.

BAGOZZI, R.P./YI, W./SINGH, S. (1991), On the use of structural equation models in experimental designs: Two extensions, in: International Journal of Research in Marketing, 8. Jg., Nr. 2, 1991, S. 125-140.

BAGOZZI, R.P./YI, Y. (1988), On the Evaluation of Structural Equation Models, in: Journal of the Academy of Marketing Science, 16. Jg., Nr. 1, 1988, S. 74-94.

BAGOZZI, R.P./YI, Y./PHILLIPS, L.W. (1991), Assessing Construct Validity in Organizational Research, in: Administrative Science Quarterly, 36. Jg., Nr. 3, 1991, S. 421-458.

BAIN, J.S. (1956), Barriers to new competition: their character and consequences in manufacturing industries, Cambridge 1956.

BAIN, J.S. (1968), Industrial Organization, 2. Auflage, New York/London/Sydney 1968.

BALDERJAHN, I. (1985), Strukturen sozialen Konsumbewußtseins, in: Marketing - Zeitschrift für Forschung und Praxis, 7. Jg., Nr. 4, 1985, S. 253-262.

BALDERJAHN, I. (1986), Das umweltbewusste Konsumentenverhalten, Berlin 1986.

BAMBERGER, I./WRONA, T. (1996), Der Ressourceneinsatz im Rahmen des Strategischen Managements, in: Wirtschaftswissenschaftliches Studium, 25. Jg., Nr. 8, 1996, S. 386-391.

BAMBERGER, I./WRONA, T. (2004), Strategische Unternehmensführung: Strategien, Systeme, Prozesse, München 2004.

BARCHEWITZ, C./ARMBRÜSTER, T. (2004), Unternehmensberatung. Marktmechanismen, Marketing, Auftragsakquisition, Wiesbaden 2004.

BARCLAY, D./HIGGINS, C./THOMPSON, R. (1995), The Partial Least Squares (PLS) Approach to Causal Modeling: Personal Computer Adoption and Use as an Illustration, in: Technology Studies, 2. Jg., Nr. 2, 1995, S. 285-309.

BARNEY, J. (1991), Firm Resources and Sustained Competitive Advantage, in: Journal of Management, 17. Jg., Nr. 1, 1991, S. 99-120.

BARNEY, J.B. (1986), Strategic Factor Markets: Expectations, Luck, and Business Strategy, in: Management Science, 32. Jg., Nr. 10, 1986, S. 1231-1241.

BARNEY, J.B. (1998), On becoming a strategic partner: the role of human resources in gaining competitive advantage, in: Human Resource Management, 37. Jg., Nr. 1, 1998, S. 31-46.

BARNEY, J.B. (2010), Gaining and Sustaining Competitive Advantage, Upper Saddle River 2010.

BARRETO, I. (2010), Dynamic Capabilities: A Review of Past Research and an Agenda for the Future, in: Journal of Management, 36. Jg., Nr. 1, 2010, S. 256-280.

BARTKO, J.J. (1976), On Various Intraclass Correlation Reliability Coefficients, in: Psychological Bulletin, 83. Jg., Nr. 5, 1976, S. 732-765.

BARTLING, U. (1985), Die Unternehmensberatung als externe Schnittstelle des Managements, Frankfurt am Main et al. 1985.

BAUER, H.H./BAYÓN, T. (1995), Zur Relevanz prinzipal-agenten-theoretischer Aussagen für die Vermarktung von Kontraktgütern, in: KAAS, K.P. (Hrsg.), Kontrakte, Geschäftsbeziehungen, Netzwerke - Marketing und Neue Institutionenökonomik, Zeitschrift für betriebswirtschaftliche Forschung, Sonderheft 35, Frankfurt 1995, S. 79-100.

BAUER, M. (2000), Kundenzufriedenheit in industriellen Geschäftsbeziehungen: kritische Ereignisse, nichtlineare Zufriedenheitsbildung und Zufriedenheitsdynamik, Wiesbaden 2000.

BAUMGARTNER, H./HOMBURG, C. (1996), Applications of structural equation modeling in marketing and consumer research: a review, in: International Journal of Research in Marketing, 13. Jg., Nr. 2, 1996, S. 139-161.

BDU (2010), Facts & Figures zum Beratermarkt 2009/2010, Bonn, Berlin, Brüssel 2010.

BDU (2011a), BDU-Marktstudie „Facts & Figures zum Beratermarkt 2010/2011", http://www.bdu.de/pesse_474.html, Abruf: 23.02.2011.

BDU (2011b), Facts & Figures zum Beratermarkt 2010/2011, Bonn, Berlin, Brüssel 2011b.

BDU (2012a), Berufsgrundsätze des Bundesverbandes Deutscher Unternehmensberater BDU e. V., http://www.bdu.de/media/22993/berufsgrunds_tze_12_2010_endfassung.pdf, Abruf: 05. 12.2012.

BDU (2012b), Der BDU, http://bdu.de/BDU.html, Abruf: 02.10.2012.

BDU (2012c), Facts & Figures zum Beratermarkt 2011/2012, Bonn, Berlin, Brüssel 2012c.

BDU (2012d), Facts & Figures zum Beratermarkt 2011/2012, http://www.bdu.de/downloads/JPK_2012_Charts.pdf, Abruf: 10.03.2012.

BDU (2012e), Unternehmensberatung heute, http://www.bdu.de/branche/, Abruf: 05.12.2012.

BDU (2012f), Verbandsstruktur, http://bdu.de/struktur.html, Abruf: 02.10.2012.

BDU (2013a), Facts & Figures zum Beratermarkt 2012/2013, http://www.bdu.de/media/149411/folien_pressemappe2013.pdf, Abruf: 16.03.2013.

BDU (2013b), Fusionskarussell: In der Consultingbranche werden die Karten neu gemischt, http://www.bdu.de/press-releases/bdu-studie-facts-figures-zum-beratermarkt-20122013.aspx, Abruf: 16.03.2013.

BDU (2013c), Honorare, http://www.bdu.de/beraterdatenbank/honorare/, Abruf: 08.08.2013.

BEA, F.X./HAAS, J. (2009), Strategisches Management, 5. Auflage, Stuttgart 2009.

BEA, F.X./SCHEURER, S./HESSELMANN, S. (2011), Projektmanagement, 2. Auflage, Konstanz, München 2011.

BECKER, G.S. (1993), Nobel Lecture: The Economic Way of looking at Behaviour, in: Journal of Political Economy, 101. Jg., Nr. 3, 1993, S. 385-409.

BECKER, J. (1999), Marktorientierte Unternehmensführung: Messung - Determinanten - Erfolgswirkungen, Wiesbaden 1999.

BENTLER, P.M. (1985), Theory and Implementation of EQS: A Structural Equations Program, Los Angeles 1985.

BENTLER, P.M. (1990), Comparative fit indexes in structural models, in: Psychological Bulletin, 107. Jg., Nr. 2, 1990, S. 238-246.

BENTLER, P.M./BONETT, D.G. (1980), Significance tests and goodness of fit in the analysis of covariance structures, in: Psychological Bulletin, 88. Jg., Nr. 3, 1980, S. 588-606.

BENTLER, P.M./CHOU, C.-P. (1987), Practical Issues in Structural Modeling, in: Sociological Methods & Research, 16. Jg., Nr. 1, 1987, S. 78-117.

BEREKOVEN, L./ECKERT, W./ELLENRIEDER, P. (2009), Marktforschung: Methodische Grundlagen und praktische Anwendung, 12. Auflage, Wiesbaden 2009.

BERGEN, M./DUTTA, S./WALKER, O.C. (1992), Agency Relationships in Marketing: A Review of the Implications and Applications of Agency and Related Theories, in: Journal of Marketing, 56. Jg., Nr. 3, 1992, S. 1-24.

BERGER, P.L./LUCKMANN, T. (1967), The Social Construction of Reality, London 1967.

BETZIN, J./HENSELER, J. (2005), Einführung in die Funktionsweise des PLS-Algorithmus, in: BLIEMEL, F.W./EGGERT, A./FASSOTT, G./HENSELER, J. (Hrsg.), Handbuch PLS-Pfadmodellierung: Methode, Anwendung, Praxisbeispiele, Stuttgart 2005, S. 49-69.

BHARADWAJ, S.G./VARADARAJAN, P.R./FAHY, J. (1993), Sustainable Competitive Advantage in Service Industries: A Conceptual Model and Research Propositions, in: Journal of Marketing, 57. Jg., Nr. 4, 1993, S. 83-99.

BINNEWIES, S. (2002), Strategisches Management professioneller Dienstleistungen am Beispiel der Unternehmensberatung, Göttingen 2002.

BLALOCK, H.M. (1964), Causal Inferences in Nonexperimental Research, Chapel Hill 1964.

BLALOCK, H.M. (1982), Conceptualization and measurement in the social sciences, Beverly Hills 1982.

BLIEMEL, F.W./EGGERT, A./FASSOTT, G./HENSELER, J. (2005), Die PLS-Pfadmodellierung: Mehr als eine Alternative zur Kovarianzstrukturanalyse, in: BLIEMEL, F.W./EGGERT, A./FASSOTT, G./HENSELER, J. (Hrsg.), Handbuch PLS-Pfadmodellierung. Methode, Anwendung, Praxisbeispiele, Stuttgart 2005, S. 9-16.

BLIESE, P.D. (1998), Group Size, ICC Values, and Group-Level Correlations: A Simulation, in: Organizational Research Methods, 1. Jg., Nr. 4, 1998, S. 355-373.

BLIESE, P.D. (2000), Within-Group Agreement, Non-Independence, and Reliability, Implications for Data Aggregation and Analysis, in: KLEIN, K.J./KOZLOWSKI, S.W.J. (Hrsg.), Multilevel Theory, Research, and Methods in Organizations, San Francisco 2000, S. 349-381.

BMU (2011), UAG - Umweltauditgeset, http://www.bmu.de/wirtschaft_und_umwelt/doc/2384.php, Abruf: 30.11.2012.

BOHNEN, A. (1975), Individualismus und Gesellschaftstheorie, Tübingen 1975.

BOHRNSTEDT, G.W. (1970), Reliability and Validity Assessment in Attitude Measurement, in: SUMMERS, G.F. (Hrsg.), Attitude Measurement, Chicago 1970, S. 80-99.

BÖING, C. (2001), Erfolgsfaktoren im Business-to-Consumer-E-Commerce, Wiesbaden 2001.

BOLLEN, K.A. (1989), Structural equations with latent variables, New York 1989.

BOLLEN, K.A./CURRAN, P.J. (2006), Latent curve models: a structural equation perspective, New York 2006.

BOLLEN, K.A./LENNOX, R. (1991), Conventional Wisdom on Measurement: A Structural Equation Perspective, in: Psychological Bulletin, 110. Jg., Nr. 2, 1991, S. 305-314.

BOOZ & COMPANY (2012), Geschichte, http://www.booz.com/de/home/Unternehmen/Geschichte, Abruf: 29.11.2012.

BORTZ, J. (2005), Statistik für Human- und Sozialwissenschaftler, 6. Auflage, Berlin 2005.

BOSCH, K. (2007), Basiswissen Statistik: Einführung in die Grundlagen der Statistik mit zahlreichen Beispielen und Übungsaufgaben mit Lösungen, München 2007.

BRAUCHLIN, E. (1978), Problemlösungs- und Entscheidungsmethodik, Bern 1978.

BREID, V. (1995), Aussagfahigkeit agencytheoretischer Ansätze im Hinblick auf die Verhaltenssteuerung von Entscheidungsträgern, in: Schmalenbachs Zeitschrift für betriebswirtschaftliche Forschung, 47. Jg., Nr. 9, 1995, S. 821-854.

BRONNENMAYER, M. (2010), Professioneller Umgang mit Unternehmensberatung, Strategien und Reaktionen, Hamburg 2010.

BROWN, H.I. (1977), Perception, Theory and Commitment: The New Philosophy of Science, Chicago 1977.

BROWNE, M.W./CUDECK, R. (1993), Alternative ways of assessing model fit, in: BOLLEN, K.A./LONG, J.S. (Hrsg.), Testing structural equation models, Newbury Park 1993, S. 136-162.

BURGHARDT, M. (2012), Projektmanagement - Leitfaden für die Planung, Überwachung und Steuerung von Projekten, 9. Auflage, Berlin, München 2012.

BÜRKI, D.M. (1996), Der 'resource-based view' Ansatz als neues Denkmodell des strategischen Managements, St. Gallen 1996.

BURMANN, C. (2002), Strategische Flexibilität und Strategiewechsel als Determinanten des Unternehmenswertes, Wiesbaden 2002.

BYRNE, B.M. (2010), Structural Equation Modeling with AMOS, 2. Auflage, New York, London 2010.

CAMPBELL, D.T. (1960), Recommendations for APA Test Standards Regarding Construct, Trait, or Discriminant Validity, in: American Psychologist, 15. Jg., Nr. 8, 1960, S. 546-553.

CAMPBELL, D.T./FISKE, D.W. (1959), Convergent and Discriminant Validity by the Muktitraid-Multimethod-Matrix, in: Psychological Bulletin, 56. Jg., Nr. 2, 1959, S. 81-105.

CANBACK, S. (1998), The logic of management consulting, in: Journal of Management Consulting, 10. Jg., Nr. 2, 1998, S. 3-11.

CAPGEMINI (2012), Wer wie sind, http://www.de.capgemini.com/capgemini/wer-wir-sind/historie/, Abruf: 30.11.2012.

CARMELI, A./TISHLER, A. (2004), Resources, Capabilities, and the Performance of Industrial Firms: A Multivariate Analysis, in: Managerial and Decision Economics, 25. Jg., Nr. 6-7, 2004, S. 299-315.

CARMINES, E.G./ZELLER, R.A. (1979), Reliability and Validity Assessment, Beverly Hills 1979.

CAUSEY, R.L. (1979), Theory and observation, in: ASQUITH, P.D.K., H. E. (Hrsg.), Current research in philosophy of science, East Lansing 1979, S. 187-206.

CHAHARBAGHI, K./LYNCH, R. (1999), Sustainable Competitive Advantage: Towards a Dynamic Resource-based Strategy, in: Management Decision, 37. Jg., Nr. 1, 1999, S. 45-50.

CHIN, W.W. (1998a), Issues and Opinion on Structure Equation Modeling, in: MIS Quarterly, 22. Jg., Nr. 1, 1998a, S. VII-XVI.

CHIN, W.W. (1998b), The Partial Least Squares Approach to Structural Equation Modeling, in: MARCOULIDES, G.A. (Hrsg.), Modern Methods for Business Research, Mahwah 1998b, S. 295-336.

CHIN, W.W./NEWSTED, P.R. (1999), Structural equation modeling analysis with small samples using partial least squares, in: HOYLE, R.H. (Hrsg.), Statistical strategies for small sample research, Thousand Oaks 1999, S. 307-340.

CHOU, C.-P./BENTLER, P.M. (1995), Estimates and Tests in Structural Equation Modeling, in: HOYLE, R.H. (Hrsg.), Structural Equation Modeling: Comcepts, Issues, and Applications, Thousand Oaks 1995, S. 37-55.

CHOU, C.-P./BENTLER, P.M./SATORRA, A. (1991), Scaled test statistics and robust standard errors for non-normal data in covariance structure analysis: a Monte Carlo study, in: British Journal of Mathematical and Statistical Psychology, 44. Jg., Nr. 2, 1991, S. 347-357.

CHRISTENSEN, J.F. (1996), Analysing the Technology Base of the Firm: A Multi-Dimensional Resource and Competence Perspective, in: FOSS, N.J./KNUDSEN, C. (Hrsg.), Towards a Competence Theory of the Firm, New York 1996, S. 111-132.

CHUN, R./DA SILVA, R./DAVIES, G./ROPER, S. (2003), Corporate Reputation and Competitiveness, Oxford 2003.

CHURCHILL, G.A. (1979), A paradigm for developing better measures of marketing constructs, in: Journal of Marketing Research, 16. Jg., Nr. 1, 1979, S. 64-73.

CLARK, T. (1993), The Market Provision of Management Services, Information Asymmetries and Service Quality, in: British Journal of Management, 4. Jg., Nr. 4, 1993, S. 235-251.

COENENBERG, A.G. (2007), Kostenrechnung und Kostenanalyse, 6. Auflage, Stuttgart 2007.

COHEN, H.R./LOWY, M.E./MUCKENFUSS, C.F. (1984), The Glass-Steagall Act: banks and the securities business, New York 1984.

COHEN, J. (1988), Statistical power analysis for the behavioral sciences, Hillsdale 1988.

COLE, D.A. (1987), Utility of Confirmatory Factor Analysis in Test Validation Research, in: Journal of Consulting and Clinical Psychology, 55. Jg., Nr. 4, 1987, S. 584-594.

COLEMAN, J.S. (2010), Grundlagen der Sozialtheorie, Band 1: Handlungen und Handlungssysteme, 3. Auflage, München 2010.

COLLIS, D.J. (1994), Research Note. How Valuable are Organizatoinal Capabilities?, in: Strategic Management Journal, 15. Jg., Nr. S1, 1994, S. 143-152.

CONNOR, K. (1991), A Historical Comparison of Resource-Based Theory and Five Schools of Thought Within Industrial Organization Economics: Do We Have a New Theory of the Firm?, in: Journal of Management, 17. Jg., Nr. 1, 1991, S. 121-154.

CORSTEN, H./CORSTEN, H./GÖSSINGER, R. (2008), Projektmanagement - Einführung, 2. Auflage, München 2008.

COVIN, T.J./FISHER, T.V. (1991), Consultant and client must work together, in: Journal of Management Consulting, 6. Jg., Nr. 4, 1991, S. 11-20.

CROCKER, L./ALGINA, J. (2008), Introduction to Classical & Modern Test Theory, Mason 2008.

CRONBACH, L.J. (1947), Test "Reliability": Its Meaning and Determination, in: Psychometrika, 12. Jg., Nr. 1, 1947, S. 297-334.

CRONBACH, L.J./MEEHL, P.E. (1955), Construct Validity in Psychological Tests, in: Psychological Bulletin, 52. Jg., Nr. 4, 1955, S. 281-301.

CURETON, E.E./D'AGOSTINO, R.B. (1983), Factor analysis, an applied approach, Hillsdale 1983.

CURRAN, P.J./WEST, S.G./FINCH, J.F. (1996), The robustness of test statistics to nonnormality and specification error in confirmatory factor analysis, in: Psychology Method, 1. Jg., Nr. 1, 1996, S. 16-29.

DÄFLER, M.-N. (1998), Franchising in der Unternehmensberatung: eine institutionenökonomische Analyse, Würzburg 1998.

DALGAARD, P. (2008), Introductory Statistics with R, 2. Auflage, Berlin 2008.

DANNEELS, E. (2002), The Dynamics of Product Innovation and Firm Competencies, in: Strategic Management Journal, 23. Jg., Nr. 12, 2002, S. 1095-1121.

DAY, G.S./WENSLEY, R. (1988), Assessing Advantage: A Framework for Diagnosing Competitive Superiority, in: Journal of Marketing, 52. Jg., Nr. 2, 1988, S. 1-20.

DE GEUS, A. (1988), Planning as Learning, in: Harvard Business Review, March/April, S. 70-74, 1988.

DE JONG, A./DE RUYTER, K./LEMMINK, J. (2004), Antecedents and Consequences of the Service Climate in Boundary-Spanning Self-Managing Service Teams, in: Journal of Marketing, 68. Jg., Nr. 2, 2004, S. 18-35.

DE SÁ, J.P.M. (2003), Applied Statistics: Using SPSS, STATISTICA and MATLAB, Berlin 2003.

DECARLO, L.T. (1997), On the Meaning and Use of Kurtosis, in: Psychological Methods, 2. Jg., Nr. 3, 1997, S. 292-307.

DEEDS, D.L./DECAROLIS, D./COOMBS, J.E. (1999), Dynamic Capabilities and new Product Development in High Technology Ventures: An empirical Analysis of new Biotechnology Firms, in: Journal of Business Venturing, 15. Jg., Nr. 3, 1999, S. 211-229.

DEELMANN, T. (2007), Beratung, Wissenschaft und Gesellschaft – Interdependenzen und Gegenläufigkeiten, in: NISSEN, V. (Hrsg.), Consulting Research, Wiesbaden 2007, S. 39-54.

DEFREN, T. (2008), Desinvestitions-Management, Wiesbaden 2008.

DEUTSCH, M. (1958), Trust and Suspiction, in: Journal of Conflict Resolution, 2. Jg., Nr. 4, 1958, S. 265-279.

DEVELLIS, R. (2011), Scale Development: Theory and Applications, 3. Auflage, Los Angeles, London, New Delhi, Singapore, Washington DC 2011.

DIAMANTOPOULOS, A./WINKLHOFER, H.M. (2001), Index Construction with Formative Indicators: An Alternative to Scale Development, in: Journal of Marketing Research, 38. Jg., Nr. 2, 2001, S. 269-277.

DICHTL, M. (1998), Standardisierung von Beratungsleistungen, Wiesbaden 1998.

DIEKMANN, A. (2012), Empirische Sozialforschung: Grundlagen, Methoden, Anwendungen, 6. Auflage, Reinbek 2012.

DIERICKX, I./COOL, K. (1989), Asset Stock Accumulation and Sustainability of Competitive Advantage, in: Management Science, 35. Jg., Nr. 12, 1989, S. 1504-1511.

DILLER, H. (2006), Probleme der Handhabung von Strukturgleichungsmodellen in der betriebswirtschaftlichen Forschung - Eine kritische Einführung, in: Die Betriebswirtschaft, 66. Jg., Nr. 6, 2006, S. 611-617.

DILLMAN, D.A. (2011), Mail and Internet Surveys: The Tailored Design Method - 2007 Update with New Internet, Visual, and Mixed-Mode Guide, 2. Auflage, New York 2011.

DOLL, W.J. (1985), Avenues for top management involvement in successful MIS development, in: MIS Quarterly, 9. Jg., Nr. 1, 1985, S. 17-35.

DOLL, W.J./TORKZADEH, G. (1988), The Measurement of End-User Computing Satisfaction, in: MIS Quarterly, 12. Jg., Nr. 2, 1988, S. 259-274.

DUSCHEK, S./SYDOW, J. (2002), Ressourcenorientierte Ansätze des Strategischen Managements – Zwei Perspektiven auf Unternehmenskooperationen, in: Wirtschaftswissenschaftliches Studium, 31. Jg., Nr. 8, 2002, S. 426-431.

EBERL, M. (2004), Formative und reflektive Indikatoren im Forschungsprozess: Entscheidungsregeln und die Dominanz des reflektiven Modells, in: Schriften zur Empirischen Forschung und Quantitativen Unternehmensplanung, Nr. 19, S. 1-34, 2004.

EDMONDSON, A./MOINGEON, B. (1996), Introduction: Organizational Learning as a Source of Competitive Advantage, in: MOINGEON, B./EDMONDSON, A. (Hrsg.), Organizational Learning and Competitive Advantage, London et al. 1996, S. 7-15.

EDWARDS, J.R. (2001), Multidimensional Constructs in Organizational Behavior Research: An Integrative Analytical Framework, in: Organizational Research Methods, 4. Jg., Nr. 2, 2001, S. 144-192.

EDWARDS, J.R./BAGOZZI, R.P. (2000), On the Nature and Direction of Relationships Between Constructs and Measures, in: Psychological Methods, 5. Jg., Nr. 2, 2000, S. 155-174.

EFFENBERGER, J. (1998), Erfolgsfaktoren der Strategieberatung: die Analyse einer Leistung von Unternehmensberatern aus Klientensicht, Stuttgart 1998.

EISENHARDT, K.M./MARTIN, J.A. (2000), Dynamic capabilities: What are they?, in: Strategic Management Journal, 21. Jg., Nr. 10-11, 2000, S. 1105-1121.

ELFGEN, R. (1991), Systemische und kognitionstheoretische Perspektiven der Unternehmensberatung, in: HOFMANN, M. (Hrsg.), Theorie und Praxis der Unternehmensberatung. Bestandsaufnahme und Entwicklungsperspektiven, Heidelberg 1991, S. 281-308.

ELFGEN, R./KLAILE, B. (1987), Unternehmensberatung. Angebot, Nachfrage, Zusammenarbeit, Stuttgart 1987.

ELSCHEN, R. (1991), Gegenstand und Anwendungsmöglichkeiten der Agency-Theorie, in: Zeitschrift für betriebswirtschaftliche Forschung, 43. Jg., Nr. 11, 1991, S. 1002-1012.

ENGELHARDT, W.H./KLEINALTENKAMP, M./RECKENFELDERBÄUMER, M. (1994), Leistungsbündel als Absatzobjekte. Ein Ansatz zur Überwindung der Dichotomie von Sach- und Dienstleistungen, in: CORSTEN, H. (Hrsg.), Integratives Dienstleistungsmanagement, Wiesbaden 1994, S. 31 - 69.

ENGWALL, L./KIPPING, M. (2005), Introduction: management consulting as a knowledge industry, in: KIPPING, M./ENGWALL, L. (Hrsg.), Management Consulting, New York 2005, S. 1-16.

ERDÖD, P.G.P.V. (1984), Der Einsatz von Unternehmensberatern - Eine empirische Analyse der Unternehmensberatertätigkeit in Industriunternehmen, Augsburg 1984.

ERLEI, M./LESCHKE, M./SAUERLAND, D. (2007), Neue Institutionenökonomik, Stuttgart 2007.

ERNST, B. (2002), Die Evaluation von Beratungsleistungen - Prozesse der Wahrnehmung und Bewertung, Wiesbaden 2002.

ERNST, H. (2001), Erfolgsfaktoren neuer Produkte: Grundlagen für eine valide empirische Forschung, Wiesbaden 2001.

ERNST, H. (2003), Ursachen eines Informant Bias und dessen Auswirkung auf die Validität empirischer betriebswirtschaftlicher Forschung, in: Zeitschrift für Betriebswirtschaft, 73. Jg., Nr. 12, 2003, S. 1249-1275.

ESCHBACH, T.H. (1984), Der Ausgleich funktioneller Defizite des wirtschaftlichen Systems durch Unternehmensberatung, Frankfurt am Main 1984.

ESCRIG-TENA, A.B./BOU-LLUSAR, J.C. (2005), A model for evaluating organizational competencies: an application in the context of a quality management initiative, in: Decision Sciences, 36. Jg., Nr. 2, 2005, S. 221-257.

EUROPÄISCHE KOMMISSION (2012), Kleine und mittlere Unternehmen (KMU), http://ec.europa.eu/enterprise/policies/sme/facts-figures-analysis/sme-definition/index_de.htm, Abruf: 03.08. 2012.

FAHRMEIR, L./KÜNSTLER, R./PIGEOT, I./TUTZ, G. (2009), Statistik: Der Weg zur Datenanalyse, 7. Auflage, Berlin 2009.

FALK, R.F./MILLER, N.B. (1992), A Primer for Soft Modeling, Akron 1992.

FASSOTT, G. (2005), Die PLS-Pfadmodellierung: Entwicklungsrichtungen, Möglichkeiten, Grenzen, in: BLIEMEL, F.W./EGGERT, A./FASSOTT, G./HENSELER, J. (Hrsg.), Handbuch PLS-Pfadmodellierung. Methode, Anwendung, Praxisbeispiele, Stuttgart 2005, S. 19-29.

FASSOTT, G./EGGERT, A. (2005), Zur Verwendung formativer und reflektiver Indikatoren in Strukturgleichungsmodellen: Bestandsaufnahme und Anwendungsempfehlungen, in: BLIEMEL, F./EGGERT, A./FASSOTT, G./HENSELER, J. (Hrsg.), Handbuch PLS-Pfadmodellierung: Methoden, Anwendung, Praxisbeispiele, Stuttgart 2005, S. 31-47.

FAUST, M. (1998), Die Selbstverständlichkeit der Unternehmensberatung, in: HOWALDT, J./KOPP, R. (Hrsg.), Sozialwissenschaftliche Organisationsberatung. Auf der Suche nach einem spezifischen Beratungsverständnis, Berlin 1998, S. 147-181.

FAYERS, P.M./HAND, D.J./BJORDAL, K./GROENVOLD, M. (1997), Causal Indicators in Quality of Life Research, in: Quality of Life Research, 6. Jg., Nr. 5, 1997, S. 393-406.

FEACO (2013), Survey of the European Management Consultancy 2010/2011, http://www.feaco.org/sites/default/files/Feaco%20Survey%202010-2011.pdf, Abruf: 18.01.2013.

FELDMAN, M.A./PENTLAND, B.T. (2003), Reconceptualizing organizational routines as a source of flexibility and change, in: Administrative Science Quarterly, 48. Jg., Nr. 1, 2003, S. 94-118.

FEMERS, S. (2002), Beratungsmarkt und Beratungstheorie - Eine Bestandsaufnahme, in: GÜTTLER, A./KLEWES, J. (Hrsg.), Drama Beratung! Consulting oder Consultainment?, Frankfurt am Main 2002, S. 21-34.

FESTINGER, L. (1957), A Theory Of Cognitive Dissonance, Stanford 1957.

FEYERABEND, P.K. (1965), Reply to Criticism, in: COHEN, R.S./WARTOFSKY, M.W. (Hrsg.), Boston Studies in the Philosophy of Science, New York 1965, S. 223-261.

FINK, D. (2009), Strategische Unternehmensberatung, München 2009.

FINK, D. (2010), Geschichte und Struktur der Managementberatung 1886 - 2009 (aktualisiert), in: SOMMERLATTE, S./MIROW, M./NIEDEREICHHOLZ, C./VON WINDAU, P.G. (Hrsg.), Handbuch der Unternehmensberatung, Berlin 2010, S. 1-15.

FINK, D./KNOBLACH, B. (2006), Managementberatung, Wie strategisch sind Strategen?, in: FINK, D./ GRIES, A./LÜNENDONK, T. (Hrsg.), Consulting Kompendium 2007, Frankfurt am Main 2006, S. 34-37.

FISCHER, M. (1995), Agency-Theorie, in: Wirtschaftswissenschaftliches Studium, 24. Jg., Nr. 6, 1995, S. 320-322.

FLEISCHMANN, G. (1966), Nationalökonomie und sozialwissenschaftliche Integration, Tübingen 1966.

FORD, C.H. (1974), Developing a successful client-consulting relationship, in: Human Resource Management, 13. Jg., Nr. 2, 1974, S. 1-11.

FORNELL, C. (1987), A Second Generation of Multivariate Analysis: Classification of Methods and Implications for Marketing Research, in: HOUSTON, M.J. (Hrsg.), Review of Marketing, Chicago 1987, S. 407-450.

FORNELL, C./BOOKSTEIN, F.L. (1982), Two Structural Equation Models: LISREL and PLS Applied to Consumer Exit-Voice Theory, in: Journal of Marketing Research (JMR), 19. Jg., Nr. 4, 1982, S. 440-452.

FORNELL, C./LARCKER, D.F. (1981), Evaluation Structural Equation Models with Unobservable Variables and Measurement Error, in: Journal of Marketing Research, 18. Jg., Nr. 1, 1981, S. 39-50.

FÖRSTER, F./FRITZ, W./SILBERER, G./RAFFÉE, H. (1984), Der LISREL-Ansatz der Kausalanalyse und seine Bedeutung für die Marketing-Forschung, in: Zeitschrift für Betriebswirtschaft, 54. Jg., Nr. 4, 1984, S. 346-367.

FOSS, N.J. (1997), Resources and Strategy: Problems, Open Issues, and Ways Ahead, Oxford 1997.

FREILING, J.R. (2001), Resource-based View und ökonomische Theorie: Grundlagen und Positionierung des Resourcenansatzes, Wiesbaden 2001.

FRIEDRICHS, J. (1990), Methoden empirischer Sozialforschung, 14. Auflage, Opladen 1990.

FRITZ, W. (1984), Warentest und Konsumgüter-Marketing, Wiesbaden 1984.

FRITZ, W. (1990), Marketing - ein Schlüsselfaktor des Unternehmenserfolgs? Eine kritische Analyse vor dem Hintergrund der empirischen Erfolgsfaktorenforschung, in: Marketing ZFP, 12. Jg., Nr. 2, 1990, S. 91-110.

FRITZ, W. (1993), Die empirische Erfolgsfaktorenforschung und ihr Beitrag zum Marketing: Eine Bestandsaufnahme, in: Arbeitspapier, Technische Universität Braunschweig, Institut für Marketing, 93. Jg., Nr. 12, 1993, S. 1-37.

FRITZ, W. (1995), Marketingmanagement und Unternehmenserfolg: Grundlagen und Ergebnisse einer empirischen Untersuchung, 2. Auflage, Stuttgart 1995.

FRITZ, W./EFFENBERGER, J. (2008), Strategische Unternehmensberatung. Verlauf und Erfolg von Projekten der Strategieberatung, in: BAMBERGER, I. (Hrsg.), Strategische Unternehmensberatung. Konzeption - Prozesse - Methoden, Wiesbaden 2008, S. 275-298.

FULLERTON, J./WEST, M.A. (1996), Consultant and client - working together?, in: Journal of Managerial Psychology, 11. Jg., Nr. 6, 1996, S. 40-50.

GABLE, G.G. (1996), A multidimensional model of client success when engaging external consultants, in: Management Science, 42. Jg., Nr. 8, 1996, S. 1175–1198.

GAGNON, R.J. (1984), An Integrated Strategy for Increasing Management Consulting Research, in: Academy of Management Proceedings, 49. Jg., Nr. 1, 1984, S. 148-152.

GALLESSICH, J. (1982), The profession and practice of consultation, Michigan 1982.

GARRITY, J.T. (1963), Top Management and Computer Profits, in: Harvard Business Review, 41. Jg., Nr. 6-12, 1963, S. 172-174.

GEFEN, D. (2002), Nurturing clients' trust to encourage engagement success during the customization of ERP systems, in: Omega, 30. Jg., Nr. 4, 2002, S. 287-299.

GERBING, D.W./ANDERSON, J.C. (1988), An updated paradigm for scale development incorporating unidimensionality and its assessment, in: Journal of Marketing Research, 25. Jg., Nr. 2, 1988, S. 186-192.

GIERE, J. (2007), Marketingflexibilität, Wiesbaden 2007.

GIERE, J./WIRTZ, B.W./SCHILKE, O. (2006), Mehrdimensionale Konstrukte: Konzeptionelle Grundlagen und Möglichkeiten ihrer Analyse mithilfe von Strukturgleichungsmodellen, in: Die Betriebswirtschaft, 66. Jg., Nr. 6, 2006, S. 678-695.

GLICK, W. (1985), Conceptualizing and Measuring Organizational and Psychological Climate: Pitfalls in Multilevel Research, in: Academy of Management Review, 10. Jg., Nr. 3, 1985, S. 601-616.

GLÜCKLER, J./ARMBRÜSTER, T. (2003), Bridging uncertainty in management consulting: The mechanisms of trust and networked reputation, in: Organization Studies, 24. Jg., Nr. 2, 2003, S. 269-297.

GÖBEL, E. (2002), Neue Institutionenökonomik: Konzeptionen und betriebswirtschaftliche Anwendungen, Stuttgart 2002.

GOERZEN, A./BEAMISH, P.W. (2005), The effect of alliance network diversity on multinational enterprise performance, in: Strategic Management Journal, 26. Jg., Nr. 4, 2005, S. 333-354.

GOLDEN, B.R. (1992), The past is the past - or is it? The use of retrospective accounts as indicators of past strategy, in: Academy of Management Journal, 35. Jg., Nr. 4, 1992, S. 848-860.

GÖTZ, O./LIEHR-GOBBERS, K. (2004), Analyse von Strukturgleichungsmodellen mit Hilfe der Partial-Least-Squares(PLS)-Methode, in: Die Betriebswirtschaft, 64. Jg., Nr. 6, 2004, S. 714-738.

GRANT, R.M. (1991), The Resource-Based Theory of Competitive Advantage: Implications for Strategy Formulation, in: California Management Review, 33. Jg., Nr. 3, 1991, S. 114-135.

GRANT, R.M. (1996), Toward a Knowledge-Based Theory of the Firm, in: Strategic Management Journal, 17. Jg., Nr. 1, 1996, S. 109-122.

GREIF, S. (1983), Konzepte der Organisationspsychologie – eine Einführung in grundlegende theoretische Ansätze, Bern et al. 1983.

GREINER, L.E./METZGER, R.O. (1983), Consulting to management, Englewood Cliffs, New York 1983.

GRESCHNUCHA, L. (2006), Vertrauen in der Unternehmensberatung - Einflussfaktoren und Konsequenzen, Wiesbaden 2006.

GRÖNROOS, C. (1979), An Applied Theory for Marketing Industrial Service, in: Industrial Marketing Management, 8. Jg., Nr. 1, 1979, S. 45-50.

GRÖNROOS, C. (1991), Strategic Management and marketing in the service sector, Lund 1991.

GROSS, P./BRÜGGER, U. (1992), Management-Consulting und Professionalisierung, in: Soziologisches Seminar der Hochschule St. Gallen, Forschungsbericht Nr. 2, S. 50-58, 1992.

GROVES, R.M. (2004), Survey errors and survey costs, Hoboken 2004.

GÜLDENBERG, S. (2003), Wissensmanagement und Wissenscontrolling in lernenden Organisationen, 4. Auflage, Wiesbaden 2003.

GÜTTEL, W.H. (2007), Anschlussfähigkeit, Akzeptanz oder Ablehnung von Interventionen in Beratungsprozessen, in: NISSEN, V. (Hrsg.), Consulting Research, Wiesbaden 2007, S. 281-294.

HAASE, A. (2002), Make-or-Buy-Entscheidungen für die Unternehmensberatung, Wiesbaden 2002.

HAFERMALZ, O. (1976), Schriftliche Befragung: Möglichkeiten und Grenzen, Wiesbaden 1976.

HAFNER, K./REINEKE, R.-D. (1992), Beratung und Führung von Organisationen, in: WAGNER, H./ REINEKE, R.-D. (Hrsg.), Beratung von Organisationen: Philosophien - Konzepte - Entwicklungen, Wiesbaden 1992, S. 29-77.

HAIR, J.F./BLACK, W.C./BABIN, B.J./ANDERSON, R.E. (2010), Multivariate Data Analysis: A Global Perspective, 7. Auflage, Upper Saddle River 2010.

HARITZ, J. (1974), Der Unternehmensberater als Innovator, in: Zeitschrift für Organisation, 43. Jg., Nr. 5, 1974, S. 273-275.

HARMAN, H.H. (1967), Modern Factor Analysis, Chicago 1967.

HARTMAN, F./ASHRAFI, R.A. (2002), Project Management in the Information Systems and Information Technologies Industries, in: Project Management Journal, 33. Jg., Nr. 3, 2002, S. 5-11.

HARTMANN-WENDELS, T. (1989), Principal-Agent-Theorie und asymmetrische Informationsverteilung, in: Zeitschrift für Betriebswirtschaft, 59. Jg., Nr. 7, 1989, S. 714-733.

HATTIE, J. (1985), Methodological Review: Assessing Unidimensionality of Tests and Items, in: Applied Psychological Measurement, 9. Jg., Nr. 2, 1985, S. 139-164.

HAYS, W.L. (1973), Statistics for the social sciences, 2. Auflage, New York 1973.

HELFAT, C.E. (1997), Know-how and Asset Complementarity and Dynamic Capability Accumulation: The Case of R&D, in: Strategic Management Journal, 18. Jg., Nr. 5, 1997, S. 339-360.

HELFAT, C.E./PETERAF, M.A. (2003), The dynamic resource-based view: capability lifecycles, in: Strategic Management Journal, 24. Jg., Nr. 10, 2003, S. 997-1010.

HELFAT, C.E./RAUBITSCHEK, R.S. (2000), Product Sequencing: Co-Evolution of Knowledge, Capabilities and Products, in: Strategic Management Journal, 21. Jg., Nr. 10/11, 2000, S. 961-979.

HEMPEL, C.G./OPPENHEIM, P. (1948), Studies in the Logic of Explanation, in: Philosophy of Science, 15. Jg., Nr. 2, 1948, S. 135-175.

HENDERSON, R.M./CLARK, K.B. (1990), Architectural Innovation: The Reconfiguration of existing Product Technologies and the Failure of established Firms, in: Administrative Science Quarterly, 35. Jg., Nr. 1, 1990, S. 9-30.

HERRMANN, A./HUBER, F./KRESSMANN, F. (2006), Varianz- und kovarianzbasierte Strukturgleichungsmodelle - ein Leitfaden zu deren Spezifikation, Schätzung und Beurteilung, in: Zeitschrift für betriebswirtschaftliche Forschung, 58. Jg., Nr. 2, 2006, S. 34-66.

HEUERMANN, R./HERRMANN, F. (2003), Unternehmensberatung - Anatomie und Perspektiven einer Dienstleistungselite: Fakten und Meinungen für Kunden, Berater und Beobachter der Branche, München 2003.

HILDEBRANDT, L. (1984), Kausalanalytische Validierung in der Marketingforschung, in: Marketing ZFP, 5. Jg., Nr. 1, 1984, S. 41-51.

HILDEBRANDT, L./TEMME, D. (2006), Probleme der Validierung mit Strukturgleichungsmodellen, in: Die Betriebswirtschaft, 66. Jg., Nr. 6, 2006, S. 618-639.

HILLEMANNS, R.M. (1995), Kritische Erfolgsfaktoren der Unternehmensberatung, St. Gallen 1995.

HIPPLER, H.-J. (1988), Methodische Aspekte schriftlicher Befragungen: Probleme und Forschungsperspektiven, in: Planung & Analyse, 6. Jg., Nr. 15, 1988, S. 244-248.

HÖCK, M./KEUPER, F. (2001), Empirische Untersuchung zur Auswahl und Kompetenz von Beratungsgesellschaften, in: Die Betriebswirtschaft, 61. Jg., Nr. 4, 2001, S. 427–441.

HOFFMANN, W.H. (1991), Faktoren erfolgreicher Unternehmensberatung, Wiesbaden 1991.

HOFMANN, M. (1991), Tiefenpsychologische Aspekte der Berater/Klienten-Beziehung, in: HOFMANN, M. (Hrsg.), Theorie und Praxis der Unternehmensberatung. Bestandsaufnahme und Entwicklungsperspektiven, Heidelberg 1991, S. 217-246.

HOMBURG, C. (1998), Kundennähe von Industriegüterunternehmen, Wiesbaden 1998.

HOMBURG, C. (2000), Kundennähe von Industriegüterunternehmen: Konzeption-Erfolgsauswirkungen-Determinanten, 3. Auflage, Wiesbaden 2000.

HOMBURG, C./BAUMGARTNER, H. (1995a), Beurteilung von Kausalmodellen: Bestandsaufnahme und Anwendungsempfehlungen, in: Marketing - Zeitschrift für Forschung und Praxis, 17. Jg., Nr. 3, 1995a, S. 162-176.

HOMBURG, C./BAUMGARTNER, H. (1995b), Die Kausalanalyse als Instrument der Marketingforschung: Eine Bestandsaufnahme, in: Zeitschrift für Betriebswirtschaft, 65. Jg., Nr. 10, 1995b, S. 1091-1108.

HOMBURG, C./DOBRATZ, A. (1998), Iterative Modellselektion in der Kausalanalyse, in: HILDEBRANDT, L./HOMBURG, C. (Hrsg.), Die Kausalanalyse: Instrument der empirischen betriebswirtschaftlichen Forschung, Stuttgart 1998, S. 447-474.

HOMBURG, C./GIERING, A. (1996), Konzeptualisierung und Operationalisierung komplexer Konstrukte, in: Marketing - Zeitschrift für Forschung und Praxis, 18. Jg., Nr. 1, 1996, S. 5-24.

HOMBURG, C./KLARMANN, M. (2006), Die Kausalanalyse in der empirischen betriebswirtschaftlichen Forschung - Problemfelder und Anwendungsempfehlungen, in: Die Betriebswirtschaft, 66. Jg., Nr. 6, 2006, S. 727-748.

HOMBURG, C./KLARMANN, M. (2009), Multi Informant-Designs in der empirischen betriebswirtschaftlichen Forschung, in: Die Betriebswirtschaft, 69. Jg., Nr. 2, 2009, S. S. 147-171.

HOMBURG, C./KLARMANN, M./REIMANN, M./SCHILKE, O. (2012), What Drives Key Informant Accuracy?, in: Journal of Marketing Research, 49. Jg., Nr. 4, 2012, S. 594-608.

HOMBURG, C./SCHILKE, O./REIMANN, M. (2009), Triangulation von Umfragedaten in der Marketing- und Managementforschung, in: Die Betriebswirtschaft, 69. Jg., Nr. 2, 2009, S. S. 173-193.

HOMBURG, C./SÜTTERLIN, S. (1990), Kausalmodelle in der Marketingforschung: EQS als Alternative zu LISREL, in: Marketing - Zeitschrift für Forschung und Praxis, 12. Jg., Nr. 3, 1990, S. 181-192.

HOPPENSTEDT FIRMENDATENBANK (2012), Inhalte - Hoppenstedt Firmendatenbank für Hochschulen, http://www.hoppenstedt-hochschuldatenbank.de/inhalte.htm#4, Abruf: 02.08.2012.

HOYLE, R.H./PANTER, A.T. (1995), Writing about structural equation models, in: HOYLE, R.H. (Hrsg.), Structural equation modeling: concepts, issues, and applications, Thousand Oaks 1995, S. 158-176.

HU, L.-T./BENTLER, P.M. (1995), Evaluating model fit, in: HOYLE, R.H. (Hrsg.), Structural equation modeling: concepts, issues, and applications, Thousand Oaks 1995, S. 76-99.

HU, L.-T./BENTLER, P.M. (1999), Cutoff criteria for fit indexes in covariance structure analysis: conventional criteria versus new alternatives, in: Structural Equation Modeling, 6. Jg., Nr. 1, 1999, S. 1-55.

HUBBARD, G./POCKNEE, G./TAYLOR, G.A. (1997), Practical Australian Strategy, Sydney 1997.

HUBER, G.P./POWER, D.J. (1985), Retrospective Reports of Strategic-Level Managers: Guidelines for Increasing Their Accuracy, in: Strategic Management Journal, 6. Jg., Nr. 2, 1985, S. 171-180.

HULLAND, J. (1999), Use of Partial Least Squares (PLS) in Strategic Management Research: A Review of Four Recent Studies, in: Strategic Management Journal, 20. Jg., Nr. 2, 1999, S. 195-204.

HUMMEL, T.R./ZANDER, E. (2009), Erfolgsfaktor Unternehmensberatung, 5. Auflage, München, Mering 2009.

HUNT, S.D. (1990), Truth in marketing theory and research, in: Journal of Marketing, 54. Jg., Nr. 3, 1990, S. 1-15.

HUNT, S.D. (1991), Modern Marketing Theory: Critical Issues in the Philosophy of Marketing Science, Cincinnati 1991.

HURRLE, B./KIESER, A. (2005), Sind Key Informants verlässliche Datenlieferanten?, in: Die Betriebswirtschaft, 65. Jg., Nr. 6, 2005, S. 584-602.

INSTITUT FÜR MITTELSTANDSFORSCHUNG (2012), KMU-Definition des IfM Bonn, http://www.ifm-bonn.org/index.php?id=89, Abruf: 03.08.2012.

IPMA (2013), International Project Management Association, http://ipma.ch/, Abruf: 11.03.2013.

JACOBY, J. (1978), Consumer Research: How valid and useful are all our consumer behavior research findings? A Sate of the Art Review, in: Journal of Marketing, 42. Jg., Nr. 2, 1978, S. 87-96.

JAMES, L.R. (1982), Aggregation Bias in Estimates of Perceptual Agreement, in: Journal of Applied Psychology, 67. Jg., Nr. 2, 1982, S. 219-229.

JANG, Y./SUH, K./LEE, J. (1997), Empirical study of management consulting success in Korea, in: Asia Pacific Journal of Management, 14. Jg., Nr. 2, 1997, S. 165-183.

JANSSEN, J./LAATZ, W. (2007), Statistische Datenanalyse mit SPSS für Windows: Eine anwendungsorientierte Einführung in das Basissystem und das Modul Exakte Tests, 6. Auflage, Wiesbaden 2007.

JAP, S.D./ANDERSON, E. (2003), Safeguarding international performance and continuity under ex post opportunism, in: Management Science, 49. Jg., Nr. 12, 2003, S. 1684-1701.

JARVIS, C.B./MACKENZIE, S.B./PODSAKOFF, P.M. (2003), A Critical Review of Construct Indicators and Measurement Model Misspecification in Marketing and Consumer Research, in: Journal of Consumer Research, 30. Jg., Nr. 2, 2003, S. 199-218.

JENSEN, M.C./MECKLING, W.H. (1976), Theory of the Firm: Managerial Behavior, Agency Costs and Ownership Structure, in: Journal of Financial Economics, 3. Jg., Nr. 4, 1976, S. 305–360.

JESCHKE, K. (2004), Marketingmanagement der Beratungsunternehmung, Theoretische Bestandsaufnahme und Weiterentwicklung auf Basis der betriebswirtschaftlichen Beratungsforschung, Wiesbaden 2004.

JICK, T.D. (1979), Mixing Qualitative and Quantitative Methods: Triangulation in Action, in: Administrative Science Quarterly, 24. Jg., Nr. 4, 1979, S. 602-611.

JOHRI, H./MOLNAR, J. (1989), Developing an Internal Consulting Group in a Large Organisation Using an Institution-building Approach, in: International Journal of Public Sector Management, 2. Jg., Nr. 3, 1989, S. 30-46.

JOHRI, H.P./COOPER, J.C./PROKOPENKO, J. (1998), Managing internal consulting organizations: A new paradigm, in: SAM Advanced Management Journal, 63. Jg., Nr. 4, 1998, S. 4-11.

JÖRESKOG, K.G. (1970), A General Method for Analysis of Covariance Structures, in: Biometrika, 57. Jg., Nr. 2, 1970, S. 239-251.

JÖRESKOG, K.G. (1973), A general method for estimating a linear structural equation system, in: GOLDBERG, A.S./DUNCAN, O.D. (Hrsg.), Structural equation models in the social sciences, New York 1973, S. 85-112.

JÖRESKOG, K.G./SÖRBOM, D. (1982), Recent Developments in Structural Equation Modeling, in: Journal of Marketing Research, 19. Jg., Nr. 4, 1982, S. 404-416.

JUNG, N. (2010), Fakten und Fiktionen der Klientenprofessionalisierung, Wiesbaden 2010.

JUNKER, L. (2005), Equity Carve-Outs, Agency Costs, and Firm Value, Stuttgart 2005.

KAAS, K.P. (2001), Zur Theorie des Dienstleistungsmanagement, in: BRUHN, M./MEFFERT, H. (Hrsg.), Handbuch Dienstleistungsmanagement, 2. Auflage, Wiesbaden 2001.

KAAS, K.P./SCHADE, C. (1995), Unternehmensberater im Wettbewerb. Eine empirische Untersuchung aus der Perspektive der Neuen Institutionslehre., in: Zeitschrift für Betriebswirtschaft, 65. Jg., Nr. 10, 1995, S. 1067–1089.

KAISER, H.F. (1970), A second generation little jiffy, in: Psychometrika, 35. Jg., Nr. 4, 1970, S. 401-415.

KAISER, H.F./RICE, J. (1974), Little jiffy, mark IV, in: Educational and Psychological Measurement, 34. Jg., Nr. 1, 1974, S. 111-117.

KAMMEL, A. (2000), "Competing on Capabilities": Kernkompetenzen als Chance und Barriere des Markteintritts, in: VON DER OELSNITZ, D. (Hrsg.), Markteintritts-Management: Probleme, Strategien, Erfahrungen, Stuttgart 2000, S. 161-176.

KANDA, A. (2011), Project Management: a Life Cycle Approach, New Delhi 2011.

KANUK, L./BERENSON, C. (1975), Mail surveys and response rates: a literature review, in: Journal of Marketing Research (JMR), 12. Jg., Nr. 4, 1975, S. 440-453.

KARANTINOU, K.M./HOGG, M.K. (2007), Developing and Managing Relational Market-Based Assets in Professional Services: Client Relationships in Management Consultancy, in: Marketing Management Journal, 17. Jg., Nr. 2, 2007, S. 16-39.

KERN, M. (1979), Klassische Erkenntnistheorie und moderne Wirtschaftslehre, in: RAFFEE, H./ABEL, B. (Hrsg.), Grundfragen der Wirtschaftswissenschaften, München 1979, S. 11-27.

KERNER, J.C. (2009), Erfolgsfaktoren des internationalen Outsourcing-Projektmanagements: Konzeptionalisierung, Operationalisierung, Messung, Hamburg 2009.

KIENBAUM, G./MEISSNER, D. (1979), Zur Problematik des Effizienznachweises von Beratung, in: Bwl. Forschung und Praxis, 31. Jg., Nr. 2, 1979, S. 109-116.

KIESER, A. (1998a), Immer mehr Geld für Unternehmensberatung - und wofür?, in: Organisationsentwicklung, 17. Jg., Nr. 2, 1998a, S. 62-69.

KIESER, A. (1998b), Unternehmensberater – Händler in Problemen, Praktiken und Sinn, in: GLASER, H./SCHRÖDER, E.F./VON WERDER, A. (Hrsg.), Organisation im Wandel der Märkte, Wiesbaden 1998b, S. 191-225.

KIM, L. (1998), Crisis Construction and Organizational Learning: Capability Building in Catching-up at Hyundai Motor, in: Organization Science, 9. Jg., Nr. 4, 1998, S. 506-521.

KIPPING, M./CLARK, T. (2012a), The Oxford Handbook of Management Consulting, New York 2012a.

KIPPING, M./CLARK, T. (2012b), Researching Management Consulting, in: KIPPING, M./CLARK, T. (Hrsg.), The Oxford Handbook of Management Consulting, New York 2012b, S. 1-28.

KIRSCH, W. (1977), Einführung in die Theorie der Entscheidungsprozesse, Wiesbaden 1977.

KIRSCH, W. (1996), Wegweiser zur Konstruktion einer evolutionären Theorie der strategischen Führung, München 1996.

KIRSCH, W. (2001), Die Führung von Unternehmen, 2. Auflage, München 2001.

KIRSCH, W./SEIDL, D./VAN AAKEN, D. (2007), Betriebswirtschaftliche Forschung - Wissenschaftstheoretische Grundlagen und Anwendungsorientierung, Stuttgart 2007.

KLARMANN, M. (2008), Methodische Problemfelder der Erfolgsfaktorenforschung: Bestandsaufnahme und empirische Analysen, Wiesbaden 2008.

KLEIN, H. (1974), Die Konsultation externer Berater, in: KLEIN, H./KNORPP, J. (Hrsg.), Entscheidung unter Außeneinfluss, Tübingen 1974, S. 3-108.

KLEIN, H. (1978), Zur Messung des Beratungserfolges, in: Zeitschrift für Organisation, 47. Jg., Nr. 2, 1978, S. 105-110.

KLEIN, H.J. (1977), Other people's business: a primer on management consultants, New York 1977.

KLEIN, K.J./KOZLOWSKI, S.W. (2000), From Micro to Meso: Critical Steps in Conceputalizing and Conducting Multilevel Research, in: Organizational Research Methods, 3. Jg., Nr. 3, 2000, S. 211-236.

KLEINALTENKAMP, M. (2001), Begriffsabgrenzungen und Erscheinungsformen von Dienstleistungen, in: BRUHN, M./MEFFERT, H. (Hrsg.), Handbuch Dienstleistungsmanagement. Von der strategischen Konzeption zur praktischen Umsetzung, 2. Auflage, Wiesbaden 2001, S. 27-50.

KLINE, R. (2011), Principles and Practice of Structural Equation Modeling, 3. Auflage, New York 2011.

KLINE, R.B. (1998), Software Review: Software Programs for Structural Equation Modeling: Amos, EQS, and LISREL, in: Journal of Psychoeducational Assessment, 16. Jg., Nr. 4, 1998, S. 343-364.

KOGUT, B./ZANDER, U. (1992), Knowledge of the Firm, Combinative Capabilities and the Replication of Technology, in: Organization Science, 3. Jg., Nr. 3, 1992, S. 383-397.

KOHR, J. (2000), Die Auswahl von Unternehmensberatungen: Klientenverhalten – Beratermarketing, München, Mering 2000.

KOLBECK, C. (2001), Zukunftsperspektiven des Beratungsmarktes: Eine Studie zur klassischen und systemischen Beratungsphilosophie, Wiesbaden 2001.

KÖPPEN, R.O. (1999), Erfolgsfaktoren von Unternehmensberatungen: Die Nachfolgeregelung in kleinen und mittleren Unternehmen, Wiesbaden 1999.

KRAUS, G./WESTERMANN, R. (1998), Projektmanagement mit System, Wiesbaden 1998.

KRAUS, S./MOHE, M. (2007), Zur Divergenz ideal- und realtypischer Beratungsprozesse, in: NISSEN, V. (Hrsg.), Consulting Research, Wiesbaden 2007, S. 263-279.

KREBS, D. (1980), Unternehmensberatung in der Bundesrepublik Deutschland, Bochum 1980.

KUBICEK, H. (1975), Empirische Organisationsforschung - Konzeption und Methodik, Stuttgart 1975.

KUBICEK, H. (1977), Heuristische Bezugsrahmen und heuristisch angelegte Forschungsdesigns als Elemente einer Konstruktionsstrategie empirischer Forschung, in: KÖHLER, R. (Hrsg.), Empirische und handlungstheoretische Forschungskonzeptionen in der Betriebswirtschaftslehre, Stuttgart 1977, S. 3-26.

KUBR, M. (1993), How to Select and Use Consultants - A client's guide, Genf 1993.

KUBR, M. (2005), Management Consulting: A Guide to the Profession, 4. Auflage, New Delhi 2005.

KUMAR, N./STERN, L.W./ANDERSON, J.C. (1993), Conducting Interorganizational Research Using Key Informants, in: Academy of Management Journal, 36. Jg., Nr. 6, 1993, S. 1633-1651.

KUMAR, V./SIMON, A./KIMBERLEY, N. (2000), Strategic capabilities which lead to management consulting success in Australia, in: Management Decision, 38. Jg., Nr. 1/2, 2000, S. 24-35.

LADO, A.A./BOYD, N.G./WRIGHT, P.A. (1992), A Competence-based Model of Sustainable Competitive Advantage, towards a conceptual Integration, in: Journal of Management, 18. Jg., Nr. 1, 1992, S. 77-91.

LAKATOS, I. (1982), Die Methodologie der wissenschaftlichen Forschungsprogramme, Braunschweig 1982.

LANSITI, M./CLARK, K.B. (1994), Integration and Dynamic Capability: Evidence from Product Developments in Automobiles and Mainframe Computers, in: Industrial and Corporate Change, 3. Jg., Nr. 3, 1994, S. 557-605.

LARZELERE, R.E./HUSTON, T.L. (1980), The Dyadic Trust Scale: Toward Understanding Interpersonal Trust in Close Relationships, in: Journal of Marriage & Family, 42. Jg., Nr. 3, 1980, S. 595-604.

LAUDAN, L. (1977), Progress and its problems: toward a theory of scientific growth, Berkeley 1977.

LAW, K.S./WONG, C.-S. (1999), Multidimensional Constructs in Structural Equation Analysis: An Illustration Using the Job Perception and Job Satisfaction Constructs, in: Journal of Management, 25. Jg., Nr. 2, 1999, S. 143-160.

LAW, K.S./WONG, C.-S./MOBLEY, W.H. (1998), Toward a Taxonomy of Multidimensional Constructs, in: Academy of Management Review, 23. Jg., Nr. 4, 1998, S. 741-755.

LAWLESS, M.W./BERGH, D.D./WILSTED, W.D. (1988), Performance Variations among Strategic Group Members: An Examination of Individual Firm Capability, in: Journal of Management, 15. Jg., Nr. 4, 1988, S. 649-661.

LAWSON, B./SAMSON, D. (2001), Developing Innovation Capability in Organisations: A Dynamic Capabilities Approach, in: International Journal of Innovation Management, 5. Jg., Nr. 3, 2001, S. 377-400.

LEBRETON, J.M./SENTER, J. (2008), Answers to 20 Questions about Interrater Reliability and Interrater Agreement, in: Organizational Research Methods, 11. Jg., Nr. 4, 2008, S. 815-852.

LEDERER, A.L./MENDELOW, A.L. (1988), Information systems planning: top management takes control, in: Business Horizons, 31. Jg., Nr. 3, 1988, S. 73–78.

LEICHT, K./LYMAN, E.C.W. (2006), Markets, institutions, and the crisis of professional practice, in: Research in the Sociology of Organizations, 24. Jg., Nr. 1, 2006, S. 17-44.

LENK, H. (1975), Pragmatische Philosophie, Hamburg 1975.

LENK, H. (1986), Zwischen Wissenschaftstheorie und Sozialwissenschaft, Frankfrut am Main 1986.

LEVINTHAL, D./MYATT, J. (1994), Co-evolution of Cadabilities and Industry: the Evolution of Mutural Fund Processing, in: Strategic Management Journal, 15. Jg., Nr. S1, 1994, S. 45-62.

LEWIS, D.J./WEIGERT, A. (1985), Trust as a Social Reality, in: Social Forces, 63. Jg., Nr. 4, 1985, S. 967-985.

LI, J./POPPO, L./ZHOU, K.Z. (2008), Do managerial ties in China always produce value? Competition, uncertainty, and domestic vs. foreign firms, in: Strategic Management Journal, 29. Jg., Nr. 4, 2008, S. 383-400.

LIAO, H./CHUANG, A. (2004), A multilevel investigation of factors influencing employee service performance and customer outcomes, in: Academy of Management Journal, 47. Jg., Nr. 1, 2004, S. 41-58.

LIBERATORE, M./LUO, W. (2010), Coordination in Consultant-Assisted IS Projects: An Agency Theory Perspective, in: IEEE Transactions on Engineering Management, 57. Jg., Nr. 2, 2010, S. 255-269.

LIEBERMAN, M.B./MONTGOMERY, D.B. (1998), First-Mover (Dis-)Advantages: Retrospective and Link with the Resource-Based View, in: Strategic Management Journal, 19. Jg., Nr. 12, 1998, S. 1111-1125.

LINDELL, M.K./WHITNEY, D.J. (2001), Accounting for common method variance in cross-selectional research designs, in: Journal of Applied Psychology, 86. Jg., Nr. 1, 2001, S. 114-121.

LINDSKOLD, S. (1978), Trust Development, the GRIT Proposal and the Effects of Conciliatory Acts on Conflict and Cooperation, in: Psychological Bulletin, 85. Jg., Nr. 4, 1978, S. 772-793.

LINGENFELDER, M. (1990), Die Konzeptualisierung der Marketingorientierung von Vertriebsleitern aus betriebswirtschaftlicher und verhaltenwissenschaftlicher Sicht, in: LINGENFELDER, M.

(Hrsg.), Die Marketingorientierung von Vertriebsleitern als strategischer Erfolgsfaktor: eine theoretische Analyse und empirische Bestandsaufnahme in der Markenartikelindustrie, Berlin 1990, S. 52-64.

LIPPITT, G./LIPPITT, R. (2006), Beratung als Prozess – Was Berater und ihre Kunden wissen sollten, 4. Auflage, Leonberg 2006.

LOHMÖLLER, J.B. (1984), Das Programmheft LVPLS für Pfadmodelle mit latenten Variablen, in: ZA-Information / Zentralarchiv für Empirische Sozialforschung, 14. Jg., Nr. 1, 1984, S. 44-51.

LOHMÖLLER, J.B. (1989), Latent Variable Path Modeling with Partial Least Squares, Heidelberg 1989.

LUHMANN, N. (1994), Die Wissenschaft der Gesellschaft, 2. Auflage, Frankfurt am Main 1994.

LUHMANN, N. (1996), Soziale Systeme. Grundriß einer allgemeinen Theorie, 6. Auflage, Frankfurt am Main 1996.

LUHMANN, N. (2000), Vertrauen: Ein Mechanismus der Reduktion sozialer Komplexität, 4. Auflage, Stuttgart 2000.

LÜNENDONK, T./STREICHER, H. (2009), Managementberatung in Deutschland, in: LÜNENDONK, T./HOSSENFELDER, J. (Hrsg.), Dienstleistungen: Visionen 2020, Frankfurt am Main 2009, S. 24-40.

LUO, W./LIBERATORE, M.J. (2009), Achieving it consultant objectives through client project success, in: Information & Management, 46. Jg., Nr. 5, 2009, S. 259-266.

LUTZ, F. (1981), Das Beratungsteam: kritische Auseinandersetzung mit einem Organisationskonzept aus der Praxis der Unternehmensberatung, Frankfurt am Main 1981.

LYON, D.W./LUMPKIN, G.T./DESS, G.G. (2000), Enhancing entrepreneurial orientation research: operationalizing and measuring a key strategic decision making process, in: Journal of Management, 26. Jg., Nr. 5, 2000, S. 1055-1085.

MACCALLUM, R.C./BROWNE, M.W. (1993), The Use of Causal Indicators in Covariance Structure Models: Some Practical Issues, in: Psychological Bulletin, 114. Jg., Nr. 3, 1993, S. 533-541.

MACCALLUM, R.C./BROWNE, M.W./SUGAWARA, H.M. (1996), Power Analysis an Determination of Sample Size for Covariance Structure Modeling, in: Psychological Methods, 1. Jg., Nr. 2, 1996, S. 130-149.

MACKENZIE, S.B./PODSAKOFF, P.M./JARVIS, C.B. (2005), The Problem of Measurement Model Misspecification in Behavioral and Organizational Research and Some Recommended Solutions, in: Journal of Applied Psychology, 90. Jg., Nr. 4, 2005, S. 710-730.

MAHONEY, J.T./PANDIAN, J.R. (1992), The Resource-based View within the Conversation of Strategic Management, in: Strategic Management Journal, 13. Jg., Nr. 5, 1992, S. 363-380.

MAINIERO, L.A. (1986), When You've Done Everything Right and Things Still Go Wrong: The Responsibility of Consultants, in: Journal of Managerial Psychology, 1. Jg., Nr. 2, 1986, S. 10-15.

MALHOTRA, N.K./KIM, S.S./PATIL, A. (2006), Common method variance in IS research: a comparison of alternative approaches and a reanalysis of past research, in: Management Science, 52. Jg., Nr. 12, 2006, S. 1865-1883.

MARCH, J.G./SIMON, H.A. (1957), Organizations, New York 1957.

MARKHAM, C. (1991), Practical Management Consultancy, London 1991.

MARKUS, L.M. (1981), Implementation politics: top management support and user involvement, in: Systems, Objectives, Solutions, 75. Jg., Nr. 1257, 1981, S. 203-215.

MARR, B. (2005), Management consulting practice on intellectual capital, in: Journal of Intellectual Capital, 6. Jg., Nr. 4, 2005, S. 496-473.

MARSH, H.W./HAU, K.-T./GRAYSON, D. (2005), Goodness of fit evaluation in structural equation modeling, in: MCDONALD, R.P./MAYDEU-OLIVARES, A./MCARDLE, J.J. (Hrsg.), Contemporary psychometrics: a festschrift for Roderick P. McDonald, Mahwah 2005, S. 275-340.

MARSH, H.W./HAU, K.-T./WEN, Z. (2004), In Search of Golden Rules: Comment on Hypothesis-Testing Approaches to Setting Cutoff Values for Fit Indexes and Dangers in Overgeneralising Hu & Bentler's (1999) Findings, in: Structural Equation Modeling, 11. Jg., Nr. 3, 2004, S. 320-341.

MARTIENSEN, J. (2000), Institutionenökonomik, München 2000.

MARTIN, A. (1989), Die empirische Forschung in der Betriebswirtschaftslehre: eine Untersuchung über die Logik der Hypothesenprüfung, die empirische Forschungspraxis und die Möglichkeit einer theoretischen Fundierung realwissenschaftlicher Untersuchungen, Stuttgart 1989.

MASON, E.C. (1939), Price and Production Policies of Large-Scale Enterprises, in: American Economic Review, 29. Jg., Nr. 1, 1939, S. 61-74.

MCFARLIN, D.B./SWEENEY, P.D. (1992), Distributive and Procedural Justice as Predictors of Satisfaction with Personal and Organizational Outcomes, in: Academy of Management Journal, 35. Jg., Nr. 3, 1992, S. 626-637.

MCGRAW, K.O./WONG, S.P. (1996), Forming Inferences About Some Intraclass Correlation Coefficients, in: Psychological Methods, 1. Jg., Nr. 1, 1996, S. 30-46.

MCKENNA, C. (1995), The Origins of Modern Management Consulting, in: Business and Economics History, 24. Jg., Nr. 1, 1995, S. 51-58.

MCKENNA, C. (2001), The World's Newest Profession, in: Enterprise & Society, 2. Jg., Nr. 4, 2001, S. 673-679.

MCKENNA, C. (2006), The World's Newest Profession: Management Consulting in the Twentieth Century, New York 2006.

MCKENNA, C. (2012), Management Consulting, http://www.encyclopedia.chicagohistory.org/pages/1745.html, Abruf: 30.11.2012.

McKinney Kellog, D. (1984), Contrasting Successful and Unsuccessful OD Consultation Relationship, in: Group and Organization Studies, 9. Jg., Nr., 1984, S. 151-176.

McKinsey & Company (2012), Ursprung und Geschichte, http://www.mckinsey.de/html/profil/ueber_mckinsey/ursprung_und_geschichte.asp, Abruf: 29.11.2012.

McKinsey & Company (2013), Public Sector, http://www.mckinsey.com/client_service/public_sector, Abruf: 01.10.2013.

McLachlan, C. (2004), Wettbewerbsorientierte Gestaltung von Informationsasymmetrien: Eine informationsökonomisch fundierte Analyse des anbieterseitigen Informationsverhaltens, Norderstedt 2004.

McLachlin, R.D. (1999), Factors for consulting engagement success, in: Management Decision, 37. Jg., Nr. 5/6, 1999, S. 394-402.

McLachlin, R.D. (2000), Service quality in consulting: what is engagement success?, in: Managing Service Quality, 10. Jg., Nr. 4, 2000, S. 239-247.

McLarty, R./Robinson, T. (1998), The practice of consultancy and a professional development strategy, in: Leadership & Organization Development Journal, 19. Jg., Nr. 5, 1998, S. 256–263.

McMullin, E. (1984), A case for scientific realism, in: Leplin, J. (Hrsg.), Scientific realism, Berkeley 1984, S. 19 -21.

Meffert, H. (1990), Unternehmensberatung und Unternehmensführung - Eine empirische Bestandsaufnahme, in: Die Betriebswirtschaft, 50. Jg., Nr. 2, 1990, S. 181-197.

Meffert, H./Bruhn, M. (2009), Dienstleistungsmarketing, 6. Auflage, Wiesbaden 2009.

Meffert, H./Burmann, C./Kirchgeorg, M. (2012), Marketing: Grundlagen marktorientierter Unternehmensführung. Konzepte - Instrumente - Praxisbeispiele, 11. Auflage 2012.

Meißner, J.D. (2004), Statistik verstehen und sinnvoll nutzen: Anwendungsorientierte Einführung für Wirtschaftler, München 2004.

Mencke, C. (2005), Vertrauen in sozialen Systemen und in der Unternehmensberatung, Wies-baden 2005.

Meredith, J.R./Samuel J. Mantel, J. (2011), Project Management: A Managerial Approach, 8. Auflage, New York 2011.

Merz, E. (1996), Einbeziehung externer Berater, in: Bullinger, H.-J./Warnecke, H.-J. (Hrsg.), Neue Organisationsformen im Unternehmen: ein Handbuch für das moderne Management, Berlin 1996, S. 1078-1985.

Mitchell, V.W. (1994), Problems and Risks in the Purchasing of Consultancy Services, in: Service Industries Journal, 14. Jg., Nr. 3, 1994, S. 315-339.

Mohe, M. (2003), Klientenprofessionalisierung – Strategien und Perspektiven eines professionellen Umgangs mit Unternehmensberatung, Marburg 2003.

MOHE, M. (2004), Stand und Entwicklungstendenzen der empirischen Beratungsforschung - eine qualitative Meta-Analyse, in: Die Betriebswirtschaft, 6. Jg., Nr. 64, 2004, S. 693-712.

MOHE, M./KOLBECK, C. (2003), Klientenprofessionalisierung in Deutschland. Stand des professionellen Umgangs mit Beratung bei deutschen Dax- und MDax-Unternehmen. Empirische Ergebnisse, Best Practices und strategische Implikationen, Oldenburg 2003.

MÖHRING, W./SCHLÜTZ, D. (2010), Die Befragung in der Medien- und Kommunikationswissenschaft: Eine praxisorientierte Einführung, 2. Auflage, Wiesbaden 2010.

MORRIS, K.F./RABEN, C.S. (1995), The fundamental of change management, in: NADLER, D.A./SHAW, R.B./WALTON, A.E. (Hrsg.), Discontinuous Change Leading Organizational Transformation, San Francisco 1995, S. 47-65.

MUGLER, J./LAMPE, M. (1987), Betriebswirtschafltiche Beratung von Klein- und Mittelbetrieben, in: Betriebswirtschaftliche Forschung und Praxis, 39. Jg., Nr. 6, 1987, S. 477-493.

MULAIK, S.A./JAMES, L.R. (1995), Objectivity and reasoning in science and structural equation modeling, in: HOYLE, R.H. (Hrsg.), Structural equation modeling: concepts, issues, and applications, Thousand Oaks 1995, S. 118-137.

MÜLLER-STEWENS, G./DROLSHAMMER, J./KRIEGMEIER, J. (1999), Professional Service Firms – Branchenmerkmale und Gestaltungsfelder des Managements, in: MÜLLER- STEWENS, G./DROLSHAMMER, J./KRIEGMEIER, J. (Hrsg.), Professional Service Firms: Wie sich multinationale Dienstleister positionieren, Frankfurt am Main 1999, S. 11-153.

MÜLLER-STEWENS, G./LECHNER, C. (2011), Strategisches Management: Wie strategische Initiativen zum Wandel führen, 4. Auflage, Stuttgart 2011.

NELSON, R.R./WINTER, S.G. (1982), An Evolutionary Theory of Economic Change, Cambridge et al. 1982.

NEVITT, J./HANCOCK, G.R. (2001), Performance of Bootstrapping Approaches to Model Test Statistics and Parameter Standard Error Estimation in Structural Equation Modeling, in: Structural Equation Modeling, 8. Jg., Nr. 3, 2001, S. 353-377.

NICOLAI, A. (2000), Die Strategie-Industrie. Systemtheoretische Analyse des Zusammenspiels von Wissenschaft, Praxis und Unternehmensberatung, Wiesbaden 2000.

NICOLAI, A./KIESER, A. (2004), Von Konsensgenerierungsmaschienen, Nebelkerzen und "the Operation called Verstehen", in: Die Betriebswirtschaft, 64. Jg., Nr. 5, 2004, S. 631-635.

NICOLAI, A./KIESER, A. (2012), Dialog-Erfolgsfaktorenforschung, http://www.dialog-erfolgsfaktorenforschung.de, Abruf: 07.08.2012.

NIDUMOLU, S.R. (1995), The Effect of Coordination and Uncertainty on Software Project Performance: Residual Performance Risk as an Intervening Variable, in: Information Systems Research, 6. Jg., Nr. 3, 1995, S. 191-219.

NIDUMOLU, S.R. (1996), A Comparison of the Structural Contingency and Risk-Based Perspectives on Coordination in Software-Development Projects, in: Journal of Management Information Systems, 13. Jg., Nr. 2, 1996, S. 77-113.

NIEDEREICHHOLZ, C. (1994), Unternehmensberatung: Beratungsmarketing und Auftragsakquisition, München, Wien 1994.

NIEDEREICHHOLZ, C. (2010), Unternehmensberatung Band 1: Beratungsmarketing und Auftragsakquisition, 5. Auflage, München, Wien 2010.

NIEWIEM, S./RICHTER, A. (2007), Make-or-buy Entscheidungen für Beratungsleistungen – Eine empirische Untersuchung, in: NISSEN, V. (Hrsg.), Consulting Research, Wiesbaden 2007, S. 57-72.

NIKOLOVA, N./REIHLEN, M./SCHLAPFNER, J.-F. (2008), Client and consultant interaction: Capturing social practices of professional service production, in: Academy of Management Annual Meeting Proceedings, S. 1-8, 2008.

NISSEN, V. (2007), Consulting Research – Eine Einführung, in: NISSEN, V. (Hrsg.), Consulting Research. Unternehmensberatung aus wissenschaftlicher Perspektive, Wiesbaden 2007, S. 3-38.

NITITHAMYONG, P./TAN, Z. (2007), Determinants for effective performance of external project management consultants in Malaysia, in: Engineering Construction & Architectural Management, 14. Jg., Nr. 5, 2007, S. 463-478.

NONAKA, I. (1994), A Dynamic Theory of Organizational Knowledge Creation, in: Organization Science, 5. Jg., Nr. 1, 1994, S. 14-37.

NONAKA, I./TAKEUCHI, H./MADER, F. (2012), Die Organisation des Wissens: Wie japanische Unternehmen eine brachliegende Ressource nutzbar machen, 2. Auflage, Frankfurt 2012.

NONAKA, L./TAKEUCHI, H. (1997), Die Organisation des Wissens: Wie japanische Unternehmen eine brachliegende Ressource nutzbar machen, Frankfurt a. M./New York 1997.

NORTH, K. (2010), Wissensorientierte Unternehmensführung: Wertschöpfung durch Wissen, 5. Auflage, Wiesbaden 2010.

NUNNALLY, J. (1967), Psychometric Theory, New York 1967.

NUNNALLY, J. (1978), Psychometric Theory, 2. Auflage, New York 1978.

O'DRISCOLL, M.P./EUBANKS, J.L. (1993), Behavioral Competencies, Goal Setting, and OD Practitioner Effectiveness, in: Group & Organization Management, 18. Jg., Nr. 3, 1993, S. 308-327.

OLDEROG, T. (2003), Faktoren des Markterfolges im Online-Handel, Wiesbaden 2003.

OLIVER, R.L. (2010), Satisfaction: A behaioral perspective of the consumer, 2. Auflage, Armonk 2010.

ONES, D.S./VISWESVARAN, C. (1996), Bandwidth-fidelity dilemma in personality measurement for personnel selection, in: Journal of Organizational Behavior, 17. Jg., Nr. 6, 1996, S. 609-626.

OPP, K.-D. (1979), Individualistische Sozialwissenschaft, Stuttgart 1979.

OSGOOD, C.E./TANNENBAUM, P. (1955), The Principle of Congruity in the Predection of Attitude Change, in: Psychological Review, 62. Jg., Nr. 1, 1955, S. 42-55.

PATTERSON, P.G./JOHNSON, L.W./SPRENG, R.A. (1997), Modeling the Determinants of Customer Satisfaction for Business-to-Business Professional Services, in: Journal of the Academy of Marketing Science, 25. Jg., Nr. 1, 1997, S. 4–17.

PATTERSON, P.G./SPRENG, R.A. (1997), Modelling the relationship between perceived value, satisfaction and repurchase intentions in a business-to-business, services context: an empirical examination, in: International Journal of Service Industry Management, 8. Jg., Nr. 5, 1997, S. 414-434.

PATZAK, G./RATTAY, G. (2009), Projektmanagement - Leitfaden zum Management von Projekten, Projektportfolios, Programmen und projektorientierten Unternehmen, 5. Auflage, Wien 2009.

PAVLOU, P.A./EL SAWY, O.A. (2004), Understanding the 'Black Box' of Dynamic Capabilities: A Missing Link to Strategic Role of IT in Turbulent Environments, Los Angeles 2004.

PEDHAZUR, E.J./SCHMELKIN, L.P. (1991), Measurement, Design, and Analysis: An Integrated Approach, Hillsdale 1991.

PENROSE, E. (1959), The Theory of the Growth of the Firm, New York 1959.

PENTLAND, B.T./RUETER, H.H. (1994), Organizational Routines as Grammars of Action, in: Administrative Science Quarterly, 39. Jg., Nr. 3, 1994, S. 484-510.

PETER, J.P. (1979), Reliability: A Review of Psychometric Basics and Recent Marketing Practices, in: Journal of Marketing Research, 16. Jg., Nr. 2, 1979, S. 5-24.

PETER, J.P. (1981), Construct Validity: A Review of Basic Issues and Marketing Practices, in: Journal of Marketing Research, 18. Jg., Nr. 2, 1981, S. 133-145.

PETER, J.P./CHURCHILL, G.A., JR. (1986), Relationships Among Research Design Choices and Psychometric Properties of Rating Scales: A Meta-Analysis, in: Journal of Marketing Research, 23. Jg., Nr. 1, 1986, S. 1-10.

PETER, S.I. (2001), Kundenbindung als Marketingziel: Identifikation und Analyse zentraler Determinanten, 2. Auflage, Wiesbaden 2001.

PETERAF, M.A. (1993), The Cornerstones of Competitive Advantage: A Resourcebased Perspective, in: Strategic Management Journal, 14. Jg., Nr. 3, 1993, S. 179-191.

PETERAF, M.A./BERGEN, M.E. (2003), Scanning Dynamic Competitive Landscapes: A Market-Based and Resource-Based Framework, in: Strategic Management Journal, 24. Jg., Nr. 10, 2003, S. 1027-1041.

PETERSEN, T. (1989), Optimale Anreizsysteme, Wiesbaden 1989.

PFLAUMER, P./HARTUNG, J./HEINE, B. (2001), Statistik für Wirtschafts- und Sozialwissenschaften: Induktive Statistik, München 2001.

PFRIEM, R. (2002), Die Frontscheibe, der Außenspiegel und was dann immer noch fehlt... - Zur möglichen Rolle von externer Beratung bei der Konfrontation der Unternehmen mit der Gesellschaft, in: MOHE, M./HEINECKE, H.J./PFRIEM, R. (Hrsg.), Consulting - Problemlösung als Geschäftsmodell. Theorie, Praxis, Markt, Stuttgart 2002, S. 115-130.

PHILLIPS, L.W. (1981), Assessing Measurement Error in Key Informant Reports: A Methodological Note on Organizational Analysis in Marketing, in: Journal of Marketing Research (JMR), 18. Jg., Nr. 4, 1981, S. 395-415.

PICOT, A. (1991), Ökonomische Theorien der Organisation - Ein Überblick über neuere Ansätze, in: ORDELHEIDE, D./RUDOLPH, B./BÜSSELMANN, E. (Hrsg.), Betriebswirtschaftslehre und ökonomische Theorie, Stuttgart 1991, S. 143-169.

PICOT, A./DIETL, H./FRANCK, E. (2008), Organisation: eine ökonomische Perspektive, 5. Auflage, Stuttgart 2008.

PICOT, A./REICHWALD, R./WIGAND, R.T. (2003), Die grenzenlose Unternehmung: Information, Organisation und Management, 5. Auflage, Wiesbaden 2003.

PINTO, J.K./PRESCOTT, J.E. (1990), Planning and Tactical Factors in the Project Implementation Process, in: Journal of Management Studies, 27. Jg., Nr. 3, 1990, S. 207-327.

PMI (2013a), Project Management Instiute, http://www.pmi.org/, Abruf: 11.03.2013.

PMI (2013b), What is Project Management?, http://www.pmi.org/en/About-Us/About-Us-What-is-Project-Management.aspx, Abruf: 01.02.2013.

PODSAKOFF, P.M./MACKENZIE, S.B./JEONG-YEON, L./PODSAKOFF, N.P. (2003), Common Method Biases in Behavioral Research: A Critical Review of the Literature and Recommended Remedies, in: Journal of Applied Psychology, 88. Jg., Nr. 5, 2003, S. 879-903.

PODSAKOFF, P.M./ORGAN, D.W. (1986), Self-Reports in Organizational Research: Problems and Prospects, in: Journal of Management, 12. Jg., Nr. 4, 1986, S. 531-544.

POLANYI, M./SEN, A. (2009), The Tacit Dimension, Chicago 2009.

POPPER, K.R. (1965), Conjectures and Refutations - The Growth of Scientific Knowledge, 2. Auflage, London 1965.

POPPER, K.R. (1970), Die offene Gesellschaft und ihre Feinde, Band II: Falsche Propheten, 2. Auflage, München 1970.

POPPER, K.R. (1971), Logik der Forschung, 4. Auflage, Tübingen 1971.

POPPER, K.R. (1972), Die Logik der Sozialwissenschaften, in: ADORNO, T.W./ALBERT, H./HABERMAS, J. (Hrsg.), Der Positivismusstreit in der deutschen Soziologie, Neuwied, Berlin 1972, S. 103-123.

POPPER, K.R. (1973), Objektive Erkenntnis, Hamburg 1973.

POPPER, K.R. (1974), Replies to my Critics, in: SCHILPP, P.A. (Hrsg.), The Philosophy of Karl Popper, La Salle 1974, S. 961-1197.

POPPER, K.R. (1979), Ausgangspunkte - Meine intellektuelle Entwicklung, Tübingen 1979.

POPPER, K.R. (1982), Logik der Forschung, 7. Auflage, Tübingen 1982.

POPPER, K.R./ECCLES, J. (1982), Das Ich und sein Gehirn, München 1982.

PORTER, M.E. (1980), Competitive Strategy, New York 1980.

PORTER, M.E. (1981), The Contributions of Industrial Organization To Strategic Management, in: Academy of Management Review, 6. Jg., Nr. 4, 1981, S. 609-620.

PORTER, M.E. (1985), Competitive Advantage, New York 1985.

PORTER, M.E. (1991), Towards a Dynamic Theory of Strategy, in: Strategic Management Journal, 12. Jg., Nr. S2, 1991, S. 95-117.

POSER, H. (2001), Wissenschaftstheorie: eine philosophische Einführung, Stuttgart 2001.

POWERS, T.L./REAGAN, W.R. (2007), Factors influencing successful buyer-seller relationships, in: Journal of Business Research, 60. Jg., Nr. 12, 2007, S. 1234-1242.

PRAHALAD, C.K./HAMEL, G. (1990), The Core Competence of the Corporation, in: Harvard Business Review, 68. Jg., Nr. 3, 1990, S. 79-91.

PRAHALAD, C.K./HAMEL, G. (1991), Nur Kernkompetenzen sichern das Überleben, in: Harvard Business Manager, 13. Jg., Nr. 2, 1991, S. 66-78.

PRIEM, R.L./BUTLER, J.E. (2001), Is the Resource-Based "View" a Useful Perspective for Strategic Management Research?, in: Academy of Management Review, 26. Jg., Nr. 1, 2001, S. 22-40.

PROBST, G.J.B./RAUB, S./ROMHARDT, K. (2006), Wissen managen: Wie Unternehmen ihre wertvollste Ressource optimal nutzen, 5. Auflage, Wiesbaden 2006.

PROJECT MANAGEMENT INSTITUTE (2013), A Guide to the Project Management Body of Knowledge, 5. Auflage, Newtown Square 2013.

RAFFÉE, H. (1993), Gegenstand, Methoden und Konzepte der Betriebswirtschaftslehre, in: BITZ, M./DELLMANN, K./DOMSCH, M. (Hrsg.), Vahlens Kompendium der Betriebswirtschaftslehre, Munchen 1993, S. 1-46.

RASCH, B./FRIESE, M./HOFMANN, W.J./NAUMANN, E. (2006), Quantitative Methoden 2, 2. Auflage, Wiesbaden 2006.

RASCHE, C. (1994), Wettbewerbsvorteile durch Kernkompetenzen: Ein ressourcenorientierter Ansatz, Wiesbaden 1994.

RASCHE, C./WOLFRUM, B. (1994), Ressourcenorientierte Unternehmensführung, in: Die Betriebswirtschaft, 54. Jg., Nr. 4, 1994, S. 501-517.

RASSAM, C. (2001), The management consultancy industry, in: SADLER, P. (Hrsg.), Management Consultancy: A Handbook for Best Practice, 2. Auflage, London 2001, S. 29-59.

REED, R./DEFILLIPPI, R.J. (1990), Causal Ambiguity, Barriers to Imitation, and Sustainable Competitive Advantage, in: Academy of Management Review, 15. Jg., Nr. 1, 1990, S. 88-102.

REINARTZ, W./KRAFFT, M./HOYER, W.D. (2004), The Customer Relationship Management Process: Its Measurement and Impact on Performance, in: Journal of Marketing Research (JMR), 41. Jg., Nr. 3, 2004, S. 293-305.

REINECKE, J. (2005), Strukturgleichungsmodelle in den Sozialwissenschaften, München et al. 2005.

REINEKE, R.-D. (2007), Consulting, in: REINEKE, R.-D./BOCK, F. (Hrsg.), Gabler Lexikon Unternehmensberatung, Wiesbaden 2007, S. 72-74.

REINEKE, R.-D./BOCK, F. (2007), Gabler Lexikon Unternehmensberatung, Wiesbaden 2007.

RESEARCH, P. (2013), Consulting Industry Overview, http://www.plunkettresearch.com/consulting-market-research/industry-statistics, Abruf: 17.01.2013.

RICHTER, A./SCHMIDT, S.L. (2006), Antecedents of the Performance of Management consultants, in: Schmalenbach Business Review (SBR), 58. Jg., Nr. 4, 2006, S. 332–350.

RICHTER, R./FURUBOTN, E.G. (2010), Neue Institutionenökonomik. Eine Einführung und kritische Würdigung, 4. Auflage, Tübingen 2010.

RIESENBERGER, J.R. (1998), Executive Insights: Knowledge - The Source of Sustainable Competitive Advantage, in: Journal of International Marketing, 6. Jg., Nr. 3, 1998, S. 94-107.

RIGDON, C.M. (1998), Structure Equation Modelling, in: MARCOULIDES, G.A. (Hrsg.), Modern Methods for Business research, Mahwah 1998, S. 251-294.

RINDSKOPF, D./ROSE, T. (1988), Some Theory and Applications of Confirmatory Second-Order Factor Analysis, in: Multivariate Behavioral Research, 23. Jg., Nr. 1, 1988, S. 51-67.

RINGLSTETTER, M./KAISER, S./KAMPE, T. (2007), Strategische Entwicklung von Unternehmensberatungen – Ein Beitrag aus Sicht der Professional Services Firms Forschung, in: NISSEN, V. (Hrsg.), Consulting Research, Wiesbaden 2007, S. 179-195.

ROBINSON, J.P./SHAVER, P.R./WRIGHTSMAN, L.S. (1991), Criteria for scale selection and evaluation, in: ROBINSON, J.P./SHAVER, P.R./WRIGHTSMAN, L.S. (Hrsg.), Measures of personality and social psychological attitudes, San Diego 1991, S. 1-16.

ROLAND BERGER (2013), Consulting is a "people business", http://www.rolandberger.asia/careers.html, Abruf: 12.03.2013.

ROSS, S.A. (1973), The Economic Theory of Agency: The Principal's Problem, in: The American Economic Review, 63. Jg., Nr. 2, 1973, S. 134-139.

ROSSITER, J.R. (2002), The C-OAR-SE procedure for scale development in marketing, in: International Journal of Research in Marketing, 19. Jg., Nr. 4, 2002, S. 305-335.

ROTTER, J.B. (1967), A new Scale for the Measurement of Interpersonal Trust, in: Journal of Personality, 35. Jg., Nr. 4, 1967, S. 651-665.

ROTTER, J.B. (1971), Generalized Expectancies for Interpersonal Trust, in: American Psychologist, 26. Jg., Nr. 5, 1971, S. 443-452.

ROUSSEAU, D.M./SITKIN, S.B./BURT, R.S./CAMERER, C. (1998), Not so different after all: a cross-discipline view of trust, in: Academy of Management Review, 23. Jg., Nr. 3, 1998, S. 393-404.

ROZNOWSKI, M./HANISCH, K.A. (1990), Building Systematic Heterogeneity Into Work Attitudes and Behavior Measures, in: Journal of Vocational Behavior, 36. Jg., Nr. 3, 1990, S. 361-375.

RÜCK, H. (1995), Dienstleistungen - ein Definitionsansatz auf Grundlage des Make or Buy-Prinzips, in: KLEINALTENKAMP, M. (Hrsg.), Dienstleistungsmarketing - Konzeption und Anwendung, Wiesbaden 1995, S. 2-31.

RÜHLI, E. (1994), Die Resource-based View of Strategy: Ein Impuls fur einen Wandel im unternehmungspolitischen Denken und Handein?, in: GOMEZ, P./HAHN, D./MULLER-STEWENS, G./WUNDERER, R. (Hrsg.), Unternehmerischer Wandel: Konzepte zur organisatorischen Erneuerung, Wiesbaden 1994, S. 31-57.

RUXTON, G.D. (2006), The unequal variance t-test is an underused alternative to Student 's t-test and the Mann-Whitney U-test, in: Behavioral Ecology, 17. Jg., Nr. 4, 2006, S. 688-690.

RYLE, G. (1949), The Concept of Mind, London 1949.

SALANCIK, G.R./PFEFFER, J. (1977), An Examination of Need-Satisfaction Models of Job Attitudes, in: Administrative Science Quarterly, 22. Jg., Nr. 3, 1977, S. 427-456.

SAMMERL, N. (2006), Innovationsfahigkeit und nachhaltiger Wettbewerbsvorteil, Wiesbaden 2006.

SANCHEZ, R./HEENE, A./THOMAS, H. (1996), Introduction: Towards the Theory and Practice of Competence-based Competition, in: SANCHEZ, R./HEENE, A./THOMAS, H. (Hrsg.), Dynamics of Competence-based Competition: Theory and Practice in the New Strategic Management, Oxford et al. 1996, S. 1-35.

SCHADE, C. (1997), Marketing für Unternehmensberatung, ein institutionenökonomischer Ansatz, 2. Auflage, Wiesbaden 1997.

SCHANZ, G. (1977), Grundlagen der verhaltenstheoretischen Betriebswirtschaftslehre, Tübingen 1977.

SCHANZ, G. (1988), Erkennen und Gestalten: Betriebswirtschaftslehre in kritisch-rationaler Absicht, Stuttgart 1988.

SCHERER, F.M. (1980), Industrial market structure and economic performance, Chicago 1980.

SCHMIDT, R./LYYTINEN, K./KEIL, M./CULE, P. (2001), Identifying software project risks: an international Delphi study, in: Journal of Management Information Systems, 17. Jg., Nr. 1, 2001, S. 5-36.

SCHNEIDER, D. (2001), Success Resource Deployment – Erfolgreiche Produkte und Geschäfte jenseits von Quality Function Deployment, in: io management, 2001. Jg., Nr. 5, 2001, S. 18-27.

SCHNEIDER, D./AMANN, M. (2005), Benchmarking von Beratungsgesellschaften mit Success Resource Deployment; ein empirischer Vergleich von Accenture über BCG bis McKinsey aus Kundensicht, Norderstedt 2005.

SCHNELL, R./HILL, P.B./ESSER, E. (2011), Methoden der empirischen Sozialforschung, 9. Auflage, München 2011.

SCHOEMAKER, P.J.H. (1992), How to link Strategic Vision to Core Capabilities, in: Sloan Management Review, 34. Jg., Nr. 1, 1992, S. 67-81.

SCHOLDERER, J./BALDERJAHN, I. (2005), PLS versus LISREL: Ein Methodenvergleich, in: BLIEMEL, F./EGGERT, A./FASSOTT, G./HENSELER, J. (Hrsg.), Handbuch PLS-Pfadmodellierung: Methode, Anwendung, Praxisbeispiele, Stuttgart 2005, S. 87-98.

SCHOLTIS, T. (1998), Vertragsgestaltung bei Informationsasymmetrie: Probleme und Lösungen bei der Zertifizierung von QM-Systemen nach ISO 9000ff., Wiesbaden 1998.

SCHRÄDLER, J. (1996), Unternehmensberatung aus organisationstheoretischer Sicht. Zur Notwendigkeit eines neuen Selbstverständnisses von Unternehmensberatung, München 1996.

SCHUMPETER, J.A. (1934), The Theory of Economic Development, Cambridge 1934.

SCHUMPETER, J.A. (1942), Capitalism, Socialism, and Democracy, New York 1942.

SCHWAN, K./SEIPEL, K.G. (2002), Erfolgreich beraten. Grundlagen der Unternehmensberatung, 2. Auflage, München 2002.

SCHWEIZER, L./ZU KNYPHAUSEN-AUFSESS, D./RAJES, M. (2009), Consulting success and contingent fees as important elements on the way to a theory of management consulting, in: International Journal of Services, Economics and Management, 1. Jg., Nr. 4, 2009, S. 393-413.

SCHWEIZER, M. (2005), Consumer confusion im Handel: ein umweltpsychologisches Erklärungsmodell, Wiesbaden 2005.

SCHWEMMER, O. (1976), Theorie der rationalen Erklärung - Zu den methodologischen Grundlagen der Kulturwissenschaften, München 1976.

SCRIVEN, M. (1991), Evaluation Thesaurus, 5. Auflage, Newbury Park 1991.

SEGARS, A.H./GROVER, V. (1993), Re-examining perceived ease of use and usefulness: a confirmatory factor analysis, in: MIS Quarterly, 17. Jg., Nr. 4, 1993, S. 517-525.

SEIBERT, S. (1998), Technisches Management. Innovationsmanagement, Projektmanagement, Qualitätsmanagement, Leipzig 1998.

SELCHERT, M. (1997), Organisationsstrukturen und Professionalität: Formen und Funktionen professioneller In-house Dienstleistungen, Hamburg 1997.

SELZNICK, P. (1957), Leadership in Administration: A Sociological Interpretation, Evanston 1957.

SEWCHURRAN, K./BARRON, M. (2008), An investigation into successfully managing and sustaining the project sponsor-project manager relationship using soft systems methodology, in: Project Management Journal, 39. Jg., Nr. S1, 2008, S. S56-S68.

SHARMA, S. (1996), Applied multivariate statistics, New York 1996.

SHERIF, M./HOVLAND, C.I. (1961), Social Judgement, London 1961.

SHROUT, P.E./FLEISS, J.L. (1979), Intraclass Correlations: Uses in Assessing Rater Reliability, in: Psychological Bulletin, 86. Jg., Nr. 2, 1979, S. 420-428.

SIMON, A./KUMAR, V. (2001), Client's views on strategic capabilities which lead to management consulting success, in: Management Decision, 39. Jg., Nr. 5, 2001, S. 362-372.

SIMON, A./SCHOEMAN, P./SOHAL, A.S. (2010), Prioritised best practices in a ratified consulting services maturity model for ERP consulting, in: Journal of Enterprise Information Management, 23. Jg., Nr. 1, 2010, S. 100-124.

SLATER, S./NARVER, J. (1995), Market Orientation and the Learning Organisation, in: Journal of Marketing, 59. Jg., Nr. 3, 1995, S. 63-74.

SLEVIN, D.P./PINTO, J.K. (1986), The Project Implementation Profile: New Tool for Project Managers, in: Project Management Journal, 17. Jg., Nr. 4, 1986, S. 57-70.

SÖHNCHEN, F. (2007), Common Method Variance und Single Source Bias, in: ALBERS, S./KLAPPER, D./KONRADT, U./WALTER, A./WOLF, J. (Hrsg.), Methodik der empirischen Forschung, Wiesbaden 2007, S. 135-150.

SOLOMON, A.L. (1997), Do consultants really add value to client firms?, in: Business Horizons, 40. Jg., Nr. 3, 1997, S. 67–72.

SOLOMONSON, W.L. (2011), A mediated model of trust and its antecedents in the client-consultant relationship, Detroit 2011.

SOLOMONSON, W.L. (2012), Trust and the client–consultant relationship, in: Performance Improvement Quarterly, 25. Jg., Nr. 3, 2012, S. 53–80.

SOMMERLATTE, S. (2000), Lernorientierte Unternehmensberatung: Modellbildung und kritische Untersuchung der Beratungspraxis aus Berater- und Klientenperspektive, Wiesbaden 2000.

SPENCE, A.M. (1973), Job Market Signaling, in: Quarterly Journal of Economics, 87. Jg., Nr. 3, 1973, S. 355-374.

SPINNER, H. (1974), Pluralismus als Erkenntnismodell, Frankfurt am Main 1974.

SPÖRK, W. (1996), Signalling als Instrument zur Verringerung von Informationsasymmetrien, Marburg 1996.

SPREMANN, K. (1985a), Finanzierung, München 1985a.

SPREMANN, K. (1985b), The Signaling of Quality by Reputation, in: FEICHTINGER, G. (Hrsg.), Optimal Control Theory and Economic Analysis, Amsterdam 1985b, S. 235-252.

SPREMANN, K. (1988a), Profit-Sharing Arrangements in a Team and the Cost of Information, in: Taiwan Economic Review, 16. Jg., Nr. 1, 1988a, S. 41-57.

SPREMANN, K. (1988b), Reputation, Garantie, Information, in: Zeitschrift für Betriebswirtschaft, 58. Jg., Nr. 5/6, 1988b, S. 613-629.

SPREMANN, K. (1990), Asymmetrische Informationen, in: Zeitschrift für Betriebswirtschaft, 60. Jg., Nr. 5/6, 1990, S. 561-586.

STAEHLE, W.H. (1990), Management - Eine verhaltenswissenschaftliche Perspektive, 5. Auflage, München 1990.

STATISTISCHES BUNDESAMT (2012), Klassifikation der Wirtschaftszweige, Ausgabe 2008 (WZ 2008), https://www.destatis.de/DE/Methoden/Klassifikationen/GueterWirtschaftklassifikationen/Content75/KlassifikationWZ08.html, Abruf: 06.08.2012.

STEENKAMP, J.-B./BAUMGARTNER, H. (2000), On the use of structural equation models for marketing modeling, in: International Journal of Marketing Research, 17. Jg., Nr. 2/3, 2000, S. 195-202.

STEGEMEYER, W. (2002), Der Vergleich von Abschlussprüfung und Unternehmensberatunga aus der Perspektive der Agency- und der Signalling-Theorie, Marburg 2002.

STEIGER, J.H. (1989), EzPATH: Causal Modeling, a Supplementary Module for SYSTAT and SYGRAPH, PC/MS-DOS, Evanston 1989.

STEIGER, J.H. (1990), Structural Model Evaluation and Modification: An Interval Estimation Approach, in: Multivariate Behavioral Research, 25. Jg., Nr. 2, 1990, S. 173-180.

STEWART, D.W. (1981), The application and misapplication of factor analysis in marketing research, in: Journal of Marketing Research, 18. Jg., Nr. 1, 1981, S. 51-62.

STEYRER, J. (1991), "Unternehmensberatung" - Stand der deutschsprachigen Theoriebildung und empirischen Forschung, in: HOFMANN, M. (Hrsg.), Theorie und Praxis der Unternehmensberatung. Bestandsaufnahme und Entwicklungsperspektiven, Heidelberg 1991, S. 1-44.

STIGLITZ, J.E. (1975), Information and Economic Analysis, in: PARKIN, M./NOBAY, A.R. (Hrsg.), Current Economic Problems, London 1975, S. 27-52.

STIVERS, B.P./CAMPBELL, J.E. (1995), Characterizing accounting consultants: gender does make a difference, in: Journal of Organizational Change Management, 8. Jg., Nr. 1, 1995, S. 23-31.

STRASSER, H. (1993), Unternehmensberatung aus Sicht der Kunden. Eine resultatorientierte Gestaltung der Beratungsbeziehung und des Beratungsprozesses, Zürich 1993.

STRAUSS, A.L./CORBIN, J.M. (2008), Basics of qualitative research: Techniques and procedures for developing grounded theory, 3. Auflage, Thousand Oaks 2008.

STREICHER, H./LÜNENDONK, T. (2000), Unternehmensberatung an der Schwelle zum 21. Jahrhundert, in: BREIDENSTEIN, F./HAFEMANN, M./LUKAS, A. (Hrsg.), Consulting in Deutschland 2000. Jahrbuch für Unternehmensberatung und Management, Frankfurt am Main 2000, S. 19-25.

STURDY, A. (1997), The consultancy process - An insecure business, in: Journal of Management Studies, 34. Jg., Nr. 3, 1997, S. 389-413.

STUTZ, H.-R. (1988), Management-Consulting. Organisationsstrukturen am Beispiel einer interaktiven Dienstleistung, Bern 1988.

SUBRAMANIAM, M./YOUNDT, M.A. (2005), The influence of intellectual capital on the types of innovative capabilities, in: Academy of Management Journal, 48. Jg., Nr. 3, 2005, S. 450-463.

SZYPERSKI, N./KLAILE, B. (1982), Dimensionen der Unternehmensberatung. Hilfen zur Strukturierung und Einordnung von Beratungsleistungen, Universität Köln, Seminar für Allgemeine Betriebswirtschaftslehre und betriebswirtschaftliche Planung, Arbeitsbericht Nr. 48, Köln 1982.

TAKEUCHI, R./SHAY, J.P./LI, J. (2008), When does decision autonomy increase expatriate managers' adjustment?, in: Academy of Management Journal, 51. Jg., Nr. 1, 2008, S. 45-60.

TANG, S.L./LU, M./CHAN, Y.L. (2003), Achieving Client Satisfaction for Engineering Consulting Firms, in: Journal of Management in Engineering, 19. Jg., Nr. 4, 2003, S. 166-172.

TEECE, D.J./PISANO, G./SHUEN, A. (1997), Dynamic Capabilities and Strategic Management, in: Strategic Management Journal, 18. Jg., Nr. 7, 1997, S. 509-533.

TEMME, D./KREIS, H. (2005), Der PLS-Ansatz zur Schätzung von Strukturgleichungsmodellen mit latenten Variablen: ein Softwareüberblick, in: BLIEMEL, F.W./EGGERT, A./FASSOTT, G./HENSELER, J. (Hrsg.), Handbuch PLS-Pfadmodellierung. Methode, Anwendung, Praxisbeispiele, Stuttgart 2005, S. 193-208.

THE BOSTON CONSULTING GROUP (2012), BCG History, http://www.bcg.com/about_bcg/history/default.aspx, Abruf: 30.11.2012.

THEUVSEN, L. (1994), Interne Beratung. Konzept - Organisation - Effizienz, Wiesbaden 1994.

TILLES, S. (1961), Understanding the Consultant's Role, in: Harvard Business Review, 39. Jg., Nr. 6, 1961, S. 87-99.

TINSLEY, H.E.A./BROWN, S.D. (2000), Handbook of applied multivariate statistics and mathematical modeling, 3. Auflage, San Diego 2000.

TUCKER, L.R./LEWIS, C. (1973), A reliability coefficient for maximum likelihood factor analysis, in: Psychometrika, 38. Jg., Nr. 1, 1973, S. 1-10.

TURNER, J.R. (1999), The handbook of project-based management: Improving the processes for achieving strategic objectives, London 1999.

TURNER, J.R./MÜLLER, R. (2003), On the nature of the project as a temporary organization, in: International Journal of Project Management, 21. Jg., Nr. 1, 2003, S. 1-8.

ULRICH, H. (1970), Die Unternehmung als produktives soziales System, 2. Auflage, Bern/Stuttgart 1970.

ULRICH, H. (1982), Anwendungsorientierte Wissenschaft, in: Die Unternehmung, 36. Jg., Nr. 1, 1982, S. 1-10.

ULRICH, H./PROBST, G. (1988), Anleitung zum ganzheitlichen Denken - Ein Brevier für Führungskräfte, Bern, Stuttgart 1988.

VAN BRUGGEN, G.H./LILIEN, G.L./KACKER, M. (2002), Informants in Organizational Marketing Research: Why Use Multiple Informants and How to Aggregate Responses, in: Journal of Marketing Research (JMR), 39. Jg., Nr. 4, 2002, S. 469-478.

VANBERG, V. (1982), Markt und Organisation, Tübingen 1982.

VANLOMMEL, E./DE BRABANDER, B. (1975), The Organization of Electronic Data Processing (EDP) Activities and Computer Use, in: Journal of Business, 48. Jg., Nr. 3, 1975, S. 391-410.

VELICER, W.F./FAVA, J.L. (1987), An evaluation of the effects of variable sampling on component, image, and factor analysis, in: Multivariate Behavioral Research, 22. Jg., Nr. 2, 1987, S. 193-209.

VERLANDER, E.G. (2012), The Practice of Professional Consulting, San Francisco 2012.

VERONA, G./RAVASI, D. (2003), Unbundling Dynamic Capabilities: An Exploratory Study of Continuous Product Innovation, in: Industrial and Corporate Change, 12. Jg., Nr. 3, 2003, S. 577-606.

VISWESVARAB, C./BARRICK, M.R./ONES, D.S. (1993), How definitive are Conclusions based on Survey Data: Estimating Robustness to Nonresponse, in: Personnel Psychology, 46. Jg., Nr. 3, 1993, S. 551-567.

VOGELSANG, G. (1992), Universalberatung: Konzeption und Methodik einer ganzheitlichen Unternehmensberatung, Düsseldorf 1992.

VOIGT, S. (2009), Institutionenökonomik, 2. Auflage, Paderborn 2009.

VON KROGH, G./KÖHNE, M. (1998), Der Wissenstransfer in Unternehmen: Phasen des Wissenstransfers und wichtige Einflussfaktoren, in: Die Unternehmung, 52. Jg., Nr. 5/6, 1998, S. 235-252.

VON NORDENFLYCHT, A. (2010), What Is a Professional Service Firm? Toward a Theory and Taxonomy of Knowledge-Intensive Firms, in: Academy of Management Review, 35. Jg., Nr. 1, 2010, S. 155-174.

VOSBURGH, R.M. (2007), The Evolution of HR: Developing HR as an Internal Consulting Organization, in: Human Resource Planning, 30. Jg., Nr. 3, 2007, S. 11-23.

WAGNER, H. (1992), Der Beratermarkt, in: WAGNER, H./REINECKE, R.D. (Hrsg.), Beratung von Organisationen: Philosophien, Konzepte, Entwicklungen, Wiesbaden 1992, S. 1-28.

WALGER, G. (1995), Idealtypen der Unternehmensberatung, in: WALGER, G. (Hrsg.), Formen der Unternehmensberatung, Köln 1995, S. 1-18.

WALL, F. (1999), Planungs- und Kontrollsysteme: informationstechnische Perspektiven für das Controlling, Wiesbaden 1999.

WALTER-BUSCH, E. (1996), Organisationstheorien von Weber bis Weick, Amsterdam 1996.

WATKINS, J.W.N. (1972), Idealtypen und historische Erklärung, in: ALBERT, H. (Hrsg.), Theorie und Realität: ausgewählte Aufsätze zur Wissenschaftslehre der Sozialwissenschaften, Tübingen 1972, S. 331-356.

WEIBER, R./MÜHLHAUS, D. (2010), Strukturgleichungsmodellierung, Heidelberg et al. 2010.

WEIDNER, C.K./KASS, E.E. (2002), Toward a theory of management consutling, in: BUONO, A.F. (Hrsg.), Developing knowledge and value in management consulting, Greenwisch 2002.

WEIERSHÄUSER, S. (1996), Mitarbeiterverhalten im Beratungsprozeß. Eine ökonomische Betrachtung, Wiesbaden 1996.

WERNEFELT, B. (1984), A resource-based view of the firm, in: Strategic Management Journal, 5. Jg., Nr. 2, 1984, S. 171-180.

WERNEFELT, B. (1995), The resource-based view of the firm: Ten Years After, in: Strategic Management Journal, 16. Jg., Nr. 2, 1995, S. 171-174.

WERNERFELT, B. (1984), A Resource-based View of the Firm, in: Strategic Management Journal, 5. Jg., Nr. 2, 1984, S. 171-180.

WERR, A./STYHRE, A. (2002), Management Consultants - Friend or Foe?, in: International Studies of Management & Organization, 32. Jg., Nr. 4, 2002, S. 43-66.

WEST, S.G./FINCH, J.F./CURRAN, P.J. (1995), Structural Equation Models With Nonnormal Variables: Problems and Remedies, in: HOYLE, R.H. (Hrsg.), Structural Equation Modeling: Comcepts, Issues, and Applications, Thousand Oaks 1995, S. 56-75.

WHEATON, B. (1987), Assessment of Fit in Overidentified Models with Latent Variables, in: Sociological Methods & Research, 16. Jg., Nr. 1, 1987, S. 118-154.

WILCOX KING, A./ZEITHAMl, C.P. (2003), Research Notes and Commentaries, Measuring Organizational Knowledge: A Conceptual and Methodological Framework, in: Strategic Management Journal, 24. Jg., Nr. 8, 2003, S. 763-772.

WILLIAMS, A.P.O./WOODWARD, S. (1994), The competitive consultant: a client-oriented approach for achieving superior performance, Macmillan 1994.

WILLIAMS, L.J./EDWARDS, J.R./VANDENBERG, R.J. (2003), Recent Advances in Causal Modeling Methods for Organizational and Management Research, in: Journal of Management, 29. Jg., Nr. 6, 2003, S. 903-936.

WIRTSCHAFTSPRÜFERKAMMER (2012), Satzung der Wirtschaftsprüferkammer über die Rechte und Pflichten bei der Ausübung der Berufe des Wirtschaftsprüfers und des vereidigten Buchprüfers (Berufssatzung für Wirtschaftsprüfer/vereidigte Buchprüfer - BS WP/vBP) Berlin 2012.

WIRTZ, B.W. (2012), Mergers & Acquisitions Management, 2. Auflage, Wiesbaden 2012.

WITTE, E. (1981), Nutzungsanspruch und Nutzungsvielfalt, in: WITTE, E. (Hrsg.), Der praktische Nutzen empirischer Forschung, Tübingen 1981, S. 13-40.

WOHLGEMUTH, A.C. (2000), Professionelle Beratung: Möglichkeiten und Grenzen, in: KAILER, N./G., W. (Hrsg.), Perspektiven der Unternehmensberatung für kleine und mittlere Betriebe: Probleme, Potenziale, empirische Analysen, Wien 2000, S. 167-193.

WOLD, H. (1966), Nonlinear estimation by partial least square procedures, in: DAVID, F.N. (Hrsg.), Research papers in statistics, New York 1966, S. 411-444.

WOLD, H. (1975), Path models with latent variables: The NIPALS approach, in: BLALOCK, H.M. (Hrsg.), Quanititative sociology: International perspectives on mathemathical and statistical model building, New York 1975, S. 307-357.

WOLD, H. (1982a), Soft modelling: The basic design and sime extensions, in: JÖRESKOG, K.G./WOLD, H. (Hrsg.), Systems under indirect observation - Part II, Amsterdam 1982a, S. 1-54.

WOLD, H. (1982b), Systems Under Indirect Observation Using PLS, in: FORNELL, C. (Hrsg.), A Second Generation of Multivariate Analysis, New York 1982b, S. 325-347.

WONG, S. (2004), Factors Influencing the Success of Internal Consulting in Managing Organizational Change in Malaysian Companies in: Malaysian Management Review, 39. Jg., Nr. 1, 2004, S. 1-15.

WOOD, P. (2002a), How may consultancies be innovative?, in: WOOD, P. (Hrsg.), Consultancy and innovation: The bussiness service revolution in Europe, London 2002a, S. 72-89.

WOOD, P. (2002b), Innovation and the growth of business consultancy: Parallel but associated trends?, in: WOOD, P. (Hrsg.), Consultancy and innovation: The bussiness service revolution in Europe, London 2002b, S. 17-34.

WOSNITZKA, M. (1995), Kapitalstrukturentscheidungen in Publikumsgesellschaften: ein informationsökonomischer Ansatz, Wiesbaden 1995.

WRIGHT, C. (2009), Inside Out? Organizational Membership, Ambiguity and the Ambivalent Identity of the Internal Consultant, in: British Journal of Management, 20. Jg., Nr. 3, 2009, S. 309-322.

WU, W.-Y./CHIAG, C.-Y./WU, Y.-J./TU, H.-J. (2004), The influencing factors of commitment and business integration on supply chain management, in: Industrial Management & Data Systems, 104. Jg., Nr. 4, 2004, S. 322-333.

YOUNG, R./JORDAN, E. (2008), Top management support: mantra or necessity?, in: International Journal of Project Management, 26. Jg., Nr. 7, 2008, S. 713-725.

YOUNG, R./POON, S. (2013), Top management support - almost always necessary and sometimes sufficient for success: Findings from a fuzzy set analysis, in: International Journal of Project Management, 31. Jg., Nr. 7, 2013, S. 943–957.

YUAN, K.H./BENTLER, P.M. (1998), Robust mean and covariance structure analysis, in: British Journal of Mathematical and Statistical Psychology, 51. Jg., Nr. 5, 1998, S. 63-88.

ZAHRA, S.A./GEORGE, G. (2002), Absorptive Capacity: A Review, Reconceptualization, and Extension, in: Academy of Management Review, 27. Jg., Nr. 2, 2002, S. 185-203.

ZAHRA, S.A./SAPIENZA, H.J./DAVIDSSON, P. (2006), Entrepreneurship and Dynamic Capabilities: A Review, Model and Research Agenda, in: Journal of Management Studies, 43. Jg., Nr. 4, 2006, S. 917-955.

ZIRKLER, M. (2005), State-of-the-art der Forschung zur Organisationsberatung: Zusammenfassung und Analyse von Forschungsergebnissen der letzten Jahre, in: WWZ Forschungsbericht 10/ 05, 10. Jg., Nr. 5, 2005, S. 1-65.

ZU KNYPHAUSEN-AUFSEß, D. (1993), Why are Firms different? - Der „Ressourcenorientierte Ansatz" im Mittelpunkt einer aktuellen Kontroverse im Strategischen Management, in: Die Betriebswirtschaft, 53. Jg., Nr. 6, 1993, S. 771-792.

ZU KNYPHAUSEN-AUFSEß, D./SCHWEIZER, L./RAJES, M. (2009), Beratungserfolg – eine Betrachtung des State of the Art der Ansätze zur Messung und Erklärung des Erfolges von Beratungsleistungen, in: Zeitschrift für Management, 4. Jg., Nr. 1, 2009, S. 5-27.